养殖废弃物资源化利用技术

李　东等　著

科学出版社

北　京

内 容 简 介

本书是从鸡场废弃物种类特点和利用思路、能源化、肥料化、饲料化利用技术以及资源化利用过程和产品的安全性评估等方面进行的一次系统总结和全面梳理。书中大部分内容是课题实施团队的最新研究成果，包括高负荷厌氧消化失稳预警控制、沼气生物脱硫、鸡粪堆肥过程的促腐-保氮-抑臭、羽毛微生物降解产寡肽、鸡粪沼液生产单细胞蛋白、死淘鸡生产氨基酸水溶肥等技术。

本书可作为肉鸡养殖行业相关的企业生产、科研、管理等人员的技术指导和实践参考书，也可作为环境科学、动物科学、农业工程等专业本科生、研究生的参考书。

图书在版编目（CIP）数据

养殖废弃物资源化利用技术 / 李东等著. -- 北京 : 科学出版社, 2024. 12. -- ISBN 978-7-03-079558-8

Ⅰ. X713

中国国家版本馆 CIP 数据核字第 2024UE4463 号

责任编辑：郑述方　孙静惠 / 责任校对：周思梦
责任印制：罗　科 / 封面设计：墨创文化

科 学 出 版 社 出版
北京东黄城根北街 16 号
邮政编码：100717
http://www.sciencep.com
成都锦瑞印刷有限责任公司印刷
科学出版社发行　各地新华书店经销
*
2024 年 12 月第　一　版　开本：787×1092　1/16
2024 年 12 月第一次印刷　印张：17 1/4
字数：410 000

定价：168.00 元

（如有印装质量问题，我社负责调换）

《养殖废弃物资源化利用技术》
编委会成员

按姓氏拼音排序

陈　静　陈意超　韩文立　何永聚

李　东　邢林林　周　攀

前　言

近年来，我国畜牧业持续稳定发展，规模化养殖水平显著提高，保障了肉蛋奶供给，但大量没有得到有效处理和利用的养殖废弃物，成为农村环境治理的一大难题。畜禽养殖废弃物资源化利用，关系到畜禽产品有效供给，关系到农村居民生产生活环境改善，是重大的民生工程。为加快推进畜禽养殖废弃物资源化利用，促进农业可持续发展，国务院办公厅于 2017 年 5 月 31 日发布《国务院办公厅关于加快推进畜禽养殖废弃物资源化利用的意见》（国办发〔2017〕48 号）；2017 年 7 月 7 日农业部印发《畜禽粪污资源化利用行动方案（2017—2020 年）》（农牧发〔2017〕11 号）；2018 年 1 月 5 日农业部办公厅印发《畜禽规模养殖场粪污资源化利用设施建设规范（试行）》（农办牧〔2018〕2 号）；2018 年 3 月 8 日，农业部和环境保护部联合印发《畜禽养殖废弃物资源化利用工作考核办法（试行）》（农牧发〔2018〕4 号）。从这些国家部委印发的文件可以看出，畜禽养殖废弃物资源化利用是保障畜禽养殖业持续健康发展的重要保障。

为推进我国畜禽重大疫病防控与高效安全养殖的科技创新，驱动我国畜禽养殖产业转型升级与可持续发展，依据《国家中长期科学和技术发展规划纲要（2006—2020 年）》、《国家中长期动物疫病防治规划（2012—2020 年）》（国办发〔2012〕31 号）和《国务院印发关于深化中央财政科技计划（专项、基金等）管理改革方案的通知》（国发〔2014〕64 号）等精神，启动实施“畜禽重大疫病防控与高效安全养殖综合技术研发”重点专项（以下简称“专项”）。根据专项实施方案的统一部署，2018 年启动了“优质肉鸡高效安全养殖技术应用与示范”项目，并设置了“肉鸡养殖废弃物资源化利用技术集成与示范”课题（2018YFD0501405）。该课题重点开展鸡场废弃物能源化、肥料化、饲料化利用等资源化利用过程和产品的检测以及安全性评估。在总结课题研究成果的基础上，结合目前养殖废弃物资源化利用行业技术进展，课题研发团队编写本书，为鸡场行业相关的企业生产、科研、管理等人员提供技术指导和实践参考。

本书第 1 章（鸡场废弃物种类及利用）介绍了鸡场废弃物种类、危害、养鸡场清粪技术和资源化利用思路，由中国科学院成都生物研究所李东撰写；第 2 章（粪污沼气发酵利用）详细介绍了沼气发酵原理、沼气生产工艺、沼气工程设备和沼气利用方式，由中国科学院成都生物研究所李东撰写；第 3 章（粪便好氧堆肥利用）详细介绍了好氧堆肥原理、好氧堆肥工艺及设备、好氧堆肥生物技术，由中国科学院成都生物研究所陈意超撰写；第 4 章（有机肥料施用技术）详细介绍了有机肥料养分特性、施用原则、果园和菜田施用技术以及复合功能有机肥，由中国科学院成都生物研究所陈意超撰写；第 5 章（死淘鸡无害化处理与资源化利用技术）详细介绍了死淘鸡无害化处理现状、主要方式、操作管理规范以及资源化利用方向，由山东百德生物科技有限公司何永聚、韩文立撰写；第 6 章（鸡场废弃物饲料化利用技术）详细介绍了鸡粪生产饲料、羽毛微生物降解产寡肽、鸡粪沼液生产单细胞蛋白等新技术，由中国科学院成都生物研究所李东和周攀撰写；第 7 章（资源化利用过程检测及安全性评估）详细介绍了堆肥工艺、厌氧消化、死淘鸡生产氨基酸水溶肥等全过程的检测及安全性评估，由山东省动物疫病预防与控制中心陈静、邢林林撰写；附录汇编了养殖废弃物无害化处理和资源化利用标准，包括无害化处理、沼气化利用、肥料化利用、饲料化利用以及安全性评估检测标准，由中国科学院成都生物研究所李东撰写。

作者希望通过本书为从事和关心养殖废弃物的人们提供一些有益的帮助，包括从事科学研究、技术开发的人员和企业界人士等，且希望本领域的养殖农户也能够从中受益。本领域科技发展日新月异，书中对最新科技进展介绍，难免有所疏漏。同时，由于作者水平有限，书中可能存在不足，敬请广大读者批评指正。也希望本书的出版能够起到抛砖引玉的作用，促进我国鸡场废弃物资源化利用事业更好、更快地发展。

在本书撰写过程中，曹沁和张露参与了本书的统稿校对工作。值此本书出版之际，向所有对本书给予支持、关心和帮助过的领导、长者、朋友和同事们表达我们最衷心的感谢。

著　者

2024 年 10 月

目　　录

第 1 章　鸡场废弃物种类及利用

1.1　鸡场废弃物种类

据中国畜牧业协会禽业分会统计，2023 年中国肉鸡出栏量总计 130.22 亿只。肉鸡在鸡场养殖过程中将产生大量的养殖废弃物，包括粪便、垫料、冲洗废水、死淘鸡、孵化废弃物（胎蛋、蛋壳等）以及伴生的恶臭气体，另外在肉鸡屠宰加工过程中会产生大量的羽毛。

1. 鸡粪

鸡粪是鸡场的主要废弃物。一只鸡每天可产鲜鸡粪 0.14～0.16kg，一年产鲜粪 50～60kg。一个年出栏 10 万只鸡的工厂化养鸡场，每天产鲜粪可达 10t，年产鸡粪达 3600t。据农业农村部测算，2021～2023 年我国每年产生畜禽粪污约 30.5 亿 t，其中家禽养殖每年产生粪污约 6.2 亿 t，占所有畜种粪污总量的 16.3%。鸡粪若处理不当，一个鸡场就是一个环境污染源。处理与利用好鸡粪，不仅可以节约资源，有效保护环境，而且还有很好的经济、生态和社会效益。

由于鸡的消化道较短，饲料在消化道内停留时间较短，消化吸收率低，如玉米的消化率为 80%、麦麸的消化率仅为 48%，因此鸡粪中仍含有大量未被消化吸收的饲料养分，这就决定了鸡粪中含有大量的有机物、氮、磷、钾等物质，而且鸡粪是所有畜禽粪便中氮含量最高的。此外，鸡粪中还含有大量的微生物，且种类繁多，如大肠杆菌、肠球菌、葡萄球菌等，也包括病原微生物，如青霉菌、沙门菌等（李尚民等，2017）。

目前对于鸡粪的处理主要采用好氧堆肥技术和厌氧消化技术进行肥料化和能源化利用。鸡粪中粗蛋白含量为 24%，其中真蛋白为 10.8%，其余为非蛋白氮，并含有多种必需氨基酸，主要营养成分接近某些精料，因此，未来鸡粪处理的趋势为饲料化开发，以缓解我国饲料蛋白质资源不足的问题。

2. 垫料

平养鸡常常使用轧碎的农作物秸秆、锯木屑等作为垫料，育雏时也有使用稻壳、麸皮作为垫料的，这些垫料在使用后，含有大量的鸡粪、少量的羽毛和遗漏的饲料。肉鸡出栏后，垫料要及时清除，且清除要干净彻底。对清除的垫料进行无害化处理，不能重复使用。废弃的一般干燥垫料可以用作燃料；以稻壳、麸皮作为垫料的，进行一定的灭菌处理后还可以用作饲料；而以轧碎的农作物秸秆、锯木屑等作为垫料的则一般多用作肥料（毛均舟等，2005）。

3. 冲洗废水

养殖场的污水主要为冲洗圈舍的污水，这些污水含有大量的有机物与病菌，若不经处理或处理不当会对环境和人畜造成较大危害。养殖场污水处理的基本方法有物理处理法、化学处理法和生物处理法，实践中常将几种处理方法结合起来系统处理。

物理处理法就是利用物理作用除去污水的漂浮物、悬浮物等，同时从废水中回收有用物质的一种简单水处理法，常用于水处理的物理方法有重力分离、过滤、蒸发结晶和物理调节等。化学处理法是利用化学氧化剂将养殖用水中的有机物或有机生物体分解或杀灭，使水质净化而能再利用的方法，最常见的化学处理法有氧化还原法及臭氧法。污水可以通过沉淀法和生物滤塔过滤法来达到排放标准。污水生物处理的类型较多，目前最常用的方法有：生物膜法、活性污泥法、氧化塘法、厌氧处理法等。

4. 死淘鸡

鸡场死淘率一般在 5%～10%，养殖规模的扩大必然带来死淘鸡数量增多（占秀安等，2016）。这些死淘鸡不仅携带大量的病原微生物，污染周边环境，如果处理不当还会对人体健康和养鸡业发展造成严重威胁。近年来，人感染 H7N9 禽流感等事件不断发生，导致部分消费者“谈禽色变”，严重制约了禽产品消费和产业发展。因此，做好死淘鸡的无害化处理和资源化利用势在必行。

对死淘鸡处理过程要符合环境卫生的要求，防止污染环境。目前比较常用的死淘鸡处理方法主要有深埋法、焚烧法、化制法；然而由于死淘鸡中含有丰富的氮、磷、钾等营养元素，尤其是含有丰富的蛋白质和氨基酸成分，在彻底灭菌的前提下进行肥料化和饲料化利用是未来的处理趋势。

5. 羽毛

鸡场和屠宰加工过程中会产生大量羽毛。我国羽毛资源非常丰富，目前羽毛年产 60 多万 t，数量十分庞大。羽毛是最常见的角蛋白资源，作为商业性禽类加工的副产品，粗蛋白的含量很高，一般在 80%以上，最高达到 97%。羽毛中含有丰富的赖氨酸、甲硫氨酸、苏氨酸、色氨酸、组氨酸、甘氨酸、胱氨酸等 18 种氨基酸。羽毛蛋白中除赖氨酸、甲硫氨酸的含量明显较低外，其他必需氨基酸的含量均高于鱼粉，羽毛角蛋白中含硫氨基酸达 9%～11%，在一定程度上可以满足部分动物对胱氨酸的需要。此外，羽毛粉还含有钙、磷等微量元素和其他一些生长因子，同时也含有较高的能量和较多的 B 族维生素，包括核黄素、烟酸和泛酸等（郑久坤和杨军香，2013）。

羽毛粉主要成分见表 1-1，它是具有较高营养价值而且可靠的饲料蛋白资源。但是，羽毛角蛋白比较稳定，必须降解后才能作为畜、禽的蛋白质饲料。目前羽毛降解主要的处理方法为机械法、化学水解法，但存在耗能大、产品的营养易被破坏、“三废”不易处理等问题。用微生物角蛋白酶的生物处理方法实现用羽毛生产氨基酸、寡肽、多肽等高价值饲料添加剂，是未来羽毛高值化利用的发展趋势。

表 1-1　羽毛粉成分

成分	水分	蛋白质	粗纤维	脂肪	灰分	钙	磷
含量/%	5.22	88.80	0.22	2.93	2.31	0.33	0.09

注：表中数据有进行四舍五入。

1.2　鸡场废弃物的危害

随着养鸡场规模化的发展，鸡场废弃物的种类和总量不断增加，这些废弃物所带来的环境污染问题呈现总量增加、程度加剧和范围扩大的趋势，不仅对鸡场本身造成了污染，并且成了周边地区的重大污染源。

1. 污染空气

鸡场废弃物若不及时处理或处理不当，就会腐败而产生大量难闻的恶臭有害气体，如氨、胺、硫醇、吲哚、甲烷、硫化氢、粪臭素等，除了污染空气，还会影响鸡的生长发育、诱发呼吸道疾病，也会影响鸡场工作人员的身心健康。

2. 传播病菌

鸡场废弃物如果得不到合理处置，就会造成环境中微生物污染，如死鸡会滋生出许多病原微生物，直接对鸡场的健康鸡和员工造成威胁；鸡粪中含有大量的寄生虫、虫卵、病原菌、病毒等，通过滋生的蚊蝇传播病菌，尤其是人畜共患病，若不妥善处理，可能引发疫情，进而危害人畜健康。

3. 污染水体

鸡场废弃物中含有大量氮、磷化合物，其污染负荷很高。畜禽排泄物中还含有生产养殖过程中大量使用的促长剂、抗生素以及病原微生物等，它们进入水源和土壤，将会污染地下水。严重时，还会出现水体发黑、变臭，造成持久性的有机污染，使原有水体丧失使用功能，极难治理和恢复。

4. 破坏农田生态

高浓度的鸡场污水长期用于灌溉，会使作物徒长、倒伏、晚熟或不熟，造成减产，甚至导致作物大面积腐烂。此外，高浓度污水可导致土壤孔隙堵塞，造成土壤透气、透水性下降及板结，严重影响土壤质量。

1.3　养鸡场清粪技术

鸡粪是养鸡场最主要的废弃物，养鸡场清粪是鸡粪无害化处理和资源化利用的第一步。根据不同的养殖规模、养殖方式，应选用适合的养鸡场清粪技术（郑久坤和杨军香，2013）。

1. 机械清粪

机械清粪利用专用的机械设备替代人工清理出笼养鸡舍地面的固体粪便，机械设备直接将收集的固体粪便运输至鸡舍外，或直接运输至粪便贮存设施；地面残余粪尿用少量水冲洗，污水通过粪沟排入舍外贮粪池。

1）刮板清粪

刮板清粪是机械清粪的一种，在笼养鸡场使用较多。刮板清粪分往复式刮板清粪和链式刮板清粪，通过电力带动刮板沿纵向粪沟将粪便刮到横向粪沟，然后排出舍外，见图 1-1。

图 1-1 养鸡场刮板清粪装置

往复式刮板清粪装置由带刮板的滑架、驱动装置、导向轮、紧张装置和刮板等部分组成。刮板清粪装置通常安装于明沟或漏缝地板下的粪沟中，刮粪板进行直线往复运动进行刮粪。

链式刮板清粪装置由链刮板、驱动器、导向轮、紧张装置等组成，通常安装在禽舍的明沟中，驱动器通过链条或钢丝绳带动链刮板形成一个闭合环路，在粪沟内单向移动，将粪便带到鸡舍污道端的集粪坑内，然后由倾斜的升运器将粪便送出舍外。

刮板清粪的优点：①能做到一天 24h 清粪，时刻保持鸡舍内清洁；②机械操作简便，工作安全可靠；③刮板高度及运行速度适中，基本没有噪声，对鸡不造成负面影响；④运行和维护成本低。

刮板清粪的缺点：链条或钢丝绳与粪尿接触时容易被腐蚀而断裂。

2）输送带清粪

输送带清粪主要用于层叠养鸡舍。输送带清粪系统由电机和减速装置、链传动、主动辊、被动辊、承粪带等部分组成，见图 1-2。其工作原理是：承粪带安装在每层鸡笼下面，粪便自动落入鸡笼下的承粪带，并在其上积累，当系统启动时，由电极和减速器通过链条带动各层的主动辊运转，在被动辊和主动辊的挤压下产生摩擦力，带动承粪带沿鸡笼组长度方向移动，将鸡粪输送到下一端，然后由端部设置的刮粪板刮落，实现清粪。该系统间歇性运行，通常每天运行一次。

图 1-2　养鸡场输送带清粪装置

目前，国内输送带清粪系统的主要结构参数为：驱动功率 1～1.5kW，运行带速 10～12m/min，输送带宽度 0.6～1.0m，使用长度≤100m。鸡场可根据鸡舍饲养鸡的数量和鸡笼宽度等选择合适的清粪系统参数。

2. 半机械清粪

对于网养鸡场，人工清粪效率低，国内又没有专门的清粪设备的情况下，我国推出了用铲车改装成的清粪铲车，可将其看成是人工清粪到机械清粪的一种过渡方式。

铲式清粪车通常由小型装载机改装而成，推粪部分利用废旧轮胎制成一个刮粪斗，也可在小型拖拉机前悬挂刮粪铲组成，以用装载机或拖拉机的动力将粪便由粪区通道推出舍外。

铲式清粪车的优点：①灵活机动，一台机器可清理多栋鸡舍；②结构简单，维护保养方便；③清粪铲不是经常浸泡在粪尿中，受粪尿腐蚀不严重；④不靠电力，尤其适用于缺少电力的养殖场。

铲式清粪车的缺点：①由于机器燃油，运行成本较高；②不能充分发挥原装载车的功能，造成浪费；③机器体积大，需要的工作空间大；④工作噪声较大，会对鸡造成一定的负面影响。

3. 人工清粪

人工清粪即通过人工清理出鸡舍地面的固体粪便，人工清粪只需要用一些简单的清扫工具、手推车等即可完成，主要用于网养鸡场。

鸡舍内大部分的固体粪便通过人工清理后，用手推车送到贮粪设施中暂时存放，地面残余粪尿用少量水冲洗，污水通过粪沟排入舍外贮粪池。该清粪方式的优点是不用电力，投资较少，还可做到粪尿分离；缺点是劳动力需求大，生产效率低。因此，这种方式通常只适用于家庭养殖和小规模养鸡场。

1.4　鸡场废弃物资源化利用思路

鸡场废弃物无害化处理和资源化利用应综合考虑养殖规模、废弃物类型、周边需求和处理成本等多个因素，一般来讲，遵循以下五个思路来选择适当的处理利用方式。

1. 源头减排、预防为主

鸡场的日粮养分中，只有部分能被肉鸡吸收用于其生长和繁殖，其余部分随排泄物进入环境。此外，由于生产需要，肉鸡日粮中添加铜、锌、硒等金属成分，但肉鸡所摄取的金属成分中，只有5%～15%能被吸收，大部分排泄到环境中。因此，解决鸡场废弃物污染问题首先应从日粮入手，通过科学的日粮配制技术和生物技术在饲料中的应用，提高饲料中营养物质利用率。近年来，动物营养学领域通过降低日粮中氮和磷等营养物质的浓度、提高日粮中营养物质的消化利用率、减少或禁止使用有害添加物以及科学合理的饲养管理措施，减少畜禽排泄物中氮、磷养分及重金属的含量。

饲料源头减排技术的优点在于既能减少部分饲料养分投入，节约饲料资源，又能减少环境污染。但是，养殖废弃物的饲料源头减排不应以牺牲肉鸡生产性能为代价，而应平衡生产效益与环境效益之间的关系（占秀安等，2015）。

2. 种养结合、利用优先

鸡场废弃物富含农作物生长所需的氮、磷等养分和微量元素，如果利用得当，它应该是很好的农业生产资源，不应将其视为污染物。鸡场废弃物经过适当的处理后，固体部分可通过好氧发酵堆肥生产有机肥，液体部分可作为液体肥料，不仅能改良土壤和为农作物生长提供养分，而且能大大降低粪污的处理成本，缓解环保压力（李绍钰等，2010）。因此，优先选择对鸡场废弃物进行资源化循环利用，发展有机农业，通过种植业和养殖业的有机结合，实现农村生态效益、社会效益、经济效益的协同发展。

种养结合是解决养殖业污染难题和促进养殖废弃物资源化利用的重要举措。为此，国务院和农业部出台了《国务院办公厅关于加快推进畜禽养殖废弃物资源化利用的意见》《到2020年化肥使用量零增长行动方案》《畜禽粪污资源化利用行动方案（2017—2020年）》《开展果菜茶有机肥替代化肥行动方案》《种养结合循环农业示范工程建设规划（2017—2020）》等一系列不同层次的政策指导意见。值得一提的是，2019年12月，农业农村部办公厅、生态环境部办公厅联合印发《关于促进畜禽粪污还田利用依法加强养殖污染治理的指导意见》（农办牧〔2019〕84号），指出应正确认识畜禽粪污的资源属性和污染风险，加快畜禽养殖污染防治从重达标排放向重全量利用转变，积极推行种养结合、粪污还田利用。未来十年我国有机农业生产面积以及有机农产品生产增长率将在 20%～30%，有机农产品生产对以养殖废弃物为原料的有机肥将有很大的市场需求。

当然，基于养殖废水的液体肥料，由于运输比较困难、成本较高，提倡就近利用。因此，养殖场周围要有足够的农田面积，不仅如此，由于农业生产中的肥料施用具有季节性，应有足够容积的设施对非施肥季节的液体肥料进行贮存。对液体肥料的农业利用，要制定合理的规划并选择适当的施用技术，既要避免施用不足导致农作物减产，也要避免施用过量导致水土环境污染，实现养殖废弃物资源化与环保效益的双赢。

3. 根据特性、多元利用

鸡场废弃物包括鸡粪、垫料、冲洗废水、死淘鸡、羽毛等，其来源种类多样、含水率高低不同、成分差异较大、营养价值参差不齐、安全风险各不相同，单一的利用方式无法实现鸡场废弃物的安全高值利用，需要针对不同的废弃物特点，进行多元化利用，甚至是多级多元化利用。

以干清粪为例，其富含碳、氢能源元素和氮、磷肥料元素，而碳、氢、氮本身就是最主要的饲料营养元素，因此不仅可以采用厌氧消化制沼气进行能源化利用，也可以通过好氧堆肥进行肥料化利用，还可以通过灭菌后利用微生物同化作用将非蛋白氮（氨氮、尿素等）转化为蛋白氮（氨基酸、肽、蛋白质）的方式进行饲料化利用（张培大，2014）。以养鸡粪污混合物为例，可以进行梯级利用，首先进行高固体浓度厌氧消化制备生物燃气，发酵剩余物进行固液分离，沼渣进行肥料化利用，沼液在有条件的情况下进行还田利用，在不具备还田条件下，可以进行氮磷资源回收（羿静，2009）。

4. 因地制宜、合理选择

我国南北气候和地势差异较大、养殖场周围条件各不相同、养殖场规模大小不一、养殖场所在地环境要求也有所差别，任何一种鸡场废弃物资源化利用技术都不能适用于所有养殖场。因此，应综合考虑我国各地区社会经济发展水平、资源环境条件、环境保护目标，根据鸡场的实际情况，采取不同的污染治理工程措施和废弃物资源化利用手段，切实解决养殖场的污染治理问题、实现废弃物资源化利用。

例如，对于农村地区，周围农田面积充足的规模化鸡场，建议选择种养结合的还田利用方法，对养殖粪污厌氧消化处理后进行农田利用，将沼渣沼液作为有机肥料用于大田作物、蔬菜、水果和林木的种植。对于城市郊区，周围农田面积有限的规模化养殖场，建议对养殖粪便进行好氧堆肥生产有机肥，对冲洗废水进行净化处理后回用或达标排放。尤其是使用自来水的养殖场，由于用水成本高，处理后回用不仅可以节约水资源，还能降低生产成本。对于排放的处理污水，由于不同地区执行的标准不同，处理污水应采用不同的工艺以满足当地环保要求。

5. 全面考虑、统筹兼顾

对于鸡场粪污，污水的处理较固体粪便的处理难度大，而且养殖污水量与生产中的多个环节相关，因此，应综合考虑养殖生产工艺、清粪方式、生产管理、土地消纳等多个因素，确定适当的养殖污水处理技术；也可根据既定的污水处理方式，选择适当的生产工艺或清粪方式，但是必须将生产工艺（或清粪方式）与污水处理方式统筹考虑。例如，对于周边有足够土地消纳的鸡场，可以采用水冲粪，粪污混合厌氧消化，提高能源产率，同时沼渣沼液还田利用；对于周边没有土地消纳的鸡场，应采用干清粪，保证污水中较低的固形物含量，利于后续达标排放处理，干粪便则适宜好氧堆肥或干式厌氧发酵，不适宜湿式厌氧消化；对于采用垫料的鸡场，由于污水量很少甚至为零，不必建设污水处理设施，包含垫料和鸡粪的固体废弃物宜进行堆肥处理。

参 考 文 献

李尚民，范建华，蒋一秀，等，2017. 鸡场废弃物资源化利用的主要模式[J]. 中国家禽，39（22）：67-69.

李绍钰，魏凤仙，焦玉萍，等，2010. 肉鸡养殖废弃物处理及调控措施[J]. 中国家禽，32（6）：36-38.

毛均舟，王涛，王俊红，2005. 肉鸡场如何正确使用垫料[J]. 当代畜牧，34（11）：1.

羿静，2009. 鸡场废弃物的处理与利用[J]. 畜牧与饲料科学，30（S2）：218-219.

占秀安，李卫芬，钱利纯，2016. 鸡场废弃物处理现状与建议[J]. 北方牧业（7）：26.

占秀安，杨军香，李卫芬，等，2015. 肉鸡养殖减排及废弃物处理技术[J]. 中国家禽，37（9）：54-55.

张培大，2014. 鸡场废弃物的处理与利用[J]. 新疆畜牧业，29（1）：16-17，37.

郑久坤，杨军香，2013. 粪污处理主推技术[M]. 北京：中国农业科学技术出版社.

第 2 章　粪污沼气发酵利用

2.1　沼气发酵原理

2.1.1　沼气发酵过程

沼气发酵又称厌氧消化，是指在没有溶解氧、硝酸盐和硫酸盐等电子受体存在的条件下，微生物将有机质（糖、淀粉、纤维素、蛋白质、脂肪和氨基酸等）进行分解并转化为甲烷、二氧化碳、微生物细胞、无机营养物质等的过程，包括生物化学过程和物理化学过程，见图 2-1。各种复杂有机质，无论是颗粒性固体还是溶解状态，无论是复杂有机质还是成分相对单一的纯有机质，都可以经过该生物化学过程产生沼气（袁振宏等，2016）。

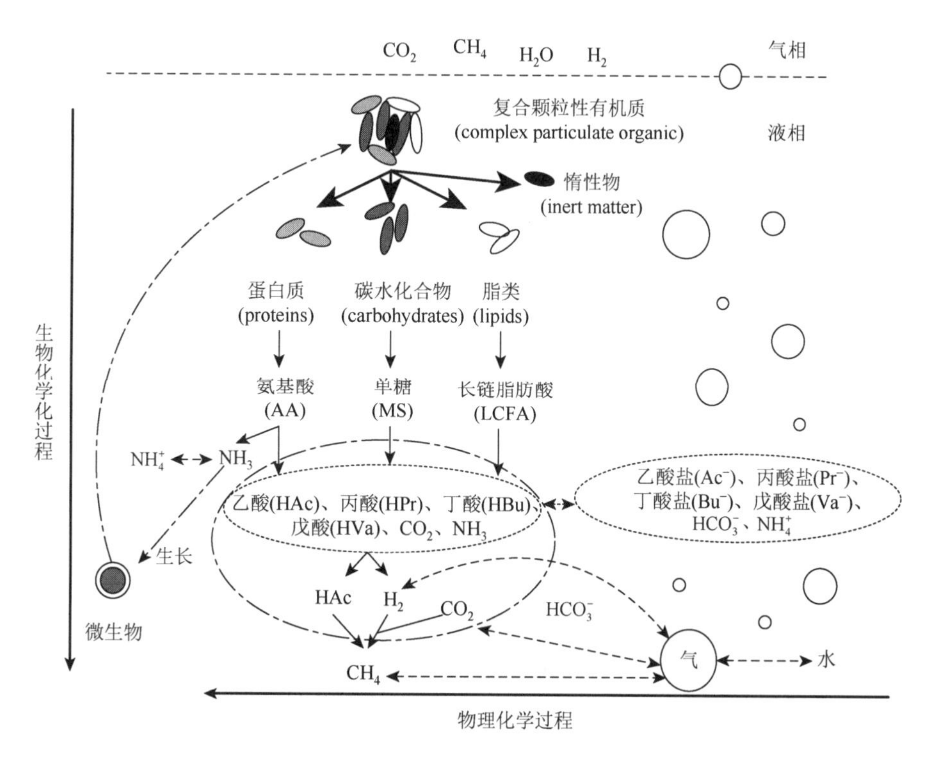

图 2-1　有机质厌氧发酵过程

图 2-2 为有机质厌氧发酵的生化模型，包括以下几个步骤。

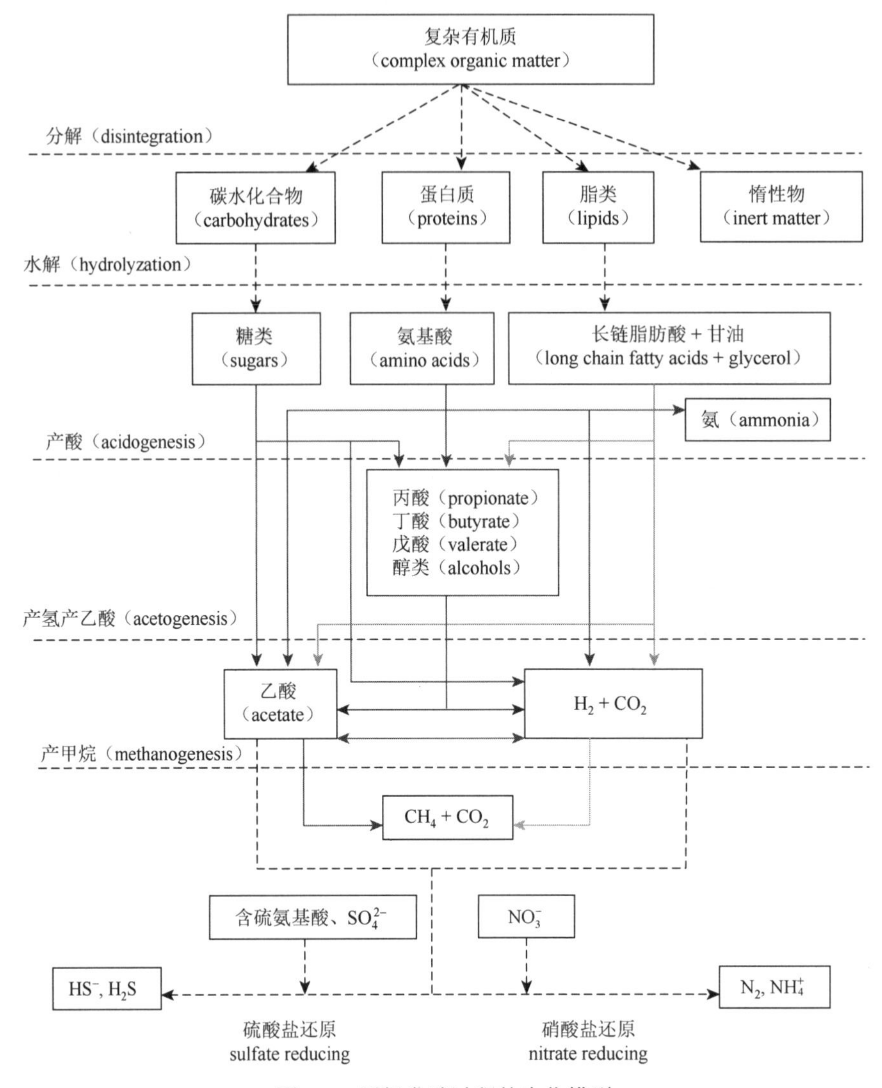

图 2-2　厌氧发酵过程的生化模型

（1）胞外分解（disintegration）：指具有多种反应特性的混合颗粒物质的降解，在很大程度上是非生物过程，它把混合颗粒底物转化为惰性物、碳水化合物、蛋白质和脂类，包括一系列作用，如溶解、非酶促衰减、相分离和物理性破坏。

（2）胞外水解（hydrolyzation）：指相对较纯的底物降解，即碳水化合物、蛋白质和脂类经胞外酶水解，分别生成单糖（或二糖）、氨基酸、长链脂肪酸和甘油，如纤维素被纤维素酶水解为纤维二糖和葡萄糖，淀粉被淀粉酶水解为麦芽糖和葡萄糖；蛋白质被蛋白酶水解为氨基酸，脂类被脂肪酶水解为长链脂肪酸和甘油。

（3）产酸（acidogenesis）：指水解阶段产生的小分子化合物在发酵性细菌的细胞内转化为更简单的小分子有机酸（如乙酸、丙酸、丁酸、戊酸）、乙醇、CO_2 和 H_2 等，并分泌到细胞外，另外，氨基酸产酸降解的同时伴随氨的生成。

（4）产氢产乙酸（acetogenesis）：指产酸阶段生成的小分子有机酸（乙酸除外）进一

步转化为乙酸、H_2 和 CO_2 的过程。然而乙酸和 CO_2/H_2 之间又存在相互转化，包括乙酸氧化产 CO_2/H_2 以及 CO_2/H_2 同型产乙酸。

（5）产甲烷（methanogenesis）：指乙酸、H_2 和 CO_2 转化为甲烷和 CO_2 的过程，包括乙酸营养型产甲烷（aceticlasic methanogenesis）和氢营养型产甲烷（hydrogenotrophic methanogenesis）。

当厌氧沼气发酵系统中存在硫酸根或含硫有机质，并且含有硫酸盐还原菌时，发酵系统会进行硫酸盐还原生成硫化氢；当存在硝酸根，并且含有硝酸盐还原菌时，发酵系统会进行硝酸盐还原生成氮；含氮有机物在厌氧消化过程中会氨化，液相中的氨会随着沼气上升进入气相中。综上原因，沼气通常含有少量的硫化氢（H_2S）、氮（N_2）、氨（NH_3）。

2.1.2　沼气发酵微生物

1. 水解发酵产酸菌

从生物化学角度来讲，有机质的主要成分为碳水化合物、蛋白质和脂类，其中碳水化合物是发酵原料的主要成分，包括淀粉、纤维素、半纤维素以及果胶质等。这些复杂有机质（除单糖和寡糖）大多数在水中不能溶解，必须首先被水解发酵产酸菌所分泌的胞外水解酶水解为可溶性的糖、肽、氨基酸、脂肪酸和甘油后，才能被微生物吸收利用。水解发酵产酸菌将上述可溶性物质吸收进入细胞后，经发酵作用将它们降解转化为乙酸、丙酸、丁酸、戊酸等有机酸和醇类以及少量的 H_2 和 CO_2（钱泽澍和闵航，1984）。

1）碳水化合物的水解发酵产酸

反应过程如下：

$$\left(C_6H_{10}O_5\right)_n + nH_2O \xrightarrow{\text{水解}} nC_6H_{12}O_6$$

$$C_6H_{12}O_6 + 2H_2O \xrightarrow{\text{产酸}} 2CH_3COOH(\text{乙酸}) + 2CO_2 + 4H_2$$

$$C_6H_{12}O_6 + 2H_2 \xrightarrow{\text{产酸}} 2CH_3CH_2COOH(\text{丙酸}) + 2H_2O$$

$$C_6H_{12}O_6 \xrightarrow{\text{产酸}} CH_3CH_2CH_4COOH(\text{丁酸}) + 2CO_2 + H_2$$

$$2C_6H_{12}O_6 \xrightarrow{\text{产酸}} CH_3COOH(\text{乙酸}) + CH_3CH_2COOH(\text{丙酸}) + CH_3CH_2CH_4COOH(\text{丁酸}) + 3CO_2 + 2H_2$$

$$C_6H_{12}O_6 \xrightarrow{\text{产酸}} 2CH_3CH_2OH(\text{乙醇}) + 2CO_2$$

$$C_6H_{12}O_6 \xrightarrow{\text{产酸}} 2CH_3CHOHCOOH(\text{乳酸})$$

瘤胃中的淀粉水解产酸菌有嗜淀粉拟杆菌（*Bacteroides amylophilus*）、牛链球菌（*Streptococcus*）、反刍形单孢菌（*Selenomonas ruminantium*）、溶淀粉琥珀酸单孢菌（*Succinimonas amylolytica*）、瘤胃拟杆菌（*Bacteroides ruminicola*）等。其中嗜淀粉拟杆菌是瘤胃中主要的淀粉水解菌，此菌对淀粉颗粒有很强的附着能力。厌氧反应器中的淀粉水解产酸菌主要是芽孢杆菌、拟杆菌、乳杆菌和螺旋体。

瘤胃中的纤维素水解产酸菌主要有产琥珀酸拟杆菌（*B. succinogenes*）、溶纤维丁酸弧菌（*Butyrivibrio fibrisolvens*）、金黄色瘤胃球菌（*Ruminococcus flavefaciens*）、白色瘤胃球菌（*Ruminococcus albus*）、洛氏梭菌（*Clostridium lochheadii*）、长孢梭菌（*Clostridium longisporum*）、小生纤维梭菌（*C. cellobioparus*）、热纤梭菌（*C. thermocellum*）、粪堆梭菌（*C. stercorarium*）、溶纤维真杆菌（*Eubacterium cellulosolvens*）等。从厌氧反应器中分离到的纤维素水解产酸菌主要有解纤维素醋弧菌（*Acetivibrio cellulolyticus*）、嗜纤维梭菌（*C. cellulovorans*）。其他环境中的纤维素水解产酸菌包括溶纸梭菌（*C. papyrosolvens*）、溶纤维拟杆菌（*B. cellulosolvens*）。

瘤胃中主要的半纤维素水解产酸菌为革兰氏阴性、不生芽孢的杆菌和球菌，如瘤胃拟杆菌（*B. ruminicola*）、溶纤维拟杆菌（*B. fibrisolvens*）、溶纤维丁酸弧菌（*Butyrivibrio fibrisolvens*）、解木聚糖拟杆菌（*B. xylanolyticus*）。半纤维素水解比纤维素快，能水解纤维素的细菌，大多能水解半纤维素，有许多不能水解纤维素的细菌却能水解半纤维素。

有关木质素厌氧降解的研究不多，但已分离到两种能分解芳香族化合物的细菌。一类是能运动的革兰氏阴性杆菌，其与利用氢的细菌协同完成苯甲酸盐的降解，产物为甲酸、乙酸、CO_2、H_2。另一类为革兰氏阴性无芽孢的杆状厌氧菌，可单独完成环状化合物的降解。

瘤胃中的果胶水解产酸菌主要有多对毛螺菌（*Lachnospira mutiparus*）、溶纤维拟杆菌（*B. fibrisolvens*）、瘤胃拟杆菌（*B. ruminicola*）、产琥珀酸拟杆菌（*B. succinogenes*）、瘤胃螺旋体。从其他环境中分离得到的果胶水解产酸菌有嗜果胶梭菌（*C. pectinovorum*）、费新尼亚梭菌（*C. felsineum*）、阴沟肠杆菌（*Enterobacter cloacae*）、嗜果胶拟杆菌（*B. pectinophilus*）、半乳糖醛酸拟杆菌（*B. galacturonicus*）。

2）蛋白质的水解发酵产酸

蛋白质首先在胞外蛋白酶的作用下生成各类氨基酸，而氨基酸种类繁多，有 20 余种氨基酸，有脂肪族氨基酸、含硫氨基酸、芳香族氨基酸和杂环氨基酸等，不同的氨基酸具有其自身的降解途径。在厌氧条件下，各种氨基酸通过以下 3 种途径进行降解并产有机酸。

（1）Stickland 反应。

$$CH_3CH(NH_2)COOH（丙氨酸）+ 2NH_2CH_2COOH（甘氨酸）+ 2H_2O \longrightarrow 3CH_3COOH(乙酸) + CO_2 + 3NH_3$$

（2）氨基酸氧化脱氨反应。

$$(CH_3)_2CHCH_2CH(NH_2)COOH（亮氨酸）+ 2H_2O \longrightarrow CH_3CH_2CH(CH_3)COOH(异戊酸) + CO_2 + NH_3 + 2H_2 \quad \Delta G^{0'} = +4.2kJ/mol$$

$$HSCH_2CH(NH_2)COOH(半胱氨酸) + 2H_2O \longrightarrow CH_3COOH(乙酸) + HCOOH(乙酸) + NH_3 + H_2S$$

（3）氨基酸还原脱氨反应。

$$NH_2CH_2COOH（甘氨酸）+ H_2 \longrightarrow CH_3COOH(乙酸) + NH_3$$

90%的氨基酸通过 Stickland 反应降解产酸，仅有 10%左右的氨基酸通过氧化或还原脱氨反应进行降解，其中以亮氨酸为例的氧化脱氨反应在标准条件下是一个热动力学不可行的反应，仅有较低的氢气分压条件下才能进行，也就是说只有存在耗氢细菌（如同型产乙酸菌或氢营养型产甲烷菌）时，该反应才能进行。从上述反应式可以看出，蛋白质（或氨基酸）含量的多少，直接影响沼气中氨和硫化氢的含量。异丁酸和异戊酸主要来源于支链氨基酸降解。

瘤胃中的蛋白质水解产酸菌主要为拟杆菌（*Bacteroides*），消化器中的蛋白质水解产酸菌主要为梭菌（*Clostridium*），如腐败梭菌（*C. putrificum*）、嗜热腐败梭菌（*C. thermoputrificum*）、类腐败梭菌（*C. paraputrificum*）等。腐败梭菌的蛋白分解能力很强，膨大的芽孢生于菌体的一端。

3）脂类物质的水解发酵产酸

脂类物质在胞外脂肪酶的作用下，首先水解生成甘油和长链脂肪酸（LCFA），甘油可进入糖代谢途径被分解，长链脂肪酸则通过 β-氧化进一步被微生物降解为多个乙酸及氢气，当然在此过程中也会形成正丁酸和正戊酸。

$$n\text{-LCFA} \xrightarrow{\beta\text{-氧化}} (n-2)\text{-LCFA} + CH_3COOH(\text{乙酸}) + 2H_2 \qquad \Delta G^{\ominus'} = +48\text{kJ/mol}$$

$$n\text{-LCFA} \xrightarrow{\beta\text{-氧化}} \frac{n}{2}CH_3COOH(\text{乙酸}) + nH_2$$

$$n\text{-LCFA} \xrightarrow{\beta\text{-氧化}} \left(\frac{n}{2}-1\right)CH_3COOH(\text{乙酸}) + CH_3CH_2COOH(\text{丙酸}) + (n-1)H_2$$

从热动力学角度来看，长链脂肪酸的降解（β-氧化）很难进行，只有当氢分压低于 10^{-3}atm（$1\text{atm} = 1.01325 \times 10^5\text{Pa}$）时该反应才能进行。因此，该反应同样需要与耗氢反应耦合进行。必须与氢利用细菌（主要为产甲烷菌）共同培养才能从消化器中分离到降解脂肪酸的细菌。

瘤胃中的溶脂厌氧弧菌（*Anaerovibrio lipolytic*）是一个水解甘油三酯活性很高，但不水解磷脂和半乳糖酯的细菌。该菌体呈革兰氏阴性，菌体弯曲，发酵甘油时主要产物为琥珀酸和丙酸，还有少量乳酸和 H_2。丁酸弧菌属（*Butyrivibrio*）能脱去半乳糖酯和卵磷脂酰基。模式菌株溶纤维丁酸弧菌（*B. fibrisolvens*）产生的磷脂酶 A，水解卵磷脂产生游离的磷脂，磷脂又被溶血磷脂酶生成甘油和脂肪酸。在消化器中，只有氢化的脂肪酸才能被进一步代谢，脂肪分解细菌都具有氢化脂肪酸的能力。

2. 互营产氢产乙酸菌

产酸发酵菌群产生的丙酸、正丁酸、异丁酸、戊酸、异戊酸和乙醇等，均必须由互营产氢产乙酸菌将其分解转化为乙酸、氢气和二氧化碳才能被产甲烷菌利用。主要反应过程如下：

$$CH_3CH_2COOH(\text{丙酸}) + 2H_2O \longrightarrow CH_3COOH + CO_2 + 3H_2 \qquad \Delta G^{\ominus'} = +76.1\text{kJ/mol}$$

$$CH_3CH_2CH_2COOH(\text{丁酸}) + 2H_2O \longrightarrow 2CH_3COOH + 2H_2 \qquad \Delta G^{\ominus'} = +48.1\text{kJ/mol}$$

$$CH_3CH_2OH(\text{乙醇}) + H_2O \longrightarrow CH_3COOH + 2H_2 \qquad \Delta G^{\ominus'} = +9.6\text{kJ/mol}$$

$$CH_3CHOHCOOH(\text{乳酸}) + H_2O \longrightarrow CH_3COOH + CO_2 + 2H_2 \qquad \Delta G^{\ominus'} = -4.2\text{kJ/mol}$$

从以上反应式可以看出，除乳酸外，在标准条件下产氢产乙酸反应不能进行，同样，只有产氢产乙酸菌产生的氢被耗氢细菌及时地利用，使得沼气发酵系统中维持极低的氢分压时，产氢产乙酸反应才能持续进行。

在厌氧沼气发酵过程中，这种在不同生理类群菌种之间氢的产生和利用的偶联现象称为种间氢转移。产氢微生物只有在耗氢微生物共存的条件下才能生长和代谢以使底物降解为较短链的乙酸。这种产氢微生物与耗氢微生物间生理代谢的联合称为互营联合，互营联合菌之间的种间氢转移是推动沼气发酵稳定而连续的生物力。然而，也正是由于这种互营关系，在正常运行的厌氧反应器所产生的沼气中很难检测到氢，一旦这种互营关系遭到破坏，如耗氢菌的活性受到抑制，沼气中就会检测到氢。氢的大量积累，又会反馈抑制产氢产乙酸反应。

互营产氢产乙酸菌包括互营丙酸氧化菌和互营丁酸/戊酸氧化菌。已经分离的中温互营丙酸氧化菌有 *Pelotomaculum propionicicum*、*Pelotomaculum schinkii*、*Syntrophobacter sulfatireducens*、*Syntrophobacter fumaroxidans*、*Syntrophobacter pfennigii*、*Syntrophobacter wolinii*，中温互营丁酸/戊酸氧化菌有 *Syntrophomonas wolfei* subsp. Wolfei、*Syntrophomonas curvata*、*Syntrophomonas bryantii*、*Syntrophomonas erecta* subsp. Erecta、*Syntrophomonas palmitatica*、*Syntrophus aciditrophicus*。

高温互营丙酸氧化菌有 *Desulfotomaculum thermobenzoicum* subsp. *thermosyntrophicum*、*Pelotomaculum thermopropionicum*，高温互营丁酸/戊酸氧化菌有 *Thermosyntropha tengcongensis*、*Thermosyntropha lipolytica*、*Syntrophothermus lipocalidus*。

3. 同型产乙酸菌

同型产乙酸菌也称为耗氢产乙酸菌，是一类既能自养又能异养的混合营养型细菌。其典型特征是能够利用一碳化合物（CO 或 CO_2）代谢生成乙酸，该类细菌含有一氧化碳脱氢酶/乙酰辅酶 A 合成酶（CODH/ACS）系统，同时，它们也能利用糖类进行异养代谢并生成乙酸：

$$2CO_2 + 4H_2 \longrightarrow CH_3COOH + 2H_2O \quad \Delta G^{\ominus'} = -95kJ/mol$$

$$4CO + 2H_2O \longrightarrow CH_3COOH + 2CO_2 \quad \Delta G^{\ominus'} = -95kJ/mol$$

$$C_6H_{12}O_6 \longrightarrow 3CH_3COOH$$

这些菌在厌氧消化中的作用在于增加了产甲烷的直接前体物质——乙酸，同时它们由于其同型产乙酸作用消耗了氢，对保持厌氧消化系统中较低的氢分压起到积极作用。在中温条件下，同型产乙酸菌具有比硫酸盐还原菌和产甲烷菌更高的氢极限浓度，因此，通常认为它们在厌氧反应器中不占主导地位。然而，温度低于 20℃时，同型产乙酸菌可能对氢的氧化有显著的影响，因为产甲烷菌在低温下活性很低，且同型产乙酸菌是生长相对较快的细菌。有研究表明，该类细菌在污泥中含有 10^5～10^6 个/mL。

已分离的同型产乙酸菌有伍氏醋酸杆菌（*Acetobacterium woodii*）、威氏醋酸杆菌（*Acetobacterium wieringae*）、醋酸梭菌（*Clostridium aceticum*）、基维产醋菌（*Acetogenium kivi*）、热醋穆尔氏菌（*Moorella thermoacetica*）、嗜热自养穆尔氏菌（*Moorella thermoautotrophica*）、甲基营养丁酸杆菌（*Butyribacterium methylotrophicum*）、黏液真杆菌（*Eubacterium limosum*）、生产消化链球菌（*Peptostreptococcus productus*）、永达尔梭菌（*Clostridium ljungdahlii*）、食一氧化碳梭菌（*Clostridium carboxidivorans*）、自产醇梭菌（*Clostridium autoethanogenum*）等多种。

4. 互营乙酸氧化细菌

乙酸氧化反应通过互营乙酸氧化细菌来完成，该细菌与氢营养型产甲烷菌在一个互营群落内，乙酸首先被氧化为 H_2 和 CO_2，随后被迅速转化成甲烷以保证极低的氢分压，使得乙酸氧化能够进行，可以将两个反应合并，则为乙酸产甲烷。

$$CH_3COOH + 2H_2O \longrightarrow 2CO_2 + 4H_2 \qquad \Delta G^{\ominus'} = +104 kJ/mol$$

$$CO_2 + 4H_2 \longrightarrow CH_4 + 2H_2O \qquad \Delta G^{\ominus'} = -135 kJ/mol$$

$$CH_3COOH \longrightarrow CH_4 + CO_2 \qquad \Delta G^{\ominus'} = -31 kJ/mol$$

互营乙酸氧化产甲烷对整个消化产甲烷的贡献与分解乙酸产甲烷相比不是十分重要。但在特定压力条件下，或是其他更利于乙酸氧化而不是其他形式乙酸去除的条件下（如高温），该反应的重要性则显著增大。在高温（60℃）消化器中，互营乙酸氧化的贡献可能达到全部乙酸营养产甲烷的 14%。温度在 50～60℃时，乙酸的主要降解途径在很大程度上取决于乙酸浓度。在低乙酸浓度下，乙酸氧化途径是主要的；反之，高乙酸浓度下，乙酸分解产甲烷是首选途径。温度高于 65℃时，互营乙酸氧化是主要途径，因为温度超过了分解乙酸产甲烷菌的范围（陶虎春等，2020）。

已经分离的互营乙酸氧化菌有 *Tepidanaerobacter acetatoxydans*、*Syntrophaceticus schinkii*、*Thermacetogenium phaeum*、*Clostridium ultunense*、*Thermotoga lettingae* strain TMO^T。

5. 产甲烷菌

1）产甲烷菌分类

在沼气发酵过程中，甲烷的形成由一群生理上高度专业化的古菌——产甲烷菌（methanogens）完成，它们是厌氧消化过程食物链中的最后一组成员，属于广古菌门（Euryarchaeota）。产甲烷菌分为 6 纲 8 目 17 科 40 属，其中甲烷杆菌目、甲烷球菌目、甲烷微菌目、甲烷八叠球菌目、甲烷火菌目等是认识较早、报道较多的产甲烷菌。目前分离鉴定的产甲烷菌已有 200 多种。

（1）甲烷杆菌目。甲烷杆菌目通常是氢营养型产甲烷菌，利用 H_2 还原 CO_2 生产甲烷。一些菌种也可利用甲酸、一氧化碳或醇类作为 CO_2 还原的电子供体。

（2）甲烷球菌目。甲烷球菌目为不规则的球形，可通过极性丛生的鞭毛进行运动。除甲烷暖球菌属（*Methanocaldococcus*）不可利用甲酸外，其余都可以利用 H_2 和甲酸作电子供体。Se 通常可刺激菌株的生长。

（3）甲烷微菌目。可利用 H_2、甲酸和/或醇类作为电子供体。形态多样，包括球状、杆状和带外壳的杆状。除了产甲烷菌属中的 *M. marinum*、*M. frigidum* 和 *M. boonei* 为嗜冷菌外，其余大多数为中温产甲烷菌。

（4）甲烷八叠球菌目。Boone 等提出将所有的乙酸营养型（acetotrophic）和甲基营养型（methylotrophic）产甲烷菌重新分类成 2 科：甲烷八叠球菌科和甲烷鬃菌科。将所有的专性乙酸营养型产甲烷菌分类到甲烷鬃菌科，模式菌为 *M. concilii*，革兰氏染色阴性，无运动性，不产生芽孢，乙酸是产甲烷的唯一碳源。而甲烷八叠球菌科能够同时利用乙酸、H_2/CO_2 和甲基化合物。

（5）甲烷火菌目。目前仅含有 *M. kandleri*，其是已知的唯一可在 110℃条件下转化产甲烷的产甲烷菌种，为仅利用 H_2 还原 CO_2 产 CH_4 的专性化能无机自养型产甲烷菌。胺和硫化物可分别用作氮源和硫源。细胞通过极生鞭毛运动。生长温度为 84～110℃，适宜生长温度为 98℃。生长 pH 范围为 5.5～7.0，适宜 pH 为 6.5。生长的 NaCl 浓度为 0.2%～4%（*w/v*），适宜生长的 NaCl 浓度为 2.0%。DNA 的 G + C 含量为 60mol%（摩尔分数）。

（6）甲烷胞菌目。甲烷胞菌目是 Sakai 等在水稻田中分离的一种新的产甲烷菌，这类产甲烷菌在水稻田产甲烷中起重要作用，属于严格的氢营养型产甲烷菌。

（7）Methanomassiliicoccales 目。Methanomassiliicoccales 是近来发现的第七目产甲烷菌，属于热原体纲（Thermoplasmata），该菌的代谢特点是氢依赖专性甲基营养型，与甲醇营养型产甲烷途径不同，必须依赖氢气还原甲醇产甲烷。

（8）WCHA1-57 目。WCHA1-57 目还未定名，它属于最新发现的第六纲产甲烷菌 *Candidatus* Methanofastidiosa，目前已经分离鉴定的唯一菌为 *Candidatus* Methanofastidiosum methylthiophilus，该菌的代谢特点是严格甲基硫醇还原型产甲烷，不能利用乙酸、$H_2 + CO_2$ 和甲醇产甲烷。

2）产甲烷菌的特点

（1）简单的代谢底物。产甲烷菌属于古菌，只能利用简单的碳源，除利用非产甲烷阶段生成的乙酸和 CO_2/H_2 生成甲烷外，产甲烷菌还能利用少数几种一碳化合物生成甲烷，如一氧化碳、甲酸、甲醇、甲胺、二甲胺和三甲胺。

$$CO_2+4H_2 \longrightarrow CH_4+2H_2O \qquad \Delta G^{\ominus'} = -135kJ/mol$$

$$4CO+2H_2O \longrightarrow CH_4+3CO_2 \qquad \Delta G^{\ominus'} = -211kJ/mol$$

$$CO+3H_2 \longrightarrow CH_4+H_2O \qquad \Delta G^{\ominus'} = -151kJ/mol$$

$$CH_3COOH \longrightarrow CH_4+CO_2 \qquad \Delta G^{\ominus'} = -31kJ/mol$$

$$4HCOOH \longrightarrow CH_4+3CO_2+2H_2O \qquad \Delta G^{\ominus'} = -145kJ/mol$$

$$4CH_3OH \longrightarrow 3CH_4+CO_2+2H_2O \qquad \Delta G^{\ominus'} = -105kJ/mol$$

$$4CH_3NH_2+2H_2O \longrightarrow 3CH_4+CO_2+4NH_3$$

$$2(CH_3)_2NH+2H_2O \longrightarrow 3CH_4+CO_2+2NH_3$$

$$4(CH_3)_3N+6H_2O \longrightarrow 9CH_4+3CO_2+4NH_3$$

（2）缓慢的生长速率。微生物是生物界中繁殖最快的生物，例如，大肠杆菌在最适条件下的世代时间为 17min，乳酸链球菌的世代时间为 26min，水解产酸菌的世代时间一般为 10～30min。但是产甲烷菌只能利用结构简单、能量少的一碳（或二碳）底物，而且生活于严格厌氧条件下，导致其生长繁殖极为缓慢。例如，可利用乙酸、甲醇、CO_2/H_2 的梅氏甲烷八叠球菌，在以甲醇为底物时繁殖一代的时间为 8h，以乙酸为底物时为 17h。巴氏甲烷八叠球菌为 24h，最适生长温度为 60℃的嗜热甲烷丝菌为 24～26h，索氏甲烷丝菌则为 3.4 天。

但是水解产酸菌和产甲烷菌的生理特性不相同，水解产酸菌生长代谢允许的 pH 范围较广，为4.5～9.0，且该菌的生长速率较快，其世代时间一般为10～30min；而产甲烷菌生长代谢允许的pH范围较窄，为6.5～8.0，且生长速率较慢，其世代时间一般在4～6天。

（3）严格的厌氧环境。产甲烷菌广泛存在于水底沉积物和动物消化道等极端厌氧的环境中。由于产甲烷菌对氧高度敏感，其成为难以研究的微生物之一，直至1969年，亨盖特厌氧微生物培养技术发展起来后，才使产甲烷菌的研究较为容易进行，目前已经有厌氧操作箱专门用于厌氧菌的研究。环境中的氧化还原电位（ORP）高于–330mV时，产甲烷菌则不能生长，如甲烷八叠球菌（*Mthanosarcina* sp.）暴露于空气中时很快就死亡，其数量半衰期仅为4min。在自然生态环境中或厌氧反应器内，产甲烷菌和兼性水解产酸细菌共同生活在一起，不仅可将氧气消耗殆尽，并且可产生大量的还原性物质，使环境氧化还原电位下降，为产甲烷菌的生长代谢创造条件。在厌氧污泥的微生态颗粒中，产甲烷菌存在于颗粒内部，处于水解产酸菌及胶体物质的包围之中，因而容易得到较低的氧化还原电位的保护。

（4）中性pH条件。大多数产甲烷菌生长的最适pH在中性范围，甲酸甲烷杆菌最适生长pH为6.6～7.8，史氏甲烷短杆菌最适pH为6.9～7.4，巴氏甲烷八叠球菌最适pH为6.7～7.2，索氏甲烷丝菌最适pH为7.4～7.8。在厌氧反应器中，当pH低于6.0时沼气发酵会完全停止。

2.1.3　沼气发酵影响因素

沼气发酵过程实质上是微生物进行生长代谢的过程，要使沼气发酵正常运行并获得较好的产气效果，就要创造适宜沼气发酵微生物进行正常生命活动所需的环境条件。影响沼气发酵的因素主要有以下几种（贺延龄，1998；樊京春等，2009）。

1. 接种物

沼气发酵是一种微生物过程，需要一定数量的沼气发酵细菌参与完成，因此在启动初期，需要加入含有沼气发酵细菌的接种物，而接种物的来源和接种物的添加比例直接影响沼气发酵微生物群落平衡的建立、启动快慢和产气效果。接种物来源广泛，沼气池的沼渣沼液、城市下水道污泥、湖泊、池塘或污水沟底泥、化粪池污泥、污水处理厂的厌氧活性污泥、人畜粪便等都可以作为接种物。

采用生态环境一致的厌氧活性污泥作为接种物，能够使沼气发酵快速启动。当不具备这种条件时，需要进行接种物的富集驯化培养，驯化方法为：选择活性较强的厌氧活性污泥装入密闭的容器中，添加少量所要厌氧消化处理的原料，在适宜的温度（常温、中温37℃和高温55℃）和pH（6.8～7.5）条件下培养一周，再适量加入发酵原料，重复以上步骤逐渐扩大培养，直到获得所需的接种量。较大的接种量能加快启动，一般接种量为发酵料液的15%～30%，产甲烷活性高的接种物可以少些，反之，应增大接种量以快速启动。

2. 厌氧环境

沼气发酵微生物中的水解产酸菌和产甲烷菌都是厌氧细菌，尤其产甲烷菌是严格厌氧菌，对氧特别敏感，它们不能在有氧的环境中生存，即使有微量的氧存在，产甲烷菌都会受到抑制，甚至死亡。因此，严格厌氧环境是沼气发酵的先决条件，人工建造的沼气池应该是一个不漏水、不漏气的密闭池（罐）。厌氧程度一般用氧化还原电位来衡量，适宜沼气发酵的氧化还原电位应低于–330mV。

沼气发酵的启动或新鲜原料入池时，会带进一部分氧气，造成沼气池内较高的氧化还原电位。但在密闭的沼气池中存在好氧或兼性厌氧菌等水解产酸菌，它们的代谢活动迅速消耗了溶解氧，使沼气池的氧化还原电位逐渐降低，从而创造了产甲烷菌所必需的良好的氧化还原电位条件。据测定，在沼气发酵开始时，沼气池中的氧化还原电位为–200mV，发酵 9～47 天后，氧化还原电位降到–550mV。

3. 温度

1）温度对沼气发酵的影响

较为公认的沼气发酵温度可分为三个范围：低于 20℃的低温发酵，20～40℃的中温发酵，50～65℃的高温发酵。在这三类温度范围内运行的反应器内起主要作用的沼气发酵微生物分别为嗜冷微生物、嗜温微生物和嗜热微生物，如在高温反应器中只有嗜热微生物起主要作用。

（1）中温发酵。中温沼气发酵是应用较多的发酵方式，其中最常见的发酵温度为 35～38℃。与低温发酵相比，中温发酵能够显著提高产气能力，但是在工程应用上，不仅要考虑产气量的多少，还应该考虑保持中温所消耗的能量投入，应该根据环境温度选择最佳的净产能温度。在我国大部分地区，尤其在北方，要使沼气发酵常年正常运行，就必须采取增温保温措施，尽管加热和保温系统的安装会加大投资，但这些设备是沼气工程所必需的。一般来讲，当采用中温或高温发酵时，发酵原料应具有较高的有机物浓度，每立方米原料经沼气发酵后可产沼气 $20m^3$ 以上，这样才会有较高的净产能。

（2）高温发酵。高温发酵工艺多在 50～56℃条件下运行。高温消化的产气速率为中温消化的 1.5～2 倍。另外，高温发酵可以有效杀死病原菌和寄生虫，这对于处理畜禽粪便和城市生活有机垃圾是极为重要的。但是高温发酵在工程应用上并不广泛，主要局限在以下方面。

高温发酵稳定性差，例如，高温条件下容易受到氨氮抑制，因为高温条件下的游离态氨比中温条件下的游离态氨浓度高，另外，高温发酵对温度波动较为敏感。

维持反应器的高温运行能耗较大，如若将水温提高 10℃则要消耗 6000～8000mg COD/L 所产的沼气，即每吨水要消耗 $3～4m^3$ 沼气。因此，从净产能来看高温发酵并不合算。从实际应用来看，一般用于有余热或废热可利用的情况下，如有发电余热的情况下。另外，高温发酵用于处理需要杀灭病原菌或寄生虫卵的废弃物。

（3）常温发酵。常温发酵是指发酵温度随环境温度变化而没有进行恒温控制的沼气发酵，发酵温度一般在 5～30℃，包含于低温和中温范围内。常温沼气发酵多见于农村户用沼气池、南方中小规模的沼气池以及其他没有条件进行加热和保温处理的沼气池。常温发酵的产气效率较低，一方面是由于发酵温度较低，另一方面是由于发酵温度变化较大，影响沼气发酵的正常进行，尤其对于地上式沼气池，一天的温差最高可达20℃。实验表明，池温在15℃以上时，沼气发酵能较好地进行，池温在10℃以下时，沼气发酵微生物受到强烈抑制，产气率仅为$0.01m^3/(m^3 \cdot d)$，当池温升至15℃以上，产气率可达0.1～$0.2m^3/(m^3 \cdot d)$，当继续升至20℃以上，产气率可达0.4～$0.5m^3/(m^3 \cdot d)$。

2）温度变化对沼气发酵的影响

厌氧微生物比好氧生物对温度的变化更为敏感，产甲烷菌比产酸菌对温度的变化更为敏感。因此，在厌氧生物反应器的运行过程中，对于反应温度进行控制显得更为重要，其波动范围一天不宜超过±2℃，当有±3℃的变化时，就会抑制消化速度，有±5℃的急剧变化时，就会停止产气。然而，温度波动不会使发酵系统受到不可逆的破坏，温度波动对发酵的影响是暂时的，温度已经恢复正常，发酵的效率也随之恢复，但是，温度波动时间较长时，沼气发酵效率恢复所需的时间也相应较长。

此外，厌氧生物处理对温度的敏感程度随有机负荷的增加而增加，当反应器在较高负荷下运行时，应特别注意温度的控制，一天中温度波动范围应以不超过2℃为宜。

4. pH

酸碱度（pH）是影响沼气发酵的重要因素，同时也是反映沼气发酵过程的一个重要参数。水解产酸菌对pH有较大范围的适应性，这类细菌在pH为5.0～9.0范围内均能够正常生长代谢，一些产酸菌在pH小于5.0时仍能生长；但通常对pH敏感的产甲烷菌的适宜生长pH为6.5～7.8（最佳范围为6.8～7.2），因此，沼气发酵的最适pH为6.5～7.8，超出这个范围均会对沼气发酵有抑制作用。沼气池的pH过高（＞7.8）或过低（＜6.5），说明反应器内出现有机酸或氨氮积累，此时产甲烷菌的生长代谢受到抑制，pH在5.5以下，产甲烷菌的活动则完全受到抑制。沼气发酵微生物对pH的波动非常敏感，即使在其生长pH范围内突然改变也会引起细菌活性明显下降，这表明细菌对pH改变的适应比对温度改变的适应要慢得多。超过pH范围的pH改变会引起更严重的后果，低于pH下限并持续过久时，会导致产甲烷菌活力丧失殆尽而产乙酸菌大量繁殖，引起沼气发酵系统“酸化”，严重酸化后，发酵系统难以恢复至正常状态。

为防止沼气发酵“酸化”，应加强反应器的监测，一旦发生酸化现象应立即停止进料，如pH降至6.0，可适当添加石灰水、碳酸钠溶液或碳酸氢氨溶液进行中和，如果pH降至6.0以下，则在调整pH的同时，应补充接种物以加快pH恢复。

5. 碱度

在沼气发酵过程中，发酵系统需要具有一定的pH缓冲能力，即当酸或碱性的中间产物积累时防止pH剧烈变化的能力。一般情况下，pH突然增加的风险很小，因为废水厌氧处理过程中能够产生足量的CO_2，以中和碱性物质。但是，pH下降时应该加以注意，当产酸过程比产甲烷过程占有较大优势时，系统中没有足够的缓冲能力就会产生严重问题，这就需要发酵系统中存在一定的碱度以中和发酵系统中积累的有机酸。

碱度是指水中含有的能与强酸（盐酸或硫酸）相作用的所有物质的含量，沼气发酵系统中的碱度主要是碳酸氢盐、碳酸盐和氢氧化物。虽然所有的挥发性脂肪酸（乙酸、丙酸、丁酸等，简称挥发酸）也是弱酸，pK_1 值在大约 4.8，但是它们不能为沼气发酵系统提供合适的缓冲范围。沼气发酵系统需要更弱的酸，如碳酸，当碳酸与碱作用时就会产生发酵系统所需的碳酸氢盐缓冲液。碳酸氢盐既可以存在于发酵原料中（如废水），也可以通过蛋白质或氨基酸降解形成 NH_4^+ 而产生，如果由原废水或原料在降解中不能形成碱度，那么就应向发酵系统中额外添加碱度。

碱度的测定，用标准盐酸（0.1mol/L）在溴甲酚绿和甲基红的混合指示剂的条件下进行滴定的效果较好。该指示剂反应颜色如下：pH 在 5.2 以上为蓝绿色，pH 5.0 时为浅蓝灰色，pH 4.8 时为淡粉红色，pH 4.6 时为浅粉红色。滴定至浅粉红色时为终点，这样即可根据样品和空白对照消耗的标准酸体积量，按下式计算总碱度：

$$\text{总碱度（以CaCO}_3\text{计，mg / L）} = \frac{(V_1 - V_0) \times N \times 50 \times 1000}{V_2} \tag{2-1}$$

式中，V_1 为样品滴定消耗的标准酸体积，mL；V_0 为空白对照消耗的标准酸体积，mL；N 为标准酸的当量浓度，mol/L；50 为每克当量 $CaCO_3$ 的质量，g；V_2 为样品体积，mL。

当发酵液内挥发性脂肪酸浓度很低时，碳酸氢盐碱度与发酵液的总碱度大致相当。在 pH 6～8 范围内，支配 pH 变化的主要化学反应体系是二氧化碳-碳酸氢盐缓冲系统，它通过以下平衡式影响 pH（或氢离子浓度）：

$$[H^+] = K_1 \frac{[H_2CO_3]}{[HCO_3^-]} \tag{2-2}$$

从平衡式可以看出，氢离子浓度与发酵液内碳酸浓度呈正相关，与碳酸氢盐浓度呈负相关，K_1 为碳酸的解离常数。而发酵液内的碳酸浓度与沼气中的 CO_2 分压（体积百分数）有关。此时，发酵液的 pH 受碱度和沼气中 CO_2 浓度的共同影响，图 2-3 是温度在 35℃时 pH 与沼气中 CO_2 浓度及碳酸氢盐碱度的关系（国际水协厌氧消化工艺数学模型课题组，2004）。

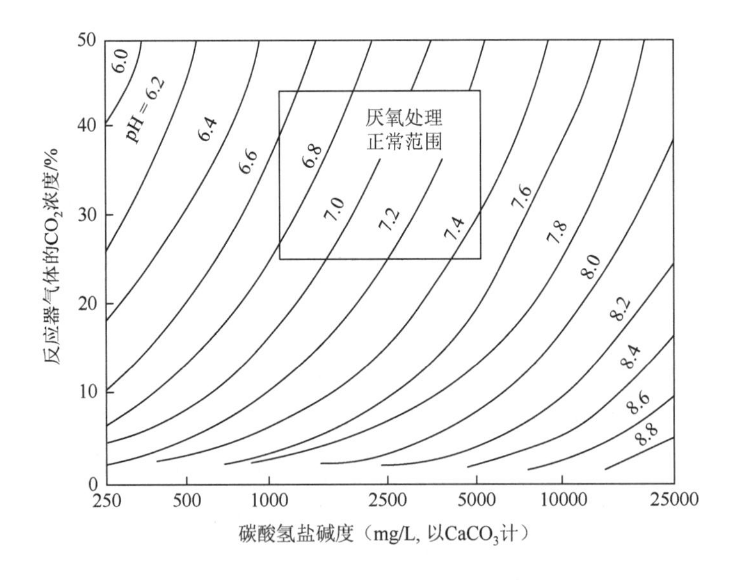

图 2-3　pH 与沼气中 CO_2 浓度及碳酸氢盐碱度的关系

从图 2-3 可以看出，当反应器中 CO_2 含量为 30%～40%、碳酸氢盐碱度为 1000mg/L 时，发酵液的 pH 为 6.7；若碱度低于此值，当挥发性脂肪酸稍微增加，就将使 pH 显著下降，所以 1000mg/L 的碳酸氢盐碱度对沼气发酵来说偏低，应保持 2500～5000mg/L 的碳酸氢盐碱度，这样可以在挥发性脂肪酸浓度上升时提供更多的缓冲能力，它们可与挥发性脂肪酸发生反应，避免 pH 有太大变动，以乙酸为例其反应如下：

$$Ca(HCO_3)_2 + 2CH_3COOH \longrightarrow Ca(CH_3COO)_2 + 2H_2O + 2CO_2$$

$$CaCO_3 + 2CH_3COOH \longrightarrow Ca(CH_3COO)_2 + H_2O + CO_2$$

$$NH_4HCO_3 + CH_3COOH \longrightarrow CH_3COONH_4 + H_2O + CO_2$$

$$NaHCO_3 + CH_3COOH \longrightarrow CH_3COONa + H_2O + CO_2$$

当发酵液中的挥发性脂肪酸浓度上升，发生上述反应后，发酵液的总碱度包括碳酸盐碱度和挥发性脂肪酸碱度。在此情况下，碳酸盐碱度可按下式估算：

$$BA = TA - 0.85 \times 0.833 \times TVFA \tag{2-3}$$

式中，BA 为碳酸盐碱度，mg/L（按 $CaCO_3$ 计）；TA 为总碱度，mg/L（按 $CaCO_3$ 计）；TVFA 为总挥发性脂肪酸浓度，mg/L（按乙酸计）；因为在滴定时只有约 85%的挥发性脂肪酸碱度被测定，0.833 是 $CaCO_3$ 相对分子质量与两个乙酸相对分子质量的比值。

根据研究结果，总碱度在 3000～8000mg/L 时，由于发酵液对所形成的挥发性脂肪酸具有较强的缓冲能力，在反应器运行过程中，发酵液内的挥发酸在一定范围变化时，不会对发酵液的 pH 有较大影响。但在发酵过程中，如果挥发酸大量积累，碳酸盐碱度低于 8000mg/L 时，缓冲能力所剩无几，发酵液 pH 的变化将进入警戒点，如挥发酸继续积累，将造成 pH 急剧下降，导致发酵失败。例如，当总碱度为 84500mg/L 时，挥发酸浓度上升至 5000mg/L，则碳酸盐碱度按上式计算只有 80960mg/L，此时应采取措施降低发酵负荷，甚至停止进料，严重时应投入具有缓冲能力的化学药品。碳酸氢钠是增加碱度的最理想物质，但价格比苛性钠、纯碱和石灰水要高得多。在实际应用中，出水循环也是增加进水碱度、调节 pH 的有效手段。

6. 容积有机负荷

容积有机负荷即单位体积反应器每天所承受的有机物的量，通常以挥发性固体（volatile solid，VS）含量或化学需氧量（chemical oxygen demand，COD）来表示有机物含量，相应的容积有机负荷为 kg VS/(m^3·d)或 kg COD/(m^3·d)。容积有机负荷是反应器设计和运行的重要参数。

$$VLR = \frac{Q\rho_w}{V} \tag{2-4}$$

式中，VLR 为容积有机负荷，kg VS/(m^3·d)或 kg COD/(m^3·d)；Q 为进料量，m^3/d；ρ_w 为进料浓度，kg VS/m^3 或 kg COD/m^3；V 为反应器体积，m^3。

负荷控制的目的在于获得较高的单位体积反应器的有机质去除率，同时获得较高的沼气产率和较低的出水有机物浓度。一个厌氧反应器负荷决定了厌氧反应器的效率，随着负荷的提高，反应器的处理效率和产气率提高，但是发酵液中的挥发酸积累区域上升，废水中的有机物去除率趋于下降。一般来讲，鸡粪稳定厌氧消化的容积有机负荷应控制在 5kg VS/(m^3·d)以内。

7. 水力停留时间

水力停留时间（hydraulic retention time，HRT）是指一个反应器内的发酵液按体积计算被全部置换所需要的时间，可按下式计算：

$$\mathrm{HRT}=\frac{V}{Q} \tag{2-5}$$

式中，HRT 为停留时间，d；V 为反应器有效体积，m^3；Q 为进料量，m^3/d。

在生产上习惯使用投配率（η）一词，即每天进料体积占反应器有效容积的百分数，按下式计算：

$$\eta=\frac{Q}{V}\times 100\%=\frac{1}{\mathrm{HRT}}\times 100\% \tag{2-6}$$

当反应器在一定容积有机负荷条件下运行时，其 HRT 与发酵原料的有机质浓度成正比，有机质浓度越高则 HRT 越长，这有助于提高有机质的分解率。降低发酵原料的有机质浓度或提高反应器的负荷都会使 HRT 缩短，但是过短的 HRT 会使大量有机质和微生物从反应器中冲走，除非采取一定措施将固体和微生物滞留，否则有机质的分解率和原料产气率都会大幅下降。减小停留时间可减小反应器容积，但也会降低有机物的去除率，在实际工程中必须平衡这两个方面。停留时间越长，有机物消化越完全，然而反应速率随着停留时间的增加逐渐降低，因此存在一个最佳的停留时间，使得用最小的成本获得较好的处理效果。在生产过程中可根据发酵目的的不同，选择合适的 HRT，如果以生产沼气为主则可适当靠近最佳 HRT，如以环境保护为主，则应适当延长 HRT。

在沼气工程设计时，除了根据容积有机负荷（volume organic loading rate，VOLR）确定反应器体积，也可以根据 HRT 确定反应器体积：

$$V_{\mathrm{R}}=\frac{Q\times \mathrm{HRT}}{\theta} \tag{2-7}$$

式中，V_R 为反应器体积，m^3；Q 为进料量，m^3/d；HRT 为水力停留时间，d；θ 为反应器有效体积（V）占反应器体积的百分数，通常为 90%，预留 10%作为缓冲，防止发酵产生的泡沫或浮渣堵塞导气管。

8. 搅拌

1）搅拌目的

对于连续进料系统，在运行过程中由进料和沼气气泡上升过程所形成的搅动是底物与微生物接触的主要动力。但在实际工程应用中，间歇进料的沼气发酵占大多数，此时，搅拌是微生物与发酵底物接触的有效手段。

在间歇进料的反应器中，发酵液通常自然沉淀而分成四层，见图 2-4，从上到下分别为浮渣层、上清液、活性层、沉渣层。在这种情况下，微生物活动较为旺盛的场所只局限于活性层内，而其他各层，要么因为底物缺乏，要么因为缺乏微生物，厌氧消化进行缓慢。因此，在这种情况下，大家对采用搅拌措施来促进厌氧消化过程是持一致意见的。普遍认为，对反应器进行搅拌可以使发酵原料与微生物充分接触，保证物料均匀并减小粒径，同时打破分层现象，使活性层扩大到全部发酵液中，减少死区。此外，搅拌还防止形成沉渣和浮渣，保证池体温度均一，促进气体逸出。

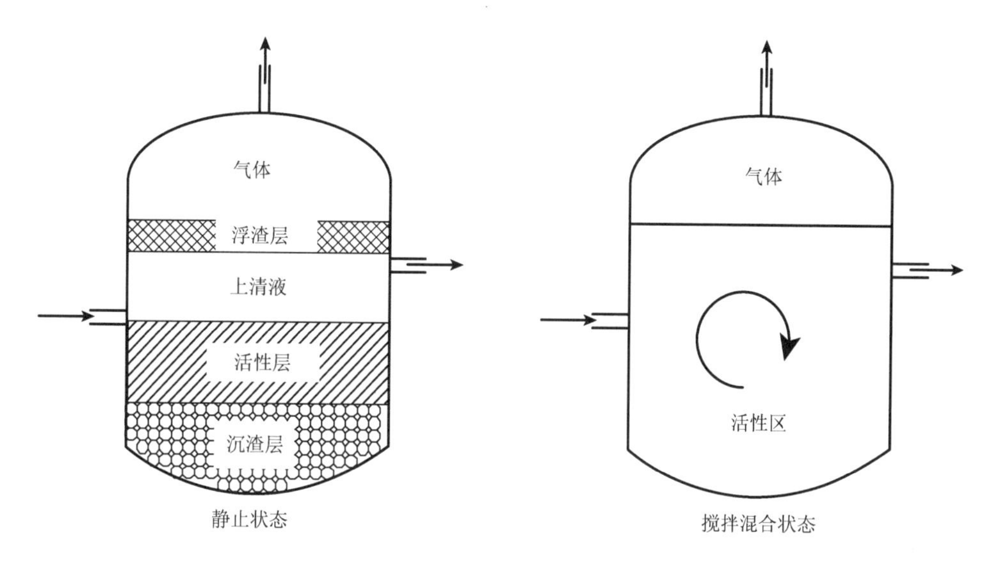

图 2-4 反应器的静止与混合状态

2）搅拌频率和强度

目前对搅拌频率，还存在一些不同的观点。目前有实验表明，当搅拌次数由每天 1 次增加到 3 次时，日产气量增加 56%；而由 3 次增加到 6 次时，日产气量仅增加 4%，而其中的甲烷含量由 60%减少到 47%。这说明适宜的搅拌可促进沼气发酵，而频繁搅拌则不利。

在搅拌强度方面，强度不同可以产生完全不同的效果。适度搅拌可以促进物料与微生物接触，提高产气能力；但是，剧烈搅拌会破坏微生物群落结构，反而降低产气能力。因为在沼气发酵系统中，产甲烷菌与产氢产乙酸菌以一种互营联合关系共同存在于一个微生物群落微环境中，这种微环境有利于种间氢转移，使沼气发酵有较高的效率。当剧烈搅拌时，这种微环境遭到破坏，不利于种间氢转移，反而降低沼气发酵效率。

3）搅拌方式

常用的搅拌方法有 3 种：发酵液回流搅拌、沼气回流搅拌和机械搅拌。

（1）发酵液回流搅拌。发酵液回流搅拌是通过循环泵把池底污泥抽出并从池顶打入，进行循环搅拌。这种搅拌方法使用的设备简单，维修方便，但容易引起短流，搅拌效果较差，一般仅用于低浓度的沼气发酵，且只适用规模较小的反应器。从外部用循环泵循环消化液进行搅拌，在一些反应器内设有射流器，由循环泵压送的物料经射流泵射出，在喉管处造成真空，吸进一部分消化液，形成较为强烈的搅拌。根据经验，发酵液回流搅拌所需的功率约为 $5W/m^3$。

（2）沼气回流搅拌。沼气回流搅拌是将沼气从池内或贮气柜内抽出，通过鼓风机将沼气再压回池内，当其从池中污泥内释放时，由其上升作用造成的抽吸卷带作用带动池内污泥流动。它的主要优点是池内液位变化对搅拌功能的影响很小；故障少，搅拌力度大，作用范围广。一些大型污水处理厂污泥消化广泛采用这种搅拌方式。所需的功率为5～8W/m^3。该搅拌方式仍然只适用于低浓度沼气发酵。

（3）机械搅拌。通过在反应器内设置机械搅拌器进行搅拌，当电机带动螺旋桨旋转时，带动反应器内的物料进行流动混合。机械搅拌的优点是作用半径大，搅拌效果好，对于高浓度沼气发酵，只能采用机械搅拌，机械搅拌的功率至少为6.5W/m^3。机械搅拌的投资及耗能较大，并且容易出现故障，搅拌轴与反应器顶盖接触处必须有气密性设施。最近几年国内建设的部分大型沼气工程采用机械搅拌的高浓度[总固体浓度（TS）= 8%～12%]沼气发酵，采用进口搅拌设备，大大减少了故障率。进行机械搅拌时，进料固体浓度不应超过15%，一般在12%以下，否则容易损坏搅拌设备。

上述几种搅拌方式主要针对完全混合式反应器；对于其他反应器，如升流式反应器、填料床反应器等则不需要专门的搅拌设备。在利用鸡粪等沉降性好的原料进行沼气发酵时，若采用升流式厌氧消化则不需要搅拌器，效果也很好。因为发酵原料从底部进入，旺盛的产气集中于反应器下部，进料和气泡向上逸出时的扰动作用足以使发酵液得到充分混合。

2.1.4　沼气发酵抑制物

对于养殖废弃物沼气发酵，主要的抑制物为挥发性脂肪酸（volatile fatty acid，VFA）、氨氮、无机硫化物、无机盐、重金属和抗生素（Chen et al.，2008；Li et al.，2017）。

1. VFA和氨氮

VFA是有机质水解酸化的产物，同时也是产甲烷的底物，但长期处于高浓度的VFA会造成“酸中毒”而抑制产甲烷；氨氮是含氮原料（如氨基酸、蛋白质和尿素）在降解过程中形成的，高浓度氨氮会造成“氨中毒”而抑制产甲烷，这两种抑制物是在沼气发酵中最为常见的。VFA和氨氮在发酵液中以离子态和游离态两种形式并存，但是起抑制作用的主要是游离VFA和游离氨，因为游离VFA和游离氨具有细胞膜自由渗透性，通过被动扩散进入细胞，引起细胞质酸化、质子不平衡以及钾流失等，从而丧失细胞功能。游离VFA和游离氨浓度通过以下两式与pH有着密切联系：

$$[HA]=\frac{C_T[H^+]}{K_A+[H^+]};\tag{2-8}$$

$$[NH_3]=\frac{K_B C_{Total}}{K_B+[H^+]}\tag{2-9}$$

式中，[HA]和[NH_3]分别为游离VFA和游离氨浓度，mol/L；C_T和C_{Total}分别为总VFA和总氨浓度，mol/L；[H^+]为氢离子浓度，mol/L；K_A和K_B为VFAs和氨的解离平衡常数，温度为298K时的pK_A和pK_B分别为4.8和9.25。温度对pK_A的影响不大，而温度对pK_B的影响很大，温度越高，游离氨占总氨的比例越大。游离VFA对水解产酸菌的抑制浓度约为2400mg/L；而对产甲烷菌的抑制浓度为30～60mg/L。游离氨的抑制主要针对产甲烷菌，尤其是乙酸营养型产甲烷菌，对氢营养型产甲烷菌和产酸菌的抑制作用不明显。游离氨对未经驯化的产甲烷菌活性半数的抑制浓度（IC_{50}）为50mg/L，经过驯化后可以提高到250mg/L。

对于氮含量较高且容易降解的原料，水解酸化过程会同时产生大量的氨和VFA，它们和pH之间相互作用，最终形成一个“抑制型稳态”，此时观察pH为中性，处于产甲烷适宜的pH范围内，但实际上几乎无甲烷产生，原因在于总氨和总VFA浓度较高，即使pH处于中性范围，但相应的游离氨和游离VFA浓度已经高于抑制水平。

对于养殖场，为了防疫，有时会使用碱性或酸性的消毒剂，造成无机酸或无机碱度抑制。中国科学院成都生物研究所李东团队在国际上首次绘制了基于pH-氨氮-挥发酸的三元体系厌氧消化抑制区域图（图2-5），并对高氨氮原料（鸡粪）和低氨氮原料（蔬菜垃圾）的高温厌氧消化系统失稳阶段的氨氮、挥发酸和pH进行梳理，并将其值定位在厌氧消化失稳抑制区域图内。从厌氧消化失稳抑制区域图可以看出，高氨氮原料（鸡粪）和低氨氮原料（蔬菜垃圾）的抑制情况是不一样的。对于蔬菜垃圾，游离氨低于抑制线，而游离挥发酸落在区域b，说明蔬菜垃圾厌氧消化系统失稳属于挥发酸抑制。对于鸡粪，游离挥发酸低于抑制线，而游离氨落在区域c，说明鸡粪厌氧消化系统失稳属于氨抑制（Li et al.，2015，2016，2018）。

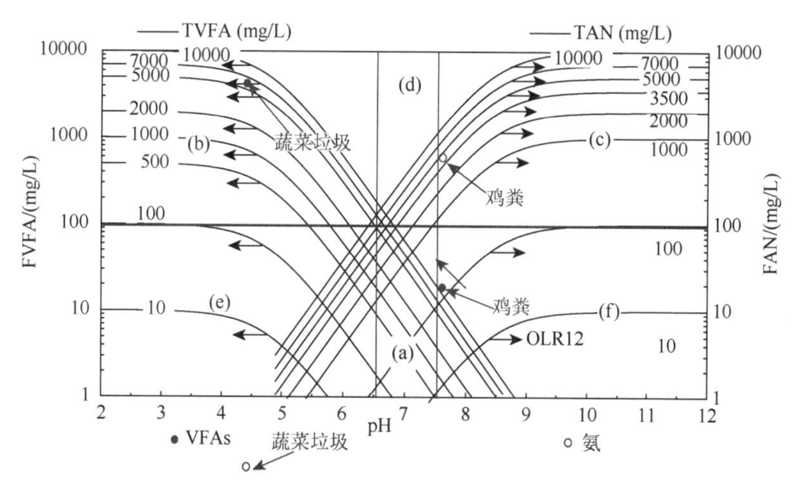

图2-5　厌氧消化抑制区域图

（a）正常发酵区域；（b）挥发性脂肪酸抑制区域；（c）氨抑制区域；（d）抑制型稳态区域；（e）无机酸抑制区域；（f）无机碱抑制区域

VFA在较低pH下对产甲烷菌的毒性是可逆的。在pH为5时，产甲烷菌在含VFA的废水中停留两个月仍可存活。但一般其产甲烷活性要在pH恢复正常后几天到几个星期才能够恢复。如果在低pH条件仅维持12h以下，产甲烷活性可在pH调节后立刻恢复。

氨对产甲烷菌的抑制是可逆和可驯化的，当游离氨稀释到一定程度后产甲烷活性即可恢复；另外，可以通过驯化以提高产甲烷菌对游离氨的耐受浓度。

2. 无机硫化物

许多畜禽场粪便污水中含有硫酸盐或亚硫酸盐，在厌氧消化过程中，这些物质会被硫酸盐还原菌还原为硫化氢。硫酸盐本身相对无毒，但硫化氢具有毒性。同样，硫化氢的毒性由游离态硫化氢引起，其毒性受 pH 影响较大，pH 在 7 以下时，游离硫化氢的浓度较大；pH 在 7～8 内，随 pH 升高，游离硫化氢浓度急剧下降。游离硫化氢对颗粒状厌氧活性污泥的 IC_{50} 大约为 250mg/L。相比之下，亚硫酸盐比硫化氢的毒性更大，因此亚硫酸盐还原为硫化氢可减少硫的毒性（周孟津等，2009）。

3. 无机盐和重金属

适量的无机盐和重金属浓度能够促进产甲烷，因为这些物质是微生物代谢酶的组成部分，但是过高的无机盐和重金属浓度则会抑制产甲烷，因为它们能够与细胞蛋白质或酶结合使其变性，从而抑制酶或造成细胞死亡。表 2-1 列举了部分无机盐和重金属离子对沼气发酵的影响。

表 2-1　沼气发酵中无机盐和重金属离子的抑制浓度

抑制物		中等抑制浓度/(mg/L)	抑制物		中等抑制浓度/(mg/L)
无机盐	Na^+	3500～5500	重金属	Cr^{3+}	450
	K^+	2500～4500		Cr^{6+}	530
	Ca^{2+}	2500～4500		Ni^{2+}	250
	Mg^{2+}	1000～1500		Hg^{2+}	1748
	Al^{3+}	1000		Hg^+	764
阴离子	SO_4^{2-}	500～1000		Zn^{2+}	160
	Cl^-	5000～10000		Fe^{3+}	1750
	NO_3^-	100		Cd^{2+}	180
	NO_2^-	100		Cu^{2+}	170
	CN^-	100		Cr^{2+}	100

4. 抗生素

抗生素也会抑制沼气发酵，如莫能菌素（monensin）、枯草菌素、维及霉素、氯霉素、土霉素等都会抑制厌氧消化，这类物质在畜禽场大量使用来预防疾病或消毒。表 2-2 为部分抗生素对产甲烷菌的抑制浓度。

表 2-2　抗生素对产甲烷菌的抑制浓度

化合物	IC_{50}/(mg/L)	
	菌种未经驯化	菌种已驯化
莫能菌素	0.5	>100
土霉素	250	500
青霉素	—	5000
链霉素	—	5000
卡那霉素	—	5000

2.2　沼气生产工艺

2.2.1　厌氧消化工艺类型

粪污厌氧消化处理主要采用的工艺类型有塞流式反应器、完全混合式反应器、厌氧接触反应器、升流式固体反应器、升流式厌氧污泥床等（袁振宏等，2016）。

1. 塞流式反应器

塞流式反应器（plug flow reactor，PFR）又称推流式反应器，见图 2-6。高浓度悬浮固体原料从一端进入，另一端流出。由于反应器内沼气的产生，产生垂直的搅拌作用，原料在反应器的流动呈活塞式推移状态。在进料端呈现较强的水解酸化作用，甲烷的产生随着向出料方向的流动而增强。由于进料缺乏接种物，常需要进行固体回流。也可在反应器内设置挡板或搅拌装置加强搅拌，有利于运行稳定。

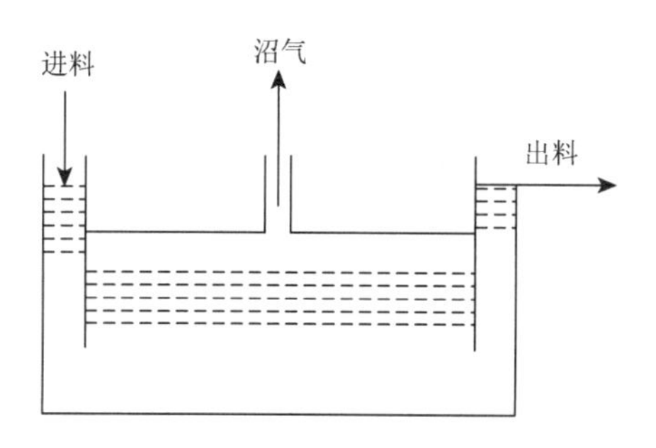

图 2-6　塞流式反应器示意图

塞流式反应器在我国已有多种应用，最早用于酒精废醪的厌氧消化，并推广至全国各地。后来用于牛粪厌氧消化效果较好，因为牛粪密度小、浓度高、长草多，本身含有较多的产甲烷菌，不易酸化。该反应器要求进料粗放，不用去长草，不用泵或管道输送，使用绞龙或斗车直接将牛粪投入池内。采用 12%的 TS 使原料无法沉淀和分层。用该反应器处理酒精废醪应设置挡板进行折流，因为其浓度低易生成沉淀，造成死区。生产实践证明，塞流式反应器不适用于鸡粪的发酵处理，因为鸡粪沉渣较多，易生成沉淀而大量形成死区。

塞流式反应器运转方便、稳定性高，适用于高悬浮固体（SS）废物处理，尤其适用于牛粪的厌氧消化处理。但是存在以下缺点：①固体物可能沉积于底部，影响反应器有效体积，使 HRT 和污泥停留时间（SRT）降低；②需要污泥作为接种物回流；③因反应器面积/体积比较大，难以保持一致的温度，效率较低；易产生厚的结壳。图 2-7 是一种改进的塞流式反应器，增加搅拌装置，加强反应器内物料搅拌，减少沉淀形成的死区以增强运行稳定性。

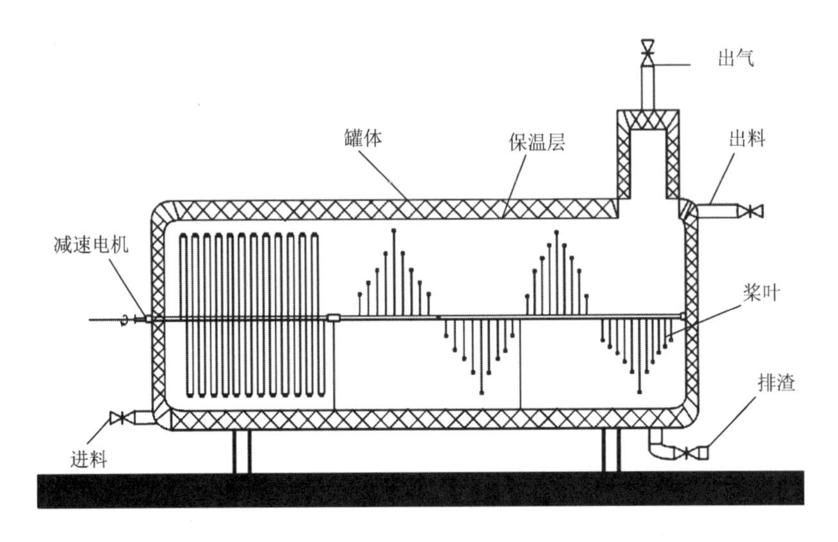

图 2-7　带搅拌的塞流式反应器示意图

2. 完全混合式反应器

完全混合式反应器（continuous stirred tank reactor，CSTR，图 2-8）在常规反应器内安装了搅拌装置，使发酵原料和微生物处于完全混合状态，活性区遍布整个反应器。该反应器采用恒温连续投料或半连续投料运行，适用于高浓度及含有大量悬浮固体原料的厌氧发酵处理，如污水处理厂好氧活性污泥的厌氧消化过去多采用该反应器。在该反应器内，新进入的原料由于搅拌作用很快与反应器内的全部发酵液混合，使发酵底物浓度始终保持相对较低状态。而其排出的料液又与发酵液的底物浓度相等，因此出料浓度一般较高，并且在出料时微生物也一起被排出。为了使生长缓慢的产甲烷菌的增殖和冲出速度保持平衡，要求 HRT 较长（10～20d 或更长时间）。中温发酵时负荷为 3～4kg COD/(m^3·d)，高温发酵时负荷为 5～6kg COD/(m^3·d)。

优点：①该反应器允许进入高悬浮固体含量的原料，进料总固体浓度最高可达 15%，通常为 8%～12%；②反应器内物料均匀分布，避免了分层，增加底物和微生物接触的机会；③反应器内温度分布均匀；④进入反应器的抑制物能够迅速分散保持在最低浓度水平；⑤避免出现浮渣结壳、堵塞、气体逸出不畅和沟流现象；⑥由于反应器内为均相系统，易建立数学模型。

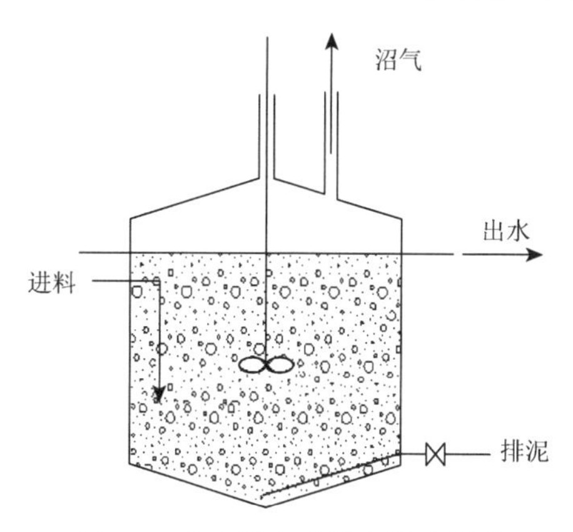

图2-8　完全混合式反应器示意图

缺点：①该反应器无法使SRT和微生物停留时间（microbial retention time，MRT）在大于HRT的情况下运行，需要的反应器体积较大；②需要足够的搅拌，能耗较高；③对于大型反应器难以做到完全混合；④底物流出反应器时未完全消化，同时微生物随出料而流失，造成出水COD浓度较高，且不能最大限度地回收有机废弃物中蕴藏的能源。

欧洲等沼气工程发达地区广泛采用完全混合式反应器，一般适宜以产沼气为主，是目前畜禽场大中型沼气工程应用较为广泛的一种反应器，反应器出口液可直接作为液体有机肥（水肥）使用。搅拌装置一般每隔2～4h搅拌一次。在排放消化液时，通常停止搅拌，待沉淀分离后从上部排出上清液。为保证消化效率和沼气产量，通常采取中温或高温发酵，在反应器外或反应器壁设置增温装置，来保证反应料液的温度。

3. 厌氧接触反应器

为克服CSTR厌氧污泥流失严重的缺点，在消化池后设沉淀池，将沉淀污泥回流至消化池，这样就形成了厌氧接触反应器（anaerobic contact reactor，ACR），其原理如图2-9所示。完全混合式反应器排出的混合液首先在沉淀池中进行固液分离，上清液由沉淀池上部排出，沉淀下的污泥再回流至消化池内，这样既减少出水中固体物含量，又提高反应器内的污泥浓度，从而提高设备的有机负荷和处理效率。

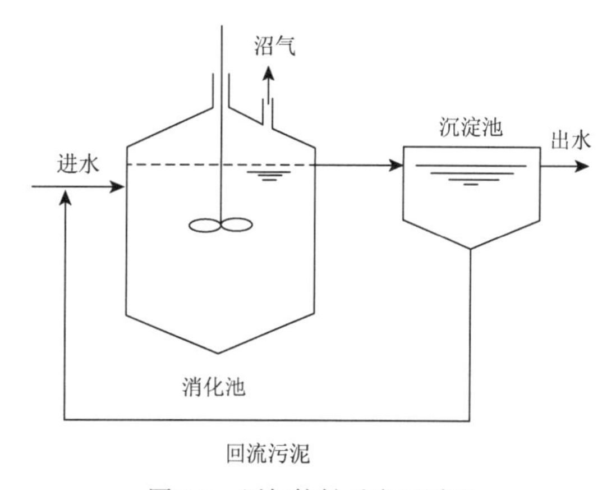

图2-9　厌氧接触反应器原理

厌氧接触反应器的主要特点：①通过污泥回流，使反应器内保持较高的污泥浓度，一般为 10～15g/L，从而提高耐冲击负荷的能力；②反应器内容积负荷较普通反应器高，中温消化时一般为 4～8kg COD/(m^3·d)，高温消化时可为 8～12kg COD/(m^3·d)，水力停留时间比普通反应器大大缩短，如常温下，普通反应器为 15～30d，而厌氧接触反应器小于 10d；③可以直接处理悬浮物固体含量较高或颗粒较大的料液，不存在堵塞问题；④混合液经沉淀后，出水水质好，但较完全混合式反应器增加了沉淀池、污泥回流和脱气等设备。

然而，该类型反应器存在从消化池排出的混合液在沉淀池中进行固液分离难的问题。一是因为混合液中的污泥表面附着大量的微小沼气泡，易引起污泥上浮；二是因为混合液中的污泥仍具有产甲烷活性，在沉淀过程中仍能继续产气，从而妨碍污泥颗粒沉降和压缩。为了提高沉淀池中混合液的固液分离效果，目前常采用以下几种方法进行脱气：①真空脱气，由消化池排出的混合液经脱气器，将污泥絮凝体上的气泡除去，改善污泥的沉淀性能；②热交换器急冷法，将从消化池排出的混合液进行急速冷却，如中温消化液从 35℃冷却到 15～25℃，可以控制污泥继续产气，使厌氧污泥有效地沉淀；③絮凝沉淀，向混合物中投加絮凝剂，使厌氧污泥易凝聚成大颗粒，加速沉降；④用超滤器代替沉淀池，以改善固液分离效果。此外，为保证沉淀池分离效果，在设计时，沉淀池内表面负荷比一般废水沉淀池表面负荷小，一般不大于 1.0m/h，混合液在沉淀池内停留时间比一般废水沉淀时间要长，可采用 4h。

4. 升流式固体反应器

升流式固体反应器（upflow solids reactor，USR）结构如图 2-10 所示。原料从反应器底部配水系统进入，均匀分布在反应器的底部，然后向上升流通过含有高浓度厌氧微生物的固体床，使废液中的有机固体与厌氧微生物充分接触反应，有机固体被液化发酵和厌氧分解，产生沼气。产生的沼气随水流上升具有搅拌混合作用，促进了固体的微生物接触。密度较大的固体物质（包括微生物、未降解的固体和无机固体等）依靠被动沉降作用滞留在反应器中，使反应器内保持较高的固体量和生物量，可使反应器有较高的微生物滞留时间。上清液从反应器上部排出，反应器能够获得比 HRT 高得多的 SRT 和 MRT。

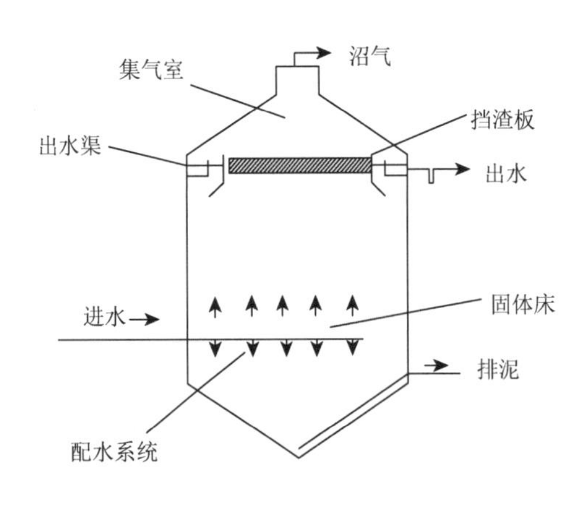

图 2-10　升流式固体反应器

反应器内不设三相分离器和搅拌装置，也不需要污泥回流，在出水渠前设置挡渣板，减少SS流失。在反应器液面会形成一层浮渣层，浮渣层达到一定厚度后趋于动态平衡。沼气透过浮渣层进入反应器顶部，对浮渣层产生一定的“破碎”作用。对于生产性的反应器，由于浮渣层面积较大，浮渣层不会引起堵塞。反应器底部设排泥管可把多余的污泥和惰性物质定期排出。

据国外研究，利用中温USR，在TS浓度为12%的海藻沼气发酵时，其VS负荷为1.6～9.6kg/(m^3·d)，甲烷产量为0.34～0.38m^3/kg VS，甲烷产气率为0.6～3.2m^3/(m^3·d)，这个效果明显比CSTR好得多，其效率接近于升流式厌氧污泥床（UASB）反应器，但是UASB反应器只能处理溶解性有机废水以及SS低于3500mg/L的有机废水。

首都师范大学利用USR进行鸡粪沼气中温发酵研究，进料TS为5%～6%，SS为45000～55000mg/L，COD为42000～55000mg/L，USR的负荷可达10kg COD/(m^3·d)，HRT为5d，产气率为4.88m^3/(m^3·d)，甲烷含量60%左右，SS去除率66.2%，COD去除率85%左右（袁振宏等，2015）。

从国内外的研究情况来看，USR在处理高SS废弃物时具有较高的实用价值，许多高SS废水如酒精废醪、丙丁废醪、猪粪、淀粉废水等均可使用USR进行处理。我国酒精废醪多采用USR处理，其有机负荷一般为6～8kg COD/(m^3·d)（李海滨等，2012）。

5. 升流式厌氧污泥床

升流式厌氧污泥床反应器，简称UASB反应器，是由荷兰的G. Lettinga等在20世纪70年代初研制开发的。污泥床反应器内没有载体，是一种悬浮生长型的反应器，其构造如图2-11所示。该反应器适用于处理可溶性有机废水，要求较低的SS浓度。在我国，北京市环境保护科学研究所首先开展了利用UASB处理丙酮丁醇生产废水的研究工作，至今我国已对COD为300～500mg/L的生活废水，1000～2000mg/L的啤酒废水，8000～10000mg/L的豆制品废水以及30000～40000mg/L的酒醪滤液等进行了研究并已投产应用。

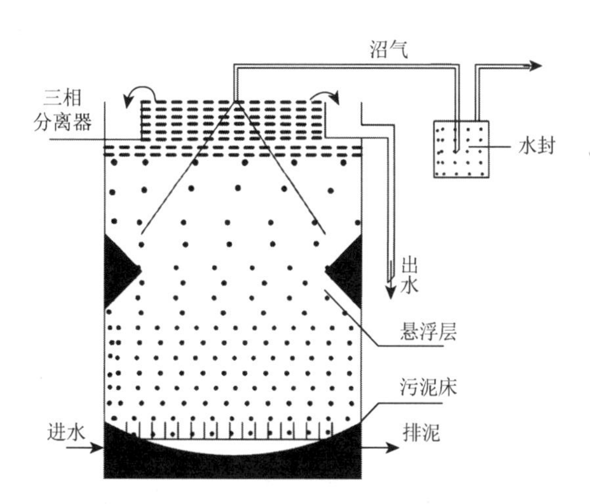

图2-11 升流式厌氧污泥床反应器

反应器内部分为 3 个区，从下至上为污泥床、污泥悬浮层和气液固三相分离器。反应器的底部是浓度很高且具有良好沉淀性和凝聚性的絮状或颗粒状污泥形成的污泥床。污水从底部经布水管进入污泥床，向上穿流并与污泥床内的污泥混合，污泥中的微生物分解污水中的有机物，将其转化为沼气。沼气以微小气泡形式不断放出，并在上升过程中不断合并成大气泡。在上升的气泡和水流的搅动下，反应器上部的污泥处于悬浮状态，形成一个浓度较低的污泥悬浮层。在反应器的上部设有气液固三相分离器。在反应器内生成的沼气气泡受反射板的阻挡进入三相分离器下面的气室内，再由管道经水封而排出。固、液混合液经分离器的窄缝进入沉淀区，在沉淀区内由于不再受上升气流的冲击，在重力作用下沉淀。沉淀到斜壁上的污泥滑回污泥层内，使反应器内积累起大量的污泥。分离出污泥后的液体从沉淀区上表面进入溢流槽而流出。

UASB 之所以能有如此良好的性能，依赖于沉降性能良好的高活性污泥床的形成。但 UASB 反应器是一种适合于处理低浓度低 SS 有机废水的工艺，不适用于高悬浮物的废液（一般进水 SS 不超过 3500mg/L）。如果进料中悬浮固体含量高，会造成固体残渣在污泥床中积累，使污泥的活性和沉降性能大幅降低，污泥上浮并随水冲出，污泥床被破坏。研究表明，当进料中悬浮固体为 2000～4000mg/L 时，UASB 可稳定运行；而当进料悬浮固体为 6.3～8.3mg/L 时，在同样负荷条件下，经过一段时间运行后产气量显著下降，发酵液 pH 降低，部分活性污泥被置换出，反应器系统遭到破坏。

6. 膨胀颗粒污泥床

膨胀颗粒污泥床（expanded granular sludge bed，EGSB）（图 2-12）是在发现 UASB 内可形成颗粒污泥的基础上于 20 世纪 80 年代后期在荷兰农业大学环境系研究出的新厌氧反应器。EGSB 反应器采用高达 2.5～12m/h 的上流速度，这远远大于 UASB 反应器所采用的 0.5～2.5m/h 的上流速度。为了提高上流速度，EGSB 反应器采用较高的高度（通常为 20～30m）与直径比以及较大的回流比。较高的上升流速使 EGSB 反应器中颗粒污泥处于悬浮状态，即颗粒污泥床处于部分或全部“膨胀”状态，从而促进了进水与颗粒污泥充分接触，因此，允许废水在反应器中有很短的水力停留时间，并且容积负荷高达 20～30kg COD/(m^3·d)，从而使 EGSB 可处理较低浓度的有机废水。一般认为 UASB 反应器更宜于处理 1500mg COD/L 的废水，而 EGSB 在处理低于 1500mg COD/L 的废水时仍能有很高的负荷和去除率。例如，在处理浓度为 100～700mg COD/L 的酒精发酵废水时，采用上流速度为 2.5～5.5m/L，负荷 12kg COD/(m^3·d)，COD 去除率在 80%～96%。在常温下处理生物污水时，HRT 为 1.5～2h，COD 去除率高达 90%。EGSB 在低温条件下处理低浓度污水时，可以得到比其他工艺更好的效果。例如，在温度为 8℃的条件下，进水 COD 浓度为 550～1100mg/L，反应器上升流速为 10m/h 时，其有机负荷达 1.5～6.7kg COD/(m^3·d)，COD 去除率达 97%。

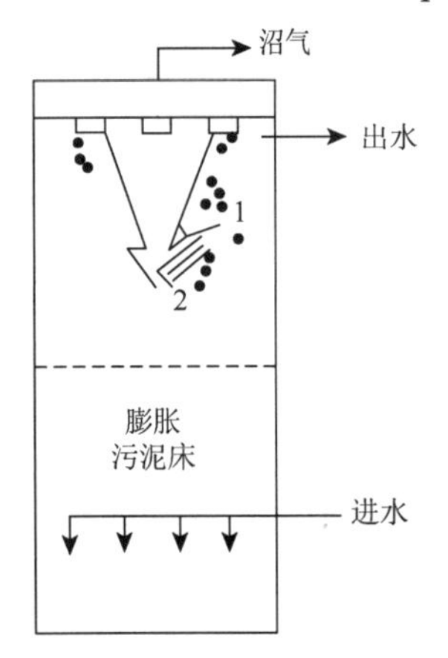

图 2-12　膨胀颗粒污泥床反应器

1-泥水混合器；2-沉淀污泥

EGSB 反应器是一种新型高效的厌氧反应器装置，适用于处理低浓度低 SS 的有机废水，不适用于固体物含量高的废水，因为悬浮固体通过颗粒污泥床时会随出水而很快被冲出，难以得到分解。另外，由于 EGSB 在较高的上升流速下运行，运行条件和控制技术要求较高。

EGSB 反应器可看作流化床的一种改良，区别在于 EGSB 反应器不使用任何惰性的填料作为细菌的载体，细菌在 EGSB 中的滞留时间依赖细菌本身形成的颗粒污泥，同时 EGSB 反应器的上流速度小于流化床反应器，其中的颗粒污泥并未达到流态化的状态而只是不同程度地膨胀。

2.2.2　沼气工程工艺流程

畜禽场沼气工程根据选择的工艺路线不同，选用不同的处理设施。能源生态型适用的厌氧装置主要有：完全混合式反应器、厌氧接触反应器、升流式固体反应器、塞流式反应器等。能源环保型适用的厌氧装置主要有升流式厌氧污泥床反应器、膨胀颗粒污泥床反应器等（王仲颖等，2009）。

根据不同的养殖规模、资源量、污水排放标准、投资规模和环境容量等条件，畜禽场沼气工程项目的工艺流程有四种典型处理方式。

1. 能源生态型（小型）

1）工艺流程

工艺流程见图 2-13。

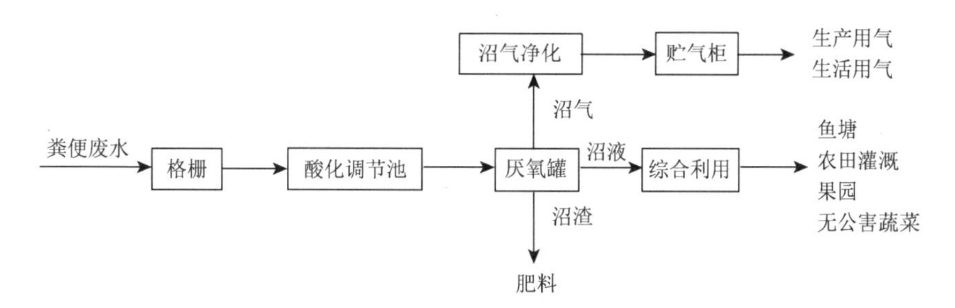

图 2-13　能源生态型（小型）沼气工程工艺流程

2）工艺适用条件

（1）养殖场规模：中小型养殖规模，年存栏 100000 只鸡，日处理污水量 50t 以下。

（2）养殖场周围应有较大规模的农田、果园、蔬菜地或鱼塘，可供沼液、沼渣综合利用。

（3）沼气用户与养殖场距离较近。

（4）养殖场周围环境容量大，环境不太敏感和排水要求不高的地区。

3）工艺特点

（1）畜禽粪便污水可全部进入处理系统，进水 COD_{cr} 在 10000～20000mg/L。

（2）厌氧工艺可采用完全混合式反应器、厌氧接触反应器、升流式固体反应器。有机负荷 1～2.5kg COD/(m^3·d)，HRT 为 8～10d，COD 去除率 75%～85%，池容产气率 0.6～1.0m^3/(m^3·d)，厌氧出水 COD 在 1500～3000mg/L。

（3）沼气利用方式：民用或小规模集中供气。

（4）沼液、沼渣进行综合利用，建立以沼气为纽带的良性循环的生态系统，提高沼气工程的综合效益。

4）工程规模及投资分析

工程规模及投资分析见表 2-3。

表 2-3 能源生态型（小型）工程规模及投资分析

养鸡场规模（年存栏量/只）	日处理量/t		厌氧罐规模/m^3	综合利用配套面积	日产沼气量/m^3	工程投资/万元
	粪便	污水				
20000	1.8	10	100	100 亩*农田、果园、鱼塘	80	30
60000	5.4	30	300	300 亩农田、果园、鱼塘	240	75
100000	9.0	50	500	500 亩农田、果园、鱼塘	400	120

*1 亩为 666.7 平方米。

5）优点

（1）工艺简单，管理、操作方便。

（2）沼气的可获得量高。

（3）工程投资少，运行费用低，投资回收期短。

6）缺点

（1）工艺处理单元的效率不高。

（2）处理后的浓度仍很高，易污染周围环境。

（3）污染物就地消化综合利用，配套所占用的土地资源多。

2. 能源生态型（中型）

1）工艺流程

工艺流程见图 2-14。

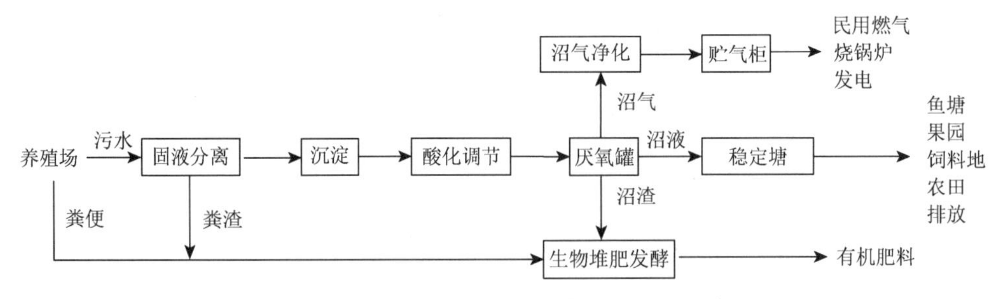

图 2-14 能源生态型（中型）沼气工程工艺流程

2）工艺适用条件

（1）养殖场规模：存栏量 100000～300000 只鸡，日处理粪污量 50～150t。

（2）养殖场周围应配套有较大稳定塘面积，或有果园、饲料地、农田消纳。

（3）养殖场周围应有一定的环境容量，环境不太敏感。

（4）排水要求一般的地区。

3）工艺特点

（1）养殖场必须实行清洁生产、干湿分离，畜禽粪便直接用于生产有机肥料，尿和冲洗污水进入处理系统，进水 COD_{cr} 在 7000～12000mg/L。

（2）厌氧工艺可采用 UASB 反应器或 EGSB 反应器。有机负荷 2.4～4kg COD/(m^3·d)，HRT 为 5～8d，COD 去除率 80%～85%，池容产气率 1.0m^3/(m^3·d)，厌氧出水 COD 在 700～1500mg/L。

（3）污水后处理采用稳定塘或自然生态净化设施，HRT 为 50～100d，出水 COD≤400mg/L，达标排放。

（4）沼气利用方式：民用、烧锅炉或小型发电。

（5）有机肥的生产一般采用生物堆肥制有机肥工艺。

4）工程规模及投资分析

工程规模及投资分析见表 2-4。

表 2-4　能源生态型（中型）工程规模及投资分析

养鸡场规模（年存栏量/只）	日处理粪便污水/t	厌氧罐规模/m^3	稳定塘面积/亩	日产沼气量/m^3	工程投资/万元
100000	50	400	20	250	120
200000	100	750	50	500	200
300000	150	1000	100	750	300

5）优点

（1）工艺处理单元的效率较高，管理、操作方便。

（2）处理后排放的污水浓度较低，基本满足农田灌溉的要求，对周围环境的影响较小。

（3）工程投资较少，运行费用低，投资回收期较短。

6）缺点

（1）配套的后处理设施稳定塘占地面积大，气候条件对处理效果的影响大。

（2）由于猪粪直接生产有机肥，沼气的获得量相对较低。

（3）处理后的污水仍需要一定的自然生态环境消纳。

（4）冬季需外加热源增温。

生态型沼气工程，即沼气工程周边的农田、果园、林场、花卉基地、鱼塘等能够完全消纳经厌氧发酵后的沼渣、沼液，使工业沼气工程和生态农业、林业、养殖业紧密结合，这样既不需要为好氧后处理投入大量资金，运行成本低，又可促进生态农业建设，所以生态型沼气工程是一种理想的工艺模式。

对于厌氧消化液和厌氧污泥的肥效功能，国内在应用上已有很多研究和成熟的经验。实践证明长期施用厌氧消化液（沼液）可促进土壤团粒结构的形成，使土壤疏松，增强土壤保水、保肥能力，改善土壤理化性质，使土壤有机质、总氮、总磷及有效磷等养分均不同程度提高。施用消化液对农作物、果树病虫害不仅有预防和抑制作用，而且减少了污染，降低了用肥成本。厌氧污泥（沼渣）含有较全面的养分和丰富的有机肥，是优质有机肥料，可以做基肥，也可以做追肥。

3. 能源环保型（大型）

1）工艺流程

工艺流程见图 2-15。

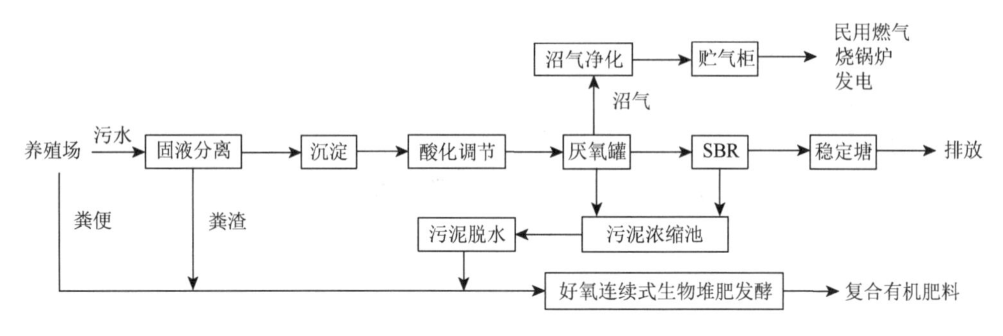

图 2-15　能源环保型（大型）沼气工程工艺流程

2）工艺适用条件

（1）养殖场规模：存栏量 200000～2000000 只鸡。日处理污水量 100～1000t，甚至 1000t 以上。

（2）排放要求高的城市郊区。

3）工艺特点

（1）养殖场必须实行清洁生产、干湿分离，畜禽粪便直接用于生产有机肥料，冲洗污水和尿进入处理系统，进水 COD_{cr} 在 5000～12000mg/L，氨氮在 500～1000mg/L。

（2）污水必须先进行预处理，强化固液分离、沉淀，严格控制 SS 浓度。

（3）厌氧工艺可采用 UASB 或 EGSB。有机负荷 2.5～5kg COD/(m^3·d)，HRT 为 3d，COD 去除率 80%～85%，池容产气率 1.0m^3/(m^3·d)，厌氧出水 COD 在 700～1000mg/L。

（4）好氧处理工艺采用序批式间歇反应器（SBR），在去除 COD 的同时，具有除磷脱氮效果。一般设两个反应器（也可两个以上），交替曝气运行，每周期有进水、曝气、沉淀、滗水、闲置五个过程，每周期一般 8h，HRT 为 2～3d，污泥负荷 0.08～0.15kg COD/(kg MLSS·d)，容积负荷 0.2～0.5kg COD/(m^3·d)，COD 去除率 90%～95%，氨氮去除率 95% 以上。此外该工艺自动化程度要求高，工艺运行技术参数可视实际情况灵活调整。

（5）出水达到《畜禽养殖业污染物排放标准》（GB 18596—2001）。

（6）厌氧、好氧产生的污泥经浓缩、机械脱水压成含水率为 75%～80%的泥饼，可用于制作有机肥。

（7）沼气利用方式：发电、烧锅炉或肥料烘干等民用。

（8）有机肥的生产应优先采用好氧连续式生物堆肥工艺。

4）工程规模及投资分析

工程规模及投资分析见表 2-5。

表 2-5　能源环保型（大型）工程规模及投资分析

养鸡场规模（年存栏量/只）	日处理污水/t	厌氧罐规模/m^3	SBR 反应器/m^3	日产沼气量/m^3	工程投资/万元
200000	100	600	300	500	180
300000	150	900	450	750	260
400000	200	1200	600	1000	350
800000	400	2400	1200	2000	700
1200000	500	3600	1800	3000	1000
1600000	800	4800	2400	4000	1250
2000000	1000	6000	3000	5000	1500

5）优点

（1）沼气回收与污水达标、环境治理结合得较好，适用范围广。

（2）工艺处理单元的效率高，工程规范化，管理、操作自动化水平高。

（3）对 COD、NH_3-N 的去除率高，出水能达标排放。

（4）有机肥料开发充分，资源得到综合利用。

（5）对周围环境影响小，没有二次污染。

6）缺点

（1）工程投资较大，运行费用相对较高。

（2）管理、操作技术要求高。

（3）由于猪粪直接生产有机肥，沼气的获得量相对减少。

（4）占地面积较大。

（5）能源消耗大，净能收益率低。

4. 热、电、肥联产零排放型

1）工艺流程

工艺流程见图 2-16。

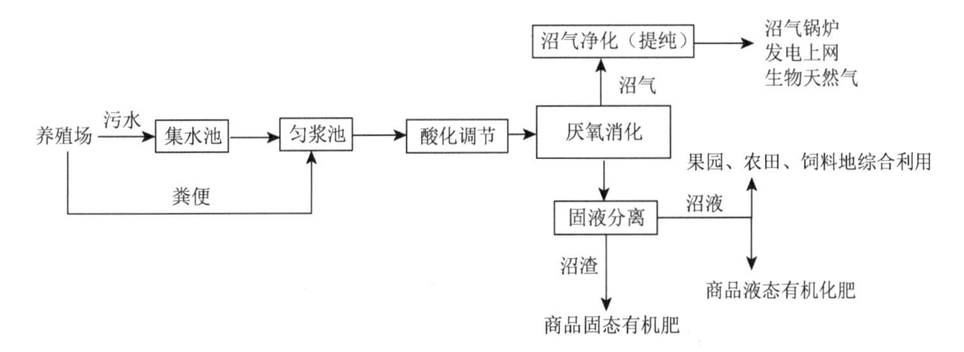

图 2-16　热、电、肥联产零排放型工艺流程

2）工艺适用条件

（1）养殖场规模：存栏量200000只以上养鸡场，养殖场干清粪，控制冲洗水加入量。

（2）周边有足够的农田、果园、饲料地等可以消纳沼肥，有配套的有机肥料厂，将高浓度的沼液、沼渣加工成商品有机肥。

3）工艺特点

（1）发酵物浓度高，一般TS在8%～12%。减小了装置规模，节省了用于物料增温的能耗，减少了沼肥的运输量，产气率可达1～2$m^3/(m^3·d)$。

（2）采用厌氧罐内搅拌，增强了罐内传质。

（3）脱硫工艺采用生物脱硫，比传统化学脱硫降低运行成本70%。

（4）实现热电联供，余热用于冬季厌氧罐增温和蔬菜大棚供暖。夏季余热用于沼渣干化，生产有机肥料。净能源输出率≥90%。

（5）配套固体有机肥或浓缩沼液肥生产，实现沼肥高值利用和废弃物零排放。

4）工程规模及投资分析

工程规模及投资分析见表2-6。

表2-6　热、电、肥联产零排放型工程规模及投资分析

养鸡场规模（年存栏量/只）	日鸡粪量（TS20%）/t	日处理粪污/t	厌氧罐规模/m^3	日产沼气量/m^3	工程投资/万元
200000	20	40	1000	1000	200
400000	40	80	2000	2000	400
1000000	100	200	5000	5000	950
2000000	200	400	10000	10000	1800
4000000	400	800	20000	20000	3500

5）优点

（1）发酵原料浓度高，产气率高，用于物料增温的能耗少，降低了沼肥的运输量。

（2）采用了先进的搅拌工艺及设备，罐内传质增强，减少了死区，解决了易酸化和易结壳等问题。

（3）实现热电联供，余热用于冬季厌氧罐体增温，保证了系统全年正常稳定运行。

6）缺点

（1）工程规模大，投资较大。

（2）需要有足够的农田、果园或饲料地等消纳沼液沼渣，对配套设施要求高。

2.2.3　厌氧消化失稳预警调控

我国有上万座大中型沼气工程，然而这些工程的有机负荷率（OLR）和容积产气率较低，导致工程的废弃物处理能力和经济性较差。如果将有机负荷率从目前大部分工程运行的2.0kg VS/$(m^3·d)$以下提高到4.0kg VS/$(m^3·d)$，容积产气率可以从1.0$m^3/(m^3·d)$以下提高到 2.0m^3/(m^3·d)，那么已有沼气工程可以将废弃物处理能力和产气能力提升一倍，新建沼气工程可以减小反应器规模，不管是对已有工程还是新建工程的经济性均有显著提高。然而，有机负荷率的提高带来的潜在风险是可能存在由挥发酸或氨抑制造成的系统失稳，甚至崩溃。因此，解决高负荷厌氧消化的稳定性是关键，而失稳预警指标体系的筛选是核心。

中国科学院成都生物研究所李东团队对典型有机废弃物的中温和高温厌氧消化指标跟踪监测，通过数据分析筛选了适合不同类型原料的失稳预警指标，能够对系统可能存在的失稳进行提前预判，从而提前采取调控措施，保障系统稳定运行。本书以鸡粪高负荷中温厌氧消化为例，对厌氧消化过程的气相、液相原始指标以及耦合衍生指标进行监测，从这些指标中筛选出预警能力较强（预警天数超过 20 天）的失稳预警指标，确定失稳阈值，开发一套失稳预警调控系统，通过添加沼气促进剂或调整负荷保证厌氧消化系统在高负荷条件下的稳定运行（Niu et al.，2013；Nie et al.，2015）。

1. 厌氧消化指标监测

1）容积产甲烷率监测结果

容积产甲烷率监测结果见图 2-17。

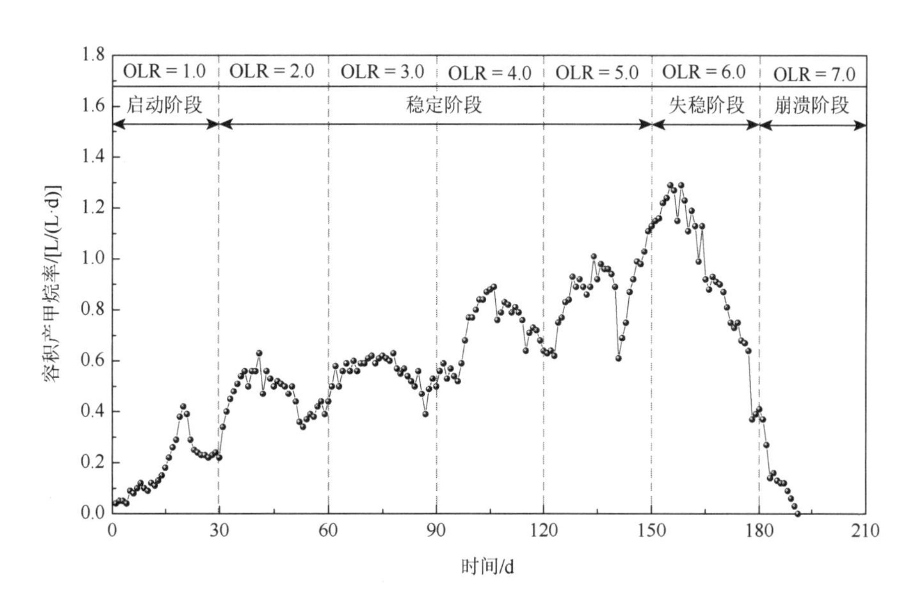

图 2-17　鸡粪厌氧消化容积产甲烷率变化

2）沼气成分监测结果

沼气成分监测结果见图 2-18。

3）挥发酸监测结果

挥发酸监测结果见图 2-19。

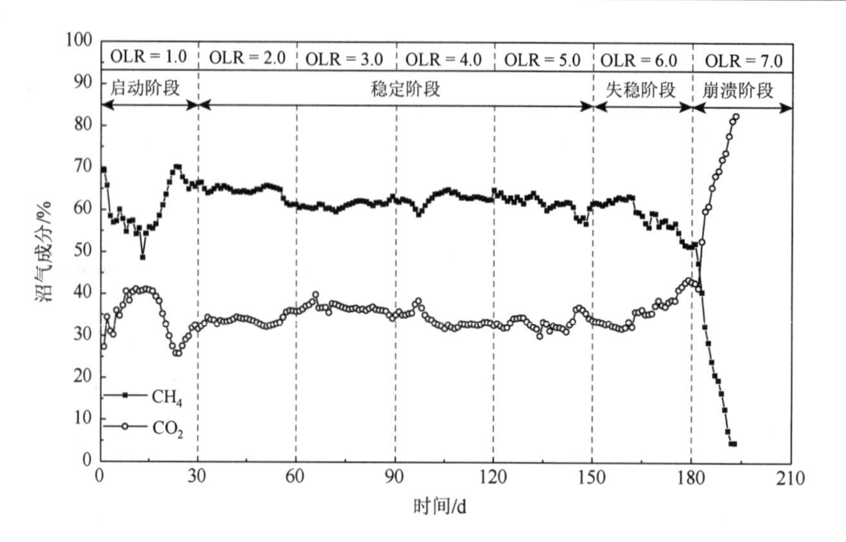

图 2-18　鸡粪厌氧消化沼气成分变化

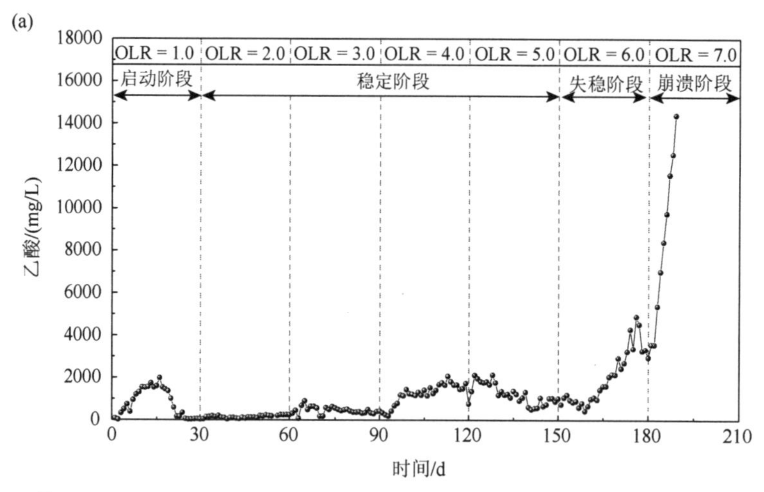

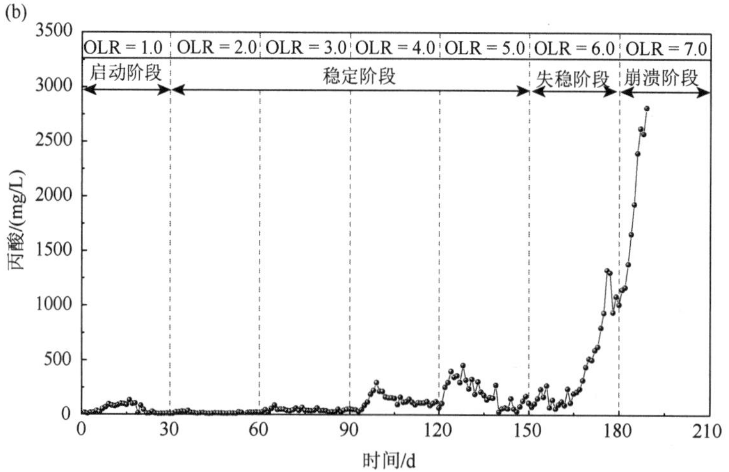

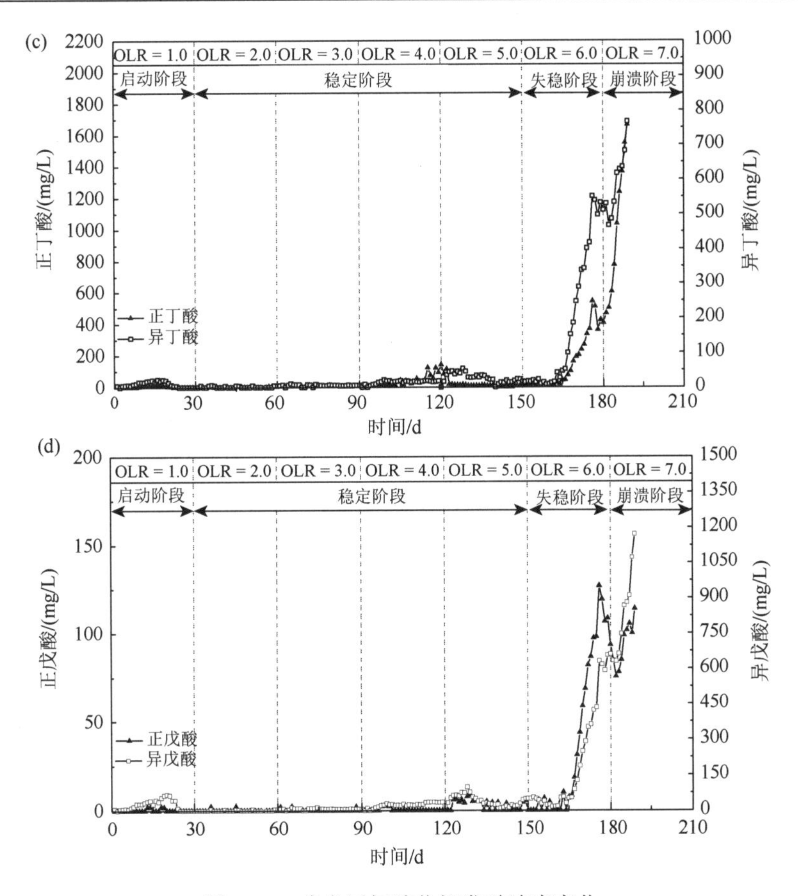

图2-19 鸡粪厌氧消化挥发酸浓度变化

4）总挥发性脂肪酸和游离挥发酸监测结果

总挥发性脂肪酸和游离挥发酸监测结果见图2-20。

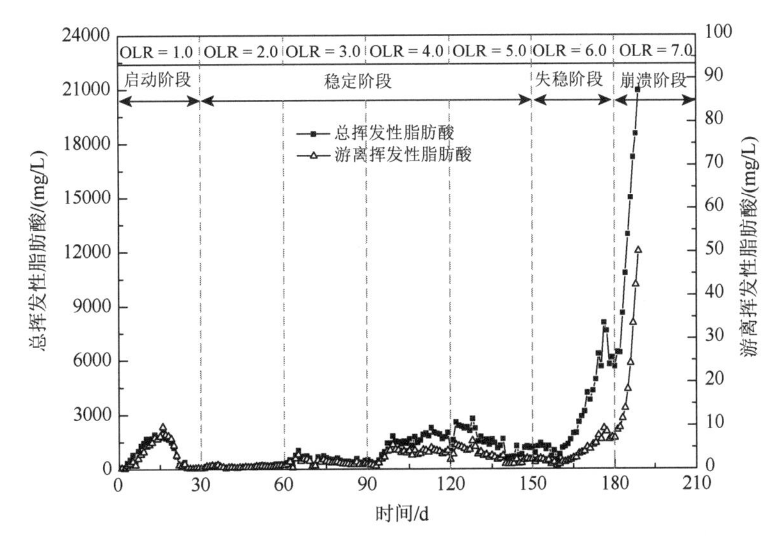

图2-20 鸡粪厌氧消化总挥发性脂肪酸和游离挥发性脂肪酸浓度变化

5）氨氮监测结果

氨氮监测结果见图 2-21。

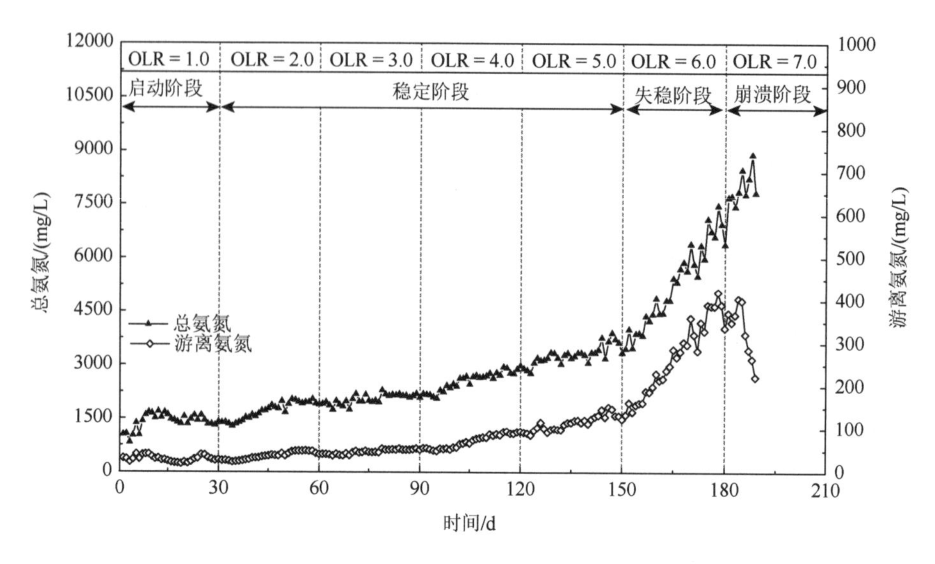

图 2-21　鸡粪厌氧消化氨氮浓度变化

6）pH 和 ORP 监测结果

pH 和 ORP 监测结果见图 2-22。

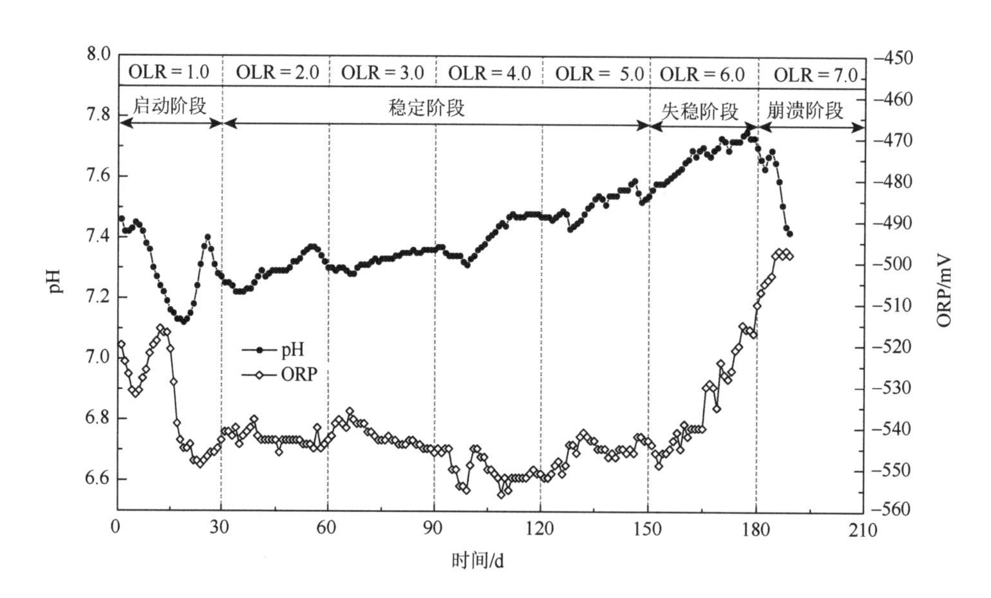

图 2-22　鸡粪厌氧消化 pH 和 ORP 变化

7）碱度监测结果

碱度监测结果见图 2-23。

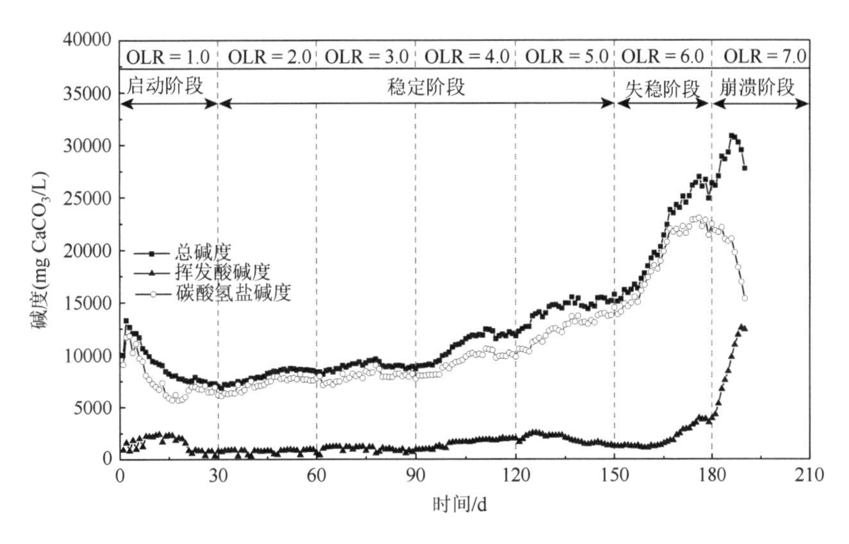

图 2-23　鸡粪厌氧消化碱度变化

8）耦合指标监测结果

耦合指标监测结果见图 2-24。

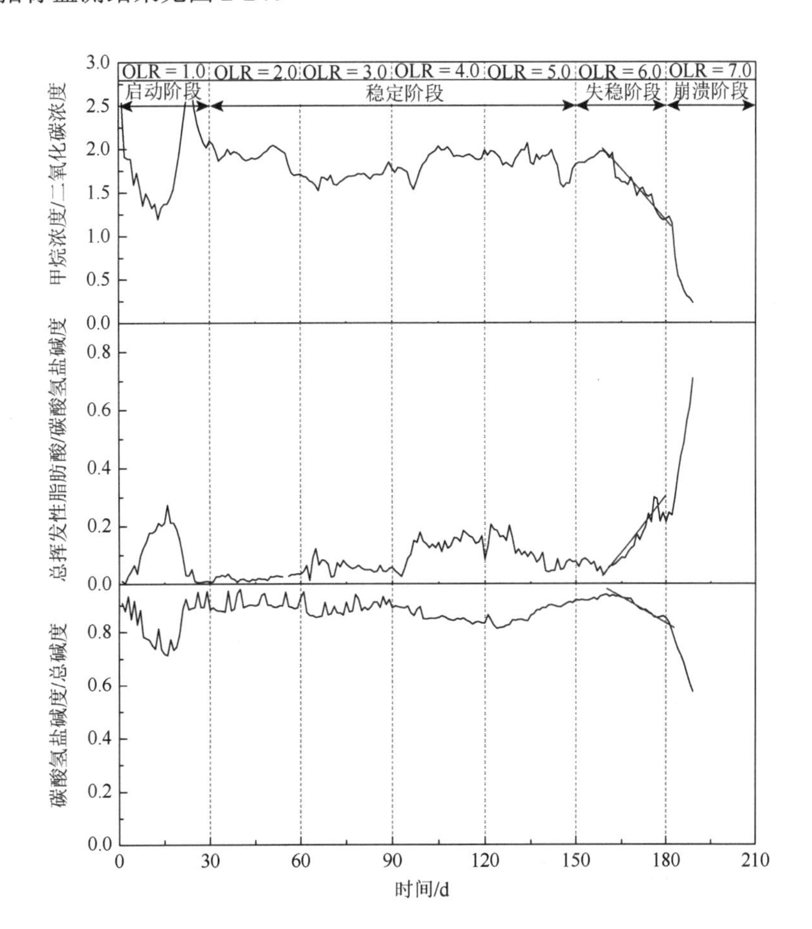

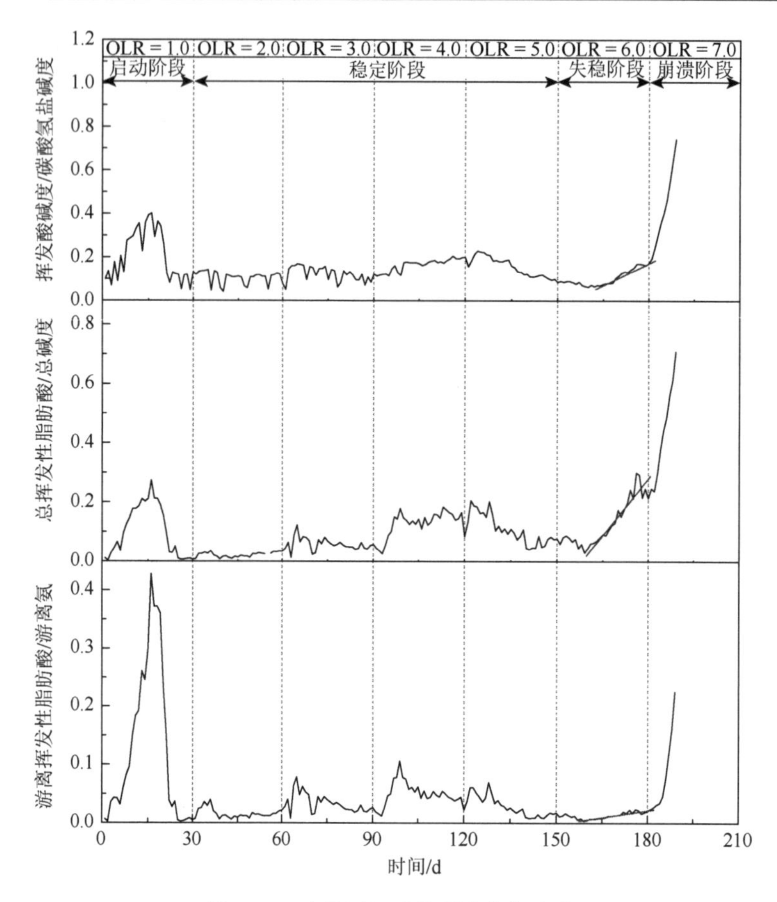

图 2-24　鸡粪厌氧消化耦合指标变化

2. 失稳预警指标筛选

一般来讲，产气速率是反映厌氧消化状态的一个指标。在恒定的进料量条件下，较低的产气速率可能反映液相有机酸的积累。然而，产气速率还受水力停留时间和原料成分的影响，容积产气率即使在稳定阶段的变化幅度也较大。而且该指标对有机负荷过载的响应能力较差，因此，该指标不适宜作为一个有效的失稳预警指标。失稳预警指标需要具有三个特点：①总体单向变化；②提前响应时间长；③存在显著突变。同时满足以上三个特点的指标组成失稳预警核心指标，同时满足第一和第二个特点的指标组成失稳预警辅助指标。从表 2-7 可以看出，核心指标为氧化还原电位、单一挥发性脂肪酸、甲烷浓度/二氧化碳浓度，辅助指标为总挥发性脂肪酸/总碱度、总挥发性脂肪酸/碳酸氢盐碱度。由于单一挥发性脂肪酸、总挥发性脂肪酸/总碱度、总挥发性脂肪酸/碳酸氢盐碱度为同系指标，且实际的沼气工程一般不具备测定单一挥发性脂肪酸的条件，但是可以通过联合滴定的方式快速测定总挥发性脂肪酸和碳酸氢盐碱度，因此对于实际鸡粪沼气工程，建议的失稳预警指标群为氧化还原电位、甲烷浓度/二氧化碳浓度和总挥发性脂肪酸/碳酸氢盐碱度，其中氧化还原电位和甲烷浓度/二氧化碳浓度为核心指标，总挥发性脂肪酸/碳酸氢盐碱度为辅助指标。

表2-7　鸡粪中温厌氧发酵所有监测指标的失稳预警时间

指标	指标特点			失稳预警指标群	
	总体单向变化	提前响应时间长	存在显著突变	核心指标	辅助指标
甲烷浓度	√	×	√		
二氧化碳浓度	√	×	√		
pH	×	×	×		
氧化还原电位	√	√	√	●*	
单一挥发性脂肪酸	√	√	√	●	
总碱度	×	×	×		
碳酸氢盐碱度	×	×	×		
挥发酸碱度	√	×	×		
总氨氮	√	×	×		
游离氨	×	×	×		
甲烷浓度/二氧化碳浓度	√	√	√	●*	
总挥发性脂肪酸/总碱度	√	√	×		○*
总挥发性脂肪酸/碳酸氢盐碱度	√	√	×		○
挥发酸碱度/碳酸氢盐碱度	√	×	×		
碳酸氢盐碱度/总碱度	√	×	×		
游离挥发酸/游离氨	√	×	×		

注：●表示核心指标；○表示辅助指标；*表示对于工程实际应用中选用的失稳预警指标群。

3. 失稳预警指标的失稳阈值判定

对于鸡粪沼气工程失稳判定，需要同时满足条件：氧化还原电位升高、甲烷浓度/二氧化碳浓度下降、总挥发性脂肪酸/碳酸氢盐碱度升高。与其他两个指标相比，甲烷浓度/二氧化碳浓度指标较为敏感，以有机负荷率为5kg VS/(m^3·d)条件下的第142～146天为例，甲烷浓度/二氧化碳浓度突然下降，但这并不意味着系统真实失稳，因为此时的氧化还原电位、总挥发性脂肪酸/碳酸氢盐碱度没有显著升高。综合考虑，本研究推荐的鸡粪中温厌氧发酵失稳预警指标的失稳阈值见表2-8。

表2-8　鸡粪中温厌氧发酵失稳预警指标的失稳阈值

失稳预警指标	一般失稳阈值	重度失稳阈值
氧化还原电位/mV	−540～−200	＞−200
甲烷浓度/二氧化碳浓度	1.20～1.50	＜1.20
总挥发性脂肪酸/碳酸氢盐碱度	0.2～0.3	＞0.30

4. 厌氧消化过程监测与失稳预警调控系统设计

图2-25为厌氧消化过程监测与失稳预警调控系统设计图（专利号201310445712.X），通过对失稳预警指标的监测，可以判定系统为正常状态、一般失稳或重度失稳。如果系

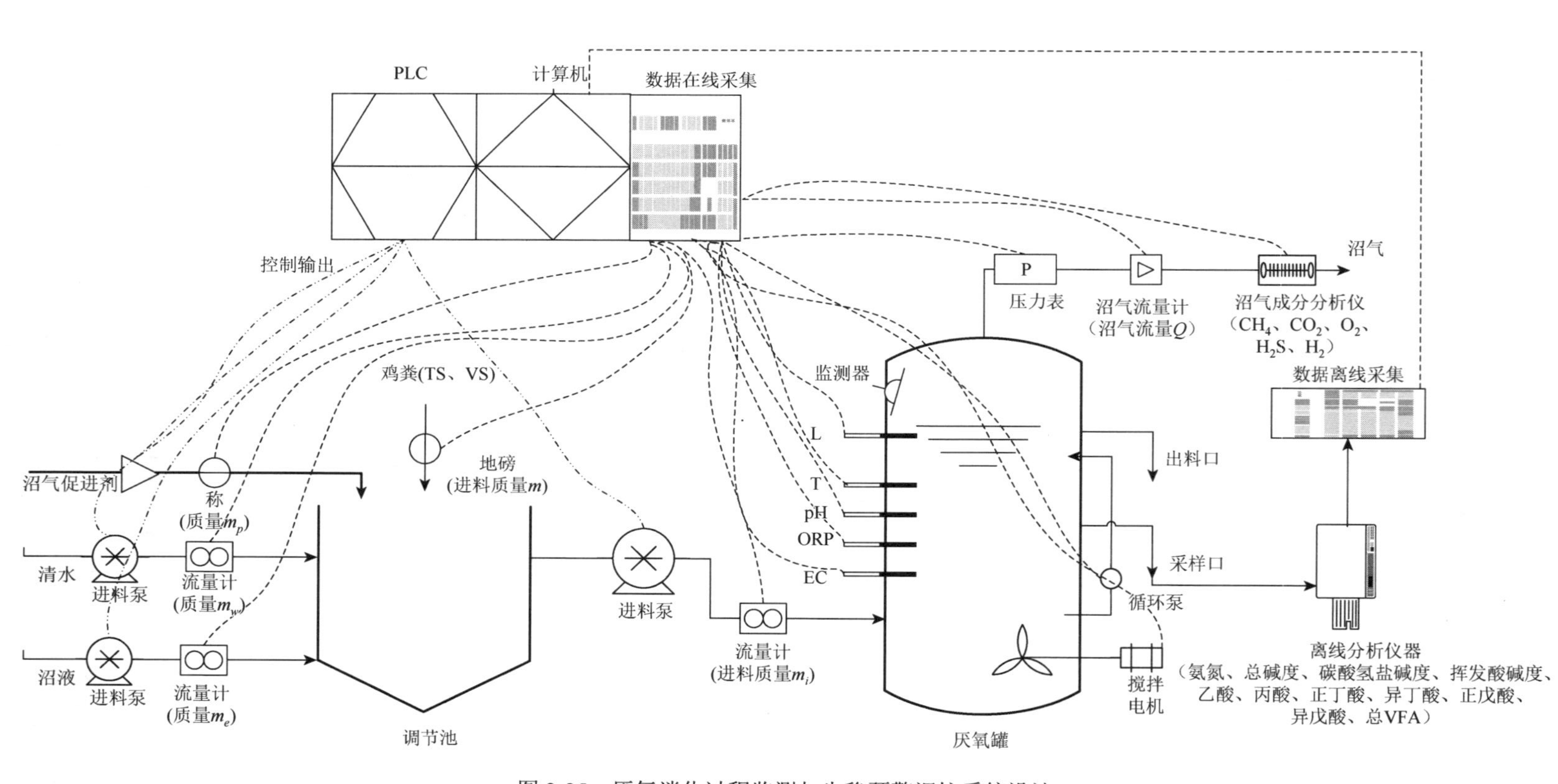

图 2-25　厌氧消化过程监测与失稳预警调控系统设计

注：L：液体；T：温度；pH：酸碱度；ORP：氧化还原电位；EC：电导率。

统为正常状态，可以尝试提高有机负荷率，从而提高容积产气率；如果为一般失稳，可以在不降低负荷的条件下适当添加沼气促进剂，提高系统对高负荷的耐受能力；如果为重度失稳，首先可以在不降低负荷的条件下适当添加产甲烷菌剂，提高系统对高负荷的耐受能力，如果系统仍不能有效恢复，可适当降低负荷或暂停进料（专利号 201310440319.1）。沼气促进剂的主要成分为产甲烷辅酶因子，能够激活产甲烷菌、提高产甲烷活性；产甲烷菌剂的主要成分为互营有机酸氧化菌、氢营养型产甲烷菌、乙酸营养型产甲烷菌，这两款专利产品（专利号 201310442836.2）见图 2-26，能有效地降解挥发性脂肪酸，解除直接性挥发酸抑制或是由氨抑制导致的间接性挥发酸抑制。

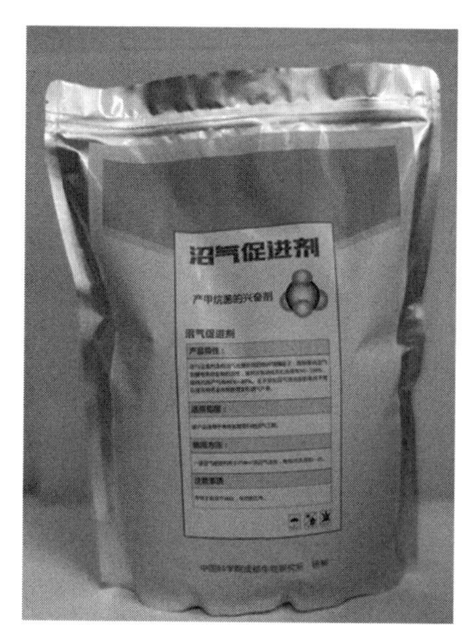

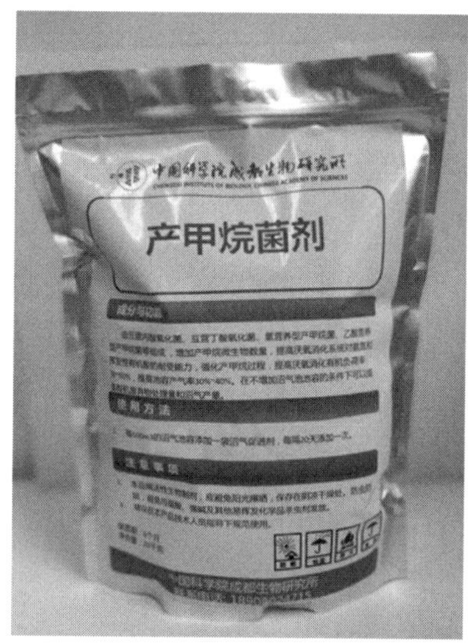

图 2-26　沼气促进剂和产甲烷菌剂

2.2.4　鸡粪和稻草混合厌氧消化

我国大部分沼气工程处理单一原料，容易发生原料供应不稳定的情况。例如，以养殖废弃物为单一原料，容易受瘟疫或市场波动的影响导致沼气工程缺乏原料；以稻草为单一原料，由于稻草的收获季节性，也容易发生原料短缺的情况。因此，采用多元原料混合厌氧消化的方式可以缓解原料缺乏，保障沼气工程产气稳定。中国科学院成都生物研究所李东团队对十余种典型物料进行不同配比厌氧消化研究，结果表明，混合原料比单一原料厌氧消化提高原料产气率 20%以上。本书以鸡粪和稻草混合厌氧消化为例进行介绍（李东等，2013；Mei et al.，2016）。

1. 原料配比对混合厌氧消化的影响

1）原料配比对产气的影响

不同配比的稻草与鸡粪混合厌氧消化的产气速率、甲烷浓度和单位原料累积产气量的变化曲线见图 2-27。与单独厌氧消化相比，稻草与鸡粪混合厌氧消化能够提高原料产

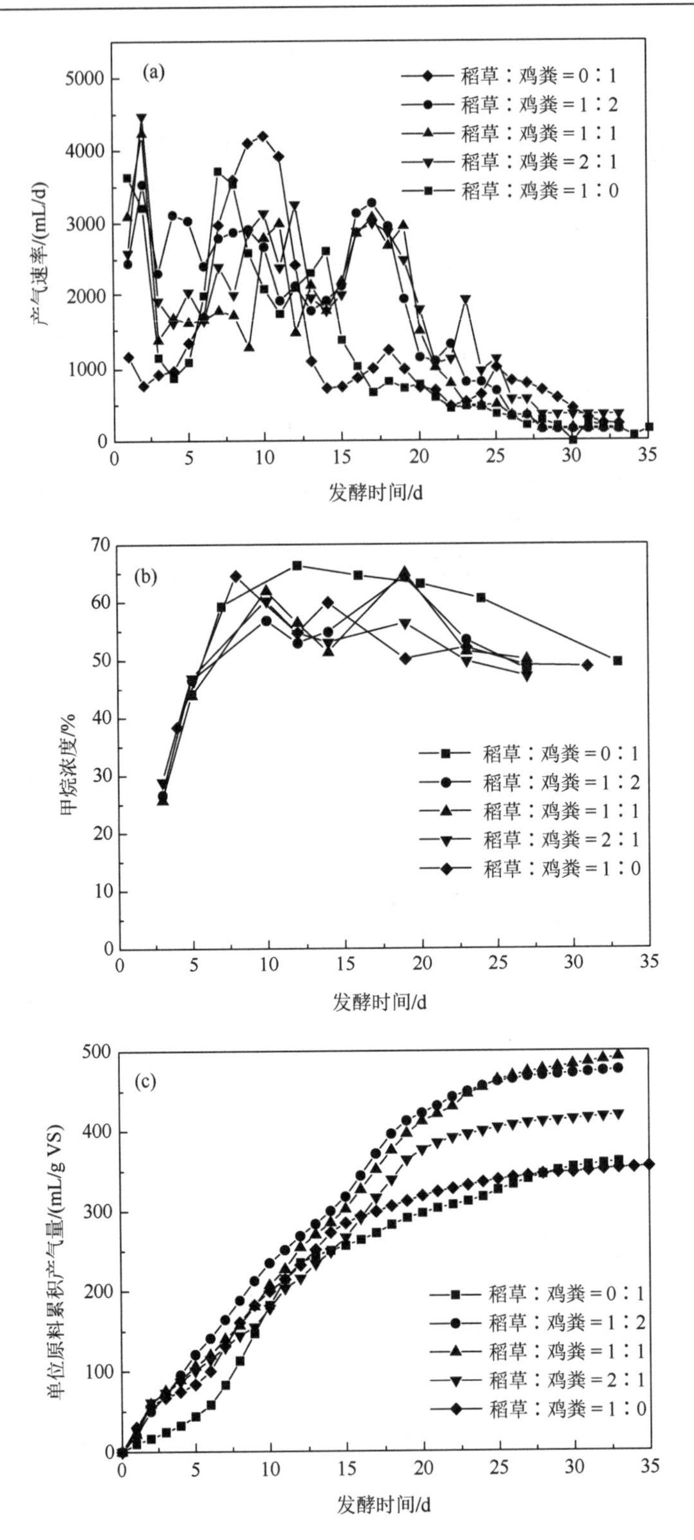

图 2-27　鸡粪和稻草混合厌氧消化的产气速率、甲烷浓度和单位原料累积产气量

气速率，并且均衡日产气量，避免单一原料产气速率大幅度波动。发酵 10d 时，稻草与鸡粪 VS 比分别为 0∶1、1∶2、1∶1、2∶1、1∶0 的中温厌氧消化实际甲烷产率分别为 212.43mL/g VS、240.45mL/g VS、250.28mL/g VS、206.09mL/g VS 和 178.03mL/g VS。与稻草和鸡粪单独厌氧消化相比，混合厌氧消化提高原料产气率 28%，这可能与优化营养结构和提升微生物协同作用有关。

在初始有机负荷为 6%（以 VS 计）时，不同配比条件下的厌氧消化均没有出现挥发性有机酸或氨氮抑制，整个发酵过程的 pH 稳定在 6.8～8.2 之间。与稻草和鸡粪单独厌氧消化相比，混合发酵能够大幅度提高原料产气率，其中当稻草与鸡粪 VS 比为 1∶1 时具有最高的原料产气率。

2）原料配比对产气效率的影响

为便于比较，以实际值占理论值的百分数（Y_a/Y_m）作为衡量不同 C/N 条件下产气效率的依据，见表 2-9。C/N 在 11.2～17.8，随 C/N 比的增加，Y_a/Y_m 呈上升趋势；C/N 在 17.8～47.5，随 C/N 比的增加，Y_a/Y_m 呈下降趋势，见图 2-28。该结果与通常认为的厌氧消化最佳 C/N 为 25 存在差异。C/N 在 11.2～47.5 范围内，Y_a/Y_m 呈现先上升后下降趋势，在 C/N 为 17.8 时，Y_a/Y_m 达最大值。在中温厌氧消化工程应用中，建议稻草与鸡粪 VS 比为 1∶1，或控制配比后混合原料的 C/N 约为 17.8。

表 2-9　不同配比条件下稻草与鸡粪混合厌氧消化的原料甲烷产率、原料沼气产率

原料组成	VS 比例	有机负荷/%	C/N	理论甲烷产率/(mL/g VS)	实际甲烷产率/(mL/g VS)	理论沼气产率/(mL/g VS)	实际沼气产率/(mL/g VS)
稻草∶鸡粪	0∶1	6.00	11.2	381.88	212.43	792.74	361.10
	1∶2	6.00	14.8	365.61	240.45	777.94	476.32
	1∶1	6.00	17.8	357.47	250.28	770.55	492.23
	2∶1	6.00	22.4	349.83	206.09	763.15	419.28
	1∶0	6.00	47.5	333.06	178.03	748.35	355.21

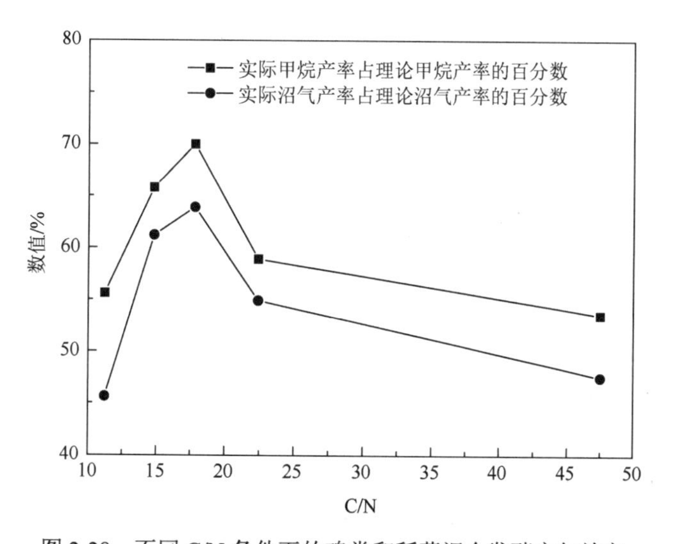

图 2-28　不同 C/N 条件下的鸡粪和稻草混合发酵产气效率

2. 有机负荷率对混合厌氧消化的影响

1）原料产气率

原料产气率是评估厌氧消化系统处理效率的重要指标之一，它反映了原料被微生物降解生成甲烷和二氧化碳的效率。从图 2-29 可以看出，当有机负荷率（OLR）在 3～6kg VS/(m^3·d)的范围内时，稻草与鸡粪混合厌氧消化的原料产气率随 OLR 的升高而有所下降。其中中温（M）厌氧消化原料产气率相比高温（T）的低，且在 OLR 改变阶段产气稳定性较差。当 OLR = 6kg VS/(m^3·d)时，高温和中温系统的产气率逐渐下降；同时，气体成分中甲烷浓度也出现了下降的现象，高温系统的气体成分中甲烷浓度降至 41%，表明系统产气状况开始恶化。于是对系统进行停料观察，待原料消化完全；同时以清水替换系统内近 1/6 的发酵液，以降低有机酸和氨氮等中间产物的浓度，加快产甲烷菌活性恢复。停料 4 天后，重新以 6kg VS/(m^3·d)的 OLR 投料启动实验，发现高温和中温系统均能较快恢复产气并达到与停料前相当的产气率水平。继续升高 OLR 至 8kg VS/(m^3·d)时，高温和中温系统的产气率均升高，高温系统的产气速率明显高于中温系统。高温和中温系统的最大产气速率分别为 622L/kg VS、531L/kg VS，均在 OLR 为 8kg VS/(m^3·d)时获得。当继续升高 OLR 至 12kg VS/(m^3·d)，高温系统产气开始不稳定，产气率出现较大幅度的波动，这时出现了污泥膨胀现象，使得反应器的有效反应体积减小；而中温系统的产气率急剧下降，表明该系统产气受到了抑制。

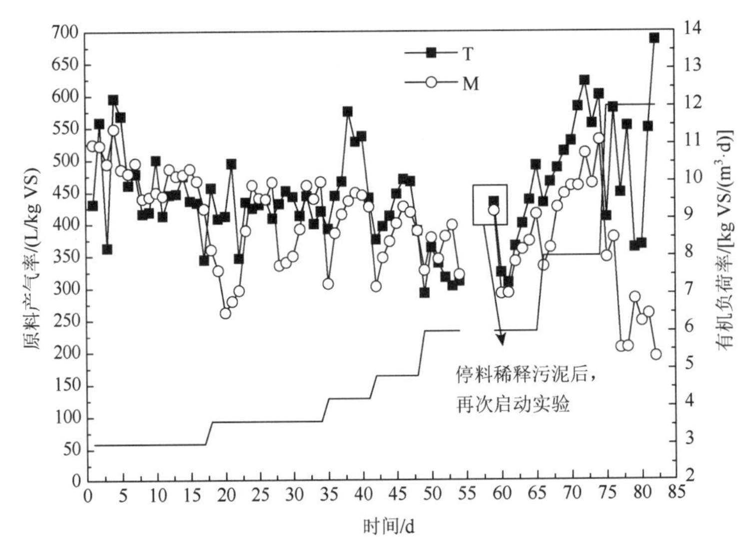

图 2-29　高温（T）和中温（M）条件下稻草 + 鸡粪混合厌氧发酵原料产气率

2）池容产气率

连续厌氧消化系统的池容产气率集中反映了反应装置的性能。从图 2-30 可得，稻草 + 鸡粪连续混合厌氧消化反应当 OLR 为 3～8kg VS/(m^3·d)时，系统较稳定，高温厌氧消化池容产气率较高，当 OLR 提高至 12kg VS/(m^3·d)时，中温厌氧消化系统超负荷。中温和高温条件的最高池容产气率分别为 4.5m^3/(m^3·d)[OLR = 12kg VS/(m^3·d)]、8.2m^3/(m^3·d)[OLR = 12kg VS/(m^3·d)]。

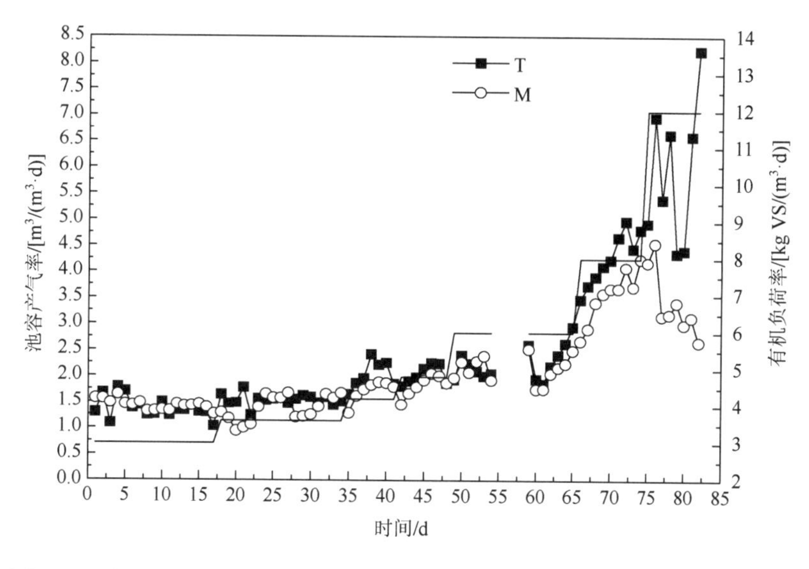

图2-30　高温（T）和中温（M）条件下稻草＋鸡粪混合厌氧消化池容产气率

3）甲烷浓度

沼气中甲烷浓度反映了系统的运行情况。产甲烷步骤不受抑制时，甲烷浓度较为稳定，一般为50%～55%；中温系统的甲烷浓度比高温系统的高些，与CO_2在中温条件下的溶解度大些有关。产甲烷受抑制时，气体中的甲烷浓度下降，CO_2浓度上升（实验数据未列出）。如图2-31所示，高温系统的甲烷浓度较为稳定，中温系统在OLR＝12kg VS/(m^3·d)时甲烷浓度降至40%以下，其中稻草＋鸡粪中温厌氧消化在该阶段几乎没有甲烷生成。

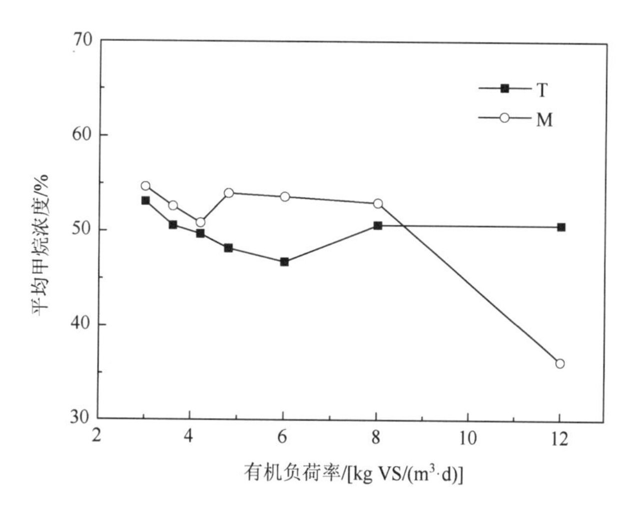

图2-31　高温（T）和中温（M）条件下稻草＋鸡粪混合厌氧消化甲烷浓度

4）pH

厌氧消化系统的pH是评估系统稳定性能的重要指标之一，其波动主要受到VFA浓度、氨氮浓度、CO_2分压和总碱度的影响。从图2-32可看出高温厌氧消化系统的pH高于中温厌氧消化系统的 pH，pH 保持在 7.0～8.0 之间。高温系统的 pH 较高，在 7.7～8.0 之间。中温系统的 pH 变化幅度较小，保持在 7.4～7.7 之间，系统的缓冲能力较强。

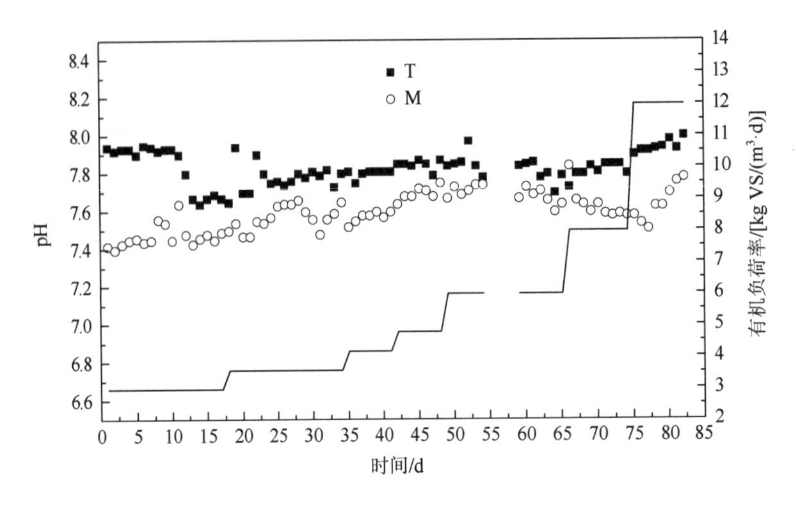

图 2-32　高温（T）和中温（M）条件下稻草＋鸡粪混合厌氧消化系统 pH

5）碱度

厌氧发酵系统的碱度反映了一个厌氧发酵系统的缓冲性能，碱度可以对有机酸的累积起缓冲作用，使系统的 pH 保持稳定，从而使产甲烷过程顺利进行。中温系统的碱度大于高温系统的碱度（图 2-33）。碱度随有机负荷的提高而升高。在 OLR＝6kg VS/$(m^3 \cdot d)$ 时，对发酵液进行一定的稀释和更换，系统碱度从 13140mg/L 下降至 9144～9856mg/L。继续提高 OLR 至 8kg VS/$(m^3 \cdot d)$，中温系统和高温系统的碱度较稳定，分别保持在 10000～11000mg/L 和 8000～9000mg/L。当 OLR 升高至 12kg VS/$(m^3 \cdot d)$时，中温和高温系统的碱度急剧上升，最终分别达到 14369mg/L 和 11970mg/L。

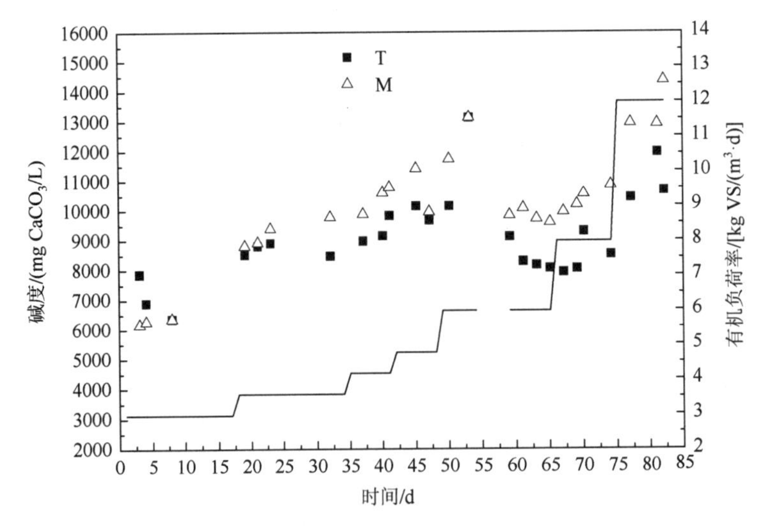

图 2-33　高温（T）和中温（M）条件下稻草＋鸡粪混合厌氧消化系统碱度的变化

6）氨氮浓度

厌氧消化系统中的氨氮主要由降解蛋白质和其他含氮的物质得到，包括离子态氨氮和游离氨。本实验中的氨氮主要是由粪便原料转化得到的。从图 2-34 可以看出，随着 OLR 的提高，系统的氨氮浓度呈现不断升高的趋势，而中温厌氧系统的氨氮浓度比高温系统的氨氮浓度更高。当 OLR = 6kg VS/(m^3·d)时，通过稀释发酵液和停料观察的方法降低了系统的氨氮浓度；重新启动反应后，系统能承受更高浓度的氨氮。当 OLR = 12kg VS/(m^3·d)时，系统氨氮浓度达到 4804mg/L（相应的 pH 为 8.00，游离氨浓度为 1331mg/L），厌氧消化仍可顺利进行；中温系统氨氮浓度达到 6518mg/L（相应的 pH 为 7.78，游离氨浓度为 6512mg/L），此时产气出现抑制。

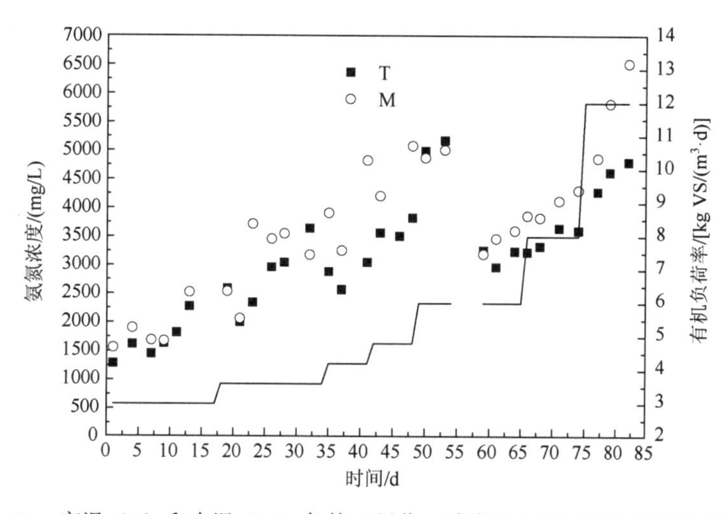

图 2-34　高温（T）和中温（M）条件下稻草 + 鸡粪混合厌氧消化系统氨氮浓度

7）挥发性有机酸浓度

如图 2-35 所示，对于高温系统，当 OLR 为 3～6kg VS/(m^3·d)时，总酸浓度维持在 916.5～1310.5mg/L 范围内；当 OLR 提高到 8kg VS/(m^3·d)时，总酸浓度达 3458mg/L；

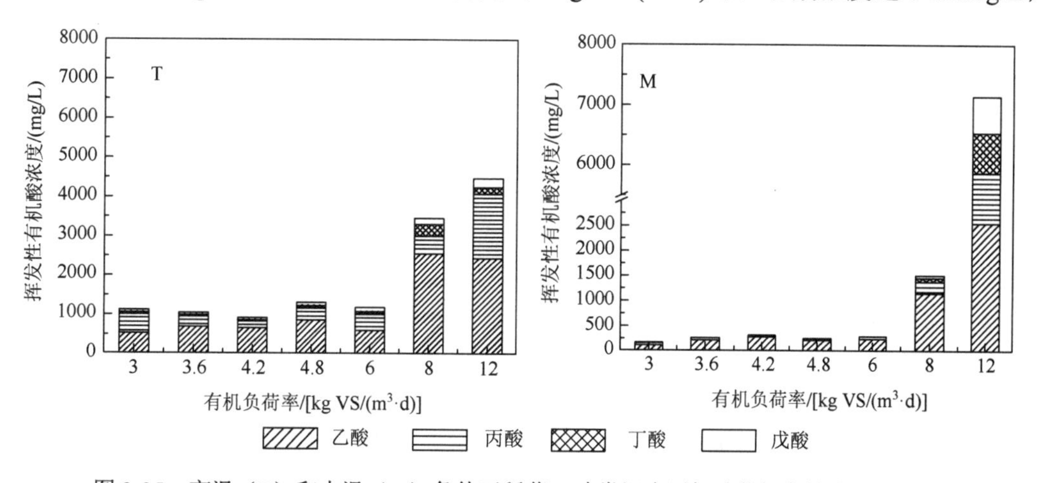

图 2-35　高温（T）和中温（M）条件下稻草 + 鸡粪混合厌氧消化挥发性有机酸浓度

当 OLR 提高到 12kg VS/(m^3·d)时，总酸浓度达 4478mg/L，但系统仍能保持正常产气，这是因为系统碱度充足，中和了部分 VFA，减少了游离态 VFA 对厌氧微生物的毒害作用，同时使得 pH 保持稳定，保证了产甲烷反应的进行。对于中温系统，当 OLR 为 3～6kg VS/(m^3·d)时，有机酸维持在 320mg/L 范围内；当 OLR 提高到 8kg VS/(m^3·d)时，VFA 浓度开始上升，达到 1513mg/L；当 OLR 提高到 12kg VS/(m^3·d)时，VFA 浓度达到 7149mg/L，乙酸和丙酸是总酸最主要的成分，分别为 2552mg/L 和 3323mg/L，表明系统出现了严重的酸抑制现象。

2.3　沼气工程设备

2.3.1　前处理设备

1. 固液分离设备

不论采取哪种沼气生产工艺，固液分离都是一道必不可少的环节。采取的工艺路线不同，固液分离的位置和功能也不一样。能源环保型采用先分离、后厌氧消化，以改善出水水质；能源生态型则采用先厌氧消化，再将厌氧残留物进行固液分离，以提高沼气产量。无论哪种模式，为防止大的固体物进入后续处理环节，影响后续管道、设备和构筑物的正常使用，在系统前采取格栅等简单的固液分离措施都是有必要的（周孟津等，2009）。

1）固定格栅

在小型畜禽场沼气工程处理系统中可采用固定格栅，在粪水沟进入集粪池之前安装固定格栅栏，栅条间距一般为 15～30mm，用于在粪水进入集粪池和水泵前拦截较大的杂物。格栅可采用不锈钢材料，并且为可移动式以便于清洗。

2）格栅机

格栅机的形式较多，在畜禽场中使用较多的是回转式格栅固液分离机。HF 型回转式固液分离机可连续自动清除污水中细小的毛发、纤维及各种漂浮物、悬浮物。不锈钢的链条、耙齿轴和一组犁形耙齿组成一封闭的耙齿链，在电机、减速机的驱动下回转，耙齿链下部浸没在水中，回转过程中携污水中的杂物上行至机架上部，由于链轮和弯轨的导向作用，每组齿耙都能产生相互错位推移，大部分杂物以自重卸入污物盛器内，另一部分黏附在耙齿上的杂物由反向旋转的尼龙刷清除干净。

3）水力筛网

以机械处理为主的筛滤是常用的固液分离方法，根据畜禽粪便的粒度分布状况进行固液分离。大于筛网孔径的固体物留在筛网表面，而液体和小于筛网孔径的固体物则通过筛网流出。固体物的去除率取决于筛孔大小，筛孔大则去除率低，但不容易堵塞，清洗次数少；反之，筛孔小则去除率高，但易堵塞，清洗次数多。目前最常用的全不锈钢楔形固定筛，由于其在适当的筛距下去除率高，不易堵塞，结构简单和运行稳定可靠，是畜禽养殖场污水处理沼气工程中常用的固液分离设备。水力栅网的规格和性能见表 2-10。

表 2-10 水力格栅的规格和性能

型号	滤出物直径/mm	有效过滤面积/m^2	处理能力/(m^3/h)	尺寸（长×宽×高）/(mm×mm×mm)
SW-1200	0.3～0.5	3.2	30～100	1220×1982×2810
SW-2400	0.3～0.5	6.4	60～200	2420×1982×2810

4）卧式离心分离机

离心分离的原理实际上就是重力沉降，当固体密度差增大时，这些颗粒沉降加快，在加速度作用下，相同的颗粒沉降也加快。因此，当把混合悬浮液旋转时，作用在不同密度颗粒的力会随加速度的增加而增加。在增强加速度的作用下，即使仅有些微密度差异的颗粒也会较容易被分离出来。LW-400 卧式螺旋沉降离心机结构见图 2-36。

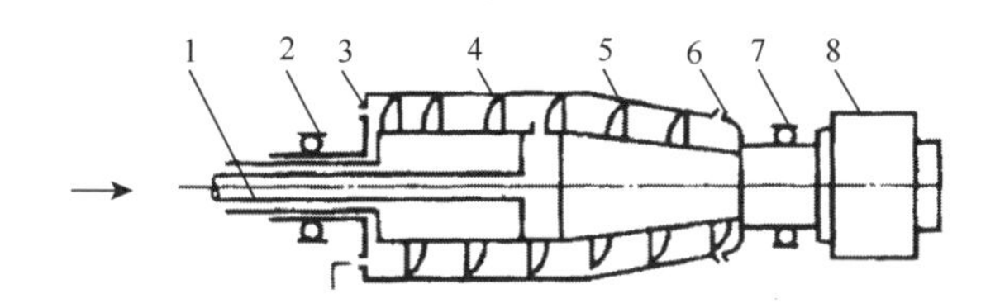

图 2-36 LW-400 卧式螺旋沉降离心机结构

1-加料管；2-左轴承座；3-溢流口；4-转鼓；5-螺旋；6-排渣口；7-右轴承座；8-差速器

卧式离心分离机主要用于分离格栅和筛网等难以分离的、细小的、密度小又极其相近的悬浮固体物。例如，以酒精废液为代表的高浓度有机废水，浓度高、黏度大、含沙量多、固形颗粒物软，疏水性较差，用带式压滤、真空过滤、螺旋挤压式固液分离机等多种方式均不能收到满意的效果，而采用卧式螺旋沉降离心机则可以达到预期效果。它不仅适用于酒精废液、溶剂废液、柠檬酸等高浓度有机废水的固液分离，同时也适用于鸡粪水、猪粪水的固液分离。当粪水中的含固率为 8%时，TS 的去除率可达到 61%。卧式离心分离机的转速常达到每分几千转，这需要很大的动力，且有耐高速的机械强度，因此，卧式离心分离机动力消耗极大，运行费用高，且还存在着专业维修保养的难题。

5）挤压式螺旋分离机

挤压式螺旋分离机是一种较为新型的固液分离设备，其结构见图 2-37。粪水固液混合物从进料口(21)被泵入挤压式螺旋分离机内，安装在筛网中的挤压螺旋轴(3)以 30r/min 的转速将要脱水的原粪水向前携进，其中的干物质通过与在机口形成的固态物质圆柱体相挤压而被分离出来，液体则通过筛网（2）筛出。机身为铸件，表面涂有防护漆。筛网配有不同型号的网孔，如 0.5mm、0.75mm、1.0mm。机头可根据固态物质的不同要求调节干湿度。

挤压式螺旋分离机工作效率的高低取决于粪水的贮存时间、干物质的含量、粪水的黏性等因素，其平均效率为：猪粪水每小时处理量约为 20m^3，牛粪水每小时处理量为 10～15m^3，鸡粪水每小时处理量为 7～12m^3。

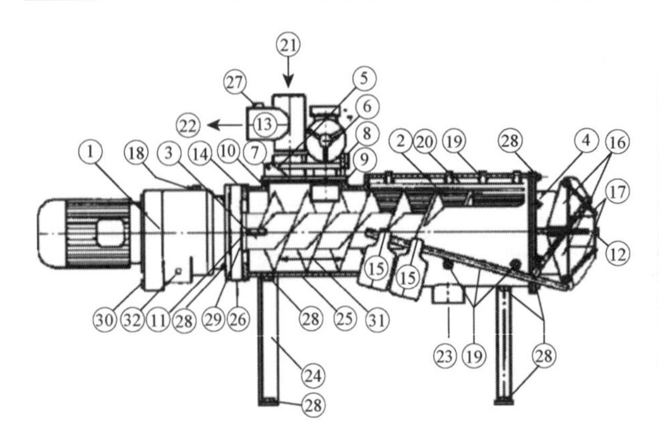

图 2-37　挤压式螺旋分离机结构图

1-电动机齿轮箱组；2-圆形筛网；3-螺旋轴；4-出料口；5-振荡器底座；6-振荡器；7-电动机定位针；8-振荡器弹簧；9-密封圈；10-垫圈；11-联轴器；12-螺旋定位杆；13-三通；14-注油孔；15-配重块；16-出料口开度调节架；17-出料口门板；18-齿轮箱注油孔；19-筛网固定螺栓；20-筛网固定槽；21-进料口；22-溢流口；23-出水口；24-底座支撑；25-分离器壳体；26-密封油渗漏孔；27-压力表孔；28-固定螺栓；29-轴承法兰；30-排油孔；31-螺旋推进器；32-油位孔

挤压式螺旋分离机的优点是效率较高，主要部件为不锈钢物件，结构坚固，维修保养简便。挤压式螺旋分离机特别适用于能源生态型工程厌氧消化残留物的分离，分离出的干物质含水量较低，便于运输，可直接作为有机肥使用。也可用作能源环保型厌氧消化前固液分离。

2. 进料设备

根据原料 TS 浓度不同选用厌氧进料泵，低浓度可选用潜污泵、液下泵，高浓度可选用螺杆泵、螺旋输送机和液压固体泵（李海滨，2012）。

1）潜污泵

潜污泵主要由无堵塞泵、潜水电机和机械密封三部分组成，通常采用大通道抗堵塞水力部件设计，能有效地通过直径 25～80mm 的固体颗粒。在畜禽场沼气工程中建议选择带有撕裂机构的潜污泵，以把纤维状物撕裂、切断。潜污泵安装方便灵活，噪声小，缺点是输送含固率高的介质时易损坏，含固率高于 4%时不宜选用。潜污泵产品规格基本定型，可根据设备厂家参数选型，型号说明见图 2-38。

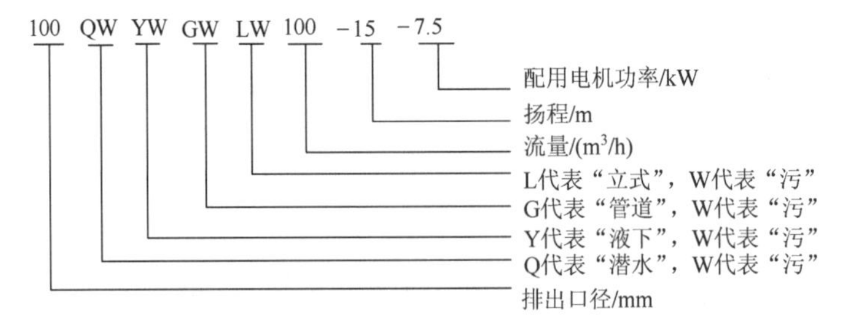

图 2-38　潜污泵型号说明

大型潜污泵宜采用固定湿式安装，小型潜污泵可采用移动式安装（可带支架固定式安装，也可不设支架而采用软管连接）。

2）液下式无堵塞排污泵

该泵适合安装在污水池或水槽的支架上，电机在上，泵淹没在液下，可用于固定或移动的地方。可按用户的使用要求选择伸入池下深度为1～2.5m不同规格。抽送介质的温度不超过80℃。pH为6～9。安装要求如下。

（1）泵的吸入口距离池底部分应大于150mm。

（2）电机在未安装前，应接通电源试转，检查选装方向，如相反，需对调三项中的任何二相电源。

（3）装上电机，扳动联轴器，检查泵轴与电机是否同心，联轴器转动一周，端面间隙不超过0.3mm。

3）螺杆泵

螺杆泵是一种容积式泵，主要工作部件由定子和转子组成。转子是一个具有大导程，大齿高和小螺纹内径的螺杆，而定子是一个具有双头螺线的弹性衬套，相互配合的转子和定子形成了互不相通的密封腔。当转子在定子内转动时，密封腔沿轴向泵的吸入端向排出端方向运动，介质在空腔内连续地由吸入端输向排出端。其结构见图2-39。

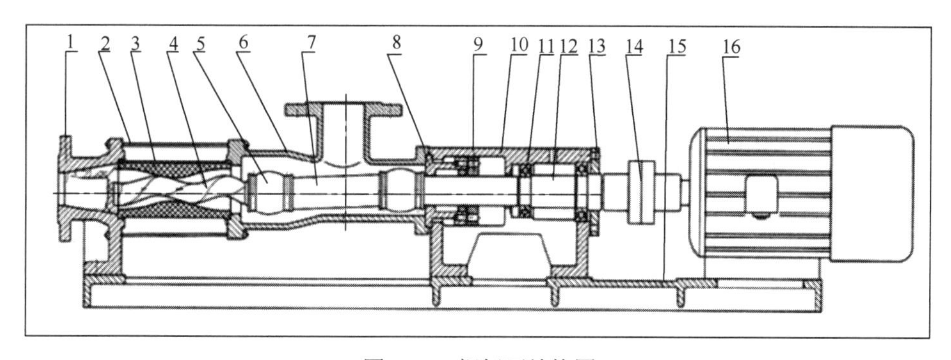

图2-39　螺杆泵结构图

1-出料体；2-拉杆；3-定子；4-螺杆轴；5-万向节或销接；6-进料体；7-连接轴；8-填料座；9-填料压盖；10-轴承座；11-轴承；12-传动轴；13-轴承盖；14-联轴器；15-底盘；16-电机

螺杆泵适合于高浓度物料的输送，但输送高磨损的介质时定子和转子较易损坏，需定期更换。运行维护费用较高。螺杆泵的主要特点如下。

（1）可实现液、气固体的多相混输；

（2）泵内流体流动时容积不发生变化，没有湍流、搅动和脉动；

（3）弹性定子形成的容积腔能有效地降低输送含固体颗粒介质时的磨耗；

（4）可输送高黏度、高固含量的介质，某些产品可输送介质黏度达50000mPa·s，含固量达40%；

（5）流量和转速成正比，借助调速器可实现流量调节；

（6）可实现恒压控制及防干运行保护。

畜禽场沼气工程中切割机可和螺杆泵配合使用，输送固体和纤维含量高的物料。在螺杆泵前设置切割机保护泵和后续管道设备，防止缠绕、堵塞。

4）螺旋输送机

螺旋输送机适合于高浓度的厌氧进料，螺旋可直接把高浓度粪浆推进厌氧罐，同时带有密封装置，防止回流。进料口可设在厌氧罐的下部。

3. 搅拌机

预处理搅拌机主要应用于集水池、匀浆池和调节池的粪水搅拌均质，防止颗粒在池壁池底凝结沉淀。主要有潜水搅拌机和立式搅拌机。

1）潜水搅拌机

潜水混合搅拌选用多级电机，采用直联式结构，能耗低，效率高；叶轮通过精铸或冲压成型，精度高，推力大，结构紧凑。潜水搅拌机由螺旋桨、减速箱、电动机、导轨和升降吊架组成。其外观和型号说明见图 2-40。

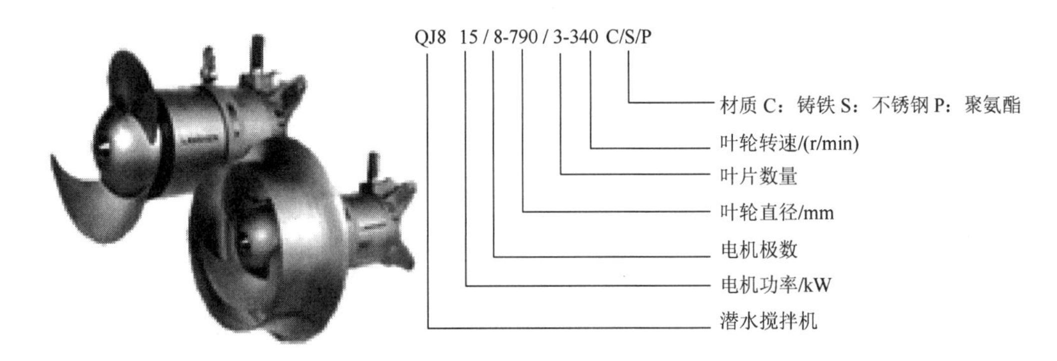

图 2-40　潜水搅拌机的外观和型号说明

2）立式搅拌机

根据选择的工艺路线不同，预处理中针对不同搅拌的要求可选择不同浆液形式的立式搅拌器。传统的框式搅拌器结构简单，但体积和质量大，效率较低。推进式搅拌器和高效曲面轴流桨是典型的轴流桨，适合低黏度流体的混合搅拌，具有低剪切、强循环、高速运行、低能耗的特点，适合于能源环保型。

能源生态型高浓度沼气发酵工程中匀浆池、进料池等需要搅拌的单元，粪浆 TS 浓度高、黏度高、含有一定的颗粒物，不适合采用常规的潜水/立式搅拌机。四折叶开启涡轮搅拌器具有循环剪切能力，中低速运行，适合于一定浓度和黏度的物料混合搅拌。

无论采取何种形式的搅拌器，都应注意物料中不应有塑料袋等易于缠绕搅拌器的杂物。

2.3.2　厌氧反应器

沼气发酵罐是畜禽场沼气工程最核心的部分。其结构形式也从一开始的传统钢筋混凝土结构、钢结构，发展到可机械化施工的利浦结构和搪瓷拼装结构等（李海滨等，2012）。

1. 钢筋混凝土结构

钢筋混凝土构筑物在施工时应注意做好施工设计，安排好施工顺序，保证施工效率。安排厌氧罐等优先施工，将钢结构制作安装与土建工程施工进行交叉作业，待构筑物保养期满后，进行试水，然后做内密封层施工。待密封层充分干燥后进行防腐防渗涂料的施工，同时在厌氧罐外层做保温层施工。待密封层充分干燥后进行防腐防渗涂料的施工，同时在厌氧罐外层做保温层施工，以克服温差应力。其他构筑物、建筑物、工艺管道等也可交叉进行。最后完成电气设备的安装调试。

2. 利浦（Lipp）结构

在大中型沼气工程中，用混凝土建造发酵罐由来已久，但其工序复杂、用料多、施工周期长，给施工带来许多不便。1995 年我国首次引进德国利浦制罐技术，应用于沼气工程建设，实现了大中型沼气的现代化施工。其不仅可以简化施工过程，节省材料，缩短施工周期，还可提高发酵罐密封质量。

1）利浦制罐技术特点

利浦制罐技术是德国人萨瓦·利浦（Xavef Lipp）的专利技术，它应用金属塑性加工硬化原理和薄壳结构原理，通过专用技术和设备将 3～4mm 厚的镀锌钢板或不锈钢复合板，按“螺旋、双折边、咬合”工艺建造成体积为 100～3000m^3 的利浦厌氧罐。利浦罐技术制作罐体自重仅为钢筋混凝土罐体的 10%左右，为传统碳钢板焊接罐体的 40%左右。在大中型沼气工程中，这种具有世界水平的制罐技术，已越来越多地用于卷制厌氧罐、贮气罐、沼液池等工艺装置，取得了良好的效果。

2）利浦罐卷制原理和设备

施工时将卷板送入成型机，钢板上部被折成“┌”形，下部被折成“┘”形，在咬合机上薄钢板上部与上一层薄钢板的下部咬合在一起，在咬合成型之前，上层薄钢板的下部“┘”形槽内被注入专用密封胶以确保池体不会沿着咬合筋渗水，整个咬合筋的成型为一个连续的过程。已成型的圆形池体在支架上螺旋上升，当达到所需要的高度时，将上下端面切平，反转将池体落地，撤出支架与制作机械，并将罐体与基础底板连接、固定和密封，即完成了利浦罐体的制作（图 2-41）。

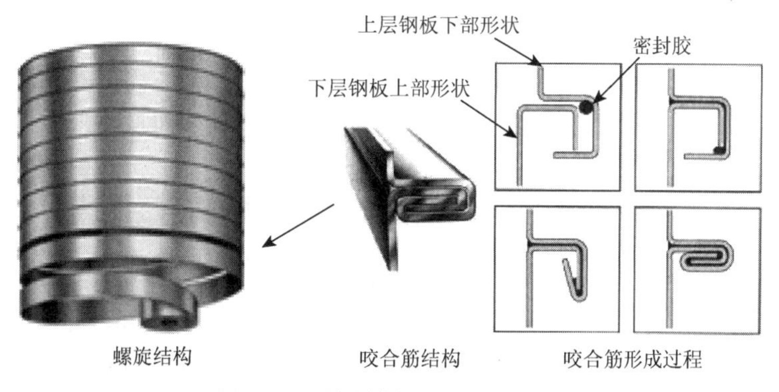

图 2-41　利浦罐加工制作过程图

利浦设备适用材料很广泛，制作厌氧罐时，多采用 3～4mm 厚度的镀锌钢板，内衬 0.35mm 不锈钢薄膜，以增强其防腐能力。利浦制罐设备包括以下几种。

（1）开卷机：要加工的材料放在开卷机上，开卷机将卷板展开；

（2）成型机：将材料弯曲并初步加工成型。同时把材料弯成卷仓直径所要求的弧度；

（3）弯折机：将初步加工成型配合好的材料弯折，咬口，轧制在一起，成为螺旋咬口的筒体；

（4）承载支架：按罐体所要求的直径，周围布置支架承载螺旋上升的罐筒；

（5）高频螺柱焊机：将加强筋通过螺柱与仓壁连接，改变了普通电弧焊接时对罐体材料的破坏使用。

3）利浦厌氧罐底板的设计

厌氧消化罐体通常直径和高度在 8～15m，罐体及底板受力都较大。虽然利浦罐体本身具有相当大的环拉强度，能够满足池体本身的强度要求，但是，厌氧罐下部设有人孔、进料管、排渣管、循环管等工艺管道接口，使得罐底结构处不是罐体最底部，反应更明显。因此，在厌氧罐底部设置一道环形圈梁，以限制罐体变形，同时也相对降低了管内水头压力（等于圈梁高度）。为加强罐的整体稳定性，底板周围局部加厚，以增加基础与地基的摩擦力。

4）罐体与底板之间的密封设计

由于利浦罐体同钢筋混凝土底板完全不同，不能一次性完好地整体连接，通常采用预留槽定位密封。此种方式是按照罐体直径尺寸在底板上预留凹槽，并在槽中均匀布置一定数量的预埋件，待利浦罐体落仓后与之焊接或螺栓连接固定，凹槽内用细石膨胀混凝土浇捣密封，再用沥青、SBS 改性油毡分层粘在罐体与混凝土搭接处的一定范围之内，最后在罐内外的底板上均覆盖一定厚度的细石混凝土保护层，并在混凝土与罐体的接缝处以沥青勾缝。考虑到底板厚度的限制以及罐体落仓时可能发生的误差，密封槽断面宽度设定为 200mm，深度根据利浦罐体的直径和高度来定，通常为 150mm 到 300mm 不等。具体做法如图 2-42 所示。

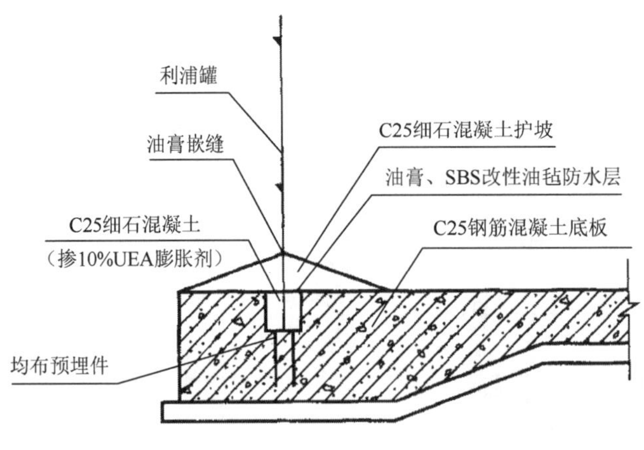

图 2-42　预留槽定位与密封

5）利浦罐土建部分的施工

底板的施工除保证施工质量外，特别要做好底板内所有预埋件的定位埋设以及控制密封槽的尺寸误差。施工步骤如下。

（1）施工之前做好混凝土（标号C25）的级配和抗渗等级（S6）的试验；

（2）浇混凝土之前，检查复核底板中所有预埋件的定位尺寸与数量；

（3）密封槽应立模板，严格控制其尺寸落差，包括槽中心尺寸、宽度和深度，以确保罐体能定位落仓；

（4）现浇钢筋混凝土底板应连接浇注，一次成型，不得留有施工缝，同时做好混凝土的保温工作，控制混凝土因温差产生的变形裂缝；

（5）底板应有足够的保养期，当混凝土强度超过75%时才能卷制利浦罐体。

密封槽的施工是连接罐体与基础的重要工序，其施工好坏将直接影响到利浦罐的正常使用和整体形象，施工要点如下。

（1）在浇捣细石膨胀混凝土之前，应清除密封槽内的垃圾和松散的混凝土浮渣，然后湿润密封槽中的混凝土，并铺一层水泥砂浆，以提高细石混凝土同已凝固的钢筋混凝土底板的黏结性；

（2）细石膨胀混凝土标号不低于底板混凝土的标号（C25），在浇捣过程中，严格控制水灰比在0.5以下，整个密封槽内要连接浇捣振实，一次成型；

（3）保养细石混凝土数日，待底板混凝土及槽内细石混凝土干燥后用油膏和SBS改性油毡分层铺设，特别在底板与细石混凝土搭接处、细石混凝土与利浦罐体接缝处适当涂厚；

（4）在油膏和SBS改性油毡成型后，浇捣细石混凝土斜坡，作保护层，斜坡顶与利浦罐体接缝处勾缝，待混凝土保护层干燥后用沥青填实。

由于大中型畜禽场沼气工程及污水处理设施要求罐体材料必须具有高耐腐蚀性，因此卷制利浦罐所用材料可采用镀锌板加防腐处理，或采用高质量的不锈钢复合板材料，即内层为316不锈钢板，外层为高强度镀锌钢板，采用特殊的黏结材料与专用机械预先复合在一起，然后运至现场卷制罐体。利浦罐体上所用的工艺接口、搭接板和沿口型钢等均采用高质量不锈钢材料制作。罐体外侧可采用PVC RAL6011绿色环保漆作为防腐层与装饰层，罐体卷制完成后喷漆共两层以防止雾水对罐体的侵蚀。根据德国Lipp公司的经验，采用高强度、高质量的罐体材料卷制的利浦罐体的使用寿命可达50年。

3. 搪瓷拼装结构

搪瓷拼装结构是德国Farmetic公司开发的制罐高新技术。该技术应用薄壳结构原理，采用预置柔性搪瓷钢板，以拴接方式拼装制成罐体，见图2-43。1997～2002年北京市环境保护科学研究院立足于采用国内材料成功开发利用了该技术，并已将其在北京、河南、山东、山西、湖南等地应用于食品加工废水、淀粉废水、啤酒废水、猪场废水和生活污水等的处理，所用的厌氧反应器（UASB）及曝气池均采用搪瓷钢板，现场拴接拼装可制成几百到几千立方米大小不等的罐体，具有施工周期短、造价低、质量高等优点。其施工周期比建造同样规模的混凝土罐可缩短60%，罐体自重为混凝土罐的10%，比普通钢板焊接罐节省材料达 50%以上，造价比混凝土罐和普通钢板焊接罐节省 30%，而且耐腐蚀，使用寿命长。

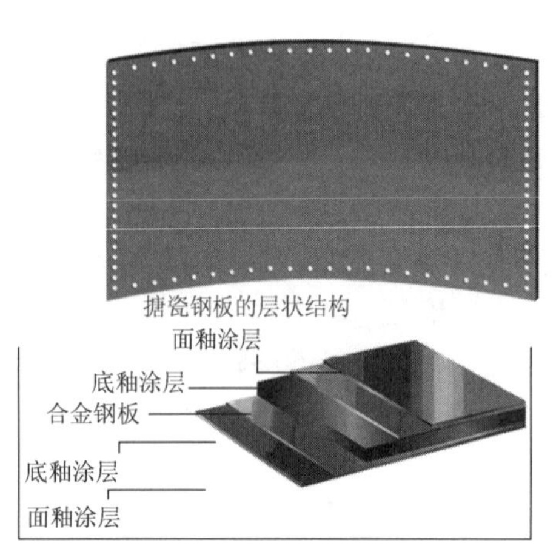

图 2-43 搪瓷钢板和搪瓷拼装罐

搪瓷钢板拼接制罐技术，关键在于整体设计合理的罐体材料结构，使钢材用量大大降低；特殊防腐材料的开发利用，解决了钢制罐体的腐蚀问题；以快速低耗的现场拼装方式最终成型，组成各种单元罐体设备。根据设计首先对钢板进行加工，然后进行搪瓷。搪瓷钢板不仅耐腐蚀，由于采用柔性搪瓷，钢板还可现场弯曲拼装成圆形罐体。预制的搪瓷钢板采用拴接方式进行拼接，拴接处加特制密封材料防漏。

1）板块的选择和加工

根据国内的钢板规格、搪烧设备的大小以及整体拼装的技术经济性等因素，其适宜的板块大小为：长×宽 = (2～2.8)m×(1～2)m。板材厚度，经计算直径为 5～30m，高度为 6.5m 的搪瓷钢板拼装罐，所需板材的厚度仅为 1.0～3.0mm。考虑到罐体的刚度要求，采用 2.0～5.0mm 厚度的钢板即可满足工程要求。按设计要求剪裁好的钢板，再经钻制拴接螺孔和搪瓷后即可现场进行拼装。

2）搪瓷钢板之间的拼装

采用钢板相互搭接并用螺栓紧固的连接方式。在搭接的搪瓷钢板和螺栓之间镶嵌有特制密封材料。经一系列的试验测定，密封材料选用 HM106 型高强度防水密封剂。该密封剂是参照美国军标 MIL-S-38294 研制的，主要应用于飞机座舱、设备舱等口盖的密封。

3）搪瓷钢板拼装罐的基础处理

搪瓷钢板拼装罐池底通常采用钢筋混凝土结构，由于搪瓷钢板拼装罐所用材料较少，在基础承载力计算时几乎可以不考虑罐体自重对基础的承压要求。在基础地板浇注时按罐体直径在底板表面预留槽，槽内安放预埋件，罐体制作完成后放入预留槽内，用螺栓将罐体和预埋件固定。然后用膨胀混凝土和沥青等材料来密封，最后覆细石混凝土保护层。根据工艺要求，可将管道等设施事先预埋入基础中。

搪瓷钢板拼装罐不但建造省工省材，并且可以随意拆卸，重新安装到其他地点。拆下的搪瓷钢板可以重新利用，只需少量投资购买一些螺栓和密封胶即可。

4. 产气、贮气一体化沼气技术简介

一体化厌氧罐即在厌氧发酵罐顶部增加膜式沼气贮存柜，将发酵罐和贮气柜合二为一，可降低工程造价，节省工程占地面积，一体化厌氧罐的贮气柜在寒冷季节能正常运行。一体化厌氧罐的罐体可采用钢结构或钢筋混凝土结构，顶部贮气柜可采用单膜或双膜结构，双膜结构的抗风雪荷载能力、结构的稳定性都优于单膜，从而成为目前沼气技术发达国家的主流形式（李东等，2009）。

一体化沼气发酵装置（图 2-44）下部为发酵部分，罐体可以采用钢结构或钢筋混凝土结构，装置容积为 500～3000m^3，全部采用组合装配方式建造。罐内安装侧搅拌器或斜搅拌器，罐壁上安装增温管，利用发电机余热增温厌氧罐。罐体上部为双膜式柔性贮气柜，用于收集、贮存沼气。其中外膜保护并维持贮气柜的结构，内膜收集并贮存沼气。通过支撑鼓风机的充气，调整并维持内外膜之间夹层中的空气压力。

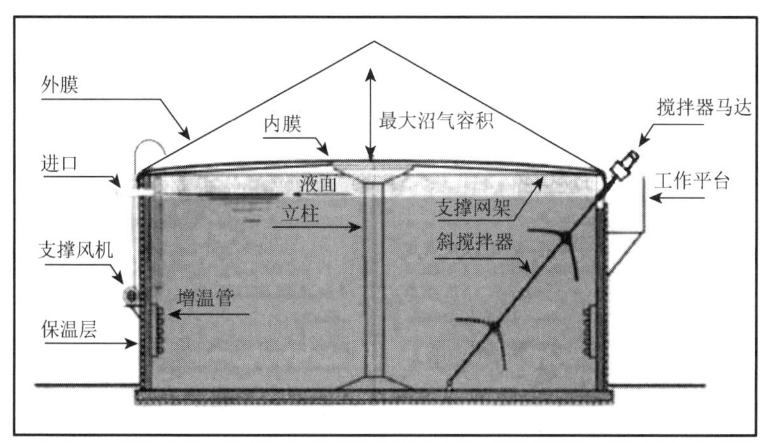

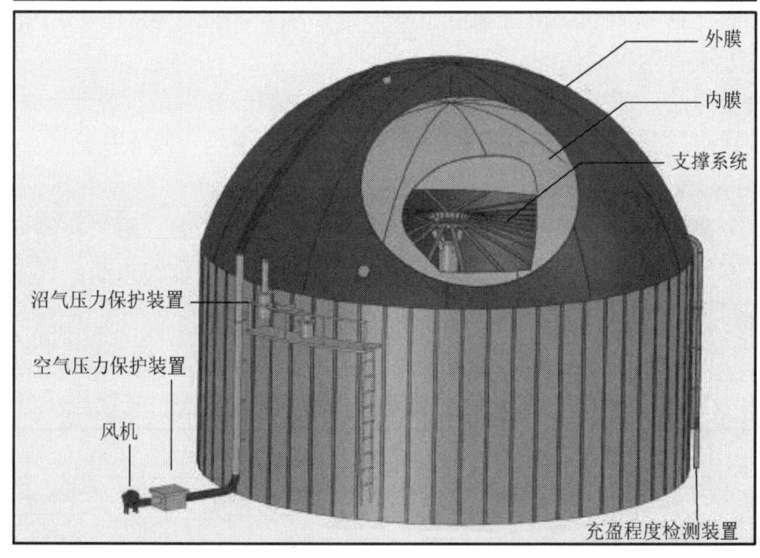

图 2-44　产气、贮气一体化沼气发酵装置

一体化厌氧罐的优势如下。

（1）适合高浓度粪草混合发酵原料：TS 8%～12%；

（2）安全可靠：低压产气，低压贮气，防止沼气泄漏；

（3）低成本：减少分体式气柜，工程造价降低 15%；

（4）占地面积小：减小装置规模，节省占地面积 30%；

（5）工期短：建设周期缩短 50%；

（6）寒冷地区冬季也能正常运行。

2.3.3　沼气净化提纯

沼气的主要化学成分为 CH_4 和 CO_2，还含有微量 H_2、N_2、NH_3、H_2S 和水蒸气。畜禽场沼气工程沼气中 CH_4 含量一般为 55%～65%，CO_2 含量一般为 35%～40%。当污水或污泥中含有大量粪便时，由于蛋白质大大增加，沼气中的 H_2S 气体含量有时会高达 1.0%。沼气的净化包括除杂、脱水、脱硫。若要生产生物天然气，还需要脱碳（甄峰等，2012；李东等，2009）。

1. 脱水

沼气从厌氧发酵装置产出时，携带大量水分，特别是在中温或高温发酵时，沼气具有较高的湿度。一般来说，$1m^3$ 干沼气中饱和含湿量，在 30℃时为 35g，而到 50℃时则为 111g。当沼气在管路中流动时，由于温度、压力的变化露点降低，水蒸气冷凝增加了沼气在管路中流动的阻力，而且由于水蒸气的存在，沼气的热值降低。水与沼气中的 H_2S 共同作用，更加速了金属管道、阀门以及流量计的腐蚀或堵塞。另外，在使用干法化学脱硫的时候，氧化铁脱硫剂对沼气湿度也有一定要求。因此，应对沼气中的冷凝水进行脱除。常用的方法有两种。

（1）采用重力法，即采用气水分离器，将沼气中的部分水蒸气脱除；

（2）在输送沼气管路的最低点设置凝水器，将管路中的冷凝水排出。

1）气水分离器

沼气气水分离器一般安装在输送气系统管道上脱硫塔之前，沼气从侧向进入气水分离器，经过气水分离后从上部离开进入沼气管网。根据沼气量的大小，气水分离器的规格型号如表 2-11 所示，其示意图见图 2-45。

表 2-11　气水分离器规格型号

型号	气水分离器外径/mm	进出口管径/mm	适用情况
GS-600	Φ600	DN150～200	沼气量≥$1000m^3/d$
GS-500	Φ500	DN100～150	沼气量 500～$1000m^3/d$
GS-400	Φ400	DN50～100	沼气量≤$500m^3/d$

2）凝水器

一般在输送气管道的埋地管网中，按照地形与长度在适当的位置安装沼气凝水器。冷凝水应定期排除，否则可能增大沼气管路的阻力，影响沼气输送气系统工作的稳定性。凝水器有自动排水和人工手动排水两种形式，见图 2-46。根据沼气量的大小，沼气凝水器的规格型号大致可如表 2-12 所示。

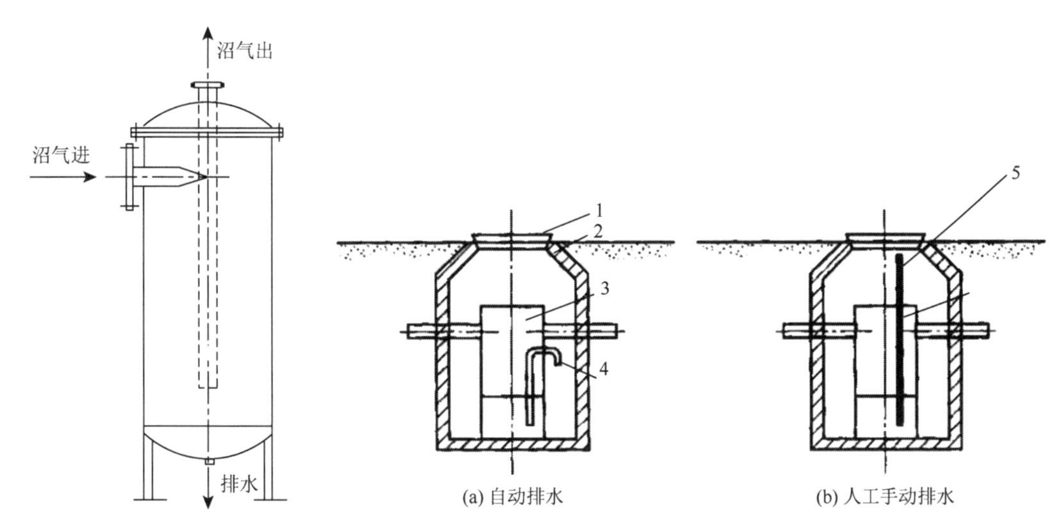

图 2-45　气水分离器示意图

图 2-46　凝水器

1-井盖；2-集水井；3-凝水器；4-自动排水管；5-排水管

表 2-12　凝水器规格型号

型号	凝水器外径/mm	进出口管径/mm	适用情况
NS-400	Φ600	DN150～200	沼气量≥1000m^3/d
NS-350	Φ500	DN100～150	沼气量 500～1000m^3/d
NS-300	Φ400	DN50～100	沼气量≤500m^3/d

2. 脱硫

沼气中通常含有 H_2S，是因为发酵原料中的硫酸盐（或亚硫酸盐）在厌氧消化过程中被还原。而且沼气中的 H_2S 含量受原料种类、发酵工艺的影响很大。畜禽场沼气中硫化氢含量一般为 0.5～4.5g/m^3。H_2S 是一种有毒有害气体，在空气中或在潮湿的条件下，对管道、燃料器以及其他金属设备、仪器仪表灯有强烈的腐蚀作用。在沼气使用前，必须脱除沼气中的 H_2S（李东等，2009）。

根据操作方式的不同，沼气脱硫分为原位罐内脱硫和离位罐外脱硫；根据脱硫作用原理不同，分为生物脱硫和化学脱硫；根据脱硫系统的用水情况分为湿法脱硫和干法脱硫（甄峰等，2012；周孟津等，2009）。

1）原位化学脱硫

该脱硫方法在国内使用较少，在国外使用较多。沼气原位脱硫剂为多种粉末状纳米级铁系络合物，具有较强的化学反应活性，能够将硫化氢氧化为单质硫或与硫化氢形成硫化铁沉淀，以保证较高的硫化氢去除率。使用时将原位脱硫剂与发酵物料混合直接进入厌氧消化罐，原位脱硫剂与物料降解产生的硫化氢发生氧化或沉淀反应，从源头去除沼气中的硫化氢。与其他脱硫方法相比，省去专门的脱硫装置，投资较低、操作简单。该方法适用于硫含量相对较低的发酵物料，如果发酵物料硫含量较高，则该方法的脱硫成本较高。图 2-47 为中国科学院成都生物研究所自主研发的沼气原位脱硫剂。

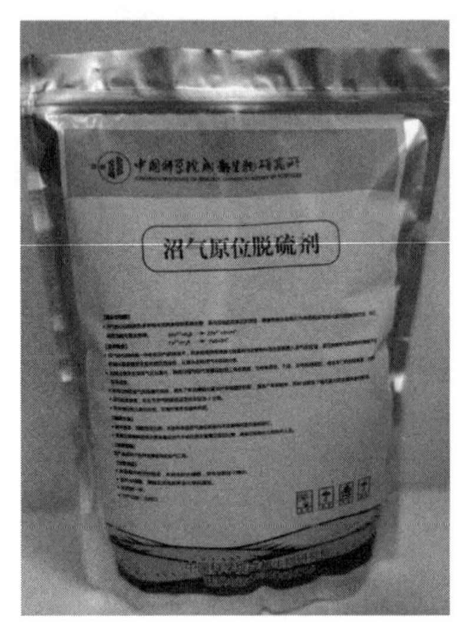

图 2-47　沼气原位脱硫剂

2）湿法生物脱硫

生物脱硫就是在适宜的温度、湿度和微氧条件下，通过脱硫细菌的代谢作用将 H_2S 转化为单质硫。生物脱硫是利用无色硫细菌，如氧化硫硫杆菌、氧化亚铁硫杆菌等，在微氧条件下将 H_2S 氧化成单质硫或稀硫酸。

反应过程为

$$H_2S + 2O_2 \longrightarrow H_2SO_4$$
$$2H_2S + O_2 \longrightarrow 2S + 2H_2O$$

脱硫微生物菌群的作用结果是将沼气中的 H_2S 气体转化为单质硫和稀硫酸后达到沼气脱硫的效果。这种脱硫技术的关键是如何根据 H_2S 的浓度和氧化还原电位的变化来控制反应装置中溶解氧浓度。

生物脱硫的优点是：不需要化学催化剂、没有二次污染；生物污泥量少；耗能少、处理成本低；H_2S 去除率高，可回收单质硫。生物脱硫既经济又环保（运行成本大约是干法脱硫的 1/3），是干法脱硫的理想替代技术。

根据操作方式的不同，可分为厌氧罐内生物脱硫和厌氧罐外生物脱硫。在厌氧罐内生物脱硫工艺中，生物脱硫过程被放在厌氧发酵罐内完成，厌氧发酵罐兼有生产沼气和脱除 H_2S 双重功能，这种技术在我国已有中小型养殖场沼气工程中应用的例子。但由于发酵罐内工况复杂，脱硫反应过程的安全性得不到保证，再加上罐内生成的单质硫难以清除，该工艺在大型养殖场沼气工程中没有被应用。在厌氧罐外生物脱硫工艺中，生物脱硫过程被单独放在专用的生物脱硫塔内进行。

根据沼气与空气的接触情况，生物脱硫分为接触式一段生物脱硫和非接触式两段生物脱硫。接触式一段生物脱硫较为简单，直接将适量的空气通入沼气中，在微生物作用下将硫化氢氧化为单质硫或硫酸盐。缺点是空气的通入会引入惰性气体，降低燃气热值。该方法适用于对后续燃气杂质和热值要求不高的利用场景，如以沼气发电或沼气锅炉为目的的生物脱硫。非接触式两段生物脱硫的特点是通过将硫化氢吸收和硫化物氧化两个过程分开避免空气通入沼气中，该方法适用于对后续燃气杂质和热值要求较高的利用场景，如以生物天然气生产为目的的生物脱硫。

中国科学院成都生物研究所李东团队在选育高效硫氧化细菌专利菌株（ZL 201610997397.5、ZL 201611040088.5、ZL 201611040131.8、ZL 201610988130.X）的基础上（图 2-48），研制沼气生物脱硫菌剂和配套脱硫营养液（图 2-49），研发定向转化单质硫调控技术，设计非接触式两段生物脱硫工艺（图 2-50），并将该成套技术成功用于处理量为 500m^3/h 的湖南某沼气脱硫工程（赵鹏等，2016）。

图 2-48　硫氧化细菌和单质硫分析

（a）棒状为硫氧化细菌，菱形为单质硫；（b）能谱仪元素分析

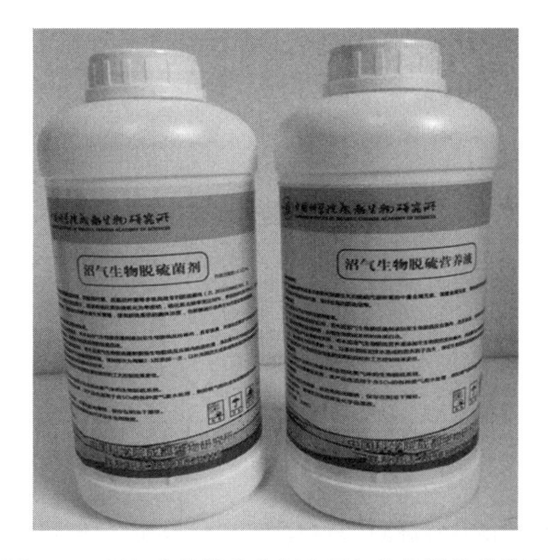

图 2-49　沼气生物脱硫菌剂和沼气生物脱硫营养液

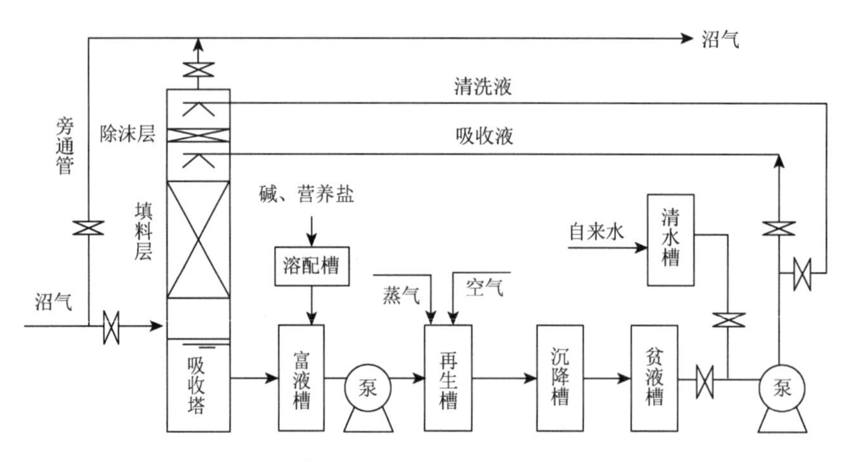

图 2-50　非接触式两段生物脱硫工艺流程图

3）干法化学脱硫

目前，我国沼气工程上普遍采用干法氧化铁脱硫。常温下将沼气通过脱硫剂床层，沼气中的 H_2S 与活性氧化铁接触，生成三硫化二铁，然后含有硫化物的脱硫剂与空气中的氧接触，当有水存在时，铁的硫化物又转化为氧化铁和单质硫（甄峰等，2012）。这种脱硫再生过程可循环进行多次，直至氧化铁脱硫剂表面的大部分孔隙被硫或其他杂质覆盖而失去活性。脱硫反应方程式如下。

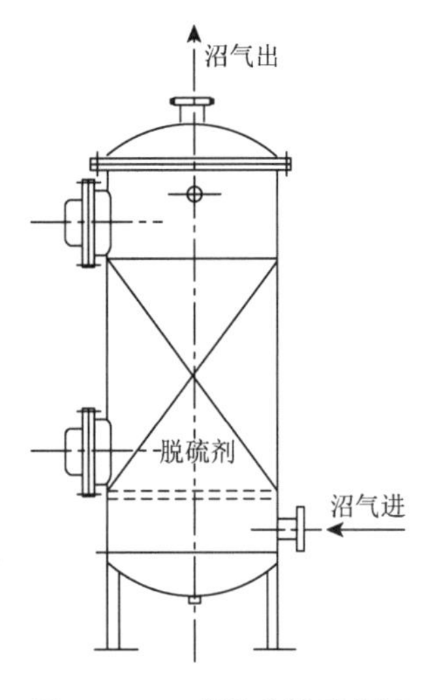

图 2-51　干式脱硫塔示意图

脱硫反应：$Fe_2O_3 \cdot H_2O + 3H_2S \longrightarrow Fe_2S_3 \cdot H_2O + 3H_2O + 63kJ$

再生反应：$Fe_2S_3 \cdot H_2O + 1.5O_2 \longrightarrow Fe_2O_3 \cdot H_2O + 3S + 609kJ$

再生反应后的氧化铁可继续脱除沼气中的 H_2S。上述两式均为放热反应，但是，再生反应比脱硫反应缓慢。为了使硫化铁充分再生为氧化铁，工程上往往将上述两个过程分开。

在畜禽场沼气工程中通常使用脱硫塔的形式，见图 2-51。沼气从底部进入，穿过脱硫吸附层后从顶部离开。根据沼气量的大小，常用的脱硫塔有不同规格（表 2-13），一般为二只并联同时使用，维修或更换脱硫剂时可单只使用。

表 2-13　脱硫塔规格型号

型号	脱硫剂数量/kg	进出口管径/mm	适用情况
TS-1000	1000	DN150～200	沼气量≥1000m^3/d
TS-500	500	DN100～150	沼气量 500～1000m^3/d
TS-250	250	DN50～100	沼气量≤500m^3/d

根据沼气中含硫量的大小，脱硫剂在使用一定时间后需要更换或再生。干式脱硫塔常用的成型常温氧化铁脱硫剂的物化性能与脱硫、再生的操作条件分别见表 2-14 和表 2-15。

表 2-14　脱硫剂的物化性能

型号	规格/(mm×mm)	原料来源	堆容度/(kg/L)	强度/(kg/cm²)	比表面积/(m²/g)	孔隙率/%	工作硫容/%
TG-1	Φ6×(5～15)	硫铁矿灰	0.7～0.8	≥20	80	47	≥30
TTL-1	Φ(2～4)×(5～15)	炼铁赤泥	0.65～0.75	148N/颗	10.24	47	32～44.8

表 2-15　脱硫剂的脱硫与再生的操作条件

操作状态	定速/h^{-1}	压力/Pa	压降/Pa	温度/℃	水分/%	pH	线速度/(m/s)
脱硫	300～800	常压～3×10^6	80～120	20～40	10	8～9	0.10
再生	0.5～140	常压	3～5	30～60	10	8～9	—

4）组合脱硫

生物脱硫效率高、成本低，但是脱硫精度较低；而干法化学脱硫虽然成本高，但是脱硫精度较高，可以达到管输天然气标准《天然气》（GB 17820—2018）对硫化氢的要求。因此，可以采用湿法生物和干法化学组合脱硫工艺，见图 2-52，既降低脱硫成本，又保证脱硫精度。

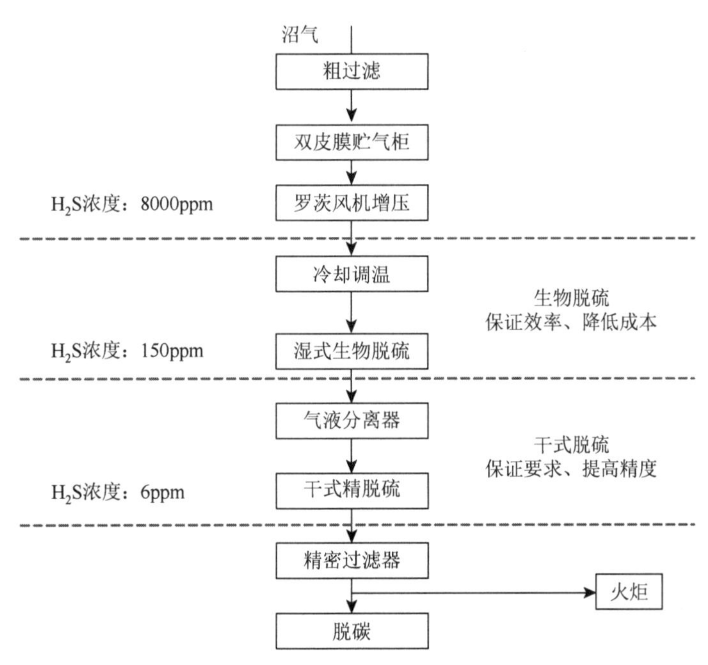

图 2-52　湿法生物和干法化学组合脱硫工艺流程

ppm 为 10^{-6}

3. 脱碳

CO_2 的存在极大地降低了沼气的能量密度，增加了运输、存储及应用的成本。为扩大沼气的应用范围，须脱除沼气中的 CO_2。脱碳后的沼气经进一步处理可得到生物天然气。

1）高压水洗法

图 2-53 为高压水洗工艺流程图，通常沼气压缩后从吸收塔底部进入，水从顶部进入，实现错流吸收。吸收了 CO_2 和 H_2S 的水可以通过减压或者用空气吹脱再生，如果有废水利用，则不用对水进行再生。水洗法对沼气中的硫含量要求低，一般沼气中 H_2S 体积＜200ppm 可使用，低硫沼气可不设计单独的脱硫装置。CO_2 和 H_2S 的去除率与吸收塔的尺寸、气体压力、气体组分浓度以及水的流速和纯度有关，理论上可以达到 100%的去除率。由于该方法需要大量的水资源，国内的示范工程较少选用该技术。

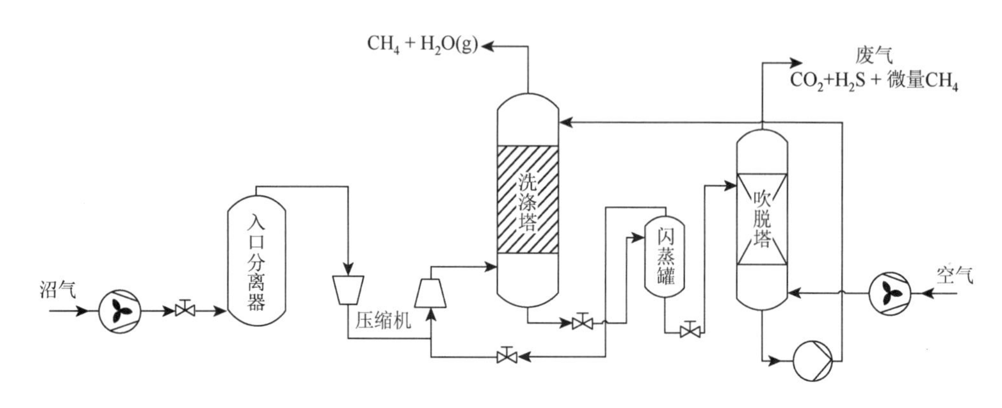

图 2-53　高压水洗工艺流程图

2）物理吸收法

物理吸收法与高压水洗法的工艺流程相似，主要的不同之处在于物理吸收法中吸收剂采用的是有机溶剂，CO_2 和 H_2S 在有机溶剂中的溶解性比在水中的溶解性更强，因此提纯等量沼气所采用的液相循环量更小，电耗更小，净化纯化成本更低。典型的物理吸收剂有碳酸丙烯酯法（PC 法）、聚乙二醇二甲醚法（Genosorb 法）、低温甲醇法和 *N*-甲基吡咯烷酮法等。另外还有一种常用的物理吸收剂为 Selexol®，主要成分为二甲基聚乙烯乙二醇。一般使用水蒸气或者惰性气体吹脱 Selexol®进行再生。

低温甲醇法应用较早，具有流程简单、运行可靠、能耗比水洗法低、产品纯度较高的优点，但是为获得吸收操作所需低温需设置制冷系统，设备材料需用低温钢材，因此装置投资较高。虽然投资较高，但与其他脱硫、脱碳工艺相比具有电耗低、蒸气消耗低、溶剂价格低、操作费用低等优点。具体工艺流程见图 2-54。

3）化学吸收法

化学吸收法是指沼气中的 CO_2 与溶剂在吸收塔内发生化学反应，CO_2 进入溶剂形成富液，然后富液进入脱吸塔加热分解 CO_2，吸收与解吸交替进行，从而实现 CO_2 的分离回收。化学吸收法的优点是气体净化度高，处理气量大，缺点是对原料气适应性不强，需要复杂的预处理系统，吸收剂的再生循环操作较为烦琐。

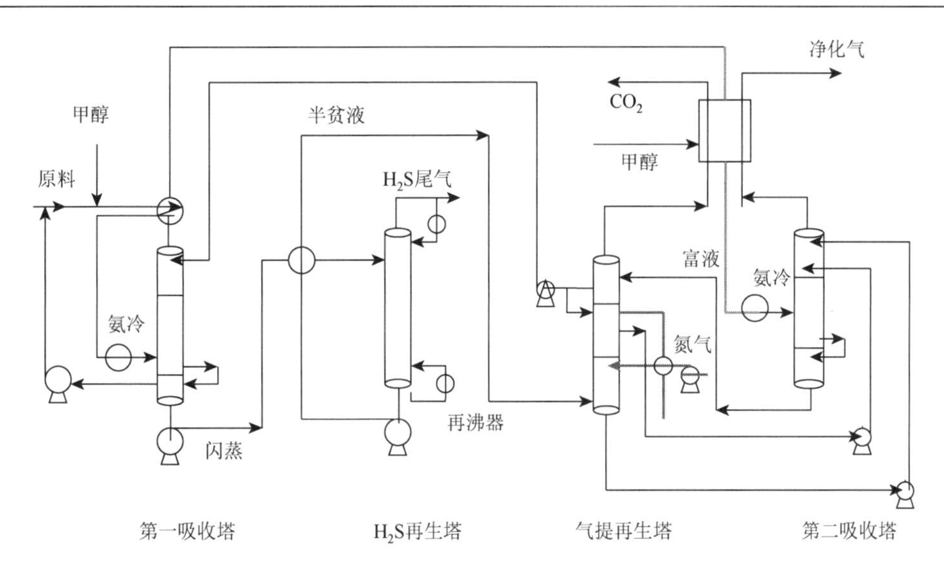

图 2-54　低温甲醇法脱碳的工艺流程图

化学吸收溶剂主要有醇胺溶液和碱溶液，如单乙醇胺（MEA）、二乙醇胺（DEA）、三乙醇胺（TEA）、二甘醇胺（DGA）、甲基二乙醇胺（MDEA）、二异丙醇胺（DIPA）、NaOH、KOH、$Ca(OH)_2$ 和氨水。目前工业中广泛采用的是醇胺法吸收 CO_2，其实质是酸碱中和反应，弱碱（醇胺）和弱酸（CO_2、H_2S 等）发生可逆反应生成可溶于水的盐。通过温度调节控制反应方向，一般在 311K 反应正向进行生成盐，CO_2 被吸收；在 383K 反应逆向进行，放出 CO_2。与其他脱碳工艺相比，醇胺法具有成本低、吸收量大、吸收效果好、溶剂可循环使用并可得到高纯产品等特点；但该技术适合不含 O_2 的沼气，因为 O_2 会氧化溶剂致其发泡变质。

化学反应的强选择性可以提高气体中 CH_4 含量，但一般需加热再生，能耗较高，图 2-55 为天然气加工领域常用的化学吸收脱碳工艺流程图。

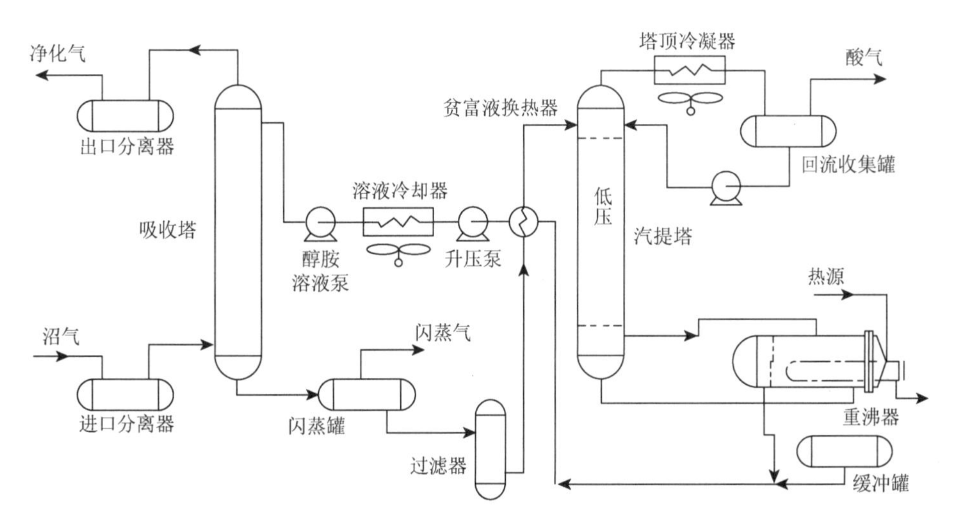

图 2-55　化学吸收脱碳工艺流程图

4）变压吸附法

变压吸附（PSA）分离法也称分子筛吸附，是20世纪60年代以后发展起来的一项常温气体分离与净化技术。变压吸附法是在加压条件下将气体混合物中的CO_2、H_2S、水汽和其他杂质及多微孔-中孔的固体吸附剂接触，吸附能力强的组分被选择性吸附在吸附剂上，吸附能力弱的组分富集在原料气中排出，当压力减小时，碳分子筛中吸附的化合物组分会释放出来。常用的吸附剂有天然沸石、分子筛、活性氧化铝、硅胶和活性炭等。整个过程由吸附、漂洗、降压、抽真空和加压5步组成，其分离效果与分子特性和分子筛材料的亲和力有关。选择不同孔径的分子筛或调节不同的压力，能够将CO_2、H_2S、水汽和其他杂质选择性地从沼气中去除。通常用焦炭制作微米级孔隙结构的碳分子筛净化沼气。图2-56为变压吸附的工艺流程图，共4个吸附器。为了维持沼气净化提纯的连续运行，其中2个吸附器处于吸附阶段，1个吸附器处于再生阶段，1个吸附器处于增压阶段。变压吸附法适合沼气规模小且不含O_2的情况，如果沼气中含大量O_2，在PSA的浓缩尾气中有可能使CH_4达到爆炸极限，存在安全隐患。

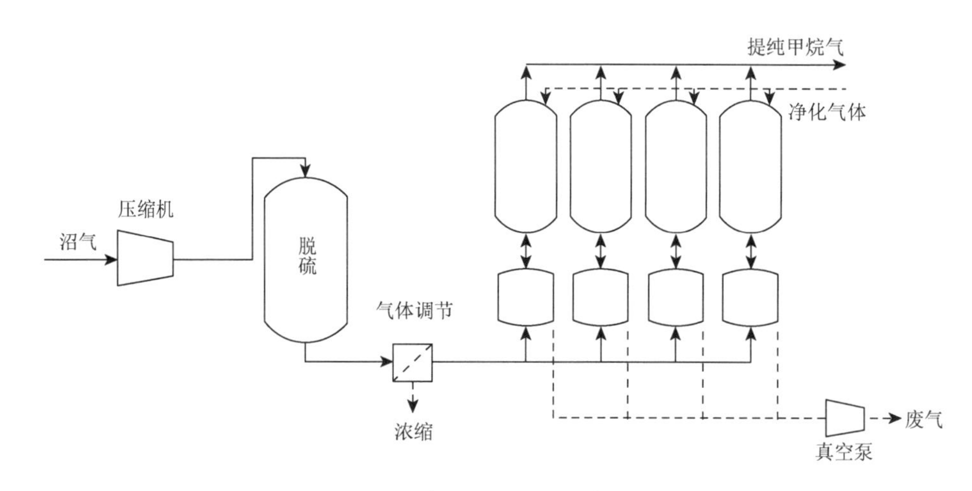

图2-56　变压吸附的工艺流程图

经过PSA脱碳后的气体中，CH_4的体积含量均高达97%以上，有的甚至达到99.17%，CO_2的含量低于1%，还有少量其他气体，如O_2、N_2等；CH_4回收率为94%以上。厌氧消化产生的沼气的不同组分含量以及不同的环境温度对PSA脱碳影响很小。

变压吸附沼气提纯技术具有成本低、能耗低、效率高以及装置自动化程度高等特点，但是变压吸附法能耗高，成本偏高，一般要求选择合适的吸附剂，而且需要多台吸附器并联使用，以保证整个过程的连续性，并多在高压或低压下操作，对设备要求高。

5）膜分离法

膜分离法利用一种膜材料，依靠气体在膜中的溶解度不同和扩散速率差异，来选择“过滤”气体中各组分以达到分离的目的。适用于沼气脱除CO_2的是中空纤维膜。

一级膜分离法工艺流程如图2-57（a）所示，优点是工艺简单，公用工程依托少；缺点是透过气中含有一些烃类，烃损失较大。为克服一级膜分离法烃损失大的缺点，大规模的膜分离装置都采用二级膜分离装置，工艺流程见图 2-57（b），将经过一级膜分离的透过气增压后再进行一次膜分离，以提高烃收率，但需设置透过气压缩机。二级膜分离的烃收率可达到 97%以上，如需进一步增加烃收率，可再增设一级膜分离。理论上，只要膜的分离级数足够多，就可得到很高的烃收率。显然，多级膜分离工艺中压缩机的设置增加了投资和运行消耗。采用膜分离法的另一显著优点是处理后的天然气直接转化为净化气，下游不需再设脱水装置。

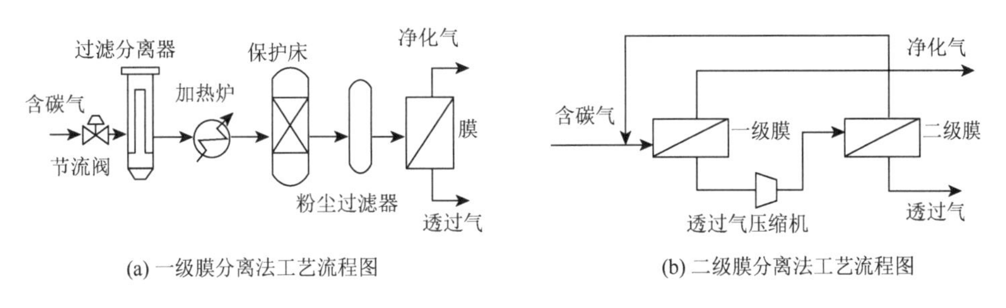

图 2-57　膜分离法脱碳的工艺流程图

6）深冷分离法

深冷分离法指的是将气体混合物在低温条件下通过分凝和蒸馏进行分离。深冷分离是一种刚开始采用的沼气纯化技术，还处于前期研究示范阶段。该技术的特点是低温（接近−90℃）高压（40bar，1bar = 10^5Pa），通过将 CO_2 液化实现分离。图 2-58 为深冷分离法脱碳的工艺流程图，首先将沼气中的水分和硫化氢脱除，水含量和硫化氢含量均低于 1ppm，然后进入多级冷凝压缩过程，最后在−90℃、40bar 条件下进行蒸馏分离出液态 CO_2。副产物液态 CO_2 可以售给温室作为气体肥料或作为其他工业过程的制冷剂。这一技术的好处是允许纯组分以液体的形式回收，运输较为方便。

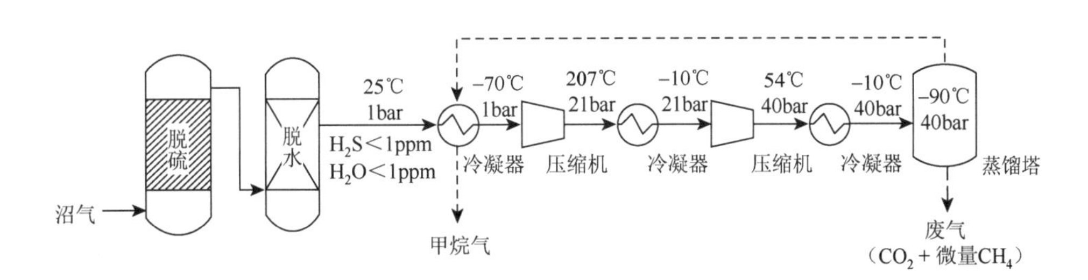

图 2-58　深冷分离法脱碳的工艺流程图

4. 阻火器

常用的沼气阻火器也分为干式和湿式二种，二者均安装在沼气管道中。

湿式阻火器是利用了水封阻火的原理，沼气经过罐内水层而被阻火。其缺点是增大了管路的阻力损失，并有可能增加沼气中的含水量，同时在运行管理中要时刻注意罐内的水位，水位太高则增加了管道阻力，水位太低则可能失去阻火的作用，而且在冬季阻火器内的水有可能形成冰冻而阻塞沼气输送管道。因此，在大中型沼气工程中一般采用干式阻火器。

干式阻火器也称为消焰器，是在输送气管道中安装一只中间带有铜网或铝网层的装置，其阻火原理是铜丝或铝丝能迅速吸收和消耗热量，使正在燃烧的气体的温度低于其燃点，火焰就此熄灭，从而达到阻火的目的。铜丝或铝网的目数很小且有十几层相叠，当沼气中混入的空气量较少时，在阻火器与燃烧点之间的管道内会很快将空气耗尽，火焰自动熄灭。当沼气中混入的空气量较多时，火焰会将铜丝或铝丝熔化，熔化了的丝网形成一个封堵，将火焰完全封住。多层丝网阻火器的缺点是阻力较大，并且熔化后将完全不能工作。为了防止管道中的沼气压力损失过大，阻火器处的管道被局部放大，同时也要求定期清洗丝网上的污垢或更换丝网，安装时干式阻火器应尽量靠近燃烧点，以缩短回火在沼气管路中的行走距离。沼气干式阻火器的规格型号如表 2-16 所示。阻火器属防爆安全设备，用户应向有资质的专业厂家订购。

表 2-16　干式阻火器规格型号

型号	阻火器尺寸/mm	进出口管径/mm	适用情况
HF-200	Φ300	DN150～200	沼气量≥1000m^3/d
HF-150	Φ250	DN100～150	沼气量 500～1000m^3/d
HF-100	Φ200	DN50～100	沼气量≤500m^3/d

2.3.4　沼气贮存

大中型沼气工程一般采用低压湿式贮气柜，少数用干式贮气柜或橡胶贮气袋来贮存沼气。大中型沼气工程，由于厌氧消化装置工作状态的波动及进料量和浓度的变化，单位时间沼气的产量也有所变化。当沼气作为生活用能进行集中供气时，由于沼气的生产是连续的，而沼气的使用是间歇的，为了合理、有效地平衡产气与用气，通常采用贮气的办法来解决（袁振宏等，2016）。

用于发电项目的贮气柜容积按日产气量的 10%计算，用于民用贮气柜的容积按日产气量的 50%计算。常见的贮气柜形式有低压湿式贮气柜、低压干式贮气柜、双膜干式贮气柜和产气贮气一体式贮气柜等。

贮气柜属于易燃易爆容器，所以贮气柜与周围建筑物之间应有一定的安全防火距离，具体规定如下。

（1）湿式贮气柜之间防火间距应等于或大于相邻较大柜的半径；

（2）干式贮气柜的防火距离应大于相邻较大柜（罐）直径的 2/3；

（3）贮气柜与其他建筑、构筑物的防火间距应不小于相关规定中的防火距离；

（4）容积小于 20m^3 贮气柜与站内厂房的防火间距不限；

（5）罐区周围应有消防通道，罐区应留有扩建的面积。

1. 低压湿式贮气柜

低压湿式贮气柜是可变容积的金属柜，主要由水槽、钟罩、塔节以及升降导向装置组成。当沼气输入贮气柜内贮存时，放在水槽内的钟罩和塔节依次（按直径由小到大）升高；当沼气从贮气柜内导出时，塔节和钟罩又依次（按直径由大到小）降落到水槽中。钟罩和塔节、内侧塔节与外侧塔节之间，利用水封将柜内沼气与大气隔绝。因此，随塔节升降，沼气的贮存容积和压力是变化的。低压湿式贮气柜如图2-59所示。

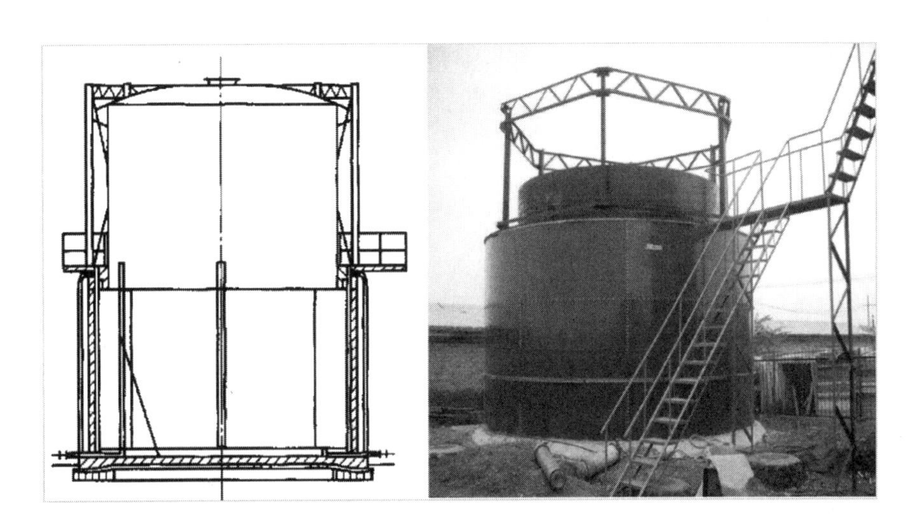

图2-59　低压湿式贮气柜

根据导轨形式的不同，湿式贮气柜可分为三种。

1）外导架直升式贮气柜

导轮设在钟罩和每个塔节上，而直导轨与上部固定框架连接。这种结构一般用在单节或两节的中小型贮气柜上。其优点是外导架加强了贮气柜的刚性，抗倾覆性好，导轨制作安装容易。缺点是外导架比较高，施工时高空作业和吊装工作量较大，钢耗比同容积的螺旋导轨贮气柜略高。

2）无外导架直升式贮气柜

直导轨焊接在钟罩或塔节的外壁上，导轮在下层塔节和水槽上。这种贮气柜结构简单，导轨制作容易，钢材消耗小于有外导架直升式贮气柜，但它的抗倾覆性最低，一般仅用于小的单节贮气柜上。

3）螺旋导轨贮气柜

螺旋形导轨焊在钟罩或塔节的外壁上，导轮设在下一节塔节和水槽上，钟罩和塔节呈螺旋式上升和下降。这种结构一般用在多节大型贮气柜上，其优点是没有外导架，因此用钢材较少，施工高度仅相当于水槽高度。缺点是抗倾覆性能不如有外导架的贮气柜，而且对导轨制造、安装精度要求高，加工较为困难。适用于大型沼气工程。

湿式贮气柜的优点：结构简单、容易施工、运行密封可靠。

湿式贮气柜的缺点：

（1）在北方地区，水槽要采取保温设施，或添加防冻液；

（2）水槽、钟罩和塔节、导轨等常年与水接触，必须定期进行防腐处理；

（3）水槽对贮存沼气来说为无效体积。

2. 低压干式贮气柜

干式贮气柜又可分为刚性结构与柔性结构两种类型。刚性结构的干式贮气柜整体由钢板焊接而成，一般适用于特大型的贮气装置如城市煤气贮配站等，其制作工艺要求很高，并配有成套的安全保护设备，因而其工程投资较大。

利浦干式贮气柜结合了刚性结构干式贮气柜和柔性结构干式贮气柜的优点，既保证了良好的安全性，较长的使用寿命，又使单方投资额较低，同时，施工周期也相对较短。利浦干式贮气柜的结构如图 2-60 所示。

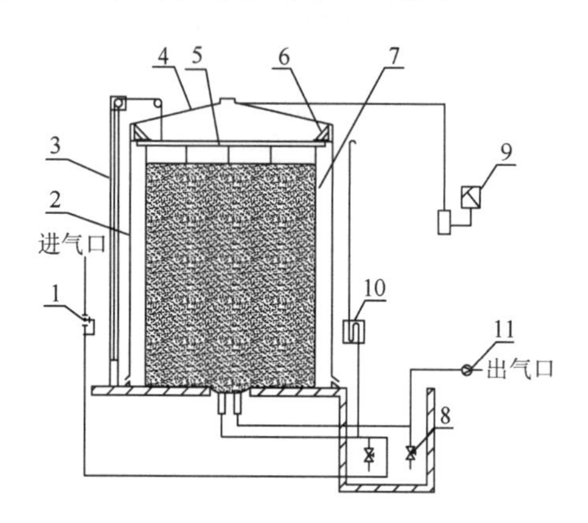

图 2-60　利浦干式贮气柜

1-减压阀；2-保护壳；3-平衡器；4-顶盖；5-固环；6-限位架；7-气囊；8-凝水器；9-声呐仪；10-安全阀；11-管道泵

利浦干式贮气柜主要由一个柱状气囊和一个钢制保护外壳组成，柜顶及体（外壳）均由 2mm 镀锌卷板采用利浦双层弯折专利技术卷制而成，经济、合理、美观，用来保护气囊不受机械损伤及天气、动物等外界的影响。气囊由特种纤维塑料薄膜热压成型，低渗、高效防腐、抗皱，气囊上部紧固在一个固环上，固环与平衡装置通过绳索机械装置相连接，可以上下运动，保证在任何操作条件下都可达到贮存量与排放量相同。气囊底部分别设有进气口与出气口，避免进气、出气干扰。平衡装置上设一测量杆用于显示充气高度，也可在平衡块上设置限位开关来制约平衡以得到充气高度信号。或在罐顶采用超声波测距仪定位。

3. 高压干式贮气柜

贮存压力最大约 16MPa，有球形和卧式圆筒形两种。高压贮气柜没有内部活动部件，结构简单。其通过贮存压力变化来改变贮存量。多用于贮存液化石油气、烯烃、液化天然气、液化氢气等，最近几年也有用来贮存沼气。容量大于 $120m^3$ 者常选用球形，小于 $120m^3$ 则多用卧式圆筒形。图 2-61 为高压干式贮气系统。

图 2-61　沼气高压干式贮气系统

（a）缓冲罐；（b）沼气压缩机；（c）高压贮气柜

4. 双膜干式贮气柜

双膜干式贮气柜通常由外膜、内膜、底膜和混凝土基础组成（图 2-62），内膜与底膜围成的内腔之间气密。外膜充气为球体形状。贮气柜设防爆鼓风机，风机可自动调节气体的进、出量，以保持贮气柜内气压稳定。内外膜和底膜均由 HF 熔接工序熔接而成，材料经表面特殊处理加高强度聚酯纤维和丙烯酸酯清漆。贮气柜可抗紫外线、防泄漏，膜不与沼气发生反应或受影响，抗拉伸强度使用温度为–30～60℃。双膜干式贮气柜可克服传统柔性干式贮气柜的缺点。

双膜干式贮气柜安装方便容易、费时少，一般只需要数天。沼气进、出气管和冷凝排水管于混凝土基础施工时预埋，贮气柜安装时首先将其通过特殊的密封技术与底膜密封，底膜固定在混凝土基础上；之后依次安装内膜、外膜、密封圈，密封圈用预埋螺栓或化学螺栓固定在混凝土基础上，即完成贮气柜安装。双膜干式贮气柜在欧洲沼气工程中应用较多，目前国内也有少量应用，且有不同的规格型号。双膜干式贮气柜的造价低于湿式贮气柜 30%～60%。

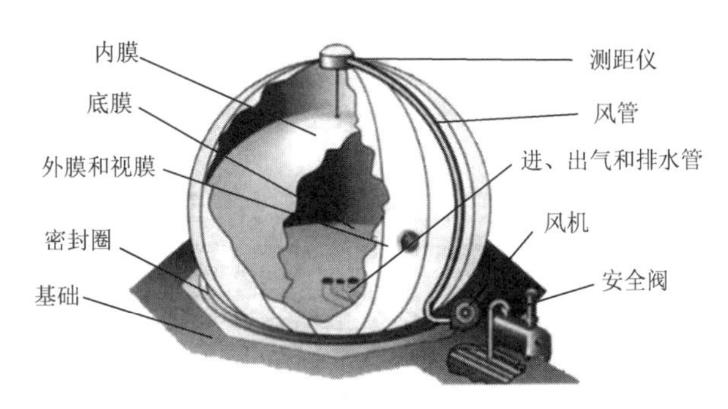

图 2-62　双膜干式贮气柜

2.3.5　沼气输送

1. 钢管

钢管是燃气输配工程中使用的主要管材，具有强度大、严密性好、焊接技术成熟等优点，但它耐腐蚀性差，需要进行防腐处理。钢管按制造方法分为无缝钢管及焊接钢管。在沼气输配中，常用直缝卷焊钢管。钢管按照表面处理不同分为镀锌（白铁管）和不镀锌（黑铁管）；按壁厚不同分为普通钢管、加厚钢管及薄壁钢管三种。小口径无缝钢管以镀锌管为主，通常用于室内，若用于室外埋地敷设时，必须进行防腐处理。直径大于150mm的无缝钢管为不镀锌黑铁管。沼气管道输送压力不高，采用一般无缝管或碳素软钢制造的水煤气输送管网；但大口径燃气管通常采用对接焊缝或螺旋焊缝钢管。

钢管可以采用焊接、法兰和螺纹连接。

埋地沼气管道不仅要承受管内沼气压力，同时还要承受地下土层及地上行驶车辆的荷载，因此，接口的焊接应按照受压容器要求施工，工程以手工焊接为主，并采用各种检测手段鉴定焊接的可靠性。钢管焊接前的选配、管子组装、管道焊接工艺、焊缝的质量要求等应遵照相应的规范。

大中型沼气工程的设备与管道、室外沼气管道与阀门、凝水器之间的连接，常以法兰连接为主。为保证法兰连接的气密性，应使用平焊法兰，密封面垂直于管道中心线，密封面间加石棉或橡胶垫片，然后用螺栓紧固。室内管道多采用三通、弯头、变径接头及活接头等螺纹连接管件进行安装。为了防止漏气，用管螺纹连接时，接头处必须缠绕适量的填料，通常采用聚四氟乙烯胶带。

2. 塑料管

气体输送工程中主要采用聚乙烯管，有的南方地区也常使用聚丙烯管，虽然聚丙烯管比聚乙烯管表面硬度高，但是耐磨性、热稳定性较差，其脆性较大，又因这种材料极易燃烧，故不宜在寒冷地区使用，也不宜安装在室内。聚乙烯管具有以下优点。

（1）塑料管的密度小，只有钢管的1/4，对运输、加工、安装均很方便。

（2）电绝缘性好，不易受电化学腐蚀，使用寿命可达50年，比钢管寿命长2～3倍。

（3）管道内壁光滑，抗磨性强，沿程阻力较小，避免了沼气中杂质沉积，提高输送能力。

（4）具有良好的挠曲性，抗震能力强，在紧急事故时可及时抢修，施工遇到障碍时可灵活调整。

（5）施工工艺简便，不须除锈、防腐，连接方法简单可靠，管道维护简便。

但是采用塑料管时应注意以下几点。

（1）塑料管比钢管强度低，一般只能用于低压，高密度聚乙烯管最高使用压力为0.4MPa。

（2）塑料管在氧及紫外线作用下易老化，不应架空铺设。

（3）塑料管材对温度变化极为敏感，温度升高塑料弹性增加，刚性下降，制品尺寸稳定性差；而温度过低材料变硬、变脆，又易开裂。

（4）塑料管刚度差，如遇到管基下沉或管内积水，易造成管路变形和局部堵塞。

（5）聚乙烯、聚丙烯管材属于非极性材料，易带静电，埋地管线查找困难，采用在地面上做标记的方法不够方便。

塑料管道的连接根据不同的材质采用不同的方法，一般来说有焊接、熔接及黏接等。对聚丙烯管，目前采用较多的是手工热风焊接，热风温度控制在 240～280℃。对聚丙烯的黏接，最有效的方法是将塑料表面进行处理，改变表面极性，然后用聚氨酯或环氧黏结剂进行黏合。

聚乙烯管的连接，在城市燃气管网中主要采用热熔焊，包括热熔对接、承插热熔及利用马鞍管件进行侧壁热熔。另一种是电熔焊法，它是带有电热丝的管件，采用专门的焊接设备来完成的。当采用成品塑料管件时，可在承口内涂上较薄的黏结剂，在塑料管端外缘涂以较厚的黏结剂，然后将管迅速插入承口管件，直至双方紧密接触为止。

对于聚乙烯管与金属管的热熔连接，熔接前先将聚乙烯胀口，胀口内径比金属管外径小 0.2～0.3mm，并有锥度。连接时先将金属管表面清除污垢，然后将金属管加热至 210℃左右，将聚乙烯管承口套入，聚乙烯管在灼热金属管表面熔融，呈半透明状，冷却后即能牢固地融合在一起，其接口具有气密性好、强度高等特点。此外，也可使用过渡接头。

2.3.6　计量分析仪器

1. 沼气流量计

1）涡街流量计

涡街流量计是利用流体绕流一柱状物时，产生卡门涡街这一流体振动现象制成的流量计。该流量计由装在管道内的检测器（检测元件）、检测放大器及流量显示仪组成。

涡街流量计的特点如下。

（1）测定流量范围广，在较宽的雷诺数范围内输出频率与介质流速呈良好的线性关系；

（2）因无运动部件，所以不会产生压差变化，使用寿命长；

（3）压力损失小，输出的是与流速成正比的脉冲频率信号，抗干扰能力强，可用于计量各种气体、液体和蒸汽；

（4）耐腐蚀，传感器表体零件采用 1Cr18Ni9Ti 材料制成；

（5）涡街流量计传感器有法兰型和无法兰卡装型两种，它可以任意角度安装于管道上；

（6）信号可远距离传输，1000m 距离不失真，可与计算机连用，集中管理。

安装时应注意以下几点。

（1）在涡街流量计传感器的上游侧应保证有≥12D（管的直径）的直管段，下游侧直管段长度为≥5D。

（2）在涡街流量计上游应尽量避免安装调节阀和半开状的阀门。

（3）如需要测压时，测压点设置在上游管道距离表体 1～2D 处，当需测温时，测温点设在下游管道距离表体 3～5D 处。

（4）与涡街流量传感器相接的管道，其内径应尽可能与传感器内径一致，若不一致应采用比传感器内径略大一些的管道，避免流体在表体内出现扩管现象。

涡街流量计的适用流量范围如表 2-17 所示。其测试介质为空气，温度为–3～35℃，压力为 101.325～107.325kPa。当测量的气体不是一般测试条件下的空气时，适用流量范围要随着工况条件而变化，实际可测量的工况适用流量范围，需根据工况条件另行计算。

表 2-17　涡街流量计适用流量范围

仪表口径/mm	测量范围/(m³/h)	输出频率范围/Hz	仪表口径/mm	测量范围/(m³/h)	输出频率范围/Hz
20	5.7～39	228～1560	100	140～930	44～297
25	8.8～60	176～1200	125	220～1450	37～244
40	22.6～150	113～750	150	320～2000	32～200
50	35～240	92～632	200	570～3500	23～141
65	60～390	70～460	250	880～5300	18～110
80	90～600	57～385	300	1270～7630	15～92

2）涡轮气体流量计

涡轮气体流量计是在壳体内放置一轴流式叶轮，当气体流过时，驱动叶轮旋转，其转速与流量成正比，叶轮转动通过机械传动机构传送到计数器上，计数器把叶轮转速累计成容积（m^3）直接显示；配置脉冲变送器后可实现远距离传送。

涡轮气体流量计具有精度高、耐高压、耐腐蚀、量程比一般为 10∶1、适用流体温度范围广等特点。尤其是可以计量含有少量轻质油和水的天然气。

LWQ 型涡轮气体流量计的主要性能见表 2-18。

表 2-18　LWQ 型涡轮气体流量计的主要性能

型号	公称直径 DN/mm	最小流量 Q_{min}/(m³/h)	公称流量 Q_n/(m³/h)	最大流量 Q_{max}/(m³/h)	使用压力 P/MPa	计量精度
LWQ-50/65B	50	20	65	100	0.003～1.0/0.003～2.5	±2.5%±1.5%
LWQ-80/160B	80	25	160	250	0.003～1.0/0.003～2.5	±2.5%±1.5%
LWQ-100/400B	100	65	400	650	0.003～1.0/0.003～2.5	±2.5%±1.5%
LWQ-50/1000B	150	200	1000	1600	0.003～1.0/0.003～2.5	±2.5%±1.5%

安装时应注意以下几点。

（1）安装前先用微小气流吹动叶轮时，叶轮能灵活转动，无不规则噪声，计数器转动正常，无间断卡滞现象，则流量计可安装使用。

（2）该流量计一般为水平安装，必要时亦可垂直安装。

（3）流量计前直管段长度应≥10D；流量计安装后端直管段长度应≥5D。

（4）直管径与标准法兰须先焊好，法兰盘连接处管道内径处不应有凸起部分，焊好后与流量计相连接。

（5）如对流量计的机芯拆散整理，在重新使用前，须按最大使用压力进行密封试验。

（6）定期向滚动轴承注油孔内注入 T4 号精密仪表油或变压器油，一般 3～6 个月注油一次；如条件恶劣、工作负荷大则应 15～30 天注油一次。

（7）流量计出厂超过半年，应先注油、标定后，方可投入使用。

3）罗茨流量计

罗茨流量计是一种容积式流量计，它有一个用铸铁或铸钢制成的壳体，内部装有两个“8”字形的转子，两转子的两轴端分别装有两对同步齿轮，使两转子安装成互为 90°并有一定间隙；壳体两端分别设有端盖和齿轮箱，有一根转子轴与计数器输入轴连接，通过减速机构在指示窗上显示计量容积。两转子和壳体、端盖形成了计量室；表的各部件都经过精密的机械加工、各传动部件处都装有精密的高级滚球轴承。

JLQ 系列罗茨流量计的规格型号如表 2-19 所示，工作温度为−10～80℃，最大工作压力 0.1MPa。

表 2-19　JLQ 系列罗茨流量计

型号	公称直径/mm	最小流量/(m^3/h)	流量范围/(m^3/h)	灵敏限/(m^3/h)	压力损失/kPa
JLQ-25	25	20	4～20	0.5	0.25
JLQ-50	50	60	6～60	2.0	0.25
JLQ-80	80	130	13～130	2.5	0.3
JLQ-100	100	220	22～220	3.5	0.3
JLQ-150	150	300	30～300	4.0	0.3
JLQ-200	200	700	70～700	10	0.4

安装使用时应注意以下几点。

（1）安装时应选择扰动小，工作压力较平稳的场所，与配管连接时不应给流量计增加外力。

（2）安装前应严格清洗管道，在进口端应装过滤器，如气体中含有液体时，应装气-液分离器。应经常检查及清洗过滤器，如滤网有破裂，必须及时更换。

（3）流量计进气端应装稳压阀及压力表。流量计应垂直安装，即法兰轴线垂直于地面，由上端进气，下端出气，表头应略高于水平线。

（4）安装前必须用汽油或煤油将计量室内表面所涂的防锈油冲洗干净，并严格清除管道杂质。

2. 沼气成分监测仪

沼气成分监测仪被安装在沼气管路上用来间歇或连续监测沼气成分的变化。可以监测的成分有：CH_4、CO_2、H_2S、O_2。进行沼气监测的主要目的如下。

（1）监测沼气中 CH_4 和 CO_2 浓度，评估厌氧消化系统稳定性；

（2）监测沼气中主要可燃组分 CH_4 的变化，以便调整沼气发电机组空燃比；

（3）监测沼气中 H_2S 和 O_2 的量，以便调整生物脱硫塔或化学脱硫塔的相关工艺参数；

（4）对沼气中易燃、易爆气体进行报警，保证生产安全。

图 2-63（a）是一种常见的在线式沼气成分监测仪。它的检测范围为：CH_4，0～100%；CO_2，0～50%；O_2，0～21%；H_2S，0～5000mg/m^3。另外，还有便携式沼气分析仪，见图 2-63（b）。

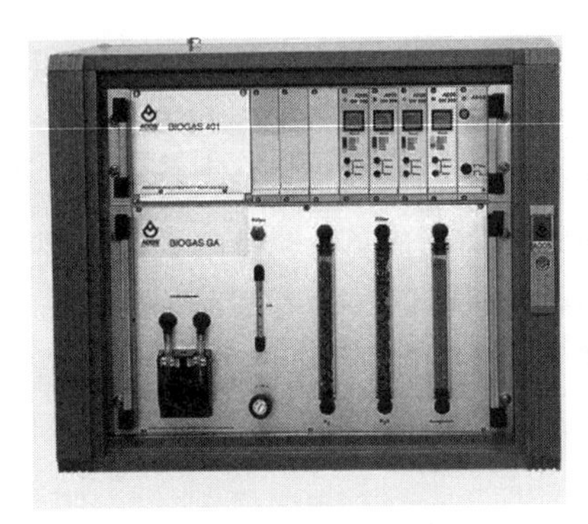

(a) 在线式沼气成分监测仪

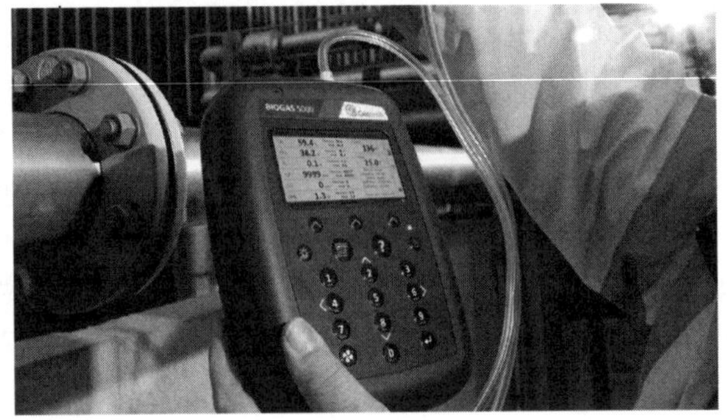

(b) 便携式沼气分析仪

图 2-63　沼气分析仪

2.4　沼气利用方式

2.4.1　集中供气

沼气作为民用燃料是最常应用的沼气利用方式。沼气的热值常在 5000～6000kcal①/m^3，高于城市煤气而低于天然气，是一种优良的民用燃料。沼气在经过净化、脱水和过滤后通过沼气输送管道进入用户，整个输配气系统类似于城市煤气。但由于沼气的燃烧速度较低，其燃烧器需要专门设计或到专用设备厂商处购买，一般采用大气式燃烧器，燃烧器的头部一般均为圆形火盖式，火孔形式有圆形、方形、梯形、缝隙形。一个存栏 100000 只鸡的鸡场沼气工程，冬季除去用于厌氧罐自身加热增温外，沼气可供 200～300 户集中供气使用。

2.4.2　沼气锅炉

沼气锅炉的主要用途是厌氧罐冬季增温和为场内生产与生活供热或蒸汽，可采用热水锅炉，也可采用蒸汽锅炉，主要取决于对热能形式的需要。沼气锅炉的热效率较高，一般在 90%以上，即沼气锅炉能把沼气中能量的 90%以上转化为热水或蒸汽加以利用，高于其他沼气应用方式的转换效率。

在使用沼气作为锅炉燃料时有两种情况，第一种，在沼气产量不很充足时，将沼气作为辅助燃料，与煤进行混燃。通常在普通煤锅炉（一般 6t/h 以下）上改装，选择或制造适合该锅炉的沼气燃烧器，其优点是安全性较好，并能提高燃煤的效率。而缺点是如

① 1kcal = 4185.851821J。

果脱硫不干净，有可能损伤锅炉。第二种是采用专门设计的沼气锅炉，见图 2-64。由于采取了全自动的安全检查、吹风、点火等措施，使用方便，热效率较高，安全性也较好。沼气蒸汽锅炉和沼气热水锅炉的型号与技术指标分别见表 2-20 和表 2-21。

图 2-64　沼气锅炉

表 2-20　沼气蒸汽锅炉的型号与技术指标

指标	型号					
	WNS0.5	WNS0.75	WNS1	WNS1.5	WNS2	WNS2.5
额定蒸发量/(t/h)	0.5	0.75	1.0	1.5	2.0	2.5
额定蒸汽压力/MPa	1.0	1.0	1.0	1.0	1.0	1.0
额定蒸汽温度/℃	184	184	184	184	184	184
给水温度/℃	20	20	20	20	20	20
锅炉效率/%	≥87	≥87	≥87	≥87	≥87	≥87
耗气量/(m^3/h)	92	138	184	276	368	460
耗电量/kW	0.37	1.1	1.1	2.2	3.0	7.5
满水容积/m^3	1.4	2.6	3.4	4.7	4.7	5.4
质量/t	2.76	2.87	4.2	5	7.6	7.8

表 2-21　沼气热水锅炉的型号与技术指标

指标	型号					
	WNS0.35	WNS0.53	WNS0.7	WNS1.05	WNS1.4	WNS1.75
额定蒸发量/(t/h)	0.35	0.53	0.7	1.05	1.4	1.75
额定蒸汽压力/MPa	0.7	0.7	0.7	0.7	0.7	0.7
额定蒸汽温度/℃	95	95	95	95	95	95
给水温度/℃	70	70	70	70	70	70
锅炉效率/%	≥87	≥87	≥87	≥87	≥87	≥87

续表

指标	型号					
	WNS0.35	WNS0.53	WNS0.7	WNS1.05	WNS1.4	WNS1.75
耗气量/(m^3/h)	85.8	117	172	258	344	430
耗电量/kW	0.37	1.1	1.1	2.2	3.0	3.0
满水容积/m^3	1.33	1.5	1.5	2.6	4.0	4.5
质量/t	2.68	2.8	3.1	5.0	6.5	7.1

2.4.3 沼气发电

1. 沼气发电特点

（1）可实现热电联产。发电机可回收利用的余热有缸套水冷却系统和烟气回收系统。另外，有些机组的润滑油冷却系统和中冷器也可实现余热回收。发电机组热效率可达 40%以上。发电机组回收的热量冬季可用于发酵罐的增温保温，以保证罐内发酵温度。另外，多余热量可用于居民采暖或蔬菜大棚等的供暖，节省燃煤。在夏季，发电机组余热可用于固态有机肥的干化处理，也可以与溴化锂吸收式制冷机连接，作为空调制冷。

（2）沼气中 CO_2 既能减缓火焰传播速度，又能在发动机高温高压下工作时，起到抑制“爆燃”倾向的作用。这是沼气较甲烷具有更好抗爆特性的原因。因此，可在高压缩比下平稳工作，同时使发动机获得较大效率。

（3）从发酵罐中出来的沼气通常含有 H_2S、CO_2、水蒸气等杂质，且流量不太稳定，不能直接用于发电机组。要经过脱硫、脱水等净化处理，为调节峰值，需设贮气柜。沼气发电机组对沼气有一定的要求，具体如表 2-22 所示。

表 2-22 沼气发电机组对沼气品质的要求

指标	数值	指标	数值
甲烷含量/%	＞50	杂质颗粒大小/μm	＜0.15
最大甲烷含量变化速度/(%/min)	0.2	沼气温度/℃	10～40
H_2S/[mg/MJ(mg/Nm^3)]	＜20（300）	允许最大温度变化梯度/(%/min)	1
Cl^-/(mg/MJ)	＜19	相对湿度/%	10～50
NH_3/(mg/MJ)	＜2.8	沼气的压力范围/kPa	1.5～10
油分/(mg/MJ)	＜1.2	压力波动/kPa	±0.1
杂质/(mg/MJ)	＜1.0	沼气热值/(MJ/Nm^3)	＞16

2. 发电机组成

沼气发电是一个能量转换过程——沼气经净化处理后进入燃气内燃机，燃气内燃机利用高压点火、涡轮增压、中冷器、稀薄燃烧等技术，将沼气中的化学能转化为机械能。沼气与空气进入混合器后，通过涡轮增压器增压，冷却器冷却后进入气缸内，通过火花塞高压点火，燃烧膨胀推动活塞做功，带动曲轴转动，通过发电机送出电能。内燃机产生的废气经排气管、换热装置、消音器、烟囱排到室外。图 2-65 分别为普通式和集装箱式沼气发电机组外观。

(a)

(b)

图 2-65　普通式和集装箱式沼气发电机组

构成沼气发电系统的主要设备有燃气发动机、发电机和余热回收装置。

1）燃气发动机

根据燃气发动机压缩混合气体点火方式的不同分为：由火花点火的燃气发动机和由压缩点火的双燃料发动机。火花点火式燃气发动机是由电火花将燃气和空气混合气体点燃，其基本构造和点火装置等均与汽油发动机相同。这种发动机不需要引火燃烧，因此，不需设置燃油系统，如果沼气供给稳定，则运转是经济的。但当沼气量供应不足时，有时会使发电能力降低而达不到规定的输出功率。压燃式燃气发动机只是为了点火采用液体燃料，在压缩程序结束时，喷出少量柴油并由燃气的压缩热将油点着，利用其燃烧使作为主要燃料的混合气体点燃、爆发。而少量的柴油仅起引火作用。

2）发电机

发电机将发动机的输出转变为电力，而发电机有同步发电机和感应发电机两种。同步发电机能够自己发出电力作为励磁电源，可以单独工作。

3）余热回收装置

发电机组可利用的余热有中冷器、润滑油、缸套水和烟道气等。有些余热利用系统只对后两部分回收利用，有些则可实现上述四部分回收利用。经过一系列换热，可以从机组得到 90℃的循环热水 47.5m^3/h，供热用户使用。使用完后，循环水冷却至 70℃左右，重新进入余热回收系统进行增温。

3. 沼气发电效率

沼气的热值为 20～23kJ/m^3。根据经验，国产机组 1m^3 沼气（CH_4 含量为 55%～65%）可发电 1.7kW·h 左右，电效率为 30%～35%，性能参数见表 2-23；国外机组可以达到 2.0～2.4kW·h，电效率 35%～45%，总效率在 85%以上，性能参数见表 2-24。

表 2-23　国内某品牌发电机性能参数

型号	额定功率/kW	额定转速/(r/min)	燃气量/[m^3/(kW·h)]	缸数	质量/kg
40GF-NK	40	1500	0.66	8	2020
60GF-NK	60	1500	0.66	12	2410
80GF-NK	80	1500	0.66	12	2530
140GF-NK	140	1500	0.66	12	3100
12v190M2	450	1000	0.66	10	5300

表 2-24　国外某品牌发电机性能参数

型号	额定功率/kW	额定转速/(r/min)	缸数	电效率/%	热效率/%	总效率/%
TCG 2016 V8 K	350	1500	8	36.9	48.5	85.3
TCG 2016 V12 K	525	1500	12	37.7	47.7	85.4
TCG 2016 V16 K	700	1500	16	37.8	47.8	85.6
TCG 2020 V12	1200	1500	12	43.0	42.7	85.6
TCG 2020 V16	1600	1500	16	42.5	43.2	85.7
TCG 2020 V20	2070	1500	20	42.8	43.0	85.8

2.4.4　生物天然气

沼气经过脱硫、脱水、脱碳等净化提纯可以获得与天然气成分相同的生物天然气，并通过现有的天然气输送管网和终端利用系统进行利用（图 2-66），利用方式较为灵活。

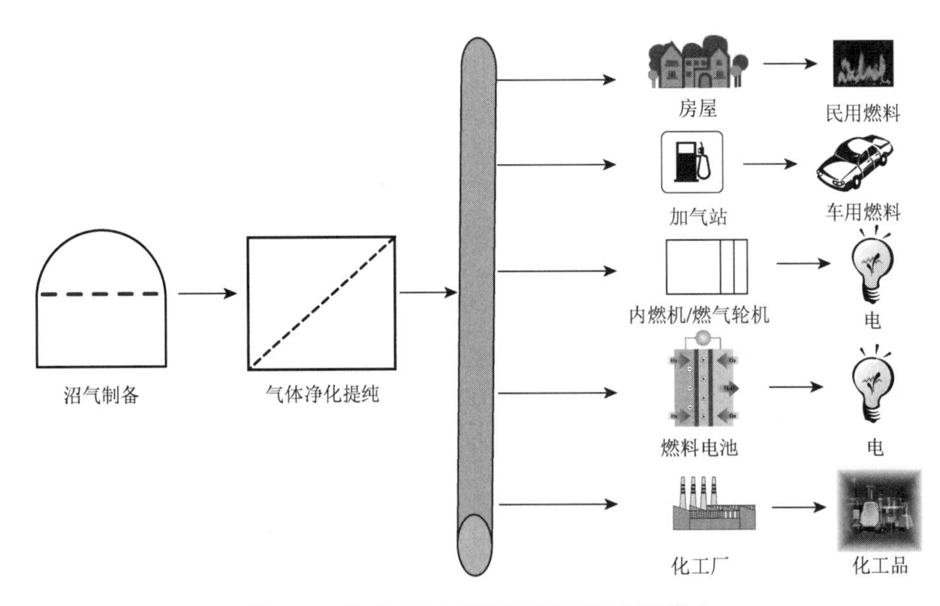

图 2-66　基于天然气管道输送的沼气利用模式

进入管道的生物天然气要达到管输天然气标准《天然气》（GB 17820—2018），见表 2-25。如果作为车用压缩天然气，还需要增压至 25MPa，并符合《车用压缩天然气》（GB 18047—2017），见表 2-26。

表 2-25　《天然气》（GB 17820—2018）的技术指标

项目	一类	二类
高位发热量[a,b]/(MJ/m^3)	≥34.0	≥31.4
总硫（以硫计）[a]/(mg/m^3)	≤20	≤100
硫化氢[a]/(mg/m^3)	≤6	≤20
二氧化碳摩尔分数/%	≤3.0	≤4.0

a. 本标准中使用的标准参比条件是 101.325kPa，20℃。
b. 高位发热量以干基计。

表 2-26　《车用压缩天然气》（GB 18047—2017）的技术指标

项目	技术指标
高位发热量[a]/(MJ/m^3)	≥31.4
总硫（以硫计）/(mg/m^3)	≤100.0
硫化氢（H_2S）/(mg/m^3)	≤15
二氧化碳（CO_2）/%	≤3.0
氧气/%	≤0.5
水[a]/(mg/m^3)	在汽车驾驶的特定地理区域内，在压力不大于 25MPa 和环境温度不低于−13℃的条件下，水的质量浓度应不大于 30mg/m^3
水露点/℃	在汽车驾驶的特定地理区域内，在压力不大于 25MPa 和环境温度低于−13℃的条件下，水露点应比最低环境温度低 5℃

a. 本标准中气体体积的标准参比条件是 101.325kPa，20℃。

参 考 文 献

樊京春，赵勇强，秦世平，等，2009. 中国畜禽养殖场与轻工业沼气技术指南[M]. 北京：化学工业出版社.
国际水协厌氧消化工艺数学模型课题组，2004. 厌氧消化数学模型[M]. 张亚雷，周雪飞，译. 上海：同济大学出版社.
贺延龄，1998. 废水的厌氧生物处理[M]. 北京：中国轻工业出版社.
李东，袁振宏，孙永明，等，2009. 中国沼气资源现状及应用前景[J]. 现代化工，29（4）：1-5，7.
李东，叶景清，甄峰，等，2013. 稻草与鸡粪配比对混合厌氧消化产气率的影响[J]. 农业工程学报，29（2）：232-238.
李海滨，袁振宏，马晓茜，等，2012. 现代生物质能利用技术[M]. 北京：化学工业出版社.
钱泽澍，闵航，1984. 沼气发酵微生物学[M]. 杭州：浙江农业大学.
陶虎春，张丽娟，朱顺妮，等，2020. 环境与能源微生物[M]. 北京：科学出版社.
王仲颖，高虎，秦世平，等，2009. 中国工业化规模沼气开发战略[M]. 北京：化学工业出版社.
袁振宏，等，2015. 生物质能高效利用技术[M]. 北京：化学工业出版社.
袁振宏，吴创之，马隆龙，等，2016. 生物质能利用原理与技术[M]. 北京：化学工业出版社.
赵鹏，李东，周一民，等，2016. 一株脱硫菌株的分离鉴定及其对硫化物的去除效果验证[J]. 新能源进展，4（6）：425-430.

甄峰，李东，孙永明，等，2012. 沼气高值化利用与净化提纯技术[J]. 环境科学与技术，35（11）：103-108.

周孟津，张榕林，蔺金印，2009. 沼气实用技术[M]. 2 版. 北京：化学工业出版社.

Chen Y，Cheng J J，Creamer K S，2008. Inhibition of anaerobic digestion process：A review[J]. Bioresource Technology，99（10）：4044-4064.

Li D，Liu S C，Mi L，et al.，2015. Effects of feedstock ratio and organic loading rate on the anaerobic mesophilic co-digestion of rice straw and pig manure[J]. Bioresource Technology，187：120-127.

Li D，Mei Z L，He W，et al.，2016. Biogas production from thermophilic codigestion of air-dried rice straw and animal manure[J]. International Journal of Energy Research，40（9）：1245-1254.

Li D，Chen L，Liu X F，et al.，2017. Instability mechanisms and early warning indicators for mesophilic anaerobic digestion of vegetable waste[J]. Bioresource Technology，245：90-97.

Li D，Ran Y，Chen L，et al.，2018. Instability diagnosis and syntrophic acetate oxidation during thermophilic digestion of vegetable waste[J]. Water Research，139：263-271.

Mei Z L，Liu X F，Huang X B，et al.，2016. Anaerobic mesophilic codigestion of rice straw and chicken manure：effects of organic loading rate on process stability and performance[J]. Applied Biochemistry and Biotechnology，179（5）：846-862.

Nie H，Jacobi H F，Strach K，et al.，2015. Mono-fermentation of chicken manure：Ammonia inhibition and recirculation of the digestate[J]. Bioresource Technology，178：238-246.

Niu Q G，Qiao W，Qiang H，et al.，2013. Mesophilic methane fermentation of chicken manure at a wide range of ammonia concentration：Stability，inhibition and recovery[J]. Bioresource Technology，137：358-367.

第3章　粪便好氧堆肥利用

本章从好氧堆肥原理出发，阐述了好氧堆肥过程、微生物、堆肥工艺流程及影响参数、腐熟度评价，梳理了静态堆肥、条垛堆肥、槽式堆肥和反应器堆肥工艺及设备，特别介绍了在堆肥过程中促进腐熟、抑制臭味和控制氮损失所涉及的生物技术。

3.1　好氧堆肥原理

堆肥化（composting）是指有机废弃物在微生物（土著微生物或外加堆肥菌剂）的作用下转化形成稳定的腐殖质过程。废物经过堆制，体积一般只有原体积的 50%～70%，形成的产品是堆肥（compost），它是一种深褐色、质地疏松、有泥土气味的物质，可作为肥料或土壤改良剂或调节剂。堆肥过程有好氧堆肥（aerobic composting）和厌氧堆肥（anaerobic composting）两种，这两个过程中供氧情况不同，微生物种类不同，因此其堆肥原理也有所区别。但通常所说的堆肥化一般是指好氧堆肥，这是因为厌氧微生物对有机物分解速率缓慢，堆体温度较低，腐熟及无害化所需时间长，大规模处理有一定的困难。

3.1.1　好氧堆肥过程

1. 好氧堆肥的基本过程

好氧堆肥是依靠专性和兼性好氧细菌的作用降解有机物的生化过程，将要堆腐的有机料与填充料按一定的比例混合，在合适的水分、通气条件下，使微生物繁殖并降解有机质，从而产生高温，杀死其中的病原菌及杂草种子，使有机物达到稳定化。通常好氧堆肥的堆温较高，一般宜在 55～70℃，所以好氧堆肥也称高温堆肥。高温堆肥可以最大限度地杀灭病原菌，同时，对有机质的降解速度快，堆肥所需时间较短，是堆肥化的首选。

在好氧堆肥的过程中，有机废物中的可溶性小分子有机质透过微生物的细胞壁和细胞膜被微生物吸收利用。其中的不溶性大分子有机物则先附着在微生物的体外，由微生物所分泌的胞外酶分解成可溶性小分子物质，再输入其细胞内为微生物所利用。通过微生物的生命活动（分解及合成过程），把一部分被吸收的有机物氧化成简单的无机物，并提供活动中所需要的能量，而把另一部分有机物转化成新的细胞物质，供微生物增殖。此外，堆体中普遍存在的生物化学反应产生了许多腐殖酸前体物质，这些物质逐渐聚集并形成小分子腐殖酸，随后在生物和非生物作用下，分子量较小的腐殖酸进一步缩合形成腐殖质。图 3-1 可大致描述堆肥基本过程。

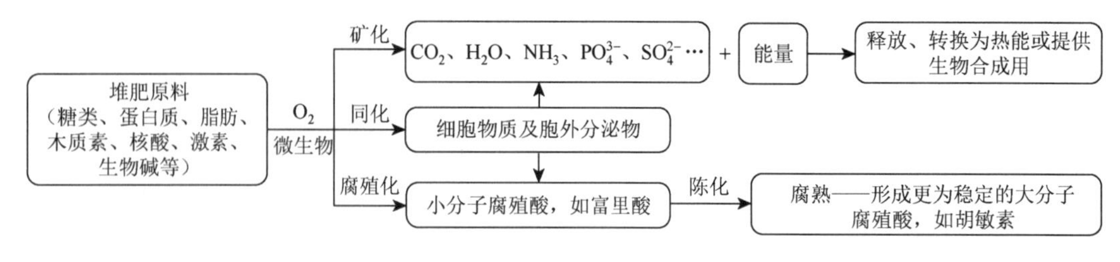

图 3-1　堆肥基本过程示意图

好氧堆肥过程中有机物氧化分解关系可用如下化学方程式表示：

$$C_{\alpha}H_{\beta}N_{\gamma}O_{\delta}\cdot aH_2O+bO_2\longrightarrow$$
$$C_{\phi}H_{\chi}N_{\psi}O_{\omega}\cdot cH_2O+dH_2O(gas)+eH_2O(liq)+fCO_2+gNH_3+\text{能量}$$

通常情况下，$\phi=5\sim10$，$\chi=7\sim17$，$\psi=1$，$\omega=2\sim8$，堆肥产品 $C_{\phi}H_{\chi}N_{\psi}O_{\omega}\cdot cH_2O$ 与堆肥原料 $C_{\alpha}H_{\beta}N_{\gamma}O_{\delta}\cdot aH_2O$ 的质量之比为 0.3～0.5（赵天涛等，2016），这是氧化分解后减量化的结果。

好氧堆肥化从畜禽粪便堆积到腐熟的生化过程较为复杂，可大致分成三个阶段（图 3-2）。

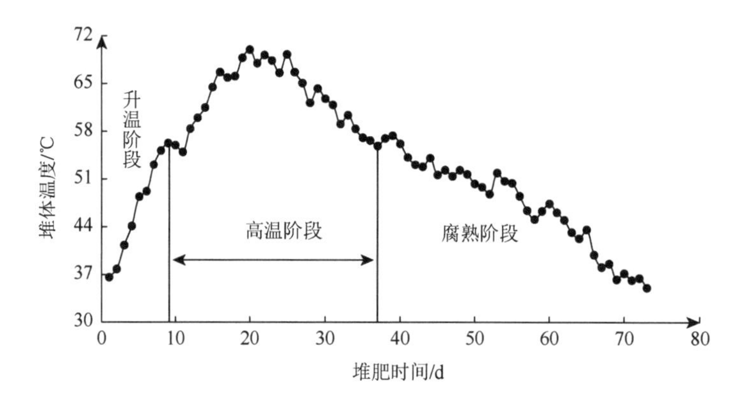

图 3-2　鸡粪好氧堆肥物料温度变化曲线

1）升温阶段

堆肥初期堆层基本呈中温（25～45℃），嗜温性微生物（中温放线菌、蘑菇菌等）较为活跃，并利用堆肥中可溶性有机物质（单糖、脂肪和碳水化合物）旺盛繁殖。它们在转化和利用化学能的过程中，有一部分变成热能，由于堆料有良好的保温作用，温度不断上升，随着温度上升，嗜温菌更为活跃，并大量繁殖，这样又导致更多的有机物降解和释放出更多的热。此阶段微生物以中温、需氧型为主，通常是一些无芽孢细菌。适合中温阶段的微生物种类极多，其中最主要的是细菌、真菌、放线菌。这些菌类虽都具备分解有机物的能力，但对不同温度有各自的适应性，且对不同的化合物喜好也是不尽相同，如细菌更容易利用水溶性单糖类，放线菌和真菌对分解纤维素和半纤维素物质具有特殊功能。

2）高温阶段

当堆肥温度上升到 55℃以上时，即进入堆肥过程的第二阶段——高温阶段。此时，嗜温性微生物受到抑制甚至死亡，取而代之的是一系列嗜热性微生物。堆肥中残留的有机物继续分解转化，复杂的和一些难分解的有机化合物（半纤维素、纤维素、蛋白质和木质素等）也开始逐渐被分解，腐殖质开始形成，堆肥物质进入趋稳阶段。在高温阶段，各种嗜热性微生物的最适温度也是不相同的，随着堆肥温度上升，嗜温性微生物的类群和种类出现相互演替，一般在50℃左右进行活动的主要是嗜热性真菌和放线菌；温度上升到60℃时，真菌几乎完全停止活动，仅有嗜热性放线菌与细菌活动；温度上升到70℃以上，对多数嗜热性微生物已不适宜，微生物大量死亡或进入休眠状态，除一些孢子和芽孢外，所有的病原微生物都将在几小时或数天内死亡，其中植物种子也会遭到破坏。现代化堆肥生产的最佳温度一般为55℃±5℃，这是因为大多数微生物在该范围内最活跃，堆肥原料降解较为迅速。

3）腐熟阶段

在内源呼吸后期，剩下部分为较难分解的有机物和新形成的腐殖质。此时微生物的活性下降，发热量减少，温度下降，嗜温性微生物又占优势，对残余较难分解的有机物进行进一步分解，腐殖质不断增多且稳定化，堆肥进入腐熟阶段，需氧量大大减少，含水率也降低。

2. 堆肥化过程动力学

畜禽粪便堆肥化利用属于固体废物堆肥化的一个分支，后者具有完整的系统模型，建模的方法主要基于动力学、物料平衡和能量平衡分析。建立堆肥化过程反应动力学方程，是研究堆肥化过程的基础，下面介绍一种比较经典的堆肥动力学模型（曾光明等，2006）。

根据理论分析，有机物降解过程可按如下方程式进行计算。

$$C_aH_bN_cO_d + tO_2 \rightarrow C_pH_qN_rO_s + uH_2O + vCO_2 + wNH_3 + \text{能量}$$

式中，$C_aH_bN_cO_d$为原料的有机物组成；$C_pH_qN_rO_s$为降解产物的有机物组成，包括中间降解产物、转化形成的腐殖物质或者微生物细胞，也可以认为是堆肥产品的元素组成；a、b、c、d及p、q、r、s为以单位质量的原料为基准时各元素在分子式中的原子数；t、u、v、w为单位质量的原料进行堆肥反应时所消耗的O_2及生成的H_2O、CO_2、NH_3的质量数值，可通过实验测定来确定。

由物料衡算可知，$t = 0.5\times(r + 2u + v-c)$；$u = a-p$；$v = 0.5\times(b-q-3w)$；$w = d-s$

一般认为微生物降解有机物产生的能量为该有机质燃烧焓的75%～100%，生化产能情况可以用作堆肥化过程能量平衡计算的依据。有机物的好氧降解遵循一级反应动力学：

$$\frac{d_m}{d_t} = k_T m \tag{3-1}$$

当生化降解反应达到平衡时，有机物的质量平衡可表示为

$$m_{\text{out}} = m_{\text{in}} + e^{-k_T t_{\text{HRT}}} \tag{3-2}$$

式中，m、m_{in}、m_{out}为有机物质量、进入和排出系统边界的有机物质量；k_T为物料温度为T时的一级反应动力学降解速率常数；t_{HRT}为物料在堆肥系统中的停留时间。

不同生物质组分的降解速率受到的影响因素很多，其中温度、含水率、堆体中氧气含

量对底物降解速率的影响，可通过对降解速率常数 k_T 的修正予以反映（赵天涛等，2016）。

$$f(\phi_{O_2})=\frac{\phi_{O_2}}{\phi_{O_2}+0.02} \tag{3-3}$$

式中，k_{mT} 为物料在基准温度 T_m 时的一级反应动力学降解速率常数，d^{-1}；k_T 为物料温度为 T 时的一级反应动力学降解速率常数，d^{-1}；$f(T)$ 为温度 T 的影响函数，量纲为 1；$f(C_{water})$ 为含水率的影响函数，量纲为 1；$f(X_{FAS})$ 为孔隙率的影响函数，量纲为 1；$f(\phi_{O_2})$ 为氧气含量的影响函数，量纲为 1；T 为温度，℃；C_{water} 为含水率，量纲为 1；X_{FAS} 为孔隙率，量纲为 1；ϕ_{O_2} 为氧气含量，体积分数。

1）温度的影响

基准温度 T_m 设为 20℃时，温度的影响函数可以表示为

$$f(T)=1.066^{T-20}-1.21^{T-60} \tag{3-4}$$

2）含水率的影响

含水率的影响主要体现在微生物对营养成分的利用及透气空间的影响。含水率对 k_{mT} 的调整可以表示为

$$f(C_{water})=\frac{1}{e^{-17.684C+7.0622}+1} \tag{3-5}$$

3）孔隙率的影响

过高的含水率或过度压实会减小有效的孔隙率，从而影响氧气的运输和传递，孔隙率对 k_{mT} 的影响可以表示为

$$f(X_{FAS})=\frac{1}{e^{-23.675X_{FAX}+3.4945}+1} \tag{3-6}$$

孔隙率 X_{FAS} 为气体体积 V_g 与物料总体积 V_m 之比。孔隙率 X_{FAS} 由固体颗粒密度、物料平均密度和含固率决定。其中，固体颗粒密度由组成固体的挥发性部分密度和灰分部分密度决定。

4）氧气含量的影响

一般认为，孔隙中氧气含量＞5%不会对好氧微生物代谢产生严重的抑制作用。氧气的含量对 k_{mT} 的调整可表示为

$$f(\phi_{O_2})=\frac{\phi_{O_2}}{\phi_{O_2}+0.02} \tag{3-7}$$

$\phi_{O_2}=21\%$时，$f(\phi_{O_2})\approx0.9$。

3.1.2 好氧堆肥微生物

1. 堆肥微生物降解的基本原理

畜禽粪便中的有机物在微生物的作用下，一部分被转化为简单的有机物、无机物，这一过程为矿化作用；而另一部分（包括难降解的部分）则转化为堆积层中的腐殖质，这一过程为腐殖化作用。矿化是将有机物完全转化为无机物的过程，是与微生物生长（包

括分解代谢和合成代谢）相关的过程，被矿化的有机物作为微生物生长的基质和能源，通常只有一部分有机物被用于合成菌体，而其余部分形成微生物的代谢产物，如 CO_2、H_2O、CH_4、NH_3 等。矿化也可以通过多种微生物的协同作用完成，每种微生物在有机物彻底转化过程中满足自身生长的需要。矿化和腐殖化是堆肥生物转化过程中既对立又统一的两个方面，在一定条件下相互转化。微生物是畜禽粪便降解的主体，生物降解过程以微生物代谢为核心，在过程中遵循化学反应原理。此外，共代谢在有机物转化过程中的作用也引起了人们的注意，共代谢通常由非专一性酶促反应完成。与矿化作用不同的是，共代谢不导致细胞质量或者能量增加，因此微生物共代谢化合物的能力并不促进其本身的生长，共代谢使有机物得到转化，但不能使其完全分解。在这种条件下微生物需要有另一种基质的存在，以保证其生长能量的需要。

2. 有机物质的生物降解

在堆肥过程中微生物的代谢活动，会使堆肥底物发生氧化反应、还原反应、水解反应、脱羧基反应、羟基化反应、酯化反应等多种生理化学反应。这些反应的进行，可以使绝大多数有机物发生不同程度的转化、分解或降解。有时是一种微生物作用于一种有机物，有时是多种微生物同时作用于一种有机物或者作用于有机物转化的不同途径。微生物在堆肥环境中生物化学转化作用主要有以下几种。

1）水解作用

水解作用是大分子有机物降解时最基本的一种生物代谢作用，许多微生物都可分泌胞外酶使有机大分子物质发生水解作用，转化为其他的小分子物质，然后通过微生物细胞膜而进入细胞体内。

2）脱羧基作用

脱羧基作用主要存在于有机酸的降解中，通过脱羧基作用，有机酸分子变小（脱羧基减少一个碳原子，形成一个 CO_2 分子）。连续的脱羧基反应可以使有机酸得到彻底降解。

3）脱氨基作用

脱氨基作用使带有—NH_2 的有机酸脱除氨基，并得到进一步降解。主要是在蛋白质降解方面作用很大。构成蛋白质的氨基酸的降解必须先经过脱氨基作用，然后才像普通有机酸一样经过脱羧基作用。

3. 堆肥微生物的种类及特征

粪便堆肥化是微生物作用于畜禽粪便和堆肥辅料的生化降解过程，微生物是堆肥过程的作用主体。之所以微生物在堆肥化过程中占据主导作用，是因为微生物的表面积与体积比大，代谢强度高，数目巨大且繁殖迅速，可实现堆肥物料快速降解。堆肥微生物的来源主要有两方面：一方面是来自畜禽粪便产生的每一个环节以及混入粪便的土壤或堆肥辅料，其数量在 1×10^{10}～1×10^{15} 个/kg；另一方面则是人工加入的特殊菌种。这些菌种在一定条件下对某些堆肥物料具有特殊的分解能力，具有活性强、繁殖快、目标底物分解迅速等特点，能加速堆肥反应的进程，缩短堆肥反应的时间。参与好氧堆肥的生物主要包括：细菌、真菌、放线菌、藻类、病毒、原生动物以及线虫等（表 3-1）。

表 3-1　堆肥过程中生物种类和数目

类型	种类	数量/(个/g)
微生物	细菌	10^8～10^9
	放线菌	10^5～10^8
	真菌	10^4～10^8
	藻类	＜10^5
	病毒	10^1～10^4
微型动物	原生动物	10^1～10^5
中、大型土壤动物	线虫、蚂蚁、弹尾虫、蚯蚓、千足虫等	—

堆肥中发挥作用的微生物主要是细菌和放线菌，还有真菌和原生动物等。随着堆肥化过程中有机物逐步降解，堆肥微生物的种群和数量发生变化。细菌是堆肥中体形最小、数量最多的微生物，它们分解了大部分的有机物并产生热量。不同种群微生物的特征见表 3-2（曾光明等，2006）。

表 3-2　不同种群微生物的特征

微生物种群	项目	特征描述
细菌种群	个体特征	球菌，直径 0.5～2.0μm；杆菌(0.5～1.0)μm×(1.0～5)μm；螺旋菌(0.25～1.7)μm×(2～60)μm，革兰氏阳性菌镜检呈紫色，革兰氏阴性菌镜检呈红色
	菌落特征	各种细菌在一定的培养条件下形成的菌落特征不同，其特征可用大小、形状、光泽、颜色、透明度和表面状态等描述
放线菌种群	个体特征	单细胞，由分支的菌丝组成，直径大约 1μm，分为：营养菌丝，无隔膜，直径 0.2～0.8μm，长 100～600μm；气生菌丝，叠生于营养菌丝上，颜色较深；孢子丝，形状为直形、波曲形和螺旋形，生长到一定时形成孢子，各种菌丝都可能带有颜色
	菌落特征	由菌丝体组成，一般圆形、光滑平坦或有许多褶皱。一类菌丝质地细密、表面呈较紧密的绒状或坚实、干燥、多皱，菌落小，如链霉菌；一类黏着力差，结构呈粉质状，如诺卡放线菌
霉菌种群	个体特征	由分支或不分支的菌丝构成，菌丝直径 2～10μm，有或无隔膜，比细菌或放线菌大几倍到几十倍，分为营养菌丝和气生菌丝
	菌落特征	同放线菌相似，由分支状菌丝组成，菌落较疏松，呈绒毛状、絮状或蜘蛛网状，一般比细菌菌落大几倍到几十倍
酵母菌种群	个体特征	多单细胞，呈卵圆状、圆状、圆柱状或柠檬形，大小(1～1.5)μm×(5～30)μm
	菌落特征	与细菌相似，但较前者菌落大而且厚，菌落表面湿润、黏稠、易被挑起，若培养时间长会使表面褶皱，菌落多白色，少数红色

1）细菌

在好氧堆肥系统中，存在着大量的细菌。细菌凭借大的比表面积，可以快速将可溶性底物吸收到细胞中。所以在堆肥过程中，细菌在数量上通常要比体积更大的微生物（如真菌）多得多。细菌是单细胞生物，形状有杆状、球状和螺旋状，有些还能运动。

在不同的堆肥环境中分离的细菌在分类学上具有多样性，其中包括假单胞菌属

（*Pseudomonas*）、克雷伯菌属（*Klebsiella*）以及芽孢杆菌属（*Bacillus*）。在堆肥初期温度低于 40℃时，嗜温性的细菌占优势，是堆肥系统中最主要的微生物。研究表明，在堆肥过程的初始阶段，嗜温细菌最为活跃，其数量为 10^8～10^{10} 个/g 干物料，随着堆温达到最大值，其种群数量达到最低；在降温阶段，嗜温细菌的数量又有所回升。当堆肥温度升至 40℃以上时，嗜热细菌逐步占优势。这个阶段微生物多数是杆菌，杆菌种群的差异在 50～55℃时是相当大的，而在温度超过 60℃时差异又变得很小。当环境改变不利于微生物生长时，杆菌通过形成孢子而幸存下来，例如，芽孢杆菌能够生成很厚的孢子壁以抵抗高温、辐射和化学腐蚀，对热、冷、干燥及营养不足都有很强的耐受力，一旦周围环境改善，它们又将恢复活性。因此，芽孢杆菌属的一些种，如枯草芽孢杆菌（*B. subtilis*）、地衣芽孢杆菌（*B. licheniformis*）和环状芽孢杆菌（*B. circulans*）成为堆肥高温阶段的代表性细菌，或是优势菌。

革兰氏阳性菌和革兰氏阴性菌在堆肥过程中也表现出不同的生长情况。在以秸秆为底物的堆肥系统中，利用磷脂酸作为指示剂的结果表明，革兰氏阳性菌的数量随堆温的升高而增加，随其降低而减少；革兰氏阴性菌的数量则在最初堆温达到 50℃左右时达到最大值，在之后的高温阶段则不断减少。

2）放线菌

放线菌是具有多细胞菌丝的细菌，因此它更像是真菌。在堆肥化的过程中它们在分解诸如纤维素、木质素、角质素和蛋白质这些复杂有机物时发挥着重要的作用。它们的酶能够帮助分解诸如树皮、果壳一类坚硬的有机辅料。同时，它们比真菌能够忍受更高的温度和 pH。所以，尽管放线菌降解纤维素和木质素的能力并没有真菌强，但是它们在堆肥过程中的高温期是分解木质纤维素的优势菌群。在条件恶劣的情况下，放线菌则以孢子的形式存活。Waksman（1932）的研究表明，诺卡菌（*Nocardia*）、链霉菌（*Streptomyces*）高温放线菌（*Thermoactinomyces*）和小单孢菌（*Micromonospora*）等都是在堆肥中占优势的嗜热性放线菌，它们不仅出现在堆肥过程中的高温阶段，同样也在降温阶段和熟化阶段出现。成品堆肥散发的泥土气息是由放线菌引起的。

3）真菌

真菌不仅能分泌胞外酶，水解有机物质，而且由于其菌丝的机械穿插作用，还对物料施加一定的物理破坏作用，促进生物化学作用。在堆肥化过程中，真菌对堆肥物料的分解和稳定起着重要的作用。真菌，尤其是白腐真菌可以利用堆肥底物中的木质纤维素。在有机固体废物中含有大量的木质纤维素，其成分复杂，主要由纤维素、半纤维素和木质素构成，三者所占的比例分别是 40%、20%～30%和 20%～30%。纤维素分子本身的结构致密，由木质素和半纤维素形成的保护层造成木质纤维素不容易降解，难以被充分利用或被大多数微生物直接作为碳源物质而转化利用。因此，真菌对于堆肥物的腐熟和稳定具有重要的意义。

嗜温性真菌地霉菌（*Geotrichum* sp.）和嗜热性真菌烟曲霉（*Aspergillus fumigatus*）是堆肥物料中的优势种群，其他一些真菌，如担子菌门（Basidiomycota）、子囊菌门（Ascomycota）、嗜热子囊菌属（*Thermoascus*）也具有较强的分解木质纤维素的能力。

温度和利用复杂碳源的能力是影响真菌生长的最重要因素。绝大部分的真菌是嗜温性菌，可以在 5～37℃的环境中生存，其最适温度为 25～30℃。在 64℃时，所有的嗜热性真菌几乎全部消失。但是，在堆肥过程中，由于高温时间持续较短，当温度下降到 60℃以下时，嗜温性真菌和嗜热性真菌又都会重新出现在堆肥中。一些嗜热性真菌（*Thermomyces lanuginosus*）在升温期和堆肥物料高温期后的降温期也不能重新增殖，原因是它们仅能利用简单的碳源，而不能利用纤维素或半纤维素。相反，一些耐热真菌（*Aspergillus fumigatus*）和嗜热毛壳菌（*Chaetomium thermophile*）由于在堆肥化过程的中后期能利用纤维素和半纤维素而迅速生长。

人们很关注真菌在堆肥中的种群，因为一些致病性真菌，如曲霉种类的真菌对人类健康有潜在的威胁。高温对绝大多数致病菌的生长会产生抑制作用。尽管真菌孢子能够抵御恶劣条件而长时间生活在土壤中，但是它们不能抵抗堆肥高温期的高温而被杀死。尽管如此，堆肥降温阶段的二次污染仍不容忽视。

4）病原微生物

病原体是对人体、动物或植物有害的生物。动物的粪便、植物秸秆以及庭院废弃物中都能发现病原体。堆肥化不仅要达到稳定有机废物的目的，还要杀灭堆肥原料中存在的大量病原体，这些病原体主要包括在畜禽粪便中带有的原生病原体（primary pathogens）和堆制过程中滋生的次生病原体（secondary pathogens）（表 3-3）。温度的高低和持续时间是能否有效杀灭这些病原生物的关键因素，当温度超过 60℃时，在几天内可以达到灭菌的目的，但在 50～60℃时需要持续的时间为 10～20 天；当温度过高，达到 65～70℃时，不少微生物会形成孢子，孢子呈不活动的状态，对灭菌和堆肥都不利。杀灭它们所需的时间，除了受高温影响外，在堆制后期，微生物产生的许多抗生素类物质，也会极大地缩短病原微生物的存活时间。

表 3-3　堆体常见病原体及致死温度

病原体名称	致病类型	致死温度和持续时间
伤寒杆菌	伤寒病	46℃以上不生长；55～60℃，30min 内死亡
沙门菌	急性肠炎	55℃，1h 死亡；60℃，15～20min 内死亡
志贺菌	痢疾	55℃，1h 内死亡
大肠杆菌	胃肠道感染或尿道炎症	大部分在 55℃，1h 死亡；60℃，15～20min 内死亡
内阿米巴属	阿米巴痢疾	68℃，1h 内死亡
无钩绦虫	绦虫病和绦虫蚴病	71℃，5min 内死亡
旋毛虫幼虫	旋毛虫感染	50℃，1h 内明显减少；62～72℃，30min 内死亡
美洲钩虫	美洲钩虫感染	45℃，50min 内死亡
流产布鲁菌	流产	61℃，3min 内死亡
化脓性链球菌	化脓性炎症、猩红热、丹毒、新生儿败血症、脑膜炎、产褥热以及链球菌变态反应性疾病	54℃，10min 内死亡
结核分枝杆菌	肺部感染	65℃，15～20min 内死亡

续表

病原体名称	致病类型	致死温度和持续时间
口蹄疫病毒	传染性口蹄疫感染	60℃，10天内死亡
烟曲霉	曲霉病	68℃，4h内死亡
小多单孢菌	“农民肺”	68℃，4h内死亡
血吸虫卵	血吸虫病	53℃，1天死亡
霍乱弧菌	霍乱	65℃，10天死亡
小麦黑穗病菌	黑穗病	54℃，10天死亡
稻热病菌	稻热病	60℃，2天死亡

此外，微型生物在堆肥过程中也发挥着重要的作用。轮虫、线虫、跳虫、潮虫、甲虫和蚯蚓等低等生物通过在堆肥中移动和吞食作用，不仅能消纳部分有机废物，还能增大比表面积，并促进微生物的生命活动。

4. 好氧堆肥微生物的影响因素

堆肥微生物受多种因素影响，主要影响因子：有机物质、温度、pH等。

1）有机物质

有机物对于堆肥微生物的主要作用在于合成微生物自身细胞物质和提供微生物各种生理活动所需的能量，使机体能进行正常的生长与繁殖，保持生命的连续性。堆肥反应初期，由于食物充足，刺激了各类种群微生物的增长，故微生物的总数呈对数上升，随后，微生物的数量进入相对稳定的阶段，在反应后期，由于营养物不足，微生物进入衰亡期，微生物数量减少。

2）温度

堆肥初期微生物生长繁殖、分解代谢，产生的热量使堆肥温度迅速上升。当温度达40～50℃时，中温菌处于最佳条件，分解大量有机物；当温度上升至高温时，中温菌受到抑制，高温菌进入激发态，继续分解有机质中残留的难降解成分。同时，堆肥中的寄生虫卵和致病菌被杀死，随着高温和底物的减少，微生物活性逐渐下降，甚至被抑制。

通常认为高温有利于堆肥生化过程的进行，并能杀灭致病菌而达到无害化。但是当温度超过最佳生理温度值时，则微生物活性受到抑制，阻止了堆肥生化过程的进行。因此，确定和维持堆肥最佳生理温度值是至关重要的。温度对于堆肥微生物影响的另一重要意义在于经过高温处理，粪便中对热敏感的病原体受到抑制甚至死亡，从而大大提高粪便堆肥使用的卫生安全性。2019年农业农村部在《畜禽粪便堆肥技术规范》中明确要求，条垛式堆肥55℃以上维持时间不得少于15天、槽式堆肥维持时间不少于7天、反应器堆肥维持时间不少于5天。堆体温度高于65℃时，应通过翻堆、搅拌、曝气降低温度。

3）物料酸碱度（pH）

有机废物发酵过程适宜的pH为6.5～7.5。pH过高（pH＞9）或过低（pH＜4），会降低微生物的活性，减缓微生物降解速度，需要及时调整堆肥的pH。

3.1.3　好氧堆肥工艺流程及参数

1. 好氧堆肥的工艺流程简介

尽管堆肥系统多种多样，但其基本工序通常都由预处理、一次发酵（主发酵）、二次发酵（后熟发酵）、堆肥后处理及贮藏等工序组成（图 3-3）（曾庆东和刘孟夫，2018）。

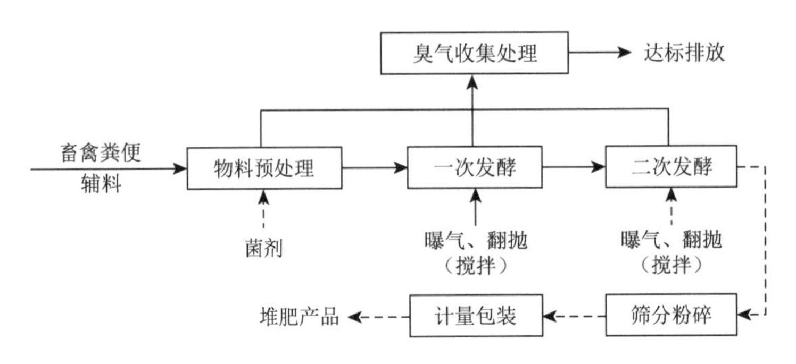

图 3-3　畜禽粪便堆肥工艺流程图

实线表示必需步骤，虚线表示可选步骤

2. 好氧堆肥预处理

原料预处理是堆肥生产的一个重要环节，对堆肥化进程、发酵效果以及产品质量影响极大（李国学等，2003），然而在堆肥实践中往往被忽视。以畜禽粪便为堆肥原料时，原料预处理主要涉及水分调节、碳氮比调节、粒径及均匀度调节、pH 调节等（李季和彭生平，2005），通俗地说，就是涉及物料的破碎、物料的相互搭配以及物料的均匀混合。了解畜禽粪便的种类和特点是原料预处理的关键，下面对其进行简要介绍。

1）鸡粪原料特性

鸡粪的养分种类多，养分含量高。鸡粪中粗蛋白、粗脂肪、粗纤维和矿物质含量分别在 150.3～317.4g/kg、23.4～51.3g/kg、113.2～157.3g/kg 和 221.4～356.3g/kg 内变化（赵冰，2014），与常用饲料原料（如大豆、豆饼、高粱、麦麸和豆秸粉等）中粗蛋白、粗脂肪、粗纤维和矿物质含量比较，鸡粪中含有较高的营养物质，其粗蛋白高于玉米、高粱和豆秸粉，粗脂肪高于豆秸粉，粗纤维高于除豆秸粉外的其他饲料，矿物质明显高于常用饲料。鸡粪（鲜基）中的粗有机物 23.8%、全氮（N）1.63%、全磷（P_2O_5）1.5%、全钾（K_2O）0.85%、碳氮比为 16∶1、钙 1.35%、镁 0.26%、钠 0.17%、硫 0.16%、铜 14.4mg/kg、锌 659mg/kg、铁 3540mg/kg、锰 164.0mg/kg、硼 5.4mg/kg，其中含蔗糖 868mg/kg，阿拉伯糖 1695mg/kg，葡萄糖 716mg/kg，氨基酸总含量 3995mg/kg。

盐分含量较高、pH 基本属中性。pH 为 6.63～7.93，但其可溶性盐分较高，在 17.2～43.6g/kg。鸡粪中钙（Ca）、镁（Mg）、磷（P）和钾（K）分别在 54.4～113.6g/kg、4.66～10.73g/kg、11.3～29.2g/kg 和 15.3～31.6g/kg，分别为对应饲料中这些元素的 1.67～2.89 倍、0.84～3.13 倍、1.13～3.24 倍和 0.83～2.26 倍，可见饲料经鸡体内消化后钙、镁、磷和钾

有相对富集的趋势。特别是磷含量，相对其他畜禽粪便而言，鸡粪的全磷含量分别是猪粪的 1.64 倍、牛粪的 4.1 倍、羊粪的 1.86 倍。微量元素与重金属也有富集的趋势。

氮以尿酸态氮为主，尿酸盐不能直接被作物吸收利用，它在土壤中分解时消耗大量的氧气，释放出二氧化碳，容易伤害作物根部，因此，鸡粪需经好气性发酵腐熟后应用。

未腐熟鸡粪在腐熟过程中产生恶臭气味，是由于粪便里硫化物中的甲硫醇、硫化氢，含氮化合物中的氨、吲哚和脂肪中的丙烯醛等 10 多种恶臭物质混合气体发出臭味。

2）物料水分参数推荐及调节

堆制过程中保持适宜的水分含量，是堆肥制作成功的首要条件。微生物大都缺乏保水机制，所以对水分极为敏感。当含水量在 35%～40%时，堆肥微生物的降解速率会显著下降，当水分下降到 30%以下时，降解过程会完全停止。通常有机物吸水后会膨胀软化，有利于微生物分解；水分在堆肥中移动时，所带菌体也会向四周移动和扩散，并使堆肥分解腐熟均匀；水中溶解的各种物质还会为微生物提供营养，并为微生物的繁殖创造条件。水分太少，微生物活动受限制，影响堆肥速度；水分太多，会堵塞堆肥物料间孔隙，影响其通透性，易形成厌氧环境，并产生臭气，养分损失大，堆肥也同样缓慢。堆制过程中不同的原料具有不同的最适水分上限，并由这些原料物质的粒径和结构特性所决定。

由于堆肥原料水分差异大，而堆肥对水分又有比较严格的要求，通常采取物料水分高低搭配、干湿混合的办法进行水分调节。当主料水分较高时，应搭配较低水分含量的辅料；当主料水分含量较低时，辅料的干湿状况对水分调节不会产生大的影响；当主辅料水分含量都高时，应首先选择干燥辅料或部分易干燥的主料，但应以成本最低化为原则。

对于包括畜禽粪便在内的绝大多数堆肥混合物，推荐的含水率为 50%～60%。如粪便含水量过高，可在堆肥前进行适度风干，一般情况下，可以用不太精确的挤压测试来测量混合物料的湿度，如使用挤压测试时，堆肥混合物应该感觉比较潮湿，并有渗水情况，但还不至于呈现大量水滴。要计算出堆肥物料的最佳混合比例，首先必须了解不同物料的最大持水能力，然后根据设定的混合物最适水分含量，以调节碳氮比为前提，确定不同物料的比例。

保持适当的水分和孔隙率是平衡堆肥过程的重要手段。要保证足够的生物稳定性，必须有足够的水分含量，但不能高到自由通气孔隙量减少而导致氧气传输量下降的状态，进而降低生物活性。另外，适当的水分和自由通气孔隙量有利于生产干燥的堆肥产品，易于贮存和运输。当然在实际操作中是不可能使所有的控制因素同时达到最佳的，所以有时需要相互协调。

3）物料容重参数推荐及调节

水分调节可改善通气性，同时也可调节容重。相同的水分条件下，容重（密度）越小，堆肥化过程中的温度上升越快。在现场，可以参考容重判定通气性的改善效果。例如，在一定容积的水桶中装满材料，计量质量，能够简便地测定容重。一般来说，畜禽粪便好氧堆肥容重调节至 0.5～0.7t/m^3 为佳。

4）物料碳氮比参数推荐及调节

堆肥化过程中，碳素是堆肥微生物的基本能量来源，也是微生物细胞构成的基本材料。堆肥微生物在分解含碳有机物的同时，利用部分氮素来构建自身细胞体，氮还是构成细胞中蛋白质、核酸、氨基酸、酶、辅酶的重要成分。

据研究，一般情况下，微生物每消耗 25g 有机碳，需要吸收 lg 氮素，微生物分解有机物较适宜的碳氮比为 25 左右。如果碳氮比过高，微生物生长繁殖所需的氮素来源受到限制，微生物繁殖速度低，有机物分解速度慢，发酵时间长；有机原料损失大，腐殖化系数低；还会导致堆肥产品碳氮比高，施入土壤后将夺取土壤中的氮素，使土壤陷入“氮饥饿”状态，影响作物生长。如果碳氮比过低，微生物生长繁殖所需的能量来源受到限制，容易引起菌体衰老和自溶，胞外分解酶产量下降，造成发酵温度上升缓慢，氮过量并以氨气的形式释放，有机氮损失大，还会散发难闻的气味。合理调节堆肥原料中的碳氮比，是加速堆肥腐熟，提高腐殖化系数的有效途径。

常见的有机固体废物含碳量一般为 40%～55%，但氮的含量变化很大，因此碳氮比的变幅也较大。一般禾本科植物的碳氮比较高，一般在 40～60；畜禽粪便碳氮比较低，一般为 10～30。为达到理想的堆肥有机物分解速度，通常用碳氮比较高的秸秆粉、草炭、蘑菇渣等与碳氮比较低的畜禽粪便进行混合调整。在堆肥化过程中，由于微生物的作用，有近 2/3 的碳素会以 CO_2 的形式释放出来，剩余部分与氮素一起合成细胞生物体，所以堆肥化过程是一个碳氮比逐渐下降并趋于稳定的过程，腐熟堆肥的碳氮比一般为 15 左右。

此外，不同的堆肥原料其适宜的碳氮比也存在差异（表 3-4），这种差异主要由两方面构成：一方面取决于堆肥原料中有机物的生物有效性；另一方面取决于堆肥原料粒度。虽然从理论上讲堆肥物质中的大多数碳是可以利用的，但也存在一些很难生物降解的有机化合物，如木材中的木质纤维素，因此，当这类物质含量较高时，应设置一个较高的碳氮比值；相同原料由于粒度不同，比表面积存在差异，可被微生物利用的碳或者其被微生物分解的速度也存在差异，这些都是进行堆肥碳氮比设计时应考虑的。

表 3-4　常见有机废物的碳氮比

有机废物	碳氮比	有机废物	碳氮比
秸秆	70～100	猪粪	7～15
木屑	200～1700	鸡粪	5～10
稻壳	70～100	活性污泥	6～12
树皮	100～350	酒糟	10～20
牛粪	8～26	厨余	20～25
残余果品	30～40	菌渣	29～38

5）物料碳磷比参数推荐及调节

除碳和氮之外，磷也是微生物必需的营养元素之一，它是磷酸和细胞核的重要组成元素，也是生物能的重要组成部分，对微生物的生长也有重要的影响。畜禽粪便堆肥中通常不需要对碳磷比进行调整，但在以其他物料为底物进行堆肥时，偶尔会添加一些污泥进行混合堆肥，就是利用污泥中丰富的磷来调整堆肥原料中的碳磷比。一般要求原料的碳磷比为 150∶1～75∶1。

6）原料粒径参数推荐及调节

常用的堆肥原料要么是没加以任何处理的新鲜物料，水分大、杂质多，如畜禽粪便中通常混杂有大量秸秆或垫料；要么是放置时间较长，形成了大小不一块状的物料，如干鸡粪等。即使是一致性较好的原料，原料间也存在粒度的差异。这些因素都会极大地影响堆肥发酵速率和堆肥产品品质，因此原料的粒径调节同样是堆肥预处理的重要步骤。

堆肥物料的分解主要发生在颗粒的表面或接近颗粒表面的地方，由于氧气可以扩散进入包裹颗粒的水膜，所以这些地方有足够的氧气满足有氧代谢的需求。在相同体积或质量的情况下，小颗粒要比大颗粒有更大的比表面积。所以如果供氧充足，小颗粒物料一般降解得要快一些。实验证明，将堆肥物料加以粉碎，可以使降解速率提高2倍以上。然而，当物料粒度达到一定限度后，它和孔隙度是呈反比关系的。实践表明，堆肥物料适宜的粒度范围为3～15mm，最佳粒度范围为5～10mm，这个区间的下限适用于通风或连续翻堆的堆肥系统，上限适用于静态堆垛或其他静态通风堆肥系统。常用的粒度调节方法有破碎法和混合法，破碎法就是将大的物料用粉碎设备破碎至合适的粒度，混合法就是将高水分、过细的物料用适宜粒度的干物料进行混合，调整至适宜的粒度。实际生产中一般是将两种方法同时使用。

对湿基质进行结构调整时，调理剂的粒径大小也会起到非常重要的作用。如果调理剂粒径过小，会导致难以达到预期的自由通气孔隙量，并可能使混合基质固相体积不易达标。例如，有些堆肥系统使用粒径很小的称为“木粉”的木屑，导致混合基质呈饱和泥状，从而易发生厌氧反应。为规范调理剂的使用，美国一些地方规定木屑应不少于总固相的65%，其中95%可以通过12mm筛，而通过2.23mm筛的应小于50%；有的规定粗木屑占总固相的50%～70%，其中95%可通过12.5mm筛，通过4.75mm筛的应小于20%。同时，对粒径大的颗粒进行限制是为了避免最后的产品颗粒过大而需过筛。堆肥产品应用于园艺时，粒径一般不大于10mm。总之，小颗粒调理剂如木屑等易于生物降解，但从结构角度来看，应避免使用过多的小颗粒。

在堆肥调节过程中，与粒度调节密切相关的还有均匀度调节，即原料的混合均匀度。均匀度调节不仅影响粒度调节，也影响水分、碳氮比、碳磷比、pH等调节，并最终影响发酵效果。目前由于均匀度调节还没有一个量化标准，只能采取目测或通过随机取样检测水分、碳氮比、pH等进行判断，而在生产实践中往往被忽视。

7）堆体pH参数推荐及调节

pH是影响微生物生长繁殖的重要因素之一。虽然不同研究得出的堆肥微生物适宜的pH范围存在些许差异，但共同的研究结果表明，多数堆肥微生物适合在中性或偏碱性环境中繁殖与活动。细菌和放线菌最适合的生长条件为中性和微碱性，真菌嗜酸性。细菌和真菌消化有机物时会释放有机酸，有机酸通常在堆肥初期被累积而导致pH下降，从而有利于真菌生长以及木质素和纤维素降解，随着有机酸进一步被降解，pH逐渐升高，细菌和放线菌的繁殖会逐渐加快。

然而，堆肥体系变成厌氧状态时，有机酸的累积可以使pH降低到4.5以下，这时会严重影响微生物的活动，通常可以通风增氧以将堆肥pH调节到正常范围；同样，当堆肥pH＞10.5时，大多数细菌活性减弱，高于11.5时开始死亡。总之过高和过低的pH都会引起蛋白质变性，如氨基、羧基基团变异，改变其物理结构，并使酶蛋白失活。

一般来说以畜禽粪便为主并施以适宜辅料的堆肥不需要进行 pH 调节，但当原料 pH 偏离正常堆肥 pH（5～9）较大时，就必须进行 pH 调节。当 pH 偏酸性时（低于 4），通常用石灰调节，有时为减少氮素损失，也用碱性磷肥调节；当 pH 偏碱性时（大于 9），可以通过添加氯化铁或明矾来调节，有时也用强酸或堆肥返料进行调节。

在 pH 调节时要注意的是，石灰的用量不宜过大，一般控制在 5%以内，否则会延长堆肥过程的缓冲期，不利于堆肥化进程。

8）堆肥预处理配方确定与计算

表 3-5 列出了影响堆肥的一些初始因素并推荐了一些基本参数。

表 3-5　畜禽粪便好氧堆肥工艺参数推荐

条件	合理范围①	最佳范围
碳氮比（C/N）	20～40	25～30
水分含量	40%～65%	50%～60%
颗粒直径	0.32～1.27cm	因事为制②
pH	5.5～9.0	6.5～8.0

①这些推荐是对快速堆肥而言的，在这些范围以外的条件同样可以产生成功的结果。

②依特定的堆肥工艺、物料特性、堆体大小和天气条件而变。

在处理湿物料时，水分就成为最重要的指标，因为高水分会引发厌氧条件、臭气和低分解率。不合适的碳氮比影响并不严重，通常最好先根据水分设计一个初始配方，然后逐步调整，获得一个可接受的碳氮比。干物料与碳氮比是成比例的，因为比较容易通过加水来调节。

下面给出了堆肥配方的计算公式：

$$W_{\text{water}} = M \times R_{\text{water}} \tag{3-8}$$

$$W_{\text{solid}} = M - W_{\text{water}} = M \times (1 - R_{\text{water}}) \tag{3-9}$$

$$W_{\text{nitrogen}} = M \times R_{\text{nitrogen}} \tag{3-10}$$

$$W_{\text{carbon}} = M \times R_{\text{carbon}} = W_{\text{nitrogen}} \times \text{C/N} \tag{3-11}$$

式中，M 为原料的总质量；R_{water} 为原料的含水率；R_{carbon} 为原料的含碳率（干重），%；R_{nitrogen} 为原料的含氮率（干重），%。

混合物料的一般计算公式：

$$W_{\text{water}} = \frac{M_1 \times R_{1\text{water}} + M_2 \times R_{2\text{water}} + M_3 \times R_{3\text{water}} + \cdots}{M_T} \tag{3-12}$$

$$\text{C/N} = \frac{M_1(1 - R_{1\text{water}}) \times R_{1\text{carbon}} + M_2(1 - R_{2\text{water}}) \times R_{2\text{carbon}} + M_3(1 - R_{3\text{water}}) \times R_{3\text{carbon}} + \cdots}{M_1(1 - R_{1\text{water}}) \times R_{1\text{nitrogen}} + M_2(1 - R_{2\text{water}}) \times R_{2\text{nitrogen}} + M_3(1 - R_{3\text{water}}) \times R_{3\text{nitrogen}} + \cdots} \tag{3-13}$$

式中，M_1、M_2、$M_3\cdots$ 为原料 1、2、3… 的总质量；$R_{1\text{water}}$、$R_{2\text{water}}$、$R_{3\text{water}}\cdots$ 为原料 1、2、3… 的含水率；$R_{1\text{carbon}}$、$R_{2\text{carbon}}$、$R_{3\text{carbon}}\cdots$ 为原料 1、2、3… 的含碳率（干重），%；$R_{1\text{nitrogen}}$、$R_{2\text{nitrogen}}$、$R_{3\text{nitrogen}}\cdots$ 为原料 1、2、3… 的含氮率（干重），%。

对单个组分来讲，必须知道其含水率、含碳率（%，干重）和含氮率（%，干重）以及碳氮比。要把质量转变为体积或相反，则还要知道每一成分的密度。

下面给出了计算堆肥配方比例、水分和碳氮比的案例和步骤。对两种原料的配方来说，如粪便和调理剂，调理剂的比例可以直接从预期碳氮比或水分含量求得。

针对两种物料时的计算步骤如下。

（1）在预期水分含量下，单位质量原料 b 所需原料 a 的质量为

$$a=\frac{R_{\mathrm{bwater}}-R_{\mathrm{water}}}{R_{\mathrm{water}}-R_{\mathrm{awater}}} \tag{3-14}$$

（2）在预期碳氮比下，单位质量原料 b 所需原料 a 的质量为

$$a=\frac{R_{\mathrm{anitrogen}}}{R_{\mathrm{bnitrogen}}}\times\frac{R-(\mathrm{C/N})_{\mathrm{b}}}{(\mathrm{C/N})_{\mathrm{a}}-R}\times\frac{1-R_{\mathrm{bwater}}}{1-R_{\mathrm{awater}}} \tag{3-15}$$

式中，a 为单位质量原料 b 所需原料 a 的质量；R_{water} 为预期混合物料的含水率，%；R_{awater} 和 R_{bwater} 分别为原料 a 和 b 的含水率，%；$R_{\mathrm{anitrogen}}$、$R_{\mathrm{bnitrogen}}$ 分别为原料 a 和 b 的含氮率，%；R 为预期混合物料碳氮比；$(\mathrm{C/N})_{\mathrm{a}}$ 为原料 a 的碳氮比；$(\mathrm{C/N})_{\mathrm{b}}$ 为原料 b 的碳氮比。

然后检查混合物水分是否合适。

但对三种或三种以上原料来说，其配方应根据上式反复计算求得。在这种情形下，各原料的配比可先确定下来，然后计算相应的碳氮比和水分，若无论是碳氮比还是水分均不合适，就要调整配方继续计算，直至取得合适的碳氮比和水分。这种计算很烦琐，若依赖计算机程序则要简单许多。

3. 好氧堆肥主发酵（一次发酵）

主发酵可在露天或发酵装置内进行，通过翻堆或强制通风向堆积层或发酵装置内堆肥物料供给氧气，物料在微生物的作用下开始发酵。首先是易分解物质分解，产生 CO_2 和 H_2O，同时产生热量，使堆温上升。这时微生物吸取有机物的碳、氮营养成分，在细菌自身繁殖的同时，将细胞中吸收的物质分解而产生热量。

发酵初期物质的分解作用是靠嗜温菌（30～40℃为最适宜生长温度）进行的，随着堆温上升，最适宜温度（45～65℃）的嗜热菌取代了嗜温菌。堆肥从中温阶段进入高温阶段。此时应采取温度控制手段，以免温度过高，同时应确保供氧充足。经过一段时间后，大部分有机物已经降解，各种病原菌均被杀灭，堆层温度开始下降。通常将温度升高到开始降低为止的阶段为主发酵阶段。以畜禽粪便为主体好氧堆肥，主发酵期为 4～12 天。

1）主发酵通风控制参数推荐及调节

氧气是堆肥过程有机物降解和微生物生长所必需的物质。因此，保证较好的通风条件，提供充足的氧气是好氧堆肥过程正常运行的基本保证。控制通风供氧的方式主要有以下两类（de Bertoldi；et al.，2006）。①Beltsvills 机制：以保证堆体充足的氧气供应为核心，强调供氧功能；②Rutgers 机制：以控制堆体温度为目标，强调温度在堆肥系统中的作用及各因子的相互作用。

研究表明：填料中氧含量为 10%时，已能保证微生物代谢的需要，在供氧充分而其

他条件也适宜的情况下，微生物迅速分解有机物，产生大量的代谢热，如果不能对多余热量进行有效控制，温度升高到超过微生物生长适宜的范围，将会抑制有机物的生物降解、延长处理时间，增加设备运行费用，并且产生难闻的气味。所以国外对堆肥生态系统的供风量的控制逐渐转向于 Rutgers 机制，主要是温度非自我限制型系统。

供氧所需的通风量主要取决于堆肥原料中有机物含量、有机物中可降解成分的比例和可降解系数等，可以通过堆肥中有机质的化学构成及其降解程度来计算。表 3-6 所列为畜禽粪便堆肥混合物中各类典型物质的化学成分。

表 3-6　畜禽粪便堆肥混合物中各类典型物质的一般化学组成

化合物名称	典型化学式	化合物名称	典型化学式
碳水化合物	$(C_6H_{10}O_5)_x$	草本类辅料	$C_{23}H_{38}O_{17}N$
蛋白质	$C_{16}H_{24}O_{10}N_5$	细菌	$C_5H_7O_2N$
粗脂肪	$C_{50}H_{90}O_6$	真菌	$C_{10}H_{17}O_6N$
木本类辅料	$C_{295}H_{420}O_{186}N$	…	…

在计算堆肥物料的理论需氧量时，可通过以下化学式大致计算：

$$C_aH_bO_cN_d + \frac{nz+2s+r-d}{2}O_2 \longrightarrow nC_wH_xO_yN_z + sCO_2 + rH_2O + (c-ny)NH_3 \quad (3\text{-}16)$$

堆肥需氧量随着基质的变化而变化，根据好氧堆肥的本质即生物化学过程，利用物质守恒定律可计算出单位堆肥原料腐熟理论需氧量为$(nz+2s+r-d)/2$。对于高度氧化的基质，如淀粉和纤维，需氧量的最小值大约是 1.0g O_2/g 有机质，对于饱和碳氢化合物，需氧量则可高达 4.0g O_2/g 有机质。对许多复杂基质，如含有蛋白质、糖类和脂肪的畜禽粪便来说，平均需氧量为 2.6g O_2/g 有机质。在输入不同的混合基质情况下，总需氧量为各个组分及其加权平均需氧量相乘后的总和。

理论上，堆肥过程中被氧化的碳量决定发酵的需氧量。实践中，由于堆体中有机物分解速率具有不稳定性，很难确定精确的需氧量，而且对于含水率较大的有机物料，要维持堆体温度就需要加大通风量以去除水分。新接触的空气受到堆肥化物料的加热，不饱和热空气就可以带走水蒸气而干化物料。堆肥物料的含水率较高时，干化所需的空气量将显著增加。有机物分解产生的热量使堆肥混合物中的水、气和固体基质温度升高，也驱动了水分随气体排出而蒸发。在堆肥高温时期会产生大量的热量，因此，在这段时期内适当地进行通风就可以使大量的水蒸气蒸发。

去除水分所需的通风量因季节的不同而发生变化。在炎热的夏季，微生物新陈代谢活动旺盛，可以促进易分解性有机物分解，需要大量通风。但是大量的水分蒸发使投入物的水分含量减少过多，会影响堆肥进程。而在寒冷的冬季，为了防止散热，通常情况下要减少通风量，这样堆料中水分的蒸发量减少，导致堆肥产品的水分含量变高。为了避免这些现象，在冬季，把原料投入发酵设备时，应使原料中的水分含量比通常情况下的含量更少，或在发酵设施中，利用加温设备减少槽内堆积物的水分含量。

随着温度增加，生化反应的速率通常呈指数增长。然而，堆肥过程中，温度升高到某一点时，微生物种群会发生热失活。这时，温度变成了速率的限制因子。为了满足微生物种群的最适宜温度范围，控制过程温度时常需要增加空气供应以去除热量。由于堆垛温度比周围环境温度要高，热量会从暴露于空气的堆体表面散失。堆垛的隔离效应一定程度上可限制热传导，并减少了热损失。条垛或堆体在机械搅拌下也会产生热量损失。

堆肥常被作为一个基质处理的问题。如果是这样，应该认识到进气和排气通常在物质平衡中起决定性作用。在某些情况下，堆肥所需空气的质量是基质干重的 30～50 倍。由于气体是看不到的，空气活动有时候总是被忽略。应该牢记基质处理既包括固体，也包括气体部分。

对于分批给料工艺，如条垛和静态堆肥，根据堆肥持续的时间，可以把总空气量转化为通气速率。除平均速率外，还会用到通气最大速率和最小速率。研究者认为，在 45～65℃的温度范围内，最大速率为 4～14kg O_2/(t VS·h)，对于混有辅料的畜禽粪便来说，最大通气速率为 100～140m^3/(h·t 干物质)。此外，堆肥系统操作时要在最小速率和最大速率范围内变换，对于单个的堆体或者条垛，平均最小通气速率通常出现在堆肥开始或结束时，数值为 5.68～14.2m^3/(h·t 干物质)。

对于连续进料系统，根据每天进料基质的质量，可以把需要空气的量转化为通气的平均速率。针对不同堆肥原料与不同堆肥规模采用的通风速率见表 3-7。

表 3-7　不同堆肥原料与不同堆肥规模采用的通风速率

堆肥底物	通风速率	备注
鸡粪＋秸秆	0.3m^3/(min·m^3)	堆肥规模 1m^3
牛粪＋秸秆	0.1m^3/(min·m^3)	堆肥规模 1m^3
鸡粪＋锯末	0.1m^3/(min·m^3)	堆肥规模 90L
猪粪＋木屑	0.5m^3/(min·m^3)	堆肥规模 100L
牛粪＋厨余	0.5m^3/(min·m^3)	堆肥规模 2m^3
牛粪	0.87～1.87L/(min·kg VS)	被动通风
	0.42～1.25L/(min·kg VS)	
猪粪	0.3～0.9L/(min·kg VS)	
	0.34～1.1L/(min·kg VS)	
猪粪废弃物	0.04～0.08L/(min·kg VS)	
	0.3～2.8L/(min·kg TS)	

2）堆肥温度控制参数推荐及调节

温度是影响微生物活性的最显著因子，对堆肥反应速率起着决定性作用，常常作为堆肥中微生物生化活动量的宏观指标。一般认为，微生物活性的最适范围为 35～50℃，在 49～55℃时微生物的多样性相似，当温度＞60℃时，多样性显著减少，工程上要求堆肥温度控制在微生物适宜活性范围的上限：55～60℃时，物料分解消化迅速，还能对虫卵、致病菌以及杂草种子具有较好的杀灭效果，但也有研究认为极限堆肥温度可达 70℃。

4. 好氧堆肥后熟发酵（二次发酵）

经过主发酵的半成品堆肥被送到后熟发酵工序，将主发酵工序尚未分解的易分解和较难分解的有机物进一步分解，使之变成腐殖酸、氨基酸等比较稳定的有机物，得到完全成熟的堆肥制品。通常把物料堆积到 1～2m 高的堆层，通过自然通风和间歇性翻堆，进行后发酵并应防止雨水流入。

在这一阶段的分解过程中，反应速率降低，耗氧量下降，所需时间较长。后熟发酵时间的长短，取决于堆肥的使用情况。例如，堆肥用于温床（利用堆肥的分解热）时，可在主发酵后直接使用；对几个月不种作物的土地，大部分可以不进行后熟发酵而直接施用堆肥；对一直在种作物的土地，则要使堆肥进行到能不致夺取土壤中氮元素的程度，后熟发酵时间通常在 20～30 天。

5. 堆肥产品后处理及贮存

经过二次发酵后的物料中，几乎所有的有机物都已细碎和变形，数量也有所减少，已成为粗堆肥。如生产精制堆肥，应根据需要经过一道分选工序以去除预分选工序没有去除的塑料、玻璃、陶瓷、金属、小石块等杂物，并进行再破碎过程。

净化后的散装堆肥产品，既可以直接销售到用户，施于农田、果园、菜田或作为土壤改良剂，也可以根据土壤的情况、用户的要求，在散装的堆肥中加入氮、磷、钾添加剂后生产复混肥，做成袋装产品，既便于运输，也便于贮存，而且肥效更佳。有时还需要固化造粒以利于贮存。

堆肥一般在春、秋两季使用，夏、冬两季生产的堆肥只能贮存，所以要建立可贮存 6 个月生产量的库房（赵冰，2014）。贮存方式可直接堆存在二次发酵仓中或装入袋中，这种贮存的要求是干燥而透气的室内环境，如果是在密闭和受潮的情况下，则会影响制品的质量。堆肥成品可以在室外堆放，但此时必须有不透雨的覆盖物。

3.1.4 堆肥腐熟度评价

畜禽粪便含有丰富的有机质和一定量的氮、磷、钾等营养成分，是很好的农业肥料。但若把未腐熟的畜禽粪便施入农田，不仅会消耗作物根际土壤中的氧，产生高温灼伤作物根系，还会产生低分子量的有害物质和引入各种病原菌，甚至造成地表水和地下水污染，因此在施用前对它进行无害化和熟化处理十分必要。好氧堆肥以其成本低廉，能有效杀灭病原菌和除臭，改善畜禽废物不良的物理性状，使畜禽废物减容和达到彻底稳定的效果，而且不易产生二次污染，是一种比较彻底的畜禽粪便处理方式（Maheshwari，2014）。

1. 腐熟度的概念

堆肥产品要达到稳定化，才能认为堆肥过程已经结束，其判定的标准就是腐熟度。堆肥腐熟度是反映有机物降解和生物化学稳定度的指标。腐熟度作为衡量堆肥产品的质量指标早就被提出，它的基本含义是：①通过微生物的作用，堆肥的产品要达到稳定化、无害化，即不对环境产生不良影响；②堆肥产品的使用不影响作物的成长和土壤耕作能力。未腐熟的堆肥施入土壤后，能引起微生物剧烈呼吸代谢而导致氧缺乏，从而形成厌氧环境，还会产生大量中间代谢产物——有机酸及还原条件下产生的氨气、硫化氢等有害成分，这些物质会严重毒害植物的根系，影响作物的正常生长；未腐熟的堆肥散发的臭味给堆肥产品的利用带来了不便。

2. 堆肥腐熟程度的评估

腐熟度是国际上公认的衡量堆肥反应进行程度的一个概念性参数。作为一个生产中用以指示反应进行程度的控制标准，必须具有操作方便、反映直观、适应面广、技术可靠等特点。多年来，国内外许多研究人员对腐熟度进行过多种研究和探讨，提出了许多评判堆肥腐熟程度的标准。在众多的工艺及化学参数中，究竟以哪一个参数作为统一的腐熟度标准，目前还没有权威性的定论。因为几乎所有参数在作为腐熟度标准时，都存在一些不足之处。

在总结国内外有关的研究工作基础上，从物理方法、化学方法、波谱分析法、生物活性、植物毒性分析、物候学 6 个方面对堆肥腐熟、稳定及安全性的研究进行以下概述。表 3-8、表 3-9 和表 3-10 是堆肥腐熟度评价的物理学、化学和生物学指标。

表 3-8　堆肥腐熟度评价的物理学指标

指标	腐熟堆肥特征值	特点与局限
温度	接近环境温度	易于检测；但不同堆肥系统的温度变化差别显著，堆体各区域的温度分布不均衡，限制了温度作为腐熟度定量指标的应用
气味	堆肥产品具有土壤气味	根据气味可直观而定性地判定堆肥是否腐熟；难以定量
色度	黑褐色或黑色	堆肥的色度受原料成分的影响，较难建立统一的色度标准以判别各种堆肥的腐熟程度
光学特性	$E_{665nm}<0.008$	堆肥的丙酮萃取物在 665nm 的吸光度随堆肥的时间呈下降趋势；该研究还有待于用各类堆肥原料进一步验证
残余浊度 水电导率	—	堆肥 7～14 天的产品在改进土壤残余浊度和水电导率方面具有最适宜的影响；需与植物毒性试验和化学指标结合进行研究

表 3-9　堆肥腐熟度评价的化学指标

指标	腐熟堆肥特征值	特点与局限
挥发性固体（VS）	VS 降解 38%以上，产品中 VS＜65%	易于检测；原料中 VS 变化范围较广且含有难以生物降解的部分，VS 指标的使用难以具有普遍意义
淀粉	堆肥产品中不含淀粉	易检测；不含淀粉是堆肥腐熟的必要条件而非充分条件
BOD_5	20～40g/kg	BOD_5 反映的是堆肥过程中可被微生物利用的有机物的量；对于不同原料的指标无法统一，且测定方法复杂、费时
pH	8～9	测定较简单；pH 受堆肥原料和条件的影响，只能作为堆肥腐熟的一个必要条件
水溶性碳（water soluble carbohydrate，WSC）	＜6.5g/kg	水溶性成分才能为微生物所利用；WSC 指标的测定尚无统一的标准
WSC/有机氮	趋于 5～6	一些原料（如鸡粪）初始的 WSC/有机氮＜6

续表

指标	腐熟堆肥特征值	特点与局限
WSC/水溶性氮（WSN）	＜2	WSN 含量较少，测定结果的准确性较差
NH_4^+-N	＜0.4g/kg	NH_4^+-N 的变化趋势主要受温度、pH、堆肥材料中氨化细菌的活性、通风条件和氮源条件的影响
c（NH_4^+）/c（$NO_2^-+NO_3^-$）	＜3	堆肥过程中伴随着明显的硝化反应过程，测定快速简单；硝态氮和铵态氮含量受堆肥原料和堆肥工艺影响
碳氮比	（15～20）：1	腐熟堆肥的碳氮比趋向于微生物菌体的碳氮比，即 16 左右；某些原料初始的碳氮比不足 16，难以作为广义的参数使用
阳离子交换容量（CEC）	—	CEC 是反映堆肥吸附阳离子能力和数量的重要容量指标；不同堆料之间 CEC 变化范围太大
CEC/TOC	＞1.9（CEC＞60）	CEC/TOC 代表堆肥的腐殖化程度；CEC/TOC 显著受堆肥原料和堆肥过程的影响
腐殖化参数（HI）	＞3	应用各种腐殖化参数可评价有机废物堆肥的稳定性；堆肥过程中，新的腐殖质形成时，已有的腐殖质可能会发生矿化
腐殖化程度（DH）	—	DH 值受含水量等堆肥条件和原料的影响较大
生物可降解指数（BI）	≤2.4	该指标仅考虑了堆腐时间和原料性质，未考虑堆腐条件，如通风量和持续时间等

表 3-10　堆肥腐熟度评价的生物学指标

指标	腐熟堆肥特征值	特点与局限
呼吸作用	比耗氧速率＜0.5mg O_2/(g VS·h)	微生物比好氧速率变化反映了堆肥过程中微生物活性的变化；氧含量的在线监测快速、简单
生物活性试验	—	反映微生物活性的参数有酶活性和 ATP；这些参数的应用尚需进一步研究
利用微生物评价	—	不同堆肥时期的微生物的群落结构随堆温不同而变化；堆肥中某种微生物存在与否及其数量多少并不能指示堆肥的腐熟程度
发芽试验	发芽指数（GI）≥80%	植物生长试验应是评价堆肥腐熟度的最终和最具说服力的方法；不同植物对植物毒性的承受能力和适应性有差异

以上列出的指标和参数在堆肥初始和腐熟后的含量或数值都有显著的变化，定性的变化趋势很明显，如碳氮比降低，铵态氮减少和硝态氮增加，阳离子交换容量升高，可生物降解的有机物减少，腐殖质增加，呼吸作用减弱等。但这些指标和参数都不同程度受到原材料和堆肥条件的影响，很难给出统一的普遍适用的定量关系。现就常用的方法、指标和参数的主要特点和在评估中所起的作用以及存在的不足之处进行简要分析。

3. *腐熟度物理评价法*

如温度、气味、颜色及疏松感等随处理过程的变化比较直观，可较为简便地判定产物是否腐熟，但该法不能定量。

1）利用堆体温度评价腐熟度

前期发酵的终点温度（一般在 45～50℃）与有机物质分解速率一样是微生物活动的

尺度。当微生物活动减弱时，热的生成率也相应下降，因而堆肥温度下降，一旦温度达到45～50℃，且一周内持续不变，则可认为堆肥已达到了稳定程度。Pereira 和 Stentiford（1992）采用静态通风垛进行堆肥试验，将温度变化分为三个明显阶段：初期加热阶段，堆体温度很快上升到55℃以上；接着维持一段时间高温阶段；随后是堆肥逐渐达到腐熟的冷却阶段。温度的变化与堆肥过程中的微生物代谢活性有关。研究表明二者之间的关系可用下式表示。

$$K_T = K_{20} \times P^{T-20} \tag{3-17}$$

式中，K_T、K_{20} 分别为温度在 T、20℃时的呼吸速率；P 为常数。

堆肥腐熟后，堆体温度与环境温度趋于一致，一般不再明显变化。不同堆肥系统的温度变化差别显著。由于堆体为非均相体系，其各个区域的温度分布不均衡，限制了温度作为腐熟度定量指标的应用，但它仍是堆肥过程最重要的常规检测指标之一。

2）利用堆肥气味评价腐熟度

通常新鲜畜禽粪便具有令人不快的气味，招引蚊蝇。大量研究表明，低分子量挥发性脂肪酸是引起不快气味的主要成分之一。若堆肥处理机械运行正常，畜禽粪便的不快气味在高温发酵过程中会逐渐减弱并消失，刺鼻的氨气味成为替代前者的主要臭源，腐熟后的产物仍存在少量氨味并具有潮湿泥土的气息，且不再招引蚊蝇。该指标虽被广泛作为各类堆肥原料堆肥腐熟度的指标，但堆肥现场往往各个阶段的堆肥物料均有存在，现场判定极易受到其他物料气味的干扰，且不同个体对气味和浓度的判断有所差别，因此该指标存在一定的局限性。

3）利用堆肥颜色评价腐熟度

堆肥过程中堆肥物料的颜色变化，应是由开始的浅棕、黄色逐渐变深加黑，腐熟后的堆肥产品呈黑褐色或黑色。Sugahara 和 Inoko（1981）提出一种简单的技术用于检测堆肥产品的色度，并得出一关系式。

$$Y = \frac{0.388C}{N} + 8.13 \ (R^2 = 0.749) \tag{3-18}$$

式中，Y 为响应值（颜色分析值）。

Sugahara 和 Inoko（1981）认为 Y 值为11～13的堆肥产品是腐熟的。使用该法时要注意取样的代表性。但是，堆肥的色度显然受其原料成分的影响，很难建立统一的色度标准以判别各种堆肥的腐熟程度。

4）利用光学性质评价腐熟度

国外一些科研人员以树叶为原料进行堆肥试验，发现堆肥的丙酮萃取物在波长为665nm时吸光度随堆肥的时间呈下降趋势。对不同时间堆肥的水萃取物在波长分别为280nm、465nm和665nm时的光学性质的研究表明，少量存在个别有机成分，抑制了对短波（280nm、465nm）的吸收，而对665nm波长的可见光影响较小。堆肥在 E_{665nm}（表示堆肥萃取物在波长665nm下的吸光度）的变化可反映堆肥腐熟度，腐熟堆肥 E_{665nm} 应小于0.008。

5）利用残余浊度和水电导率评价腐熟度

Bernal 等（1972）在对包括畜禽粪便在内的不同原料的有机废弃物堆肥研究中发现电导率随着时间的延长逐渐增大。Sela 等（1998）用城市垃圾进行堆肥试验，将不同腐熟程度的堆肥按比例与某些结构上有缺陷的土壤混合，在温度 30℃下好氧培养一段时间，分析堆肥对土壤结构的影响以评价堆肥的腐熟度。结果发现，堆肥时间为 7～14 天的堆肥产物在改进土壤残余浊度和水电导率方面具有最适宜的影响。

6）利用热重分析评价腐熟度

畜禽粪便由于碳氮比含量较低，用于堆肥时常以木质素、纤维素含量较高的物质作为辅料，如麦秸、花生壳、玉米芯粉末等，此时，堆体中木质素、纤维素含量可占堆肥总质量的 40%左右。若堆肥原料中含大量木质纤维素，水溶性和碱萃取成分的腐熟度指标与堆肥系统有关，但局限性较大。他采用热重方法分析堆肥在 40～54℃的质量分布，结合植物发芽及黑麦温室试验，发现堆料在 36～54℃的质量损失与之有较好的相关性，但缺乏具体定量指标。

4. 腐熟度化学评价法

化学评价法的参数包括挥发性物质、碳氮比、含氮化合物、阳离子交换容量、有机化合物和腐殖质六种。下面就常用的挥发性物质、碳氮比、含氮化合物和有机化合物参数以及近年来研究较多的腐殖质参数做简要介绍。

1）利用挥发性固体（VS）物质含量评价腐熟度

挥发性物质（在 600℃下灼烧后，失去的干物质百分比）作为物料中有机物含量的粗定量已被广泛应用。好氧微生物通过把有机碳转化为 CO_2 的消化活动使挥发性物质的含量降低，所以在堆肥过程中定时测定挥发性物质的含量，将其作为衡量堆肥腐熟的参数。

挥发性物质的测定方法简单、迅速，但检测的专一性、灵敏性和准确性较差。这是因为：①一般堆肥中存在易分解腐殖质、不易分解和不可分解的有机物，堆肥过程的完成只与前两者有关，与第三者无关，但反映在挥发性固体物质变化量上是三种物质的总和，这就大大影响了结果的准确性；②堆肥原料的挥发性物质变化范围较广，一般在 6%～20%，因此无法确定一个相对或绝对的衡量标准。

2）利用产物碳氮比（C/N）评价腐熟度

碳源和氮源是微生物所需的能源和营养物质。在畜禽粪便的高温好氧发酵过程中，碳源被吸收利用以及转化成 CO_2 和腐殖质；而氮源除作为营养物质被同化利用外，还有相当一部分以氨气的形式释放出来或进而形成亚硝酸盐和硝酸盐。因此，碳和氮的变化是处理过程的基本特征之一。研究表明，堆肥的固相 C/N 比值从初始的（25～30）∶1 降低到（15～20）∶1 以下时，认为堆肥达到腐熟。

3）利用含氮化合物评价腐熟度

铵态氮（NH_4^+-N）、硝态氮（NO_3^--N）及亚硝态氮（NO_2^--N）含量的变化，也是堆肥腐熟评估常用的参数。堆肥初期 NH_4^+-N 含量较高，堆肥结束时 NH_4^+-N 含量减少或消失，NO_3^--N 含量增加，数量最多，NO_2^--N 含量次之。有研究表明，当总氮量超过干重的 0.6%，其中有机氮达 90%以上和 NH_4^+-N ＜0.04%时，堆肥达到腐熟。但由于有机氮和无机氮含量的变化受温度、pH、微生物代谢、通气条件和氮源的影响，这一类参数通常作为堆肥腐熟的参考，不能作为堆肥腐熟的绝对指标。

4）通过检测有机化合物含量评价腐熟度

堆肥中的纤维素、半纤维素、有机碳、还原糖、氨基酸和脂肪酸等都曾被检测过，并试图作为堆肥腐熟的指标。据报道，纤维素、半纤维素、脂类等经过成功的堆肥过程，可降解50%～80%，蔗糖和淀粉的利用率接近100%。在堆肥过程中，最易降解的有机质可能被微生物利用而最终消失，所以一些研究者认为它们是最有用的参数，如淀粉和可溶性糖。在堆肥过程中，糖类首先消失，接着是淀粉，最后是纤维素。一般认为，淀粉的消失是堆肥腐熟的标志。淀粉的消失可用一个点状定性检测器来检测。由于淀粉点状定性检测器使用简单方便，因此，此指标作为现场应用的检测指标具有一定的吸引力。但其缺点是，堆肥物料中淀粉的含量并不多，被检测的也只是物料中可腐烂物质的一部分。完全腐熟的、稳定的堆肥产品，以检不出淀粉为基本条件，但是检不出淀粉并不一定表示堆肥已腐熟。

微生物的代谢活动主要在液态环境进行，水溶性或可浸提有机物的变化，对堆肥腐熟的评估具有重要意义。有研究提出，当碱性浸提碳和水溶性碳的含量减少到相对稳定时，堆肥可以被认为已达腐熟。堆肥过程使可浸提脂类的化学结构更均一，更难被生物降解。利用气相色谱和质谱检测堆肥中可浸提有机物的产生或消失，作为堆肥腐熟的指标。研究发现，在堆肥开始时，大量存在的烷基和苯甲酰基油酸酯以及长链脂肪酸酯等在腐熟后很少发现。

5）利用堆肥腐殖质含量评价腐熟度

在堆肥过程中，原料中的有机质经微生物作用，在降解的同时还进行着腐殖化过程。一些腐殖质参数相继被提出，如根据胡敏酸（HA）、富里酸（FA）等的变化提出腐殖化指数（HI）：

$$\mathrm{HI}=\frac{\mathrm{NH}}{\mathrm{HA+FA}} \tag{3-19}$$

式中，NH为非腐殖质含量。HI呈下降趋势，反映了腐殖质的形成。堆肥开始时一般含有较高的NH、FA及较低的HA，随着堆肥过程的进行，前者保持不变或稍有减少，而后者大量产生，成为腐殖质的主要部分。对畜禽粪便（鸡粪、猪粪）堆肥的研究表明：当HI值达到2～2.5时堆肥已腐熟。此外，还有其他代表腐殖化程度的参数，如CEC/C_0（阳离子交换容量与总有机碳之比）、DH（腐殖化程度，%）等。

$$\mathrm{DH}=\frac{C_{\mathrm{HA+FA}}}{C_{0(\mathrm{w})}}\times 100\% \tag{3-20}$$

式中，$C_{\mathrm{HA+FA}}$为胡敏酸碳与富里酸碳含量之和；$C_{0(\mathrm{w})}$为水溶态有机碳含量。

6）利用堆肥pH评价腐熟度

许多研究者指出，pH可以作为评价畜禽粪便发酵产物腐熟度的一个指标。粪便原料或发酵初期，pH为弱酸到中性，一般为6.5～7.5。腐熟的产物一般呈弱碱性，pH在8～9。但pH也受粪便类型和其他腐熟条件的影响，只能作为腐熟的一个必要条件，而不是充分条件。

7）利用阳离子交换容量评价腐熟度

阳离子交换容量（CEC）能反映有机质降低的程度，是堆肥的腐殖化程度及新形成的有机质的重要指标，可作为评价腐熟度的参数。Harada 等的研究表明，CEC 与 C/N 比之间有很高的负相关性（$r = -0.903$），两者之间的关系式为

$$\ln(\mathrm{CEC}) = 7.02 - 1.02\ln(\mathrm{C/N}) \tag{3-21}$$

Harada 和 Inoko（1980）在研究城市垃圾堆肥过程（60 天）中发现，每 100g 样品中 CEC 从 40mmol 增加到 80mmol，建议 CEC＞60mmol 作为堆肥腐熟的指标。但对于 C/N 比较低的废物堆肥，CEC 值在 41.4～123mmol 范围内波动，此时不能用 CEC 作为评价堆肥腐熟度的参数。由于腐殖质各组分可使 CEC 发生变化，原有机质的多少也会影响腐熟时 CEC 的数值大小，因此 CEC 不能作为各类堆肥腐熟的绝对指标。

5. 腐熟度生物活性评价法

反映堆肥腐熟和稳定情况的生物活性参数有呼吸作用、微生物种群和数量以及酶学分析等。其中较为普遍使用的是呼吸作用参数，即比耗氧速率和 CO_2 产生速率。

1）比耗氧速率和 CO_2 产生速率

好氧微生物的主要生命活动形式就是在分解有机物的同时消耗 O_2 产生 CO_2，研究表明，CO_2 生成速率与比耗氧速率（SOUR）具有很好的相关性。比耗氧速率和 CO_2 产生速率[mg O_2/(g VS·h)或 mg CO_2/(g VS·h)]标志着有机物分解的程度和堆肥反应的进行程度，以比耗氧速率或 CO_2 生成速率作为腐熟度标准是符合生物学原理的。被分解的有机物多，微生物所消耗的氧就多，比耗氧速率也大；当易分解的有机物已基本分解时，只剩下纤维素、木质素时，微生物分解的速率就显著变慢。大量研究表明，一次发酵与二次发酵的比耗氧速率变化相当显著，通常相差一个数量级，用比耗氧速率很容易区分开一次发酵期和二次发酵期。

SOUR 的表达式如下：

$$\mathrm{SOUR} = \frac{S_{\max} \times V}{m \times \mathrm{TS} \times \mathrm{VS}} \tag{3-22}$$

式中，$S_{\max}$ 为最大耗氧速率，mg O_2/(L·h)；V 为提取悬浮液的体积，L；m 为堆肥样品的湿重，g；TS 为总固体比例（0～1）；VS 为挥发性固体比例（0～1）。

由于受堆肥原料本身的影响较小，比耗氧速率作为腐熟度标准具有应用范围较广的特点，它不但可用于畜禽粪便堆肥，也可用于畜禽粪便 + 其他有机废弃物混合堆肥等过程的腐熟度判断。一般比耗氧速率以＜0.5mg O_2/(g VS·h)的稳定范围为最佳。国外研究者在总结堆肥呼吸过程数据的基础上，提出当堆肥释放 CO_2 在 5mg C/g 堆肥碳以下时，达到相对稳定，而在 2mg C/g 堆肥碳以下时，可认为达到腐熟。呼吸作用同样受到堆肥条件的影响，包括温度、湿度、通气量和材料密度等，完善的操作控制条件是这一方法可靠性的保证。

2）微生物数量及种群

特定微生物数量及种群的变化，也是反映堆肥代谢情况的依据。在堆肥的不同时期，堆肥的温度不同，微生物的种群和数量也随之相应变化。在堆肥初期的中温阶段，嗜温菌较活跃并大量繁殖，主要是蛋白质分解细菌，产氨细菌数量迅速增加，在 15 天内达最多，然后突然下降，在 30 天内完成代谢活动，在堆肥 60 天时降到检测限以下。当堆肥

达到 50～60℃时，嗜温菌受到抑制甚至死亡，嗜热菌则大量繁殖。分解纤维素的细菌和真菌都是中温菌及高温菌，它们在 60 天时最多，并在整个过程中保持旺盛的活动状态。在高温阶段，堆肥中的寄生虫、病原体被杀死，腐殖质开始形成，堆肥达到初步腐熟。硝化细菌在堆肥初期受到抑制，在 80 天时数量达到峰值，活动最旺盛，直到堆肥的最后也仍然存在。在堆肥腐熟期主要以放线菌为主。当然堆肥中某种微生物存在与否及其数量的多少并不能准确指示堆肥的腐熟程度，但在整个堆肥过程中微生物种群的演替可很好地指示堆肥的腐熟程度。嗜热及嗜温细菌、放线菌及真菌，包括氨化细菌、硝化细菌、蛋白及果胶水解微生物、固氮微生物和纤维素分解微生物，是较为传统的分析对象。为反映微生物数量的变化，通常采用生物量测定的方法。三磷酸腺苷（adenosine triphosphate，ATP）的分析是土壤中生物量的测定方法之一，近年来开始应用于堆肥研究。Garcia 等（2015）发现，在最初的 26h 内，ATP 含量从 1.2μg/g 迅速减少到 0.4μg/g 以下，这种变化与堆肥的生物活性变化有关。据报道，Herrmann 等（1976）采用磷脂脂肪酸（phospholipid fatty acid，PLFA）分析技术，结合单一组分和变量分析统计技术，研究堆肥中微生物群体的变化。结果表明，PLFA 可以反映不同堆肥阶段的微生物特性并具有可预见性。

3）酶学分析

堆肥过程中，多种氧化还原酶和水解酶与碳、氮、磷等基础物质代谢密切相关，分析相关的酶活力，可间接反映微生物的代谢活性和酶特定底物的变化情况。在猪粪堆肥中脲酶、磷酸酶、*N*-苯甲酰-*L*-精氨酰胺水解蛋白酶、酪蛋白质水解酶的活性变化。结果表明，水解酶的活性较高时反映堆肥的降解代谢过程，活性较低时反映堆肥的腐熟度，这与 CO_2 的释放和 ATP 含量变化是一致的。Herrmann 等（1976）在鸡粪＋秸秆混合堆肥过程中，发现纤维素酶和脂酶活性在堆肥后期（80～120 天）迅速增加，这是因为微生物开始对难降解碳源利用。故通过酶学可了解堆肥的稳定性。

6. 腐熟度植物毒性评价法

通过发芽和植物生长试验可直观地表明堆肥的腐熟情况，分述如下。

1）发芽试验

种子发芽试验是测定堆肥植物毒性的一种直接而又快速的方法。植物在未腐熟的堆肥中生长受到抑制，在腐熟的堆肥中生长得到促进。一般认为，堆肥的腐熟水平可由植物生长的生物量来表示。未腐熟堆肥的植物毒性，主要来自乙酸等低分子量有机酸和大量 NH_3、多酚等物质。厌氧条件下的堆肥极易生成大量有机酸，因此，良好的通风条件是促进堆肥腐熟的重要保证。一些影响发芽的物理毒性物质，在堆腐过程中被破坏。研究人员进行十字花科植物种子的发芽试验，通过发芽率和根长计算发芽指数（GI），认为其可以作为衡量堆肥腐熟的指标，并确定当 GI≥80%时，堆肥通常已消除对植物的毒性。

新鲜堆肥样品用去离子水按肥水比（以干质量计）1∶10，振荡浸提 2h，提取液在 5000r/min 下离心分离 20min，上清液经滤纸过滤后待用。培养皿内垫 2～3 张滤纸，均匀放入 15～30 颗小白菜种子，加入以上浸提滤液 5～7mL 浸润滤纸但不淹没种子，在 25℃黑暗的培养箱中培养 48h 后，计算发芽率并测定根长，然后用下式计算种子的发芽指数。

$$GI = \frac{堆肥浸提液种子发芽率 \times 处理的根长}{蒸馏水种子发芽率 \times 空白的根长} \times 100\% \quad (3\text{-}23)$$

每个样品做 3 个重复，同时以去蒸馏水做空白试验。虽然发芽指数能够在一定程度上反映堆肥腐熟程度，但在使用不同植物种子时该实验结果存在较大差异，需要更具代表性的植物种子予以代替。此外，腐熟度低可能不是限制种子发芽率的主要原因，堆肥中盐分含量过高可能是影响发芽的主要因素。由此可见，在这方面的研究工作还有进一步深入的必要。

2）植物生长

一些农作物包括黑麦草、黄瓜、大白菜、胡萝卜、向日葵、番茄和莴苣等都曾被用来测试堆肥的腐熟性。在土壤中添加不同时期的牛粪堆肥，研究对黑麦草生长的影响，结果发现，30 天以内的牛粪堆肥严重影响黑麦草的生长，40 天以后的牛粪堆肥开始使生长得到改善，最高产量出现在添加 90 天以后的牛粪堆肥中。堆肥可提供植物生长所需的有机物，有明显促进生长的作用，但这种作用与植物的种类，堆肥的 pH、盐度、碳氮比等因素有关。有研究者指出，堆肥稳定性本身不一定预示植物生长的可能性。因此，植物生长评价只能作为堆肥腐熟度评价的一个辅助性指标，而不能作为唯一的指标。采用多种植物的发芽和生长试验来确定堆肥的腐熟程度从理论而言是可靠的，不过还有大量工作有待进行。

7. 腐熟度积温评价法

在物候学上，植物完成一定发育阶段，虽然经历日数可能不同，但所需积温比较接近，也就是说植物某个发育阶段内每日温度的累加值是相对稳定的。积温是研究植物生长发育对热量条件的要求和进行热量资源评价的一项重要指标。与植物生长过程类似，堆肥过程是一个微生物发酵过程。它在本质上是一种酶促生物化学反应系统，温热条件是其重要参数。堆肥化的两个目的是灭菌和稳定化，它们都与温热条件有着密切的联系。对于一定量的反应底物，高温短时间反应和低温长时间反应可以达到基本一致的稳定化效果。因此，堆肥的稳定化过程既要求一定的温度强度，也需要一定的温度总和（温度强度乘以持续时间）。

每种植物都有一个开始发育的下限温度，称为这种植物的生物学零度。高于生物学零度的日平均温度称为活动温度，低于生物学零度的日平均温度对植物发育没有作用，不予考虑。将植物发育时期内大于生物学零度的日平均温度，即活动温度累加起来就是活动积温。活动温度与生物学零度的差值是对植物发育有效的部分，称有效温度，其逐日的差值累加起来就是有效积温。有效积温是植物在某时段内生物学零度和有效温度上限之间温度的累积值。与植物相似，不同种类微生物的生长繁殖对温度的要求不同，作物生命活动过程中所要求的最适温度以及能忍耐的最低和最高温度是度量微生物对温度要求的标准。一般而言，嗜温菌最适宜发酵温度是 30～40℃，嗜热菌发酵最适宜温度是 50～60℃，过高的温度将会抑制对纤维素等分解能力很强的嗜温菌的活动。

将有效积温的概念引入到堆肥反应过程中，用下式计算有效积温 T（℃·h）。

$$T = \sum (T_i - T_0) \times \Delta t \quad (3\text{-}24)$$

式中，T_i为i时刻的堆温，℃；T_0为堆肥中微生物大量繁殖时的起始温度(生物学零度)，℃；Δt为T_i持续的时间，h。

Mosher和Anderson（1977）研究认为，当堆肥物料的温度低于20℃，堆肥过程将显著变慢甚至停止。陈同斌等对好氧污泥堆肥研究发现，15℃以上微生物活跃，堆温升高迅速，因此把15℃作为堆肥反应的生物学零度，以此种条件下堆肥的积温来衡量堆肥稳定化过程的温热条件，积温指标的平均值为10435℃·h（陈同斌等，2009）。堆肥原料有机物含量及其性质是影响堆肥过程中热量产生的重要参数。

积温可作为判定堆肥稳定化过程是否完成的指标，同时也为堆肥原料的预处理及工艺改进提供科学依据。将堆肥所需的积温作为一个特定工艺的腐熟度参考指标，根据堆肥过程中温度的自动监测和积温的自动计算，可以实时在线地监测和预报堆肥稳定化过程（腐熟过程）的进程。

堆肥稳定化过程的积温指标是在一定前提条件下计算求得的一个经验参数，只有在其他条件相对固定的条件下，温热条件对堆肥稳定化过程的主导作用才明显地显示出来。实际上外界环境条件是在不断变化的，堆肥系统自身对温度也有一定的缓冲能力，所以积温的稳定性是相对的。堆肥原料的性质、堆肥工艺、微生物种群、生物学零度、外界环境均可能是影响积温稳定性的主要因素。

8. 堆肥腐熟综合评价方法

研究者们普遍认为，仅用某一个单一参数很难确定堆肥的化学及生物学的稳定性，应由几个或多个参数共同确定。利用化学方法、生物活性和植物毒性分析等手段，对堆肥的腐熟和稳定做多方面的监测较为可靠。通常化学方法提供堆肥的基础数据，其中水溶性有机化合物的分析及碳氮比最为常用。生物活性测试通过对呼吸作用、微生物量及酶学的研究，可反映堆肥的稳定性，其中呼吸作用是较为成熟的评估堆肥稳定性的方法。植物毒性分析中发芽指数的测定较为快速、简便，一般只用于评估堆肥的腐熟性。与发芽试验相比，植物生长分析最直接地反映堆肥对植物的影响，其缺点是时间较长，工作量大。随着分析技术和微生物技术的发展，先进、快捷的堆肥评估方法不断出现，堆肥的生产和使用者可根据实际情况，选择合适的评估方法。

陈世和等介绍了用综合评定法对堆肥腐熟度进行判断（陈世和，1994）。在堆肥过程中对pH、COD、碳氮比、碳氢比、总氮、粗脂肪酸和全糖做同步跟踪测定，根据测定的结果来评定堆肥是否达到腐熟。在评定项目中，pH、COD作为复核项目，碳氮比、总氮、粗脂肪酸和全糖作为评分项。在pH和COD等满足要求的条件下，若最终的评定分（总氮、碳氮比、粗脂肪、全糖共四个指标，每个指标的权重均为25）小于80分，则认为堆肥已腐熟。否则，则必须继续发酵直至腐熟为止。这种评定方法测定的参数多，不利于在堆肥厂中的实际应用，且参数中不包括卫生学指标，难以判断堆肥产品是否达到卫生学标准；在判断堆肥的腐熟情况时，4个指标的分值都是25分，不能体现每个指标在腐熟堆肥中所占的权重。

有研究提出以模糊数学为基础，综合表现指数、碳氮比降解（ηC/N）、平均耗氧速率、微生物量、氨氮变化率（ηNH_4^+-N）等指标的模糊评估法来表示堆肥的腐熟度。把腐熟度分为 4 个等级：腐熟、较好腐熟、基本腐熟、未腐熟。这种模糊综合评价法综合了表现指数、ηC/N、平均耗氧速率、ηNH_4^+-N 、霉菌计数等主要评价因子，以模糊数学的定量分析理论为基础，避免了单一指标评估可能带来的偏差和片面性，能较为系统、全面、简单、合理地反映堆肥腐熟程度，不失为一种行之有效的堆肥腐热程度的评估方法。但由于该方法涉及的测试数据较多，而不同的堆肥物料各自的参数值又存在很大的差异，所以在实际操作中分析的工作量很大。

Switzenbaum 等（1995）在堆肥产品的稳定性评价中，建议采用 CO_2 产生速率或比耗氧速率连同自升温方法来评价。判断堆肥腐熟度时，再辅以植物生长试验。自升温方法在欧洲被广泛应用，即采用在一定的起始条件下的堆肥产品的自升温过程来衡量堆肥的腐熟程度。具体方法如下：在室温下，堆肥起始温度 20℃，湿度 45%～55%，装入直径 10cm，容积 1.25L 的保温容器中，进行发酵升温，测定所能达到的最高温度，根据该最高温度来划分堆肥的腐熟度。20～30℃腐熟度为Ⅴ，30～40℃腐熟度为Ⅳ，40～50℃腐熟度为Ⅲ，50～60℃腐熟度为Ⅱ，高于 60℃腐熟度为Ⅰ。

美国加州堆肥质量协会（California Compost Quality Council，CCQC）采用以下方法判断堆肥的腐熟度：将碳氮比 25∶1 作为强制性指标，再从 A、B 两组中至少各选出一个参数来评价。A 组中的参数包括 CO_2 产生速率或呼吸作用、比耗氧速率和自升温检测；B 组包括 $c(NH_4^+\text{-N})/c(NO_3^-\text{-N})$、$NH_4^+$-N 含量、挥发性有机酸含量和植物生长试验。通过这种方法将堆肥分为充分腐熟、腐熟和未腐熟堆肥三类。

魏源送等在以污泥为原料的堆肥研究中认为比耗氧速率（SOUR）与 BOD_5 值适于评价不同原料的堆肥稳定度。当 SOUR＜0.5mgO_2/(g VS·h)和 BOD_5＜50g/kg 时，采用不同调理剂的猪粪堆肥产品是稳定和腐熟的（魏源送，2002）。

9. 堆肥的安全性测试

畜禽粪便中含有大量致病细菌、霉菌、病毒及寄生虫等，它们都会直接影响堆肥的安全性。根据畜禽粪便的特点，《畜禽粪便堆肥技术规范》明确了无害化堆肥的温度、蛔虫卵死亡率和粪大肠菌值的评价指标。《畜禽粪便堆肥技术规范》（NY/T 3442—2019）规定，堆体温度达到 55℃以上，条垛式堆肥维持时间不得少于 15 天、槽式堆肥维持时间不少于 7 天、反应器堆肥维持时间不少于 5 天，蛔虫卵死亡率≥95%；粪大肠菌值为≤100 个/g。沙门菌、肠道链球菌等作为监测堆肥安全性的指标，Haug（1993）提出，腐熟堆肥应达到的卫生标准是：lg 堆肥干样中小于 1 个沙门菌和 0.1～0.25 个病毒噬菌斑。不同国家和地区的卫生标准稍有差异，需注意的是堆肥过程中的合理操作和管理，是保证堆肥安全使用的关键。

3.2 好氧堆肥工艺及设备

堆肥系统的分类，因依据要素不同，其分类结果也就丰富多样。有人将堆肥系统按堆料的运动与否分为静态堆肥系统和动态堆肥系统，有人根据堆肥化过程中所采用的机械设备的复杂程度，分为简易堆肥和机械堆肥。应用反应器的系统通常被称为

“机械的”、“封闭的”或“容器的”系统，而不用反应器的系统被称为“开放的”系统。堆肥系统也可依据反应器类型、物料流动特点、翻搅类型以及氧气供应方式等来分类（马平和汪春，2018）。

目前堆肥系统仅按某一种分类方式进行划分难以全面地介绍清楚实际所采用的不同堆肥工艺，因此，常采用多种分类方式同时并用的情形进行描述。表 3-11 概括了大部分历史上和目前沿用的堆肥系统（李季和彭生平，2005）。

表 3-11　历史上和目前沿用的主要堆肥系统分类

<table>
<tr><th>开放性</th><th>搅动情况</th><th>鼓风情况</th><th>堆肥类型</th></tr>
<tr><td rowspan="4">开放</td><td rowspan="2">无搅动</td><td>不鼓风</td><td>传统堆肥</td></tr>
<tr><td>鼓风</td><td>静态堆肥</td></tr>
<tr><td rowspan="2">有搅动</td><td>不鼓风</td><td>条垛堆肥</td></tr>
<tr><td>鼓风</td><td>条垛堆肥</td></tr>
<tr><td rowspan="6">密闭</td><td>物料流动方向</td><td>干预方式</td><td>堆肥类型</td></tr>
<tr><td rowspan="3">水平</td><td>静态</td><td>隧道式堆肥</td></tr>
<tr><td>搅拌</td><td>搅拌槽式堆肥</td></tr>
<tr><td>翻转</td><td>转鼓式堆肥</td></tr>
<tr><td rowspan="2">垂直</td><td>搅拌</td><td>塔式堆肥</td></tr>
<tr><td>填充</td><td>筒仓式堆肥</td></tr>
</table>

根据堆肥技术的复杂程度以及使用情况，主要有三大类堆肥系统：静态堆肥、条垛堆肥和反应器堆肥（Krogmann et al.，2011）。其中条垛堆肥主要通过人工或机械的定期翻堆配合自然通风来维持堆体中的有氧状态；与条垛堆肥相比，静态堆肥在堆肥过程中不进行物料翻堆，能更有效地确保堆体达到高温和病原菌灭活，堆肥周期缩短；反应器堆肥则在一个或几个容器中进行，通气和水分条件得到了更好的控制。表 3-12 对常见的条垛堆肥、静态堆肥和反应器堆肥的优缺点进行了比较（宁平，2007）。

表 3-12　各类堆肥系统的优缺点比较

静态堆肥	条垛堆肥	反应器堆肥
设备少	设备较多，操作较复杂	设备一体化，单体处理量小
运行简便	机械化程度高	机械化程度高
需要添加辅料	需要添加辅料	需要添加辅料
堆体温度和氧含量不易控制	可控制温度和氧含量	可控制温度和氧含量
易受气候和周边环境影响	不受气候影响	不受气候影响
臭气不易控制	臭气易收集控制	臭气易收集控制
发酵周期长	发酵周期较短	发酵周期较短

续表

静态堆肥	条垛堆肥	反应器堆肥
占地面积大	占地面积较大	占地面积较大
投资少，运行成本低	土建投资高，运行成本中等	土建投资高，运行成本较高
堆肥产品质量一般	堆肥产品质量良	堆肥产品质量较优

目前国内大量使用的槽式堆肥严格意义上都不属于上述的堆肥分类，实际上是一种介于条垛堆肥与反应器堆肥间的特殊类型，它具备搅拌设备和通风设施，但又不属露天开放式堆肥，虽然通常建有顶棚遮盖设施，但又不具备严格的反应器控制系统，考虑到这种堆肥方式的普及性，下面也将给予专门介绍。

3.2.1 静态堆肥工艺及设备

静态堆肥是将原料堆放在用小木块、碎稻草或其他透气性能良好的材料做成的通气层上，通气层中铺设有通气管道，通气管道与风机相连向堆体供气完成堆肥的工艺，与条垛堆肥不同之处是堆肥过程中不进行物料翻堆，但有专门的通风系统和风机为堆体强制供氧。

静态堆肥工艺是由美国农业部马里兰州贝兹维尔的农业研究中心开发的。1972～1973 年，该中心成功开发出了利用木屑作为膨胀材料处理消化污泥的堆肥工艺，但当把该工艺用于处理粗污泥时遇到了产生臭味的问题，通气系统就是为了解决发酵产生臭味的问题开发的。

静态堆肥工艺在美国得到了广泛应用，1990 年有超过 76 座静态堆肥设施在运行。它主要用于湿基质的堆肥，通常添加膨胀材料调整堆体的孔隙度。静态堆肥使用管道及鼓风机向堆体供气。当管道建造好以后，不需要对原料进行翻堆，见图 3-4。如果空气供应很充足，堆料混合均匀，堆肥周期为 3～5 周。

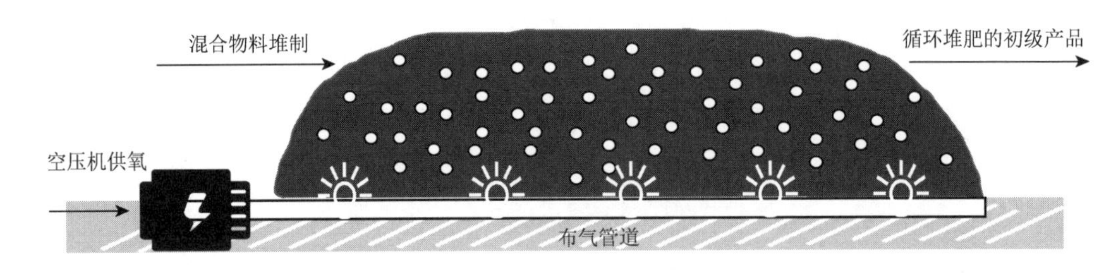

图 3-4 静态堆肥系统简图

静态堆肥堆体可根据原料的透气性、天气条件以及所用设备性能来建造。一般来说，建造相对高的堆体有利于冬季保存热量，另外可以在堆体的表面铺一层腐熟堆肥，使堆体保湿、绝热、防止热量损失、防蝇并过滤氨气和其他可能在堆体内产生的臭气（图 3-5）。

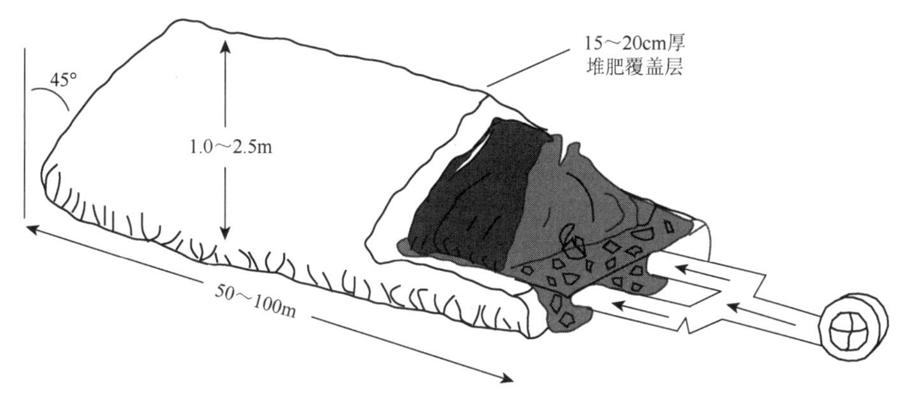

图 3-5　静态堆肥示意图

堆体的长度受堆体中气体输送条件的限制。如果堆体太长，距离鼓风机最远的位置很难得到氧气，可能产生厌氧区，部分堆肥不能达到腐熟。通常需要添加硬度较大的固体调理剂（如稻草和碎木片）来维持堆体良好的通气性结构。为了使空气分布更合理，粪便或污泥在堆制之前必须和调理剂彻底混合。

由于静态堆肥不进行翻堆，通气是堆肥过程中的关键操作。通气可采用向堆体强制通气或诱导抽气的方式。通气控制通常有两种方法，一种称为时间控制法，其原理是采用定时器控制鼓风，是一种简单而又廉价的方法，该方法可通过控制时间来提供足够的空气以满足堆肥对氧气的需要。尽管如此，这种方法并不能保持最佳的温度，有时温度甚至会超过所需的限度，堆肥发酵的速度也会由于高温而受到限制。另一种称为温度控制法，该方法为保持最佳堆体温度，采用温度传感器（如热电偶）进行实时监测，当堆体温度达到设定温度时，从传感器中发出的电子信号能通过控制器让鼓风机工作或停止。当温度达到设定的高温点时，鼓风机启动起到降温的作用；当堆体冷却到设定的低温点时，系统则会关闭鼓风机。和时间控制法比较，温度控制法所需的鼓风机更大，气流速率更快，因而需要更昂贵和更先进的温度控制系统。

通风速率被用来表示每吨干物质每小时需要提供的风量[m^3/(h·t ds)]，是静态堆肥过程中的重要工艺参数。根据通风需求和堆料组成，大部分堆料所需氧气的理论值是 1.2～2.0g O_2/g 可生物降解挥发性固形物，通风速率可分为最低通风速率、平均通风速率和最高通风速率。最高通风速率通常是平均通风速率的 4～6 倍，其对间歇堆肥过程的影响大于对连续堆肥过程的影响。Epstein 等（2008）认为通风管道的间距是整个堆体达到高温的关键，通风量应为 10～15m^3/(h·t 干猪粪)。静态堆肥工艺通常需要提供 14.2m^3/(h·t ds)的风量以保持堆体氧气在 5%～15%，新的设计要求通风量要达到 56.8m^3/(h·t ds)，顶峰时接近 142m^3/(h·t ds)。高风量设计目前已无例外地均在使用。实际上，通风量应根据各系统的具体情况进行调整。

通常静态堆肥系统的操作步骤如下：①按比例把物料和调理剂混合；②在永久的通气管或临时的多孔通气管上覆盖约为 10cm 厚的调理剂，形成堆肥床；③把物料/调理剂的混合物加到堆肥床上；④在堆体的外表覆盖一层已过筛或未过筛的腐熟堆肥；⑤把鼓风（空压）机连接到通气管道上。

此时堆体即开始发酵，鼓风机可以把空气吹到堆体内（强制式），也可把空气吸出堆体（诱导式）。在诱导式控制模式下，吹风机排出的废气可以收集起来，经过除臭再排放出去。

考虑到湿基质发酵过程中添加的膨胀剂体积较大且成本较高（如木屑），以及清除大型膨胀剂后可提高产品质量，一般要求发酵完成后把膨胀剂分离出来并重新再利用。若采用木屑或其他可降解材料作为膨胀物，发酵过程中必然存在降解和物理性破碎，由于基质直径减少，有些膨胀剂会通过筛眼进入发酵料中，这样就需要在下次发酵时添加新的膨胀剂以保持平衡。

通常堆体下还会有一些淋滤液，在诱导式通风控制模式下，风机风头下必须设置一个水池，以收集沉淀物，这些淋滤液和沉淀物均应进行收集和处理。

3.2.2　条垛堆肥工艺及设备

条垛堆肥系统是开放式堆肥的典型例子，它是从传统堆肥逐渐演化而来的，典型特征是将混合好的原料排成行，通过机械设备周期性地翻动堆垛。条垛堆肥由于操作灵活，适合多种原料以及运行成本低，目前已得到广泛应用。

印度的 Howard（1940）提出的堆肥工艺实质上就属于条垛堆肥系统。他将动物粪便、垃圾、厩肥、土壤、稻草或木材类物质等堆成层高直到 1.5m，堆制时间一般是 120～180 天，其间手工翻堆若干次，这种工艺经印度农业研究委员会改进之后被广泛应用。

条垛的高度、宽度和形状随原料的性质和翻堆设备的类型而变化。条垛的断面可以是梯形、不规则四边形或三角形，常见的堆体高 1～3m，宽 2～8m，条垛堆体的长度可根据堆肥物料量和堆场的实际位置来决定，一般在 30～100m（全国畜牧总站等，2017）。图 3-6 为条垛式堆肥系统示意图。

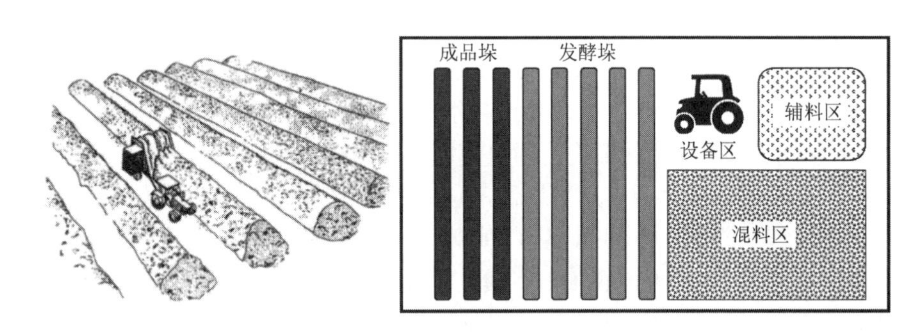

图 3-6　条垛式堆肥系统示意图

条垛堆肥的氧气主要是通过条垛里的热气上升形成的自然通风或是通过强制通风来供应，同时翻堆过程中的气体交换也可以较小程度地供应氧气（图 3-7）。在强制通风条垛系统里，氧气在鼓风机的强制或诱导通风的帮助下进入条垛。在许多有关堆肥的文献里，不管是强制还是诱导通风，都采用“强制通风”一词。严格地说，强制通风适用于环境里的空气在正压力的作用下强制进入原料里面的情况；而诱导通风则适用于环境里的空气在负压力的作用下从原料里面出来的情况。一般通风速率由条垛的孔隙度决定，条垛太大，在其中心位置附近会有厌氧区，当翻动条垛时有臭气释放；条垛太小，其散热迅速，堆温不能杀灭病原体和杂草种子，水分蒸发少。

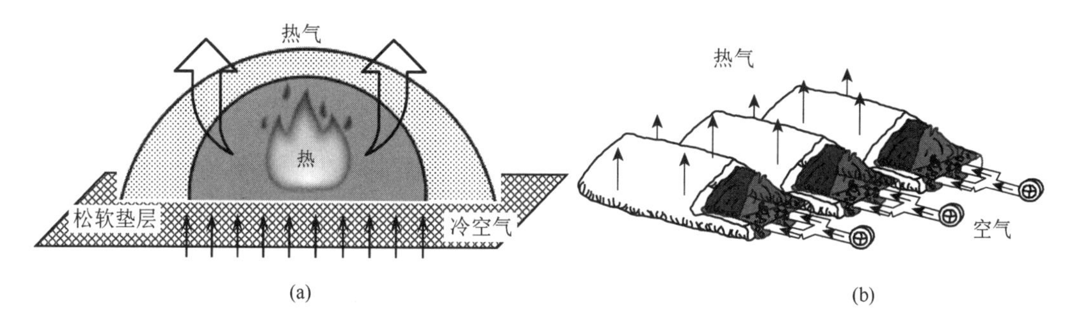

图 3-7　条垛堆肥氧气自然通风（a）及强制通风示意图（b）

无论哪种情况下，都要对条垛进行周期性的翻动，使其结构得到调整。条垛堆肥的翻堆主要通过翻堆机完成，国内外现已开发出许多专门用于条垛翻堆的机械（图 3-8）。这些机器大大节省了时间和劳动力，使原料完全得到混合，堆肥也更均匀。在这些设备中，一部分机械靠农场拖拉机牵引，一部分自身具有驱动系统，还有一部分机器能装载在条垛旁的卡车或货车上。

图 3-8　条垛堆肥系统的自动翻堆机（a）和牵引翻堆机（b）

条垛堆肥系统可以作为单一系统独立使用，也可以与其他堆肥系统联合使用，以色列和墨西哥将条垛堆肥系统用在其他反应器堆肥系统的后处理阶段。

3.2.3　槽式堆肥工艺及设备

槽式堆肥实际上是一种界于条垛堆肥与反应器堆肥的特殊堆肥工艺类型，堆肥过程发生在长而窄的被称作“槽”的通道内，通道墙体的上方架设轨道，在轨道上有一台翻堆机可对物料进行翻堆，槽的底部铺设有曝气管道，可对堆料进行通风曝气。槽式堆肥是将可控通风与定期翻堆相结合的堆肥系统。

已有资料显示，槽式堆肥是20世纪中叶出现的一种比较新的堆肥系统，最早由日本人冈田制作所提出，又称OKADA工艺（Haug，1993）。1966年美国出现的Metro Waste工艺是由多个并列的箱（槽）构成，每个宽约6.10m，深3.04m，长60.96～121.92m，箱体墙上安装有铁轨，其上有布料机移动，并通过翻动及向前移动对堆体进行间断性搅拌。PAYGRO工艺在以上基础上还增设了臭气收集和净化系统。1985年在日本槽式系统的基础上提出的IPS工艺是一种典型的槽式堆肥系统，槽宽2m，高1.83m，槽的长度依发酵时间（一般18～24天）调整，空气从槽的底部供应。堆料从每个槽的一端输入，每天翻堆一次，每次翻动物料沿槽向前移动3.05～3.66m，翻堆设备的操作是全自动的，不需要操作人员。1991年，美国有13套这种系统的设施在运行或建设。

综合考虑已有的槽式堆肥系统，可以根据物料的移动方式将其分成两种类型，一种是整体式［图3-9（a）］，是将堆肥物料通过布料机或者铲车一次布满整个发酵槽，通过铰龙、驳齿等不同的翻拌设备，使堆肥物料通风、粉碎，并保持孔隙度，物料在整个发酵过程中不发生位移，或者位移很小，发酵结束后用出料机或者铲车将物料清出。另一种是连续式［图3-9（b）］，堆肥物料在发酵槽中的翻堆是通过链板、料斗等能使物料发生位移的搅动完成的，一般翻堆一次，物料可以在发酵槽中前进2～4m，也可以通过皮带传输，进行更长距离的位移，在连续式堆肥发酵中原料被布料斗放置在槽的首端，随着翻堆机在轨道上移动、搅拌，堆肥混合原料向槽的另一端位移，当原料基本腐熟时，能刚好被移出槽外。这种堆肥系统因为操作简便，节约人工、能耗低，近年来在我国应用较为广泛。

(a)

(b)

图3-9　槽式堆肥整体式翻抛机（a）和连续式翻抛机（b）

槽式翻堆机与条垛式翻堆机相似，它用旋转的桨叶、螺杆、链板或滚筒等使堆肥物料翻动，使原料通风、粉碎并保持孔隙度。目前使用的翻堆机自动化程度高，利用控制开关机器可以自动工作，有的还可以遥控，同时多数槽式翻堆机配备了移行车，能使翻堆机从一个槽转移至另一个槽上，那么一台翻堆机就能用于多个槽的翻堆，设备使用效率提高。

大部分工厂化堆肥系统为了达到快速堆肥的目的，都在发酵槽底安装通气装置。由于沿着槽的长度方向放置的原料处于堆肥过程的不同阶段，因而沿着长度方向将鼓风槽分为不同的通风带，槽式堆肥系统可使用几台鼓风机，每台鼓风机把空气输送到槽的一个地带，并由温度传感器或定时器独立控制。

系统的容量由槽的数量和面积决定。槽的尺寸必须和翻堆机的大小保持一致。为了保护机器设备并控制堆肥条件，槽要建造在建筑物或温室内。如果在温带的气候条件下，则仅需加上顶棚即可。

槽的长度和预定的翻堆次数决定了堆肥周期。采用鼓风槽式堆肥系统的建议堆肥周期为 2～4 周。槽式堆肥系统的最大优点是占地面积小、堆肥周期短、堆肥产品质量均匀以及节约劳动力。目前国内有几家单位均在开展槽式翻堆机的研究和生产，一些大型堆肥厂采用槽式堆肥，日处理规模可高达 500 余 t。

3.2.4　反应器堆肥工艺及设备

20 世纪 80 年代后，世界各国开始研发出大量的反应器堆肥系统，有的被称为“容器系统”，也有的被称为“消化器”或“发酵器”。堆肥反应器设备必须具有改善和促进微生物新陈代谢的功能，在发酵过程中要进行翻堆、曝气、搅拌、混合、协助通风等操作来控制堆体的温度和含水率，同时在反应器堆肥中还要解决物料移动、出料的问题，最终达到提高发酵速率、缩短发酵周期，实现机械化生产的目的。

近年来反应器堆肥系统发展较快，不同的系统类型层出不穷，按物料的流向可将反应器堆肥系统分为：水平流向反应器和竖直流向反应器。水平流向反应器包括旋转仓、搅动仓；竖直流向反应器包括搅动固定床、包裹仓。美国国家环境保护局把反应器堆肥系统分为：推流式和动态混合式。推流式系统中入口进料，出口出料，不同时间阶段的物料在堆肥发酵仓中的停留时间相同；动态混合式系统中，用机械不停地搅动混匀物料。根据不同的发酵仓的形状，推流式系统又可以分为圆筒形反应器、长方形反应器和沟槽式反应器；动态混合式系统可以分为长方形发酵塔和环形发酵塔。也有研究者根据通风方式、有无搅拌和外形特点，将反应器系统分为被动通风反应器系统、强制通风无搅拌反应器系统、强制通风有搅拌反应器系统和滚筒反应器系统（表 3-13）。

表 3-13　国外常见的反应器堆肥系统

反应器类型	特点	典型系统	性能指标
被动通风反应器	利用堆体内外氧气浓度和温度差异及风力作用，使外部空气向堆体内部扩散	TSC 系统（英国）	32 个物料仓相连，每个仓 4.3m×1.2m×7.3m，处理能力 600t/d
	优点：节约能耗和成本；缺点：不能有效控制通风量变化	HOT BOX 系统（美国）	立方体，$0.73m^3$，底部、中部各插 3 根带孔 PVC 管

续表

反应器类型	特点	典型系统	性能指标
强制通风无搅拌反应器	堆肥过程中不进行翻堆和搅拌，使用风机对堆肥物料通风供氧，多采用底部进气，尾气由顶部管道排出净化，一般通过时间或时间-温度反馈控制，多采用一台风机、多个反应器和一套尾气净化装置	CSS 系统（美国）	长方体，内外两层，内层底部蓄水，外层绝热，用于室外或室内，处理能力 150t/d
		Nature-Tech 系统（美国）	4 种型号，多种容积，运行费用 6.0～18.0 美元/t，投资成本 12～36 美元/t
		EcoPod 系统（美国）	是可降解材料制成的聚乙烯袋，处理能力 76～200t，堆置 8～12 周，年处理能力≥25000t
		CM PRO 系统（美国）	容积 1.3m^3，可配 16 个反应器，2 个生物滤池，堆制时间≥3 周
强制通风有搅拌反应器	所包含的设备与强制通风无搅拌反应器系统类似，增加了搅拌功能，减少了物料温度、湿度和氧气浓度的差异，加快反应进程	Earth Tub 系统（美国）	形状类似盆形，单个容器 2.3m^3，每周搅拌两次，堆制时间 3～4 周
		Wrighi 系统（加拿大）	构造复杂，可进行连续的堆肥生产，内部包括 3 个反应室和若干物料仓，堆制时间 4 周，处理能力 136～1000kg/d
滚筒反应器	用圆柱形滚筒作为反应器，滚筒的轴线呈水平或是与水平方向有一定的倾角，在传动装置作用下使物料的温度、水分均匀化，同时获得氧气	DANO 滚筒系统（丹麦）	直径 2.7～3.7m，长 45.8m，转速 0.1～1.0r/min，堆制时间 1～5 天
		Bedminster 滚筒系统（瑞典）	直径 3.4～3.7m，长 36.6～54.6m，转速 1.0r/min，堆制时间 3～6 天，处理能力 10～200t/d

资料来源：林先贵，王一明，束中立，等，2007. 畜禽粪便快速微生物发酵生产有机肥的研究[J]. 腐植酸（2）：28-35.

从技术水平而言，目前国外的反应器堆肥系统技术和设备已日趋完善，基本上达到了规模化和产业化的水平（张锐和韩鲁佳，2006），反应器系统在实际生产中得到了越来越多的应用。下面介绍几种常见的反应器堆肥类型。

1. 筒仓式堆肥反应器

该反应器堆肥系统是一种从顶部进料底部卸出堆肥的筒仓，每天都由一台旋转桨或轴在筒仓的上部混合堆肥原料，从底部取出堆肥。通风系统使空气从筒仓的底部通过堆料，在筒仓的上部收集和处理废气。这种堆肥方式的典型堆肥周期为 10 天。每天取出堆肥的体积或重新装入原料的体积约是筒仓体积的 1/10。从筒仓中取出的堆肥经常堆放在第二个通气筒仓。由于原料在筒仓中垂直堆放，这种系统堆肥的占地面积很小。尽管如此，这种堆肥方式仍需要克服物料压实、温度控制和通气等问题，因为原料在仓内得不到充分混合，必须在进入筒仓之前就混合均匀。图 3-10 是日本的一种筒仓式堆肥系统，发酵室的总容量是 66.0m^3，每天通过投料料斗可进料约 6m^3，物料在发酵罐中发酵 10 天，可用于养殖粪污、生活垃圾、污泥等有机固体废弃物的处理。

2. 塔式堆肥反应器

图 3-11 是典型的塔式堆肥反应系统。新鲜的畜禽粪便、发酵菌剂和发酵所需的各种辅料，搅拌均匀后经皮带或料斗设备提升到多层的塔式发酵仓内，堆肥物料被连续地或间歇地输入这些系统，通常允许物料从反应器的顶部向底部周期性地运输下落，同时在塔内通过翻板的翻动进行通风、干燥。这种堆肥系统的特点是省地省工，但相对投资较大，设备维修困难。

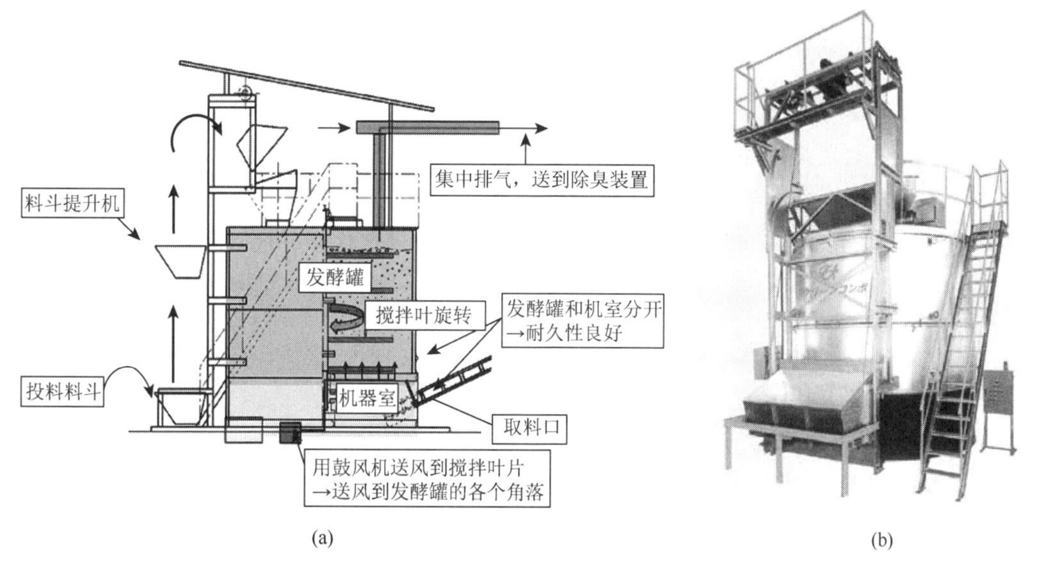

图 3-10　筒仓式堆肥反应器示意图（a）和实物图（b）

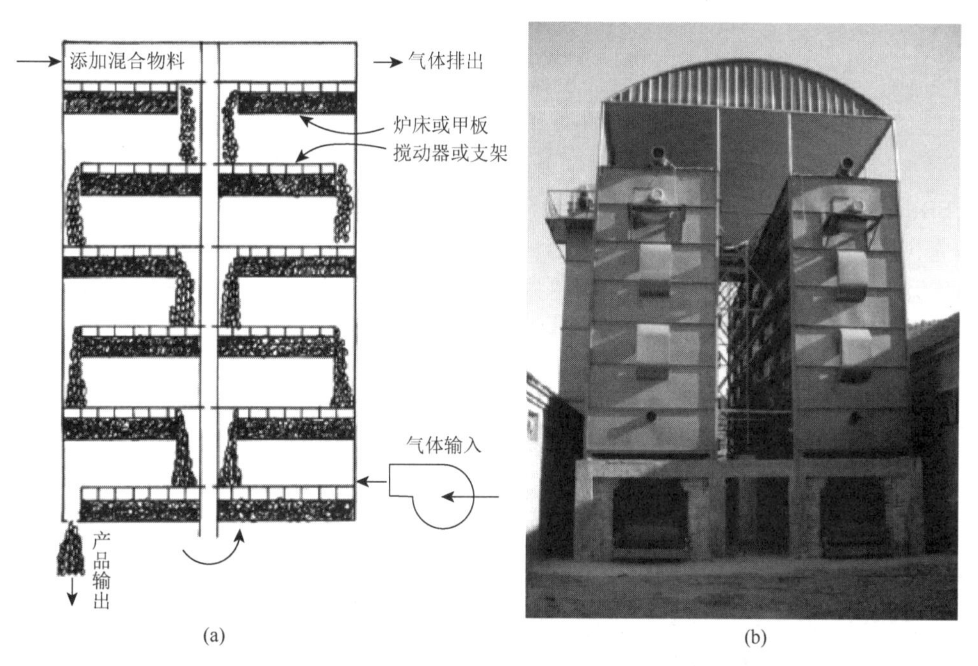

图 3-11　塔式堆肥反应系统示意图（a）和实物图（b）

我国学者陈海滨和万迎峰设计的发酵塔反应器，其基本结构为密封式多层发酵舱（3～5 层），每层底部为活动翻板，发酵原料由装置的顶部进入，经布料装置撒入顶层发酵舱，一定间隔期后，发酵原料在重力作用下经活动翻板落入下层，以此类推。发酵塔顶部设有抽风口，外接除臭系统，装置的两侧设有通风及排风管线，将空气引入活动翻板下面，经活动翻板的缝隙进入上一层发酵舱，从上一层发酵舱的上部或顶部排出，实现供气及散热功能，发酵周期为 4～6 天。

3. 滚筒式堆肥反应器

滚筒式堆肥反应器是一个使用水平滚筒来混合、通风以及输出物料的堆肥系统。滚筒架在大的支座上，并且通过一个机械传动装置来翻动。在滚筒中堆肥过程很快开始，易降解物质很快被好氧降解。但是堆肥必须被进一步降解，通常采用条垛或静态好氧堆肥来完成堆肥过程的第二阶段。在一些商业堆肥系统中堆料在滚筒中停留不到 1 天，滚筒基本上作为一种混合设备，图 3-12 是一个典型的滚筒式堆肥系统简图。

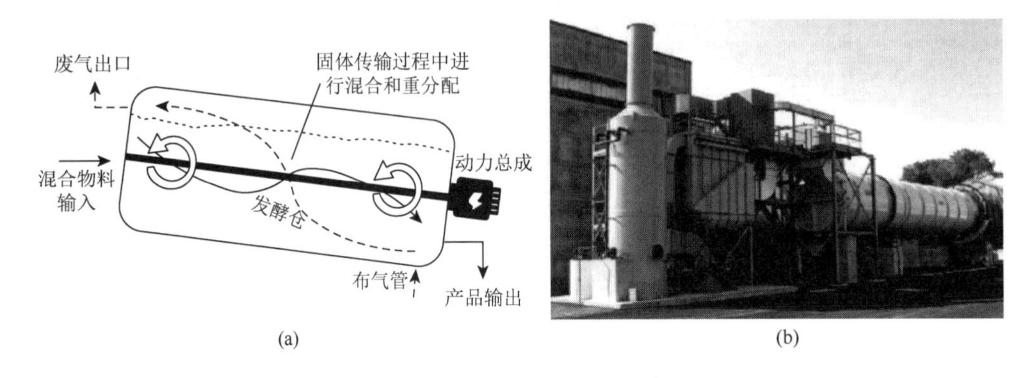

图 3-12　滚筒式堆肥反应系统示意图（a）和实物图（b）

由滚筒的出料端提供通气，原料在滚筒中翻动时与空气混合在一起。空气的流动方向和原料运动方向相反。靠近滚筒的出料端，堆肥由新鲜空气冷却；在滚筒的中部，气流温度升高且堆肥速率加快；在滚筒的入口处，添加新的堆料，气流温度最高，堆肥过程开始。

滚筒可为合体式滚筒或分体式滚筒。合体式滚筒使所有堆料按照其装入滚筒时的次序运动，滚筒旋转的速度和旋转时滚筒中轴线的倾斜度决定了堆肥的停留时间。分体式滚筒的管理要比合体式滚筒方便。分体式滚筒分为两或三个仓，每个仓包括一个装有一个移动门的移动箱。每天堆肥结束后，滚筒出料端的移动门被打开，隔仓被清空，其他隔仓随后开放并相继移动，一批新堆料被装入第一个隔仓。每个移动门都有一个基座以成功实现批次接种微生物。堆肥产品可由出料端直接输送到分选机，分选机去除大颗粒物质，大颗粒物质被送回到滚筒中进一步堆肥处理。

对于小型滚筒式堆肥系统而言，滚筒可由旧设备（如混凝土搅拌机、饲料混合机以及旧的水泥窑）等改造而成，尽管没有商业设备那么高级，但是其功能（混合、通风以及使堆肥过程迅速开始）仍然相同。

4. 搅动箱堆肥反应器

搅动箱堆肥反应器是一种水平流动的、通风固体搅拌箱式反应器，它采用强制通风和机械搅动，可以使操作更加灵活。反应器通常不封顶，而且是安装在建筑物内，为的是能够全天操作和控制杂质。许多反应器一天只进行一次原料循环。

矩形搅动反应器系统的搅动装置安装在箱壁顶端的横杆上运转，原料从箱子的一端进入然后靠搅动装置沿箱子移动，最后从箱子的另一端出来。箱式系统的长宽可调节，较小的箱子宽2m、长2m，较大的箱子宽可达6m、高3m、长220m，较大的箱子通过把基质沿着箱子的长度放在指定的格子内操作（图3-13）。原料在一个星期后翻转，而且一直保存在指定的格子内，直到可以移出。如果用小箱子，原料可以每天搅动。

图3-13　矩形搅动箱实物图

5. 圆形搅拌床堆肥反应器

圆形搅拌床堆肥反应器是一种通过翻搅使物料从圆的周边向圆中心移动的堆肥装置。堆肥物料通过装在旋转臂上的输送系统从反应器的边沿进入，经过装在一个旋转臂上的垂直螺杆搅拌，原料沿外围给入。钻头在反应器里面搅动原料，而且将新的原料与旧的堆肥物质混合。原料逐渐地输送到反应器的中心，在那里经过一个可以调节的溢流口下落到一个出口传送带上，这个出口传送带位于反应器下面的传输装置上。空气从底部的分布环进入，上部为活动的圆形顶，可以根据操作要求打开或关闭圆顶（图3-14）。

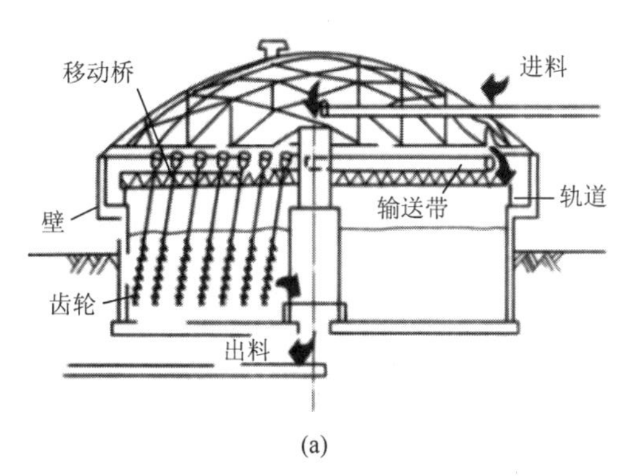

(a)

(b)

图3-14　圆形搅拌床堆肥反应器示意图（a）和实物图（b）

文献报道纽约采用的圆形搅拌床反应器堆肥系统包括两个圆形搅拌床反应器，每个反应器的直径是 34.14m，物料的停留时间为 14 天，日处理含水率为 80%的污泥 170t。

6. 隧道窑式堆肥反应器

隧道窑式堆肥反应器是一种全封闭式发酵系统，把发酵槽做成了相互独立的隧道式结构，像一节矩形断面的隧道，物料在发酵过程和翻堆时产生的一些臭气和粉尘，可以通过废气收集管道抽出并集中进行处理，尽可能减少对环境和人员带来的不利影响（图 3-15）。发酵仓的尺寸和数量可以根据所处理物料量的多少来决定。在发酵仓的底部有通风管道，并通过控制系统向发酵仓内供风。隧道式发酵仓堆肥周期为 7～15 天，堆肥温度可以上升至 60～70℃。这种系统的特点是自动化程度高、环保系数高、设备相对不容易过度磨损，使用寿命较长，而且每个隧道内部工艺都可以独立控制。近年来，欧洲国家在垃圾堆肥领域普遍采用隧道窑式堆肥反应器。

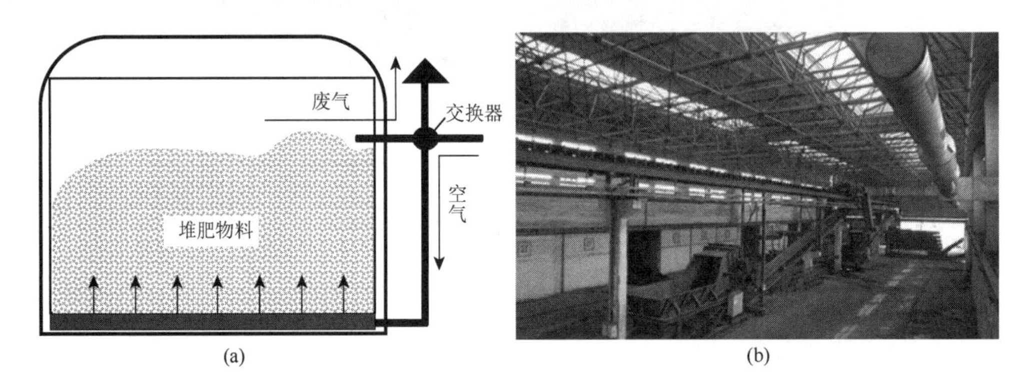

图 3-15　隧道窑式堆肥反应器示意图（a）和实物图（b）

目前上述堆肥系统在世界各地均有应用，每一种系统都有各自的优缺点，实际应用中采用哪一种系统主要取决于特定的条件。也就是说，一种适宜的堆肥系统的选择永远是一个基于因地制宜的决策，没有一个系统适合于所有的环境条件，市场上保持多样化的堆肥设施是一种合理健康的表现。堆肥厂可以根据自己的物料、场地、生产规模、当地气候、环保政策、投资、产品质量等来选择最切合自身实际的堆肥系统。

3.2.5　有机肥后加工设备

经历一次发酵、二次发酵之后的熟化物料，其中往往还存在一些杂质。为了提高堆肥产品的质量，精化堆肥产品，必须设置后处理工艺。净化后的散装堆肥产品，可以直接运往市场销售给用户，施于农田、菜园、果园作为土壤改良剂，也可以根据市场的情况、用户的需要，将散装堆肥烘干、造粒并加入氮、磷、钾等营养元素后制成有机-无机复混肥，做成袋装产品，既便于运输，也便于贮存，而且肥效更佳。

后处理设备主要包括精分筛选设备、烘干冷却设备、造粒精化设备和包装传送设备（赵冰，2014）。在实际工艺中，应根据当地的需要来选择组合后处理设备。

1. 精分筛选设备

1）振动筛

振动筛是利用振动原理进行筛分的机械。振动筛具有以下特点：①由于筛面强烈振动，因此与其他网眼筛相比，能避免筛孔堵塞，生产能力和筛分效率均很高；②可以在封闭条件下筛分和输送，能防止环境污染；③结构简单，耗费功率小。因此，振动筛在畜禽粪便处理系统中应用较广泛。但是，振动筛对粗大物料的分选效果不理想，在预分选中一般不采用振动筛。经预分选发酵腐熟后的堆肥物料，用振动筛进行分选，能取得较好效果，在精分选中往往选用振动筛作为精分选机械。

振动筛对物料的含水率有一定要求，一般对于含水率＜30%的物料，能取得较理想效果，而对于木质纤维含量高且切段较长的辅料，使用振动筛则容易造成筛孔堵塞，一般不宜选用。振动筛主要有惯性振动筛［图 3-16（a）］和共振振动筛［图 3-16（b）］。

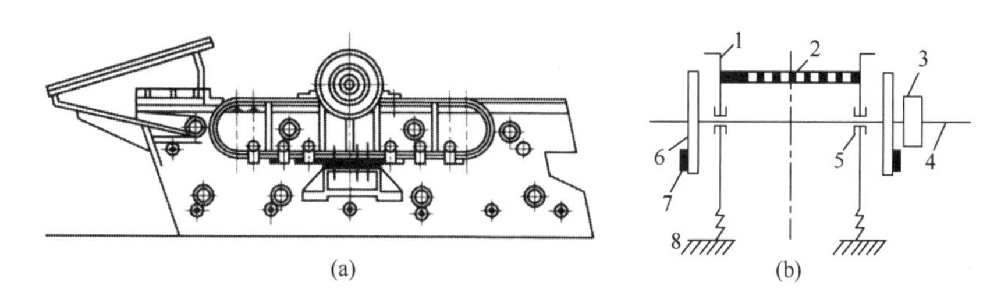

图 3-16　惯性振动筛（a）和共振振动筛（b）

1：筛箱；2：筛网；3：皮带；4：主轴；5：轴承；6：配重轮；7：重块；8：弹簧

2）弛张筛

弛张筛是 20 世纪 70 年代初开发的一种以摇动筛为基础发展起来的一种新型筛具，对于含水量较高、黏滞性强的物料能取得较好的筛分效果。

弛张筛具有内外两个筛箱，通过两套曲柄连杆机构的传动，使内外筛箱做往复摆动，从而带动固定在箱底上的弹性筛板做伸缩运动或弛张运动（图 3-17）。由于筛板的伸屈变形交替着呈绷紧或松弛状态，带面上的物料以较高的速度抛掷而弹跳，在较高频率的弹跳过程中，增加了透筛的机会，从而有效地防止黏结潮湿物料对筛孔的堵塞，从而获得了较高的筛分效率。

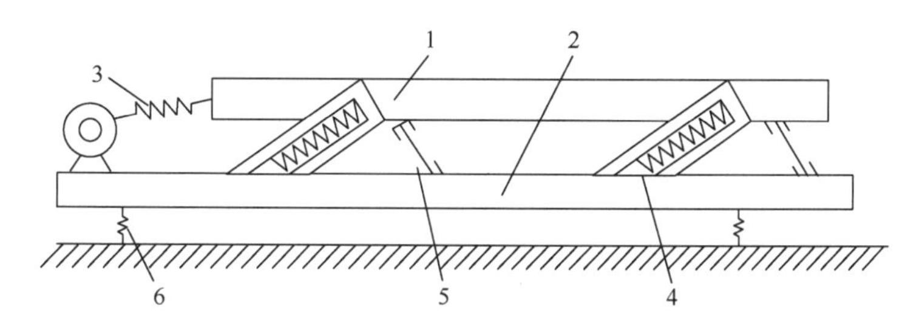

图 3-17　弛张筛原理示意图

1：上筛箱；2：下机体；3：传动装置；4：共振弹簧；5：板簧；6：支承弹簧

2. 烘干冷却设备

为了去除制粒后物料中的水分，满足成品水分要求，在制粒后需要对颗粒进行烘干。常用的烘干设备有滚筒烘干机和刮板式流化干燥机。

1）滚筒烘干机

滚筒烘干机主要用于粉状、颗粒状，尤其是黏结性较强物料的干燥；滚筒式结构、齿轮传动（图 3-18）。烘干热气流由燃烧室经炉口接管进入筒体内干燥物料，燃烧的烟尘及干燥产生的水蒸气由抽烟除尘装置通过抽风管排出。进入筒体的气体温度由进料室上的热电偶测试，通过控制燃烧煤的数量和进自然风的流量来实现炉温调整。物料从进料口进入旋转的筒体内，由抄板不断翻动和抛撒，使物料保持与干热气体的良好接触，达到激烈的热交换，从而使物料得以烘干，烘干后的物料由出料口流出，整个过程是连续进行的。烘干机的筒体通过前后滚圈支持在挡轮装置和托轮装置上，挡轮装置上的挡轮防止筒体前后窜动。传动装置是由电动机通过摆线针轮减速机带动筒体上大齿轮旋转。筒体两端设有密封装置，防止冷空气进入筒体和燃烧室进入筒体内的烟气、粉尘外溢。筒体、进料室和出料室内堆积的物料，可进行清理。

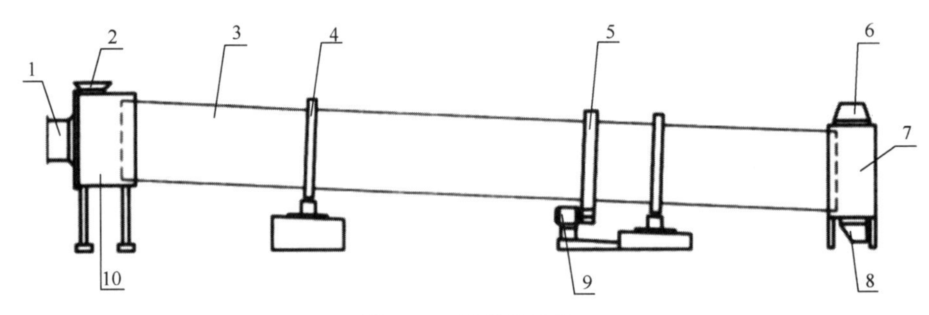

图 3-18　滚筒烘干机

1：进风口；2：进料口；3：筒体；4：托轮滚圈；5：传动齿轮；6：出风口；7：出料箱；8：出料口；9：动力系统；10：进料箱

2）刮板式流化干燥机

刮板式流化干燥机适合干燥热敏性、易破碎颗粒状物料；立式多层网带式结构、链传动（图 3-19）。主要由封闭的机体、两层多孔筛板、关风器、链式刮板输送、电机减速传动装置和散热器及蒸汽管路等部分组成，另外，配有排风除尘系统。设备工作时，上部安装的排风管道将干燥机上部空气室中的空气排出，使干燥机内部形成负压，外部的空气便穿过机体下部侧面的热交换器被加热后进入干燥机内部，从下向上分别穿过两层筛面，高速热气流冲击筛面上的颗粒物料使之悬浮跳跃并进行热交换，加热干燥筛面上的物料后到达上部的空气室，随后通过管道被风机排走。物料从干燥机上部入口落到多孔筛面上后，高速的热空气穿过多孔筛后又穿过物料层。热空气在穿过筛板时风速加快，吹起颗粒物料并使之处于悬浮状态，从而带动物料在筛面上悬浮跳跃，这时，热空气与潮湿的物料充分接触，接触面积加大，干燥效果好。由于筛面有一定的倾角，物料在悬浮跳跃的同时沿筛面向低处缓慢移动，一直移动到筛板的尾部。由于设备刚开始工作时，物料并未完全充满筛面，热空气的绝大部分从没有物料的筛孔处通过，使得物料不能很好地被干燥。因此，干燥机上设有链式刮板，在开始阶段强制物料缓慢移动，使得物料能够充满筛面，顺利地进行流化干燥。刮板的运动速度很低，使得物料的破碎率最小。

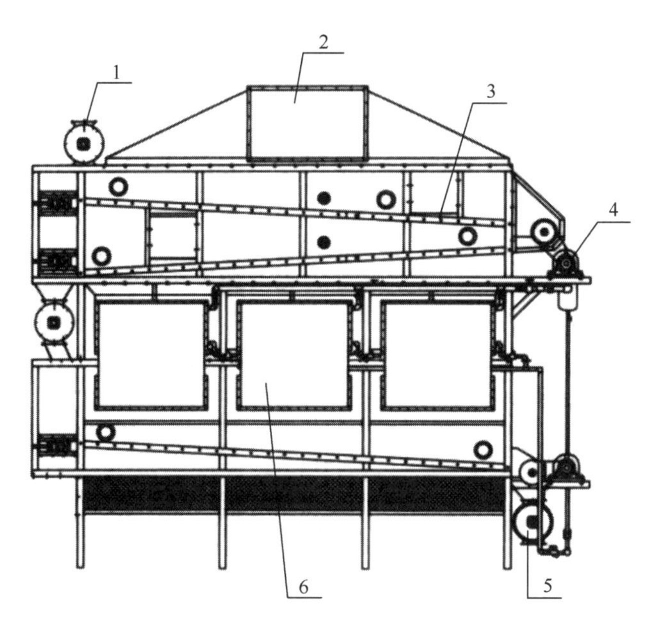

图 3-19　刮板式流化干燥机

1：进料口；2：出风口；3：物料烘干输送系统；4：驱动系统；5：出料口；6：散热器及蒸汽管路

3. 冷却设备

从烘干机出来的物料温度较高，不能直接筛分包装，必须经过冷却，冷却不仅可降低物料温度，还可以进一步降低水分，提高颗粒强度和外观质量。

1）滚筒冷却机

滚筒冷却机适用于粉状、颗粒状，尤其是黏结性较强物料的冷却；卧式滚筒结构、齿轮传动（图 3-20）。物料输入冷却机后，在旋转的滚筒内，靠筒体倾斜角度将物料向前

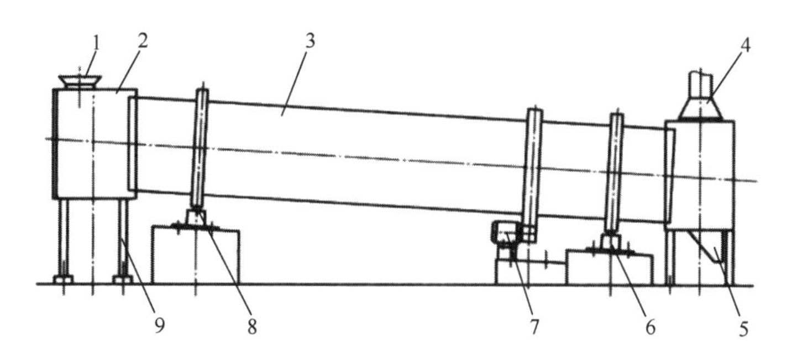

图 3-20　滚筒冷却机

1：进料口；2：进料室；3：筒体；4：抽风筒；5：出料口；6：后挡托轮装置；7：传动装置；8：前挡托轮装置；9：支架

输送，筒体内配置扬料板，不断地将物料翻动和抛撒，出料室配制一套抽风除尘装置，使进入滚筒内的物料迅速冷却，冷却后的物料即可进入下道工序。冷却机的筒体通过前后滚圈支承在挡托轮装置和托轮装置上，挡托轮装置防止筒体前后窜动。传动装置由摆线针轮减速机带动筒体上的大齿轮旋转，筒体两端设有密封装置，防止空气进入筒体内。

2）逆流强制冷却器

逆流强制冷却器适用于各种物料的冷却，是目前较先进的肥料等颗粒冷却设备之一，可以广泛用于烘干后颗粒物料的冷却。逆流强制冷却器通常采用立式箱体结构、翻板式卸料（图 3-21）。

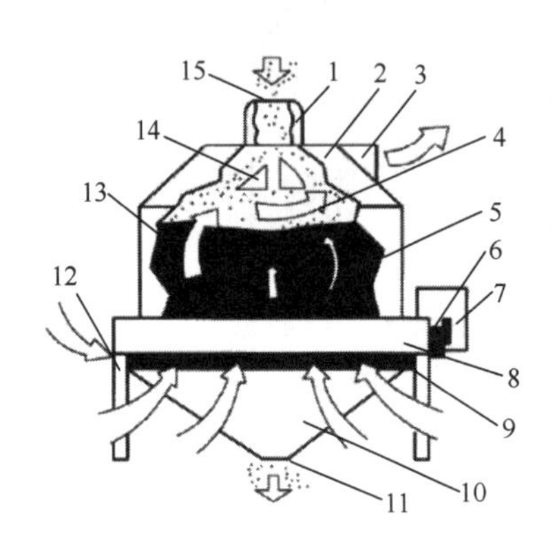

图 3-21　逆流强制冷却器

1：闭风器；2：出风顶盖；3：出风管；4：上料位器；5：下料位器；6：固定框调整装置；7：偏心传动装置；8：滑阀式排料机构；9：进风口；10：出料斗；11：出料口；12：机架；13：冷却箱体；14：菱锥形散料器；15：进料口

从烘干机中出来的高温颗粒料，通过旋转闭风喂料器混匀，经菱锥形散料器均匀地堆放在冷却箱体中，冷风从冷却箱体下面排料机构底部与集料斗上部空隙中全方位进入冷却器，并垂直穿过料层与湿热颗粒进行热交换，后经吸风系统吸出，从而使颗粒料冷却。

逆流冷却器内设有三个料位器，按下“逆流冷却器启动”钮后，即为自动控制状态。逆流冷却器处于工作状态（这时其出料门为“关”状态），允许进料。当物料达到中料位时，逆流冷却器出料门自动启动，由时间继电器控制间歇式地打开出料门放料；当物料降至下料位时，逆流冷却器停止放料（这时其出料门为“关”状态），直到物料再次达到中料位时启动。如此循环，生产结束时，用“手动放料钮”可将逆流冷却器内的剩余物料全部排空。时间继电器动作为开门时间 60s 内可调；关门时间 120s 内可调；当物料达到上料位时，电控系统报警并给出通断信号。逆流冷却器开关门采用气动控制，其工作是由料位器和时间继电器控制气动系统的电磁阀通断来实现出料门的开关。

4. 造粒精化设备

堆肥后的物料需经造粒（具有一定强度和形状）才能作为有机肥料施用。造粒工序是生物复合肥生产的关键工序，其造粒质量是复合肥质量的关键指标：①水溶性很低的肥料通常要碾成小颗粒才能确保它在土壤中有效地迅速溶解，并被植物吸收；②肥料粒度的控制对于确保良好的贮存和运输性能也是很重要的，随着施肥设备的改进而增加的造粒使得肥料的贮存和运输性能有了很大的改进，使它具有更好的流动性能及在颗粒产品中不结块等优点；③为改进工艺性质，粒度控制的另一个作用与某些不易溶组分缓慢释放出氮的性质相关；④在早期混合操作中，若不考虑粒度的配合就将物料混合，在贮运中混合物料很容易分离（不混合），对混合性能造成影响。

生物复合肥的主要造粒方法有团粒法、喷浆法和挤压法。根据造粒机结构的不同，团粒法分为圆盘造粒和转鼓造粒；根据压碾（或模孔）的位置不同，挤压法分为对辐式挤压造粒、平模挤压造粒和环模挤压造粒。

造粒机必须具有处理一定粒度比的能力，粒度比指的是堆肥未压缩的粒度体积与压缩后的粒度体积之比，可通过筛选测量。造粒机的成型机理与下面一些因素有关，在使用设备时要充分注意到这些因素，以便得到理想的效果：①湿度与水分的表面张力或毛细管的形成有关；②颗粒组成与注入造粒机的物料有关；③颗粒形状与注入造粒机的物料的附着力有关。

1）圆盘造粒机

图 3-22 是圆盘造粒机的基本结构。圆盘造粒机是目前我国使用最多的造粒设备，它具有结构简单、造价低、维修方便等优点。圆盘造粒机的主要工作部件是一个可以调整角度和转速的倾斜浅盘。混合机混合好的物料，用皮带机送至圆盘上方，连续定量加进圆盘，圆盘的物料由喷淋下来的黏合剂黏结，包裹成粒。随着圆盘的转动，借助其盘底和内壁对物料所产生的摩擦力来带动物料周向运动，同时颗粒之间发生力的传递，产生颗粒间的摩擦力，导致颗粒之间相互挤压和摩擦。由于颗粒质量的差异，产生不同的重力和离心力，使颗粒自动分级，大的颗粒浮在滚动料层的表面，而较小的颗粒落在滚动料层的下面，并根据粒径差异形成各自的运动轨迹。当生物菌剂喷洒并湿润核心粒子表面时，核心粒子便会聚附更多更细的微粒，使颗粒逐渐长大，质量增加，当其产生的离心力增大到足以克服粒子间的摩擦力时，就会被抛离盘外成为所需的颗粒。圆盘造粒机造粒非常均匀，返料也很少，其生产能力大，一台普通圆盘造粒机每小时可生产成品 4t。

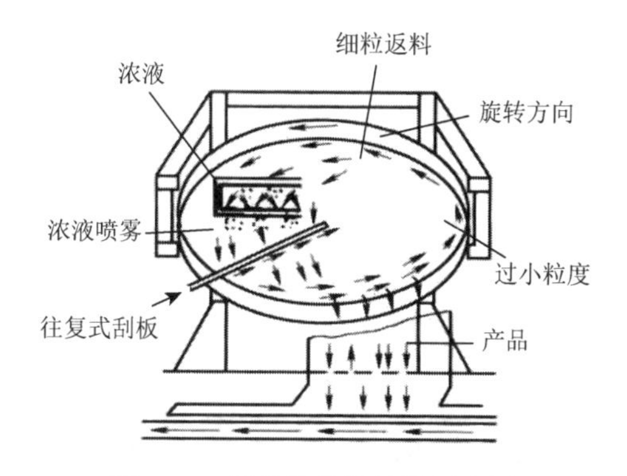

图 3-22　圆盘造粒机结构示意图

圆盘造粒机具有以下特点：①本身具有良好的分级作用，生成粗粒较少，因此成粒率高；②全部操作过程均能观察到，能及时发现操作中的问题，及时调节；③生产有较大的灵活性，粒度控制范围较宽；④由于设备较简单，投资较少，所以被广泛地采用。该设备不能对物料进行氨化处理，粉尘及烟雾的收集比较困难。圆盘造粒机适合生产中、低浓度的复混肥，如果用于生产高浓度复混肥，则成粒困难，产量低。

2）转鼓造粒机

图 3-23 为转鼓造粒机结构示意图。其主要造粒部分为一倾斜的旋转圆筒，进口处有挡圈以防止进料溢出，出口处也有挡圈以保证料层深度。由混合设备混好的物料，自动定量送入圆筒内，与喷淋出来的液滴接触，由于圆筒不断翻滚，物料逐渐成球，物料不断加入，成球的颗粒不断排出并连续进行。圆筒内壁装有刮板，以避免物料黏结在筒壁上。转鼓造粒机适合生产高浓度复混肥，用于生产低浓度复混肥时则会因返料过多，颗粒不圆，产品质量不高。转鼓造粒机通过造粒温度提高造粒物料中的液相量，促使物料在较低含水量下成粒，为干燥提供方便，明显降低能耗。

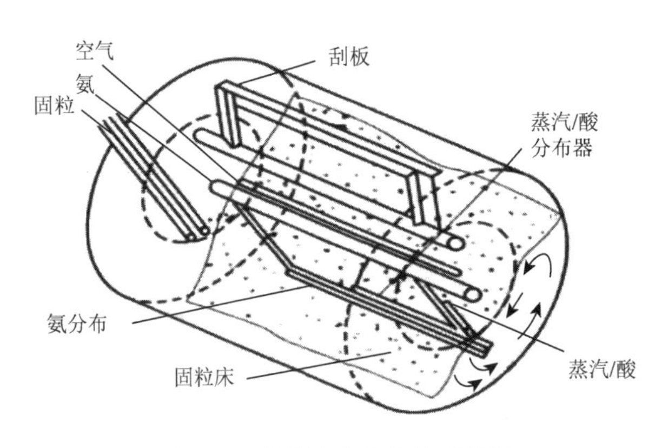

图 3-23　转鼓造粒机结构示意图

3）喷浆造粒机

喷浆造粒机如图 3-24 所示。喷浆造粒机是一只倾斜的圆筒，与水平倾角 3°，由辐轮支承。电动机经减速机接齿轮啮合传动，在筒体前端装有进料箱，尾端装有出料箱，在筒体与进（出）料箱之间靠迷宫封装相接。进料箱装有喷浆口、炉气管、外返料和湿料进口管；在出口料箱装有尾气管、产品卸料管。在筒体内壁前部有斜式或螺旋式导向板，紧接着装有升举式抄板。这些抄板有与轴向平行的，也有与轴向成 12°倾角排列的，在逆螺旋前物料进料方向安装 45°～50°斜导向板。逆螺旋是为了避免返回的干物料与待干燥物料混杂，可以使外部的返料减少 1/3；开螺旋结构会使带向窑头的干物料与向尾部移动的湿物料相混。抄板长度为 1.0～1.5m，板距应考虑保证物料从一个抄板挂落到另一个抄板上。炉气经炉气管上分布的棚孔导入窑内。炉气在筒体的整个截面上均匀分布，有利于蒸发和干燥。热炉气进口管在进料室前部与窑同轴心的固定壁相连，固定壁上开有缝隙，热炉气可沿切线导入，在筒壁的上方插入一根返料管，中心轴装有喷洒料浆的喷头。在固定壁处，气体流速较大，足以使返料随气流输送。筒体内还装有挡圈，以提高筒体内物料的填充率。

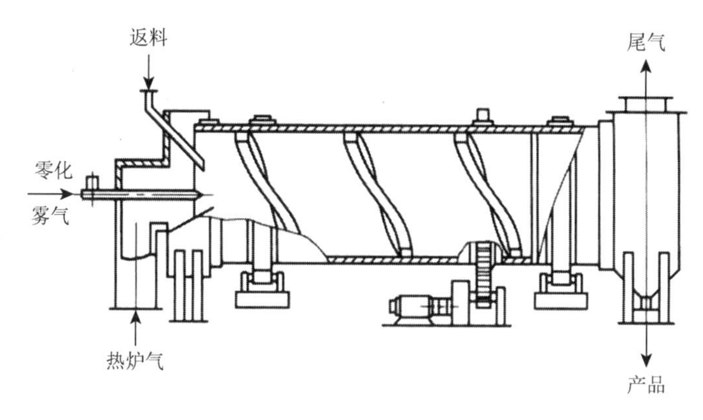

图3-24　喷浆造粒机结构示意图

4）挤压造粒机

挤压造粒机包括对辗式挤压造粒机、平模挤压造粒机和环模挤压造粒机，这里主要介绍对辗式挤压造粒机。

对辗式挤压造粒机由一对旋转方向相反的轧辗组成，并列安装，间距很小，一般一个辗子固定，另一个相对转动，每个轧根表面刻有一定数目的模孔。粉状物料进入料斗，随着轧辗的不断旋转，物料进入两个轧辗所夹的弧形三角内，逐渐被压缩，当达到对辗几何中心线时，模孔的肥料受到最大压强，被压成颗粒。当转轮继续旋转通过中心线时，颗粒与模孔之间产生了滑动，在重力作用下，粒肥从模孔中脱落下来。这种挤压过程属容积压缩作用，而作用力的大小，主要与对辗半径、模孔大小及肥料填充度有关。辗轮半径和模孔大小，对同一机型来说是一定的，因此作用力的大小主要取决于物料填充度。加上造粒前的充分搅拌和后工序的筛分，整个工艺生产中没有温升，又无须干燥除水，物料不发生化学反应，加工非常方便。对辗造粒生产复混肥的主要特点如下。

（1）可加工含有一定比例硝态氮的复混肥。硝态氮因速效，用途不断扩大，但吸湿性强，在高温高湿下会潮解成泥状，使造粒机无法生产。对辗造粒生产中没有温升，又不加热干燥，故可加入含硝态氮的氮肥。

（2）产品中水溶性磷含量指标易保证。以过磷酸钙作磷源，与尿素、氯化钾混合，产品因含游离酸会发生加合反应，常使混合物的液相量增加，而采用添加钙镁磷肥中和的办法解决，易使水溶性磷退化。本设备在生产中按标准配加磷铵和钙镁磷肥，产品水溶性磷含量均在标准指标内。

（3）采用原料广泛。低浓度可用碳铵、硫铵、氯化铵作氮源，以过磷酸钙、钙镁磷肥作磷源；中、高浓度可用硫铵、氯化铵、尿素作氮源，以过磷酸钙、磷铵、钙镁磷肥作磷源。

（4）产品抗破碎性和硬度均达到指标规定，在土壤中的溶解和扩散比粉肥要慢得多，粒肥深施后，减少了氮的挥发、淋失和反硝化损失，提高了化肥利用率。

5）各造粒设备性能比较

以上几种造粒方法和造粒设备各有优缺点：圆盘造粒机直观简便，成粒率较高（>90%），颗粒自动分级，大小均匀，单位功耗低，返料较少，但对物料混拌均匀度和细度要求较高，且有少量粉尘外溢；转鼓造粒机成粒率较低（40%～60%），返料量较大，单机造价高，有黏壁现象，颗粒不能自动分级，但生产率高，无粉尘外溢，对物料混合均匀度要求低；挤压造粒机成粒率高（接近 100%），颗粒强度高，基本无返料，粒形一致但不圆滑，生产率低，单位功耗高，模具磨损严重，温度升高时可将部分活菌杀死。综合分析，圆盘造粒机（即团粒法造粒）比较适合生物复混肥造粒。

5. 有机肥的包装设备

考虑到运输、管理和保存方便，常使用打包机来将最后的堆肥产品包装起来，要据堆肥的数量和用途选择包装袋的材料、大小和形状以及打包机的规格。主要用于肥料厂粉状或颗粒状物料的计量和包装；皮带喂料、无斗计量（图 3-25）。

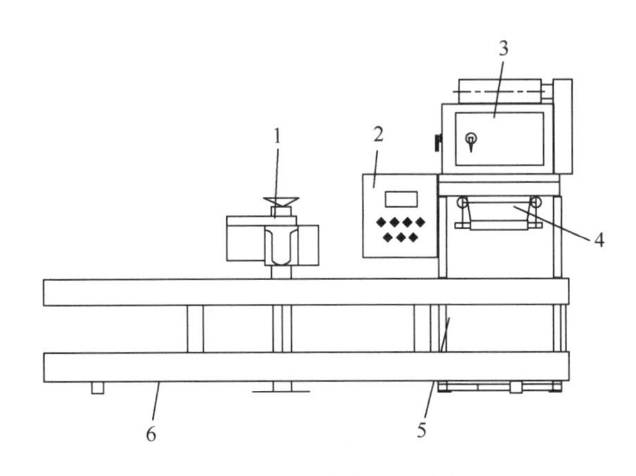

图 3-25　自动打包秤示意图

1：封包系统；2：控制箱；3：皮带喂料机；4：夹袋装置；5：机架；6：成品输送机

打包秤进入自动运行状态，当控制器接收到启动信息后，夹袋装置迅速反应，夹紧料袋，延时一段时间，控制器同时开启快速加料阀门，物料落入袋中，当料袋中的质量达到设定的快速加料设定值时，加料速度转入慢速加料，使加料速度减缓，确保称重的精度，当料重达到慢速加料设定值时，关闭慢速加料阀，稍做延时，待空中物料到达料袋，再开启夹袋装置，完成动态称重过程。快、慢加料的设定值可根据物料的流动性、密度等状态，以及根据用户的经验，由用户自行设定。

6. 堆肥厂的运输与传动装置

堆肥厂的运输与传动装置主要用于堆肥厂内物料的提升与搬运，以及完成新鲜物料、中间物料、堆肥成品和二次废物残渣的搬运。堆肥厂内物料的运输传动形式有很多种，关键在于合理选择，这是确保工艺流程实施、提高固体废物处理效率、实现堆肥厂机械化、自动化的保障。同时，它也是降低工程造价和工场运行费用的重要环节。堆肥厂常用的运输传动装置有起重机械、链板输送机、皮带输送机、斗式提升机、螺旋输送机等。

运输与传动装置设备的设计要考虑物料特性（质量、体积、密度和含水率）、输送路线及距离、输送机功率及参数、输送机投资及运行费用。它包括带式输送机、刮板输送机、活动底斗式输送机、螺旋输送机、平板输送机和气动输送系统等。反应器堆肥系统宜采用螺旋输送机，不宜采用履带输送机。输送设备运行时遇到的主要问题是物料压实或堵塞、溢漏和设备磨损。

1）起重机械

起重机械是将物料提升到一定高度，然后转载到一定位置的机械设备。堆肥厂新鲜固体废物由存料区或贮料池运输至处理设施，以及一次发酵池、二次发酵池进出料均可采用起重机械，起重机械运行稳定可靠、运行费用低，但在工艺流程中某些环节应用时，要求在封闭环境下进行操作，这是为了避免因扬尘和撒料而污染环境。

目前，堆肥厂采用得比较多的起重机械有桥式抓斗起重机、龙门抓斗起重机、装料抓斗起重机。

2）链板输送机

链板输送机是借助链条作为牵引构件，承载物料的构件安装在链条上，由链条牵引传动达到运输的目的。它的主要特点是：结构简单牢固，对被运物料的块度适应性强，可根据实际需要来改变输送机的输送长度，可在输送机的任意点进行装料或卸料；供料均匀，供料量可调节，可承受压力大。根据输送物料的性质不同，链板输送机的承载构件的板片形状也不同。在输送散状固体废物时一般选用槽形板片和波浪形板片，这可增加输送量和提高输送角度，倾斜角可达 45°，甚至更大。

3）皮带输送机

皮带输送机是机械化固体废物处理系统中输送物料效率最高、使用最普遍的一种机械。它的优点有能连续运输操作、运输量高、动力消耗低、输送距离长、安装与操作维修方便、使用可靠等。皮带输送机不仅可以水平输送，还可以倾斜输送，其允许最大倾角为 12°～15°。如果在皮带上加装横向料板，倾斜角度还可大大提高。固体废物处理场一般采用的带速为 1.2m/s。常用带宽有 500mm、650mm、800mm、1000mm 和 1400mm 五种规格。皮带输送机的输送带既是承载构件又是牵引构件，依靠皮带与滚筒之间的摩擦力平稳地进行驱动。皮带输送机中最重要的部件是输送带，而且它的价格也是最昂贵的，其价格占输送机总投资的 30%～50%。故使用时要充分考虑保护输送带，使之有较长使用寿命，一般可用 5～10 年。皮带输送机在运行过程中，不可避免地会有固体废物粘在皮带和滚筒的表面，从而造成带条跑偏，使皮带磨损撕裂。因此，清扫黏结在带条、滚筒表面的黏附物对于提高输送带的使用寿命和保证输送机的正常运行，具有重要意义。常用的清扫装置有清扫刮板和清扫刷。

皮带输送机的卸料方式分端部卸料和中途卸料两种。输送机端部卸料不必另加卸料设备。如需改变卸料方向，必要时可加转向滑槽。如需中途卸料，必须加上挡板式卸料器。挡板式卸料器是将一金属挡板装于输送线卸料部位，移动的物料在碰到挡板时，就流向一侧或两侧（取决于板的形式）。挡板倾斜度为 30°～45°，挡板式卸料器适用于平输送带，不适于槽形输送带。

4）斗式提升机

斗式提升机是在垂直或接近垂直的方向上连续提升粉粒状物料的输送机械，一般用它来输送经过破碎、分选后的固体废物和堆肥成品。对未经破碎和分选的固体废物，容易由于缠绕等原因而造成阻塞故障，故不宜选用。

斗式提升机的优点有：能在垂直方向内输送物料，占地面积很小；与倾斜皮带输送机相比，提升同样高度时，输送路程最短；能在全封闭罩壳内进行工作，避免了对环境的污染。它的缺点是：输送物料要求呈粉粒状，所以输送的物料范围受到限制；对超荷载适应性差；料斗倒不干净，易造成堵塞；运输效率不高；料斗及牵引构件较易损坏。

5）螺旋输送机

螺旋输送机是一种无绕性牵引构件的连续输送设备。在水平螺旋输送机中，物料由于自重而贴紧料槽，当螺旋轴旋转时，物料与料槽之间的摩擦力阻止物料跟着旋转，因而物料得以前进。螺旋在无料槽的条件下，由于物料自重也同样能将物料推动前进。

螺旋输送机可以用来沿水平和倾斜方向或垂直方向输送物料。它具有下列优点：能实现密闭输送，对环境的污染影响小；结构简单，造价低，易于维修管理；尺寸紧凑，占地面积小，可在路线的任意点装料卸料。其主要缺点是：单位能耗大，螺旋叶片和机壳易磨损；对较大的块状物料、带状物料及黏性物料不宜采用。

螺旋输送机在固体废物堆肥处理中已得到应用，使用效果比较理想。但是固体废物必须经过预处理，只有将粗大物和带状物去除后才能使用，否则会发生缠绕、堵塞等故障。螺旋的直径通常制成 80mm、100mm、140mm、200mm、500mm、600mm，最大可达 1250mm。

3.3 好氧堆肥生物技术

3.3.1 堆肥腐熟菌剂

1. 堆肥腐熟菌剂的制备方法

1）直接筛选混合接种物制备微生物菌剂

在堆肥体系中，发挥积极作用的是整个微生物群落，并且随着堆肥反应的进行，微生物群落的结构和功能也是不断变化的。堆肥原料的组成十分复杂，需要降解的各种易降解和难降解的有机物种类也十分丰富，由于要降解这些有机物使堆肥物料转化成腐殖质，所以起作用的微生物群落的结构十分复杂，包含了大量的不同种类的细菌、放线菌和真菌等微生物，而且还在不断地变化中。有研究表明，由于微生物群落中各个菌种之间协同作用、相互依存和各菌种对环境的苛刻要求等原因，在自然界中的微生物大部分无法在通常实验室的培养基上进行分离培养，常规的培养基分离培养的方法往往只能得到很少的一部分信息（Insam and Riddech，2002）。堆肥中的微生物群落也同样具有此种特性，所以在堆肥接种微生物菌剂的研究方法中，不少研究人员采用了直接从堆肥物料中筛选混合菌剂的方法。由于要有一定针对性地筛选培养基，所以得到的菌剂也往往具有一些特定功能，而不是整个堆肥体系中微生物群落的复制。

崔宗均等（2002）从堆制一周、处于高温发酵高峰的堆肥中取样，直接接入碳源为滤纸的蛋白胨纤维素培养基中，等浸在培养液中的滤纸刚刚分解断裂时，转接于同样的新鲜培养液中。如此分别转接数代后，将 pH 偏酸的和偏碱的培养物混合接种，边传代边筛选出滤纸分解速度快且 pH 保持稳定的混合体，在保持自然群体中菌种间协同关系的前提下，将酸碱反应不同的分解菌群重新组合，获得了稳定而高效的纤维素分解菌复合系 MC_1。该复合系可将不同 pH 的培养基缓冲到中性，并使发酵液 pH 保持稳定，持续 20 天以上。刘婷等（2002）从有关环境中采集堆肥样品和富集培养基（新鲜粪便、木屑及刨花），按 30%和 70%（质量比）混合放入 500mL 摇瓶中，在模拟堆肥条件下，200r/min 恒温振荡培养，第一天、第二天中温（30℃），第三天后高温（55℃），直到粪便基本无臭；同时测定培养过程中各瓶的臭气变化和减重率变化。第二轮培养，从前一轮的各瓶中，选取除臭效果最好、减重率较高的 3 瓶物料，移种部分至 7 瓶新鲜富集培养基中，继续振荡培养，依此类推连续进行几轮培养后，逐步提高富集培养基浓度至 95%，反复富集培养直到粪便完全无臭、腐熟为止，得到用来接种堆肥的混合微生物菌剂。

2）筛选功能菌株组合制备微生物菌剂

虽然直接筛选操作相对简单，而且保存了许多不能在平板上进行划线分离的菌株，但是由于缺乏对其中菌株的足够了解，所以在堆肥微生物菌剂的研究方面，有不少学者选择了对一些菌株进行组合从而得到有针对性的微生物菌剂的研究方法。在这种研究中，所用到的菌株有些是已保存的常见菌株，有些是从堆肥物料中筛选的功能菌株，对于它们的基本特性，都有比较详细的了解。研究者可以按照自己的意图配制有一定功能、对堆肥有明显针对性的微生物菌剂。使用这种方法开发出来的微生物菌剂，对其所产生的效果就可以比较好地进行分析，这是一个比较明显的有利点。这种方法的弊端就是研究时必须考虑接种微生物群落的适应性，要处理好它们和原生微生物群落的关系，避免外源微生物在群落结构的演替过程中被原生微生物淘汰掉。在这个方面，所用的微生物不少是从堆肥中分离，且微生物菌剂在使用前都经过了反复驯化和培养，而且都具有一些特定的生理生化功能，能够较好地参与堆肥进程，与其他微生物协同发挥作用，对堆肥中的环境均能较好适应，所以这种微生物菌剂均能较好地在堆肥过程中发挥积极作用。

考虑到堆肥过程中难降解的有机物主要是纤维素类物质，很多研究者采用了木质纤维素类降解菌。刘悦秋等（2003）用中温菌和高温菌制成了微生物菌剂。中温菌有青霉属、云芝属等真菌，枯草芽孢杆菌、蜡样芽孢杆菌、拜叶林克菌和假单胞菌等细菌，细黄链霉菌等放线菌。高温菌包括芽孢杆菌属、链霉菌属和高温放线菌属。

还有部分学者按照堆肥过程中对不同功能菌株的需要，选取已有一些典型功能菌株，经过混合培养和驯化后制备了用于堆肥的微生物菌剂。席北斗等（2011）按功能需要将康氏木霉、白腐菌、变色栓菌与 EM 菌、固氮菌、解磷菌、解钾菌按一定配比扩大培养制成了一种用于堆肥的高效复合菌剂。冯明谦等（2000）筛选比较了 625 株细菌、153 株霉菌、27 株放线菌对果胶、淀粉、纤维素和半纤维素的降解能力，选用了降解能力和抗逆能力均强的芽孢杆菌、霉菌和放线菌各 1 株作为种子，进行了人工接种堆肥试验。

2. 堆肥腐熟菌剂的作用

关于堆肥接种或堆肥接种剂的作用，长期以来存在不同看法。部分研究者认为，堆肥物料中土著微生物种群数量大，接种微生物种群在还没有来得及繁殖成为优势种群前，堆肥物料中土著微生物已迅速繁殖，抑制了接种微生物的生长繁殖；堆肥有机物的种类多、成分复杂，堆肥物料中土著微生物已经对环境条件形成了较好的适应性，并相应具备了对该类有机物的分解利用能力。而接种微生物首先需适应这些有机物，可能会对这些有机物分解利用不充分，很难达到理想效果。但多数研究者和堆肥生产者认为，用于堆肥接种的微生物，都是通过压力筛选，比绝大多数土著微生物具有更强的抗逆性、更好的适应性，繁殖速度快，功能明确；不仅不同堆肥原料土著微生物种类和数量存在差异，即使同一原料因收集途径、贮存方式甚至水分含量不同，土著微生物的种类和数量也存在差异，堆肥接种有利于平衡原料微生物种类和数量差异，保证产业化生产中产品质量稳定；堆肥接种时配套加入适量起爆剂（一般为碳素营养，如蔗糖），能促进接种微生物迅速繁殖，有效提高堆肥过程中有益微生物种群数量，缩短堆肥化周期；多数堆肥接种剂含有分解有机废物特别是畜禽粪便、市政污泥中臭味或异味的菌株，有利于改善生产环境；由于堆肥接种剂中有目的地复合了一些具有抗病、促生长的微生物，堆肥接种能大幅度地提高产品品质，提升堆肥产品的商品价值。

1）促进堆肥腐熟，缩短堆制周期

传统的堆肥法堆肥腐熟的时间常需三个月，堆制过程中堆肥周围恶臭难闻，污水流淌，蚊蝇滋生，成为农业环境中重要的污染源。因此如何缩短堆制时间，使新鲜畜禽粪便快速腐熟，是现代农业生产中亟待解决的问题。传统堆肥腐熟过程主要是一个由自然微生物参与的生理生化过程，可以通过添加外源微生物来加速该过程。

接种微生物促进堆肥腐熟的机理有：①提高堆肥初期微生物的群体，增强微生物的降解活性；②缩短达到高温期的时间；③接种分解有机物质能力强的微生物（林先贵等，2007）。一些从堆肥中分离出来的放线菌和真菌常作为堆肥接种剂加速细胞壁和木质素、纤维素水解，促进腐殖化过程。目前应用的三种主要接种剂为：微生物培养剂、营养添加剂、有效自然材料。有效自然材料主要是指粪便堆肥、牛粪、耕层土壤和菜园土壤等，其中含有种类极其丰富的微生物群体。

1936～1938 年，彭家元和陈禹平从堆肥中分离筛选出嗜热性纤维素分解细菌，并扩大培养后制成菌剂，称为平元菌剂，其作为堆肥的接种剂应用。中华人民共和国成立后，推广高温堆肥，同时推广了嗜热纤维分解菌的接种。东北农业科学研究所推广的札札菌，是从厩肥、堆肥或马粪中分离出来的嗜热性纤维素分解芽孢杆菌。将这种札札菌加富培养，制成菌剂，使用时用水稀释，将稀释液浇泼到堆肥各层中可以加速堆肥腐熟。东北农业科学研究所在推广嗜热纤维分解菌剂接种堆肥时，还采用马粪培养液接种堆肥，马粪培养液的制法是 1kg 马粪加 15kg 水，65℃培养 3～5 天。农村制作时，将装这种液体的桶放在发高热的堆肥中培养。总结经验时认为马粪培养液中能自然繁殖出大量的嗜热纤维分解菌。

针对鸡场粪便堆肥化利用过程中突出的氨挥发、氮损失、腐熟时间长等问题，中国科学院成都生物研究所李东团队通过选育高效的功能微生物，科学组配得到具有促腐-保氮-抑臭功能的鸡粪专用腐熟菌剂（腐熟宝）专利产品（专利号：202010694004.X、202010694003.5），见图 3-26，其有效加速腐熟过程、减少氮损失、从源头抑制恶臭产生，提高堆肥有机质含量。

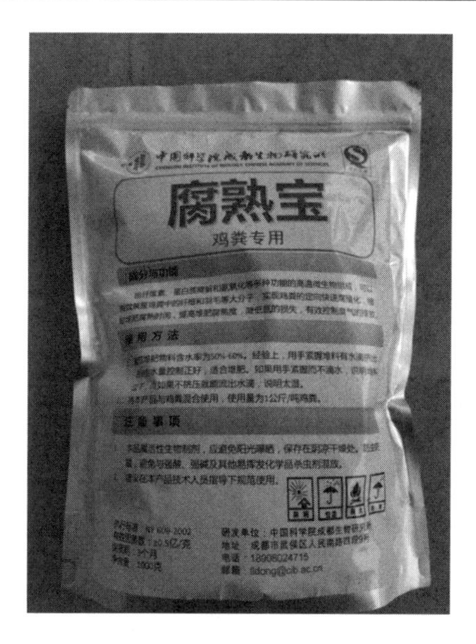

图 3-26　鸡粪专用腐熟宝

一些从堆肥中分离出来的高温菌、中温菌、放线菌和真菌作为堆肥接种剂可加速细胞壁和木质素、纤维素水解，促进腐殖化过程，避免堆肥早期 pH 下降，提高堆肥氮素含量和促进堆肥过程中磷的可溶性。其中真菌对堆肥物料的分解和稳定起着重要的作用，真菌不仅能分泌胞外酶，水解有机物质，而且由于其菌丝的机械穿插作用，还对物料施加一定的物理破坏作用，促进生物化学分解。放线菌利用纤维素能力较弱，但它们容易利用半纤维素，并能在一定程度上分解木质素。

酵素菌也是一种理想的堆肥接种剂。酵素菌技术是由日本微生物专家岛本觉也于 20 世纪 40 年代研究开发，20 世纪 80 年代日渐成熟并广泛应用于种植业、人体保健、环保等方面的微生物应用技术。酵素菌是由细菌、真菌和放线菌 3 类微生物中的 24 种益生菌组成，它们在生理活动和新陈代谢中产生多种酶和活性物质，如淀粉酶、蛋白分解酶和麦芽糖酶，以及维生素 B 类群及核酸等活性物质。因此，其分解难溶矿物质、纤维素等无机物和有机物能力增强，从而提高了这些物质的转化率和利用率，在短时间里分解转化成为可供植物利用的有效成分，是快速堆制高质量农肥的催腐剂。另外，腐熟堆肥的回用，可以改善堆肥初期的环境条件，提供驯化微生物，从而提高微生物活性，也可促进堆肥初期的发酵过程。

汪恒英（2004）采用室外堆肥的方法，在猪粪堆肥中接种嗜热球杆菌，考察了接种的作用及对腐熟度指标的影响。结果表明，该菌株能有效加快堆肥的腐熟进程，促进堆肥初期温度上升，处理组最高温度比对照组高 6.9℃，达到最高温度的时间比对照组提前 15 天；两组堆肥 pH 较堆制前期均有所降低，电导率升高，但处理组的 pH 和电导率均比对照组变化快；青菜种子发芽指数到达 50%的时间，处理组比对照组提前了 22 天。此外，接种嗜热球杆菌还影响了堆肥过程中过氧化氢酶、蛋白酶和纤维素酶活性。

2）减少氮素损失，提高养分含量

畜禽粪便在堆制过程中会散发出大量恶臭，造成畜禽粪堆肥恶臭的主要原因是氨的挥发。在恶臭扩散的同时，堆肥中氮养分大量损失，从而使堆肥的农用价值降低。传统堆肥过程是一个自然微生物参与的生理生化过程，能利用添加外源微生物的办法来调控堆肥过程中氮、碳的代谢，通过氮素物质分解为 NH_3 后的气态挥发损失来控制臭味的产生，并保留更多的氮养分。

赵京音等（1995）进行了微生物制剂 EM 控制鸡粪堆制过程恶臭产生的研究，结果表明，EM 处理的堆肥中 NH_4^+-N 含量比对照下降 41.86%（10 天）～56.71%（20 天），NH_4^+-N 散发量明显减少，且在后期有较强酿酒芳香味溢出，除臭效果显著。EM 处理能加速堆肥腐熟，减少氮的气态损失，并可将无害化处理的时间缩短到 20 天。

3. 堆肥腐熟菌剂的使用及注意事项

影响堆肥接种效果的因素很多，不仅有温度、湿度、供氧量、碳氮比、碳磷比、pH 以及堆高、堆体大小、发酵方式等诸因素（王正银，2015），还与发酵接种剂的菌种构成、接种比例、接种剂类型等有更密切的关系，甚至堆肥过程控制也影响其效果。堆肥条件和过程控制对发酵的影响实际上就是对堆肥微生物的影响，在此不再赘述，现就菌种选择和使用中的几个关键问题概述如下。

1）菌种选择

堆肥有机物构成的复杂性决定了堆肥过程的复杂性，也决定了作用微生物组成的多样性，接种单一微生物很难满足堆肥化的这种多样化需求，所以一般应选用复合微生物发酵接种剂。在菌种的选择上，第一，要考虑生态安全性，未经菌种安全评价或农业农村部登记的微生物不能选用；第二，要根据堆肥有机物的特点选用合适的菌种，不同的菌种制品各有其特点，但任何菌种都不是万能的，生产企业应该根据有机物类型、产品目标选用合适菌种制品；第三，不具备规范的工业化生产条件生产的菌种，以及没有菌种保藏措施下连续扩繁的菌种不得选用，发酵菌种的研制和生产是个复杂的和规范化的过程，只有具备相关条件的机构才能生产出合格的制品；第四，实验室菌种慎重选用，由于实验室菌种没有经过工业化过程，批量有限，并且无法提供菌种在堆肥生产中的相关参数。

2）接种比例

任何堆肥接种剂都有其最适的接种比例，并非多多益善。影响接种比例的因素很多，主要有堆肥有机物性质、含水量、环境温度等。一般堆肥有机物中可溶性物质含量较低、物料水分偏高、环境温度较低时，应适当加大接种比例。接种比例确定的原则是以发酵效果为基础、以成本构成为参考。堆肥生产一旦确定接种比例，非特殊情况一般不要改变，以保持生产工艺和过程控制参数稳定，从而达到堆肥质量稳定。菌剂的接种量一般为 0.05%～5%，我国近年来文献中所述的接种量大多为 0.1%～1%，接种时间多为堆肥初期。

3）起爆剂

堆肥接种后，由于堆肥有机物能立即提供给微生物的小分子营养物有限，为了在较短时间内使微生物种群数量激增，快速启动发酵进程，通常以一些低分子的单糖、淀粉、蛋白质作为微生物最初的营养底物，使微生物的数量和活性似“爆炸”一样，所以便将该类物质形象地称为“起爆剂”。常用的起爆剂有红糖、糖蜜、淀粉等。在起爆剂的使用上，最好是将菌种和起爆剂互溶或混合后再接种在堆肥有机物上，以便达到充分的“起爆”效果。

总之，堆肥有机物的性质、堆肥条件和过程控制参数的设定与堆肥接种剂的应用是个密切关联的有机整体，堆肥有机物的性质决定了如何设置堆肥条件和过程控制参数，堆肥条件和过程控制参数的调整和优化是为了有效发挥堆肥接种剂的效率，反过来促进堆肥有机物快速分解，所以在堆肥接种剂的使用上，必须将三者作为一个有机整体通盘考虑。

3.3.2　堆肥生物除臭

堆肥过程中常伴随着臭气释放，这些恶臭气体随着水蒸气和二氧化碳一起排出，污染周围空气和周边环境、吸引蚊虫及苍蝇等。毫无疑问，臭气控制在堆肥生产中是一个十分重要的问题，在堆肥场地建设时，很有必要对臭气进行专门设计，防止二次污染。

1. 堆肥臭气种类及臭味指数

恶臭污染是一种感觉公害。它通过发臭基团，如巯基、羰基等刺激嗅觉细胞，使人感到厌恶和不愉快。恶臭污染具有以下特点：恶臭气体成分复杂，往往是多种恶臭物质的混合臭；恶臭污染的监测、分析难度大，其治理的难度也较一般的大气污染难度大；恶臭物质的浓度一般较低，甚至可以低到 ppb（10^{-9}）级的浓度。畜禽粪便堆肥厂的臭气主要来自原料贮料仓、堆肥区和分选干燥区，恶臭气体主要成分为：氨气、无机硫化物、有机硫化物、脂肪酸、胺类、芳香族化合物、杂环化合物、烯萜、酮类和醛类等。这些气体产生后散发到空气中，给环境带来污染。

氨气：蛋白质和氨基酸的好氧和厌氧分解过程都会产生氨气。任何低碳氮比的物料都易于释放出过量的氨气到大气中。禽类粪便大都具有较高的蛋白质含量，集中堆置时从堆体中排出的气体，其氨气的含量可达到 2000mL/m^3，短期内人体吸入大量氨气后可出现流泪、咽痛、咳嗽、呼吸困难，并伴有头晕、恶心、乏力等症状。若吸入的氨气过多，导致血液中氨浓度过高，则会通过三叉神经末梢的反射作用而引起心脏停搏和呼吸停止，危及生命。

无机硫化物：硫化氢是在堆肥生产中常见的一种臭味物质，它产生一种类似臭鸡蛋的气味。硫化氢的产生一般有两条途径：第一，在厌氧发酵过程中由蛋白质或者含硫有机物的分解产生；第二，有机物和硫酸盐在无氧的条件下发生反应，硫酸盐可以作为电子受体被还原成硫化氢。在堆肥过程中如果有厌氧条件存在，如物料内部有通气性差的块状物时就会产生硫化氢。

有机硫化物：硫醇是酒精的含硫异构物，通常结构式为 R—SH。它典型的特征是产生令人恶心和讨厌的气味，但随分子量的提高而减轻。30 亿份空气中含有 1 份乙硫醇时人的鼻子可以闻到。烷基硫化物是带有 R—S—R 结构，醚的含硫异构物，它们被发现存在于洋葱、大蒜这种具有特殊气味的植物中，10 亿份空气中含有 1 份烷基硫化物就可以闻出。在厌氧和好氧条件下硫醇可由含氨基酸的硫化物形成，在厌氧条件下更容易产生。例如堆肥块周围存在一些厌氧区的情形下，若供应氧气，硫醇可能会被氧化成二甲基硫化物和二甲基二硫化物，因此这些化合物的每一种都可在堆体中产生和分解。

脂肪酸：脂肪酸是一种具有相对长链结构，是组成脂肪类、油类和蜡状物的一元羧酸。这种长链酸可以水解成易挥发的小分子酸类，如乙酸、丙酸、丁酸。挥发性脂肪酸易于降解。

胺类：胺类是由蛋白质和氨基酸在厌氧下分解产生的。畜禽粪便堆肥过程中胺类物质的产生十分普遍，此外，一些鱼类和甜菜类的加工厂废弃物也会有大量的胺类物质释放。由甲胺、乙胺、二甲胺、三乙胺、尸胺、腐胺等组成的胺类都具有腐烂味和腥臭味。

芳香族化合物：芳香族有机物是以一个或多个苯环组成的一类有机物，芳香族化合物导致了许多树木具有气味。在好氧发酵过程中大量的木质素分解会产生芳香族类物质。

杂环化合物：吲哚和粪臭素是具有代表性的由一个苯环和一个含氮的环状结构组成的杂环化合物，它们产生于蛋白质的厌氧分解过程中，具有让人讨厌的气味。

烯萜：由一个或多个碳环派生出来的环烷化合物，它是一组天然的有机化合物。烯萜主要存在于植物中，许多植物具有香味就是因为含有它。因此，当用植物作原料进行堆肥时它们也会放出有气味的分子。在用木屑和锯屑作辅料的畜禽粪便堆肥过程中会有较多烯萜产生。

酮类：酮类是羰基与两个烃基相连的化合物。根据分子中烃基的不同，酮可分为脂肪酮、脂环酮、芳香酮、饱和酮和不饱和酮。

醛类：醛类是分子中由烃基跟醛基相连而构成的化合物。白酒发酵过程中会产生醛类。低沸点的醛类有甲醛、乙醛等，高沸点的醛类有糠醛、丁醛、戊醛、己醛等。醛类的毒性大于醇类，其中毒性较大的是甲醛，毒性比甲醇大 30 倍左右，是一种原生质毒物，能使蛋白质凝固，10g 甲醛可使人致死。在发生急性中毒时，出现咳嗽、胸痛、灼烧感、头晕、意识丧失及呕吐等现象。

臭气指数（ozone index，OI）用来测定特定气味物质引起臭味的潜力。臭气指数是以有气味的气体分子为基础建立的，这种气体必须具备以下条件：①它必须存在于大气中，并可被输送和接纳；②它在大气中必须具有一定的蒸气压。蒸气压越高存在的分子就越多。一旦这些分子存在于大气中，人类就会对它有所反应，这种反应取决于人们对特定分子的灵敏程度。因此臭气指数被定义如下：

$$\text{臭气指数(OI)} = \frac{\text{蒸气压}}{\text{臭气识别阈限(100\%)}} \tag{3-25}$$

OI 是一比率，可有效表明一种臭气物质进入大气并产生可识别反应的能力，它可测量一种特定气味物质在蒸发条件下导致臭味的潜力。

不同臭气组分的沸点和蒸气压见表 3-14（徐鹏翔等，2018）。氨、硫化氢、乙硫醇、二甲基硫和乙醛的沸点都低于堆肥过程中的普通温度。所以堆肥过程中产生的这些物质就会以气态挥发出来。氨和硫化氢在液相会离子化，由此减少了非离子化的浓度，限制了挥发。其余的物质沸点接近或高于堆肥过程的一般温度，但是它们也有明显的蒸气压，也可以蒸发成气态。

表 3-14　部分臭气物质的臭气指数及臭气浓度阈限

臭味物质名称	OU/(mL/m^3)[1]		温度/℃	蒸气压/mmHg[6]	臭气指数
	可检测[2]	可识别[3]			
氨	0.037	47	−33	bp[4]	167300
硫化氢	0.00047	0.0047	−62	bp	17000000
1-丁烯	0.069		−6	bp	43480000
甲基硫醇	0.0011	0.0021	8	bp	53300000
乙胺	0.026	0.83	17	bp	1445000
二甲（基）胺	0.047	0.047			
乙醛	0.004	0.21	20	bp	2760000
乙硫醇	0.002		23	bp	289500000
1-戊烯	0.0021		30	bp	376000000
二甲基硫	0.001	0.001	36	bp	2760000
二甲基二硫醚	0.001	0.0056			
二乙基硫	0.0008	0.005	88	bp	144000000
丁硫醇	0.0005		65	bp	49340000
丁酮			80	bp	3800
乙酸	0.008	0.2	63	100[5]	15000
丙酸脲			66	40	112300
α-松萜，松油	0.011		37	10	469000
桉油酚，桉树油			54	10	
柠檬油精，柠檬油			54	10	
丁酸			61	10	50000
粪臭素	0.0012	0.047	95	1	30000

1. 臭气浓度阈限（OU）指能够引起感觉的有臭味气体的最小浓度值。
2. 可检测阈限。
3. 可识别阈限。
4. 760mmHg 压力下的沸点。
5. 相应温度的蒸气压。
6. $1mmHg = 1.33322\times10^2Pa$。

2. 臭味测量和处理技术

要恰当地处理臭气，就必须定量地测量它们。如果气体中的化合物比较少，那么用分析技术可以确定其中产生臭味的物质的浓度，如气相色谱/质谱技术，如果臭气的最低限定浓度已知并且各种组成成分明了，则确定稀释程度就可处理臭气，这种方法最适合于气体成分数量有限的一般堆肥生产中。

然而大多数的臭气来源广泛，并且其组成通常都是未知的。在这种情况下，人的鼻子仍然是检测和确定臭气强度标准的一个可接受的标准。毕竟它是人感觉气味的器官，没有任何机械能够模拟它的反应，而且实际中器官感觉方法要比化学分析仪器更加灵敏。

臭气浓度阈限（OU）是指能够引起感觉的有臭味气体的最小浓度值。一般情况下，使用的临界值都是通过嗅觉小组给出的 50%、100%（包括最迟钝的）和 10%（最灵敏的）水平下的临界限。当给出的 OU 没有进行任何界定时，就可用 50%的临界值。所以，50%的绝对感觉临界值或检测临界值就意味着嗅辨小组 50%的成员都感觉到了臭气时的浓度。实践中臭气浓度阈限的测定也存在着一些困难，例如采集样品，对于堆垛式堆肥系统气体采集不容易，即使收集到臭气，贮存过程中样品浓度可能会发生变化。臭气的分析成本高昂，而且由于人们对于臭气的敏感性各不相同，所得到的结果也不尽相同。

由于许多堆肥系统直接暴露在空气下，这时测定臭气排放速率就很有意义。臭气的浓度以及气体流量的乘积被假定等于表面臭气排放速率（SOER）。通过在样品表面盖罩，从罩内抽取空气，测定抽取空气的臭味浓度和空气的流量进行 SOER 检测。SOER 的单位是 $m^3/(min \cdot m^2)$，假想空气以 $1m^3/min$ 的速度通过一个 $0.5m^2$ 的样品区域，如果样品气中含有臭气 10 OU（OU 为臭气单位），那么 SOER 就应该为 $20m^3/(min \cdot m^2)$。

在考虑除臭措施时，一般以氨（NH_3）、硫化氢（H_2S）、甲硫醇（CH_3SH）、二甲基硫[$(CH_3)_2S$]等 4 种主要成分为对象，其他物质所引起的臭味不大。这 4 种物质中，甲硫醇和甲基硫的臭阈值较低，臭味最大。这些气体物质不但对大气环境造成二次污染，而且严重影响周围居民的生活质量，危害工作人员的身体健康，臭气对人们产生心理上的影响，使人食欲不振、头昏脑涨、恶心、呕吐和精神上受到干扰。硫化氢、胺类、氨等可直接对呼吸系统、内分泌系统、循环系统及神经系统产生危害。因此，臭气问题解决得好坏，是整个堆肥工艺成败的关键之一。

控制臭气的首要方法是使堆肥充分高效地进行，这就需要对堆肥结构、通气设备、脱水方法、管道结构、熟化过程等方面进行优化与控制。控制臭气的常规堆肥方法是调整主料-辅料混合比例，使初始物料得到适当的碳氮比；物料充分混合以保证均一性和孔隙率，适当翻堆以保证通气；加强臭气采集。在好氧堆肥过程中避免缺氧，使堆肥生物代谢完全，可以有效减少臭气排放；随着堆肥过程中物料的稳定化，臭气的产生也会逐渐减少。在堆肥初始物料中加入生物灰或生物炭，可以在提高堆肥产物质量的同时降低臭气排放。

此外，对堆肥厂的运行采取一些控制措施可以有效减少臭气的产生及危害，常用的控制措施包括：采用封闭式的粪便转运车；在堆肥区域进出口设置风幕门；在贮料仓及堆肥区上方抽气作为发酵供氧或焚烧供气，使上述区域形成负压，以防恶臭外溢；定期清理贮料坑中的陈腐粪便；设置自动卸料门，以便粪便贮料、处理设施密闭化。这些措施虽然能在一定程度上减轻堆肥厂的臭气污染，但是彻底解决堆肥厂的臭气问题还需要对堆肥过程进行优化以及采用物理、化学、生物等方法对臭气进行完全处理。

3. 生物法臭气处理技术

生物除臭法是利用微生物分解恶臭物质使其无臭化、无害化的一种处理方法，因此也称微生物除臭法。自 1957 年美国报道利用土壤除臭法处理 H_2S 专利问世以来，生物除臭法得到了迅速发展，因为它有多方面的优点：微生物生长适宜的温度一般为 20～30℃，接近常温，一般无须加热，能耗低；微生物主要将恶臭物质氧化分解成 CO_2、H_2O、H_2SO_4、

HNO_3等物质，产生二次污染的可能性低；生物除臭装置简单，所以设备和运行费用低，维护管理方便。不仅如此，生物除臭对低浓度臭气也能达到高效处理。

用于臭气治理的微生物包括自养型和异养型微生物，这两类微生物都是在好氧条件下，通过对恶臭物质的氧化分解获得营养物和能量，并实现微生物的增殖。微生物生长需要适宜的条件，即充足的营养物质和溶解氧量及适当的温度、pH和水量等。同时微生物降解的恶臭物质必须具有一定的可生物降解性和水溶性，恶臭气体的温度不应大于50℃，并不含抑制微生物生长的有害物质。

在运用生物过滤法除臭过程中，微生物除臭分为三个过程：第一，将部分臭气由气相转变为液相的传质过程；第二，溶于水中的臭气通过微生物的细胞壁和细胞膜被微生物吸收，不溶于水的臭气先附着在微生物体外，由微生物分泌的胞外酶分解为可溶性物质，再渗入细胞；第三，臭气进入细胞后，在体内作为营养物质为微生物所分解、利用，使臭气得以去除。除臭的效果受处理气体的性质、填料性质和结构、工况运行条件等因素的影响。

不同臭气经微生物分解后的产物种类也不一样：含氮的臭气如酰胺类，经微生物的氨化作用后，分解为氨气，又经亚硝化细菌、硝化细菌的作用，进一步氧化为稳定的硝态化合物，还可以进一步通过反硝化还原为氮气；含硫的臭气经微生物分解后产生硫化氢，硫化氢经硫细菌氧化为单质硫和硫酸。

1）脱氨除臭原理

生物过滤对氨的去除主要是通过填料的吸附、液相的吸收、生物氧化以及与填料中酸性成分发生中和反应等作用来实现的。氨在液相中的去除主要是通过生物转化，生物转化过程即通过硝化作用将氨氮转化为硝酸盐。硝化反应由一群自养微生物完成。硝化作用是指由硝化菌将氨氮氧化成硝酸盐的过程，这个过程必须在好氧条件下才能进行。硝化菌为自养菌，它们以CO_2为碳源，通过氧化NH_3获得能量。硝化过程可分为两个阶段，分别由亚硝化细菌和硝化细菌完成。第一步是由亚硝化细菌（*Nitrosmnonas*）将氨氮转化为亚硝酸盐（NO_2^-），亚硝化细菌包括亚硝酸盐单胞菌属和亚硝酸盐球菌属。第二步是由硝化细菌（*Nitrobacter*）将亚硝酸盐转化为硝酸盐（NO_3^-），硝化细菌包括硝酸盐杆菌、螺旋细菌和球菌属。这类细菌利用无机碳化合物如CO_3^{2-}、HCO_3^-和CO_2作为碳源，从NO_2^-的氧化反应中获得能量，两步反应均需在有氧条件下进行。反应方程式可表示为

$$NH_4^+ + 1.382O_2 + 1.982HCO_3^- \longrightarrow 0.982NO_2^- + 1.036H_2O + 1.891H_2CO_3 + 0.018C_5H_7O_2N$$

$$NO_2^- + 0.488O_2 + 0.01H_2CO_3 + 0.003HCO_3^- + 0.003NH_4^+ \longrightarrow NO_3^- + 0.008H_2O + 0.003C_5H_7O_2N$$

总反应式为

$$NH_4^+ + 1.86O_2 + 1.982HCO_3^- \longrightarrow 0.982NO_3^- + 1.044H_2O + 1.881H_2CO_3 + 0.021C_5H_7O_2N$$

亚硝化细菌为专性好氧菌，在低氧压下能生长。化能无机营养型，氧化NH_3为HNO_2，从中获得能量供合成细胞和固定CO_2。温度范围为5～30℃，最适温度为25～30℃。pH为5.8～8.5，最适pH为7.5～8.0。有的菌株能在混合培养基中生长，即化能有机营养，高光强度和高氧浓度都会抑制其生长。在最适条件下，亚硝化球菌属的世代时间为8～12h。

大多数硝化菌在pH为7.5～8.0，温度为25～30℃，亚硝酸浓度为2～30mmol/L时

化能无机营养生长最好。其世代时间随环境可变，由 8h 到几天。硝化杆菌属既进行化能无机营养又可进行化能有机营养。硝化杆菌属在化能无机营养生长中，氧化 NO_2^- 产生的能量仅有 2%～11%用于细胞生长，氧化 85～100mol NO_2^- 用于固定 1mol CO_2。在进行化能无机营养时的生长比在进行化能有机营养时的快。硝化螺菌属则相反，在化能无机营养时的生长比混合培养中的生长慢，前者的世代时间为 90h，后者的世代时间为 23h。

2）脱硫除臭原理

目前发现的能代谢硫化氢的微生物主要有两大类：光合细菌和无色硫细菌。光合细菌在自然界硫的转化过程中起着重要作用。光合细菌的种类繁多，但只有紫色硫细菌（*Chromatiaceae*）和绿色硫细菌（*Chlorobiaceae*）中的一些菌种能代谢硫化物。在光照和厌氧条件下，它们能把无机硫转化为元素硫，元素硫可以进一步氧化为硫酸盐。光合细菌虽然能代谢硫化氢，但不适宜在除臭装置中应用。

无色硫细菌包括严格化能自养菌以及化能异养菌。常见的化能自养无色硫细菌由于可以代谢硫和硫化物，通常称为硫化细菌，其中以硫杆菌为主，包括氧化硫硫杆菌（*Thiobacillus thiooxidans*）、排硫硫杆菌（*Thiobacillus thioparus*）、氧化亚铁硫杆菌（*Thiobacillus ferrooxidans*）以及脱氮硫杆菌（*Thiobacillus denitrificans*）。生物除臭中广泛应用硫杆菌属，在氧化无机硫化物过程中获得能量，并以二氧化碳为主要碳源来合成细胞成分。硫杆菌中的大多数都是专性好氧菌，只有脱氮硫杆菌是兼性厌氧菌。它可以在厌氧条件下，利用硝酸盐中的氮氧化硫代硫酸盐、四硫酸盐和硫化物进行厌氧生长，将硝酸盐还原成氮气，即反硝化作用。

异养型硫氧化菌分布很广，种类很多，包括很多土壤细菌、放线菌和真菌。它们当中的一些种类能将硫代硫酸盐氧化成四硫酸盐，也有一些能将硫代硫酸盐氧化成硫酸盐。但是，这些异养型的硫氧化菌不能从硫的氧化过程中获得能量，它们生命活动所必需的能量是从有机物的氧化中获得的，所以生物除臭过程中一般认为它们并不起较重要的作用。

在硫化细菌中，硫杆菌属的分布最广，是目前生物除臭中应用最广泛的菌种。影响硫杆菌脱硫的主要因素有 pH、温度、溶解氧浓度、硫化物负荷等。硫杆菌对 pH 的适应范围较宽，而某些能氧化硫化氢的微生物，如氧化硫硫杆菌和氧化亚铁硫杆菌是嗜酸性的，其最适生长的 pH 为 1～3。尤其是氧化硫硫杆菌具有很强的产酸和耐酸能力，当它氧化元素硫时可产生 5%～10%的硫酸（质量/体积），甚至可以在负的 pH 下存活。大部分硫杆菌适于在中性和弱酸性环境中生长（pH 为 4～7）。此外，大部分已知硫化细菌是嗜温性的，最适温度 30℃左右，当环境温度＞50℃或＜10℃时，均可观察到硫化物代谢能力明显下降。

国外已经对高效除臭微生物的分离与鉴定进行了大量的研究，并取得了一定的成果。国外的许多研究是从不同生境中分离得到能代谢硫系恶臭物质的菌种接种于生物除臭器中用来处理硫系恶臭气体。近年来，这方面的代表性成果见表 3-15。可以看出，这些微生物既有来自生物除臭装置，也有来自自然环境，说明致臭硫化物既是恶臭源的主要成分，也是自然硫循环中的重要化合物。微生物多为自养型的 *Thiobacillus* 属和甲基营养型的 *Hyphomicrobium* 属，这与硫化细菌的一般研究结果是一致的。

表 3-15 致臭硫化物代谢微生物简介

微生物名称	来源	分离培养基	营养类型	代谢硫化物活性				
				H_2S	MM	DMS	DMDS	CS_2
Hyphomicrobium sp. S	土壤	DMSO＋酵母膏＋矿物盐	甲基营养	+	+	+	–	–
Hyphomicrobium sp. EG	海洋沉积物	DMSO＋矿物盐	甲基营养	+	+	+	–	–
Hyphomicrobium sp. I55	泥炭除臭器	DMSO＋矿物盐	甲基营养	+	+	+	+	–
Thiobacillus thioparus DW44	泥炭除臭器	$Na_2S_2O_3$＋矿物盐	化能自养	+	+	+	+	–
Thiobacillus sp. HA43	泥炭除臭器	$Na_2S_2O_3$＋矿物盐	化能自养	+	+	–	–	–
Thiobacillus thioparus TK m	污水污泥	$Na_2S_2O_3$＋矿物盐	化能自养	+	+	+	–	+
Thiobacillus thioparus	淡水湖底质	$Na_2S_2O_3$＋矿物盐	化能自养	+	+	–	+	–
Thiobacillus thioparus	海洋生物絮体	DMSO/$Na_2S_2O_3$＋矿物盐	化能自养	+	+	+	–	–
Thiobacillus sp. ASN-1	海洋底质	DMSO/$Na_2S_2O_3$＋矿物盐	化能自养	+	+	+	–	–
Xanthomonas sp. DY44	泥炭除臭器	肉汤＋蛋白胨＋酵母膏	化能异养	+	+	–	–	–
Pseudomonas acidovorance DMR-11	泥炭除臭器	肉汤＋蛋白胨＋酵母膏	化能异养	–	–	+	–	–

注：“＋”表示对相应底物具有代谢活性；“–”表示对相应底物没有代谢活性。

4. 生物过滤法臭气处理技术

与传统的技术相比，生物过滤具有低成本、高效率、无二次污染等优点，可以同时处理多种污染物，对难降解的多种挥发性有机污染物也有较好的处理效果，是目前国际上流行的臭气处理方法，适宜畜禽粪便堆肥处理厂的除臭处理。生物过滤器采用的填料内含活体微生物，因此与普通的吸附方法不同，无须频繁地更换填料。依靠分解利用污染物，微生物可进行繁殖与生长，从而使填料得以再生。一般情况下生物过滤器中的填料可以使用2～5年。生物过滤法有很多优点，如其运行成本仅为化学洗涤法的5%～10%。

1）生物过滤法类型

常见的生物除臭法有生物过滤法（生物固着态）和生物洗涤法（生物悬浮态）两种类型。

生物过滤法（装置示意图见图 3-27）臭气处理技术是通过生物过滤器中具生物活性的固体填料来吸收（或吸附）并降解废气中的臭味物质。生物过滤器一般包括一个或多个不加盖的固体填料床，填料通常是潮湿、多孔、疏松介质。填料床需进行一种或多种微生物的接种或者固定。伴随喷淋装置将营养物质与水均匀分布在过滤介质上，耐受臭气污染物质的微生物将存活并在填料介质表面上大量繁殖形成一层生物膜。一定的湿度使生物膜外形成一层水膜。在生物过滤过程中，堆肥废气穿过填料床，其中的污染物从气相溶解到水膜之后扩散至生物膜。膜中的微生物通过吸附或者在代谢过程中将污染物转化为二氧化碳和水，从而达到去除臭味的目的。除臭的效果受处理气体的性质、填料性质和结构、工况运行条件等因素的影响。

在生物过滤法填料中，用于除臭的微生物种类很多，主要有细菌、真菌、放线菌等，在投入堆肥厂实际运行前须对其进行驯化，驯化的目的是将填料中的菌种驯化为有针对性降解气相形式的优势菌群。驯化的方法是在室温条件下，首先在低浓度的臭气（如数百臭味浓度阈值）条件下培养几个小时甚至几天，使微生物能生长繁殖，然后把浓度逐

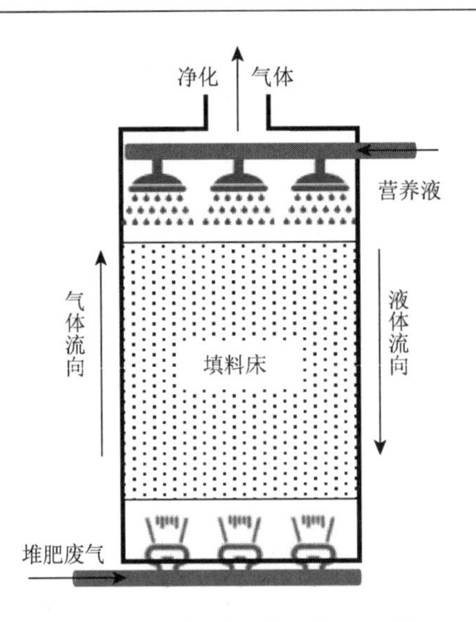

图 3-27　生物过滤器装置示意图

渐加大，使菌种适应不断变化的环境，最后将浓度加大到典型的臭气浓度值几千臭味浓度阈值，使细菌能适应高负荷的环境。在实际运行过程中只要通入的臭气量不超出微生物的分解能力，不必经常交换除臭材料就可以在较长时间内维持良好的除臭效果。

生物过滤法是目前研究最多的一种除臭方法，工艺也最成熟，也是最常用的生物除臭方法。该法的除臭效率受滤料中的含水率、pH、温度、布气的均匀性和自然条件等因素的影响。常用的滤料有土壤、堆肥等，下面就具有代表性的生物过滤法臭气处理工艺加以介绍与分析。

（1）土壤除臭法是将臭气通入土壤后，臭气成分首先被土壤颗粒吸附或溶解于土壤水溶液中，然后在土壤微生物的作用下将其分解转化达到消除臭气的目的。这种方法是生物除臭法中应用最早的一种，但到 20 世纪 80 年代才受到重视并逐渐普及。因为该方法管理和使用简便、不需要添加任何微生物和其他辅助性材料，至今在国外尤其是在日本和欧洲应用仍相当广泛。适合于该方法的土壤要求具有质地疏松、富含有机质、通气性和保水性能强等特点，符合这些条件的土壤主要有火山灰土和腐殖质土（如森林表层土）。在无法得到上述土壤的情况下，也可以进行人工配制。例如，可以利用一些肥沃的表层土壤与一些有机材料如堆肥等按一定比例混合制成。

土壤除臭的过程是由送风机将臭气送入土壤槽下部的主通风道，然后由支通风道分散到土壤槽底部的各个部分，由支通风道出来的臭气通过较大石块的空隙依次进入砂层（或碎石层）和土壤层，并逐渐扩散开来被土壤颗粒吸附，最终被土壤中微生物分解转化。装置示意图如图 3-28 所示。土壤除臭装置中，除臭用的土壤层一般在 50cm 左右（最初土壤层厚度在 60cm 左右，之后逐渐压实到 50cm 左右），设计除臭能力一般以通入空气中的氨气（在此以 NH_3 计）平均含量在 200mg/L 以下为宜。土壤下部通气静止压力最好为 2000～3500Pa，通风速度过高会引起土壤颗粒发生震动而导致土壤压实，致使通气阻抗力增加并降低除臭效果。通入的氨气如果超过了土壤微生物每日能降解的量，除臭效果就会降低。另外，长时间通入高温气体不仅会快速降低土壤水分、破坏土壤结构，而且会使土壤微生物失活或死亡。因此，通入的空气温度不能超过 40℃。相反，通入气体温度低于 10℃也会降低微生物的除臭能力。为了防风、防雨，整个土壤除臭装置应设置在塑料大棚内，冬季也可以起到保温的效果。

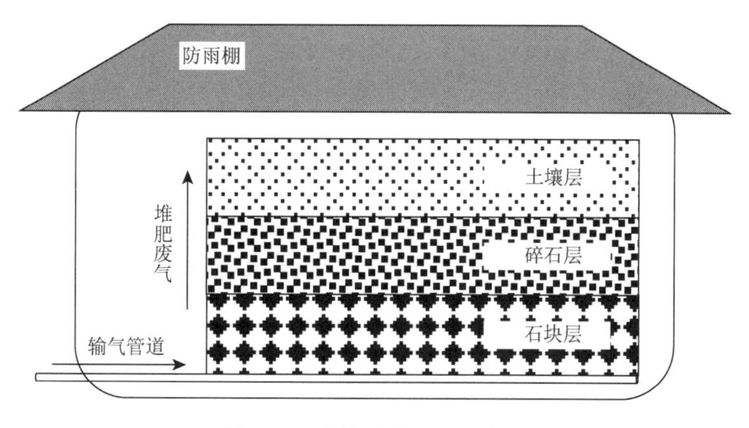

图 3-28　土壤除臭工程示意图

土壤是微生物良好的天然培养基，它具有微生物生命活动所需要的各种条件。土壤中种类繁多的微生物，构成一个较稳定的群落生物体系，能对送入土壤中的恶臭气体具有强烈的吸附、过滤和生物降解作用。为了提高除臭效率，人们向土壤中加入改良剂，如加入一定比例的活性炭，可以增加滤层对臭气的吸附性，加蛭石可以提高通气性。加入 3%鸡粪和 2%珍珠岩，可以提高对硫系恶臭气体的去除率。日本三菱长崎机工株式会社开发了一种以特制颗粒化土壤为填料的塔式装置，占地面积只有传统土壤法的 1/20～1/10，能处理高浓度臭气，并克服了土壤除臭占地面积大、易堵塞等缺点。

土壤法对于低浓度的臭气处理来说是一种既经济又简便的方法，并且无二次污染，其最大的缺点是占用土地面积大，限制了使用。为了克服这一缺点，在实际运用中可以添加一些质地疏松、通气性好的无机材料如珍珠岩等，可以在一定程度上减少占用土地面积。但使用一定时间后，细小的土壤颗粒进入这些无机材料的小孔隙，使其通透性降低，另外，土壤本身也会逐渐变得坚实，其通气性大大降低。因此使用一段时间后应将土壤翻起进行人工疏松以利于空气流通。此外，在温暖季节土壤表层容易生长杂草，因为根系的生长也会影响土壤的通气性，所以最好及时除去。当然，在不影响通气的情况下也可以种植少量花草美化环境。

（2）堆肥除臭法是以畜禽粪便、城市垃圾和污泥等有机废物为原料，经好氧发酵得到的熟化堆肥进行除臭的处理技术。由于堆肥比土壤中细菌繁殖密度高，故整个装置紧凑、去除臭气效果更好。据报道，采用 1.5～2.0m 高的熟化肥料作为臭气处理的滤料，其负荷可达 $50m^3/(m^2·h)$左右，过滤后气体除臭效果达 90%以上，用土壤法 2min 才能去除的恶臭成分，用堆肥法仅需 30s 即可完成。近年来，欧美一些国家又开发了许多封闭式产品，从而提高了对除臭过程的控制能力。这种方法不需要专门建设除臭装置，因而可以节省土地和设备投资，所以是一种非常有前途的除臭方法，特别对于畜禽粪便堆肥厂来说，采用该法除臭时，可用堆肥厂的产品作为臭气处理的滤料，相比较而言是一种极为经济的处理方法，因而得到了广泛的应用。

与土壤相比，堆肥的微生物密度含量较土壤中高 2～4 倍（10 亿～100 亿个/g），因而臭气处理量较大，处理效率高，停留时间短，且处理装置紧凑，占地少。作为堆肥的原料一般为有机材料，谷壳、玉米芯、木片、树皮以及树枝等彼此相互混合形成通气的疏松结构，适宜各类好氧微生物的生长。

最近对堆肥填料的研究重点放在改善现有滤料的性能，如在滤料中加入一定比例的活性炭，可使微生物胞外酶和有机污染物在滤料和微生物膜界面处浓缩，从而提高了生化反应速率，并使有机废气的净化效率和抗污染负荷冲击的能力都得以提高。特别是对处理一些难溶于水的有机臭气，在滤料中加入少量活性炭效果更好。对于有机滤料，一般趋于选用富含纤维的物质，如越来越多地使用草根炭、树皮、木质纤维等，这样可以增加滤料的使用时间，减少压力损失。

（3）生物过滤器法以其装置的合理性、高效性和占地面积少等优点成为生物除臭法的主流，其装置见图 3-29。臭气由塔下部通入，臭气成分在通过填充层时，由于填充滤料表面生长的微生物的分解作用而达到除臭目的。为了提供微生物生长繁殖所需的水分和营养物质，并冲走生物代谢生成物，需要在填料塔的顶部连续或间歇喷淋水。根据臭气成分的捕捉过程，填料塔大致可分为吸收型和吸附型两类。吸收型是指喷淋水量较多，在载体的表面形成一层液膜，臭气成分通过时首先溶解在液膜中，然后被载体表面附着的生物分解。吸附型喷淋水量较少，其水量只要能润湿载体表面的生物膜即可，臭气成分通过时首先被吸附在载体表面的生物膜上，然后被微生物分解。至于采用哪种类型，需根据臭气成分的性质（主要是在水中的溶解度）而定。

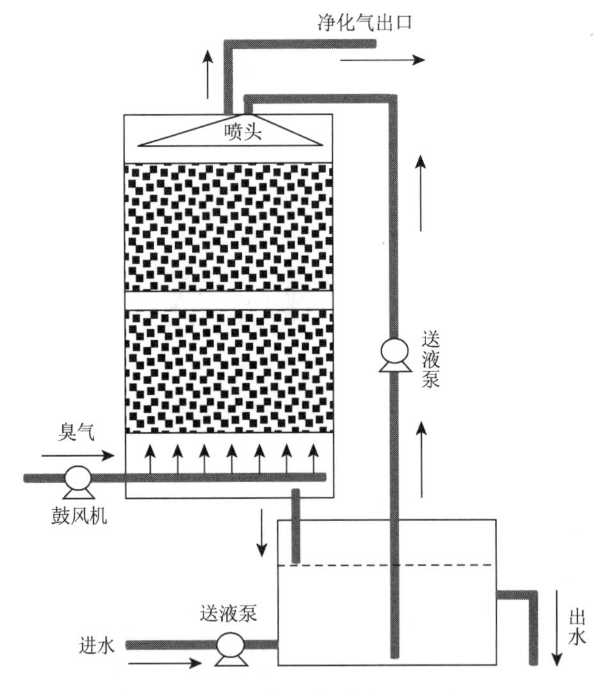

图 3-29　生物过滤器除臭工程示意图

填料塔能实现高效率除臭，极重要的是要使填料的表面能附着大量的微生物，因此填料的选择至关重要。作为填料塔的填料，应具有以下性能：对臭气成分去除效率高；材质好（强度大、质轻）、价廉；能保持水分。经多年的研究，现已开发的填料有：多孔陶瓷、硅酸盐材料、海绵、活性炭及其纤维、纤维状多孔塑料、高分子材料等。塔内填充层的高度和操作条件（气体流量、液体喷淋量等）等都会影响去除率。

填料塔中目前常用的主要填料见表3-16。

表3-16　几种塔式填料的特点

填料	材质	形态结构	优点	缺点
陶粒	黏土	不规则球形实体内部有大量微小孔隙	有较大的比表面积，孔隙率高，吸附性大，易挂膜，造价低	气阻大，容易形成壁流，填料的中央易产生厌氧区
拉西环	陶瓷、不锈钢、塑料等	等径的圆环或在环内由隔板形成θ环和十字格环	形态简单易成型	气体阻力大，通量小，沟流、壁流严重
鲍尔环	陶瓷、不锈钢、塑料等	侧壁被切的环壁呈舌状弯入环内	气体阻力大为降低，液体分布可以改善	比表面积小，孔隙率低，不易挂膜
阶梯环	陶瓷、不锈钢、塑料等	环高是直径的5/8，且一端向外翻成喇叭口	填料呈点接触，可以使液膜不断更新，压降小、传质效率高	孔隙率低，不易挂膜
多孔球形填料	塑料	纵横交错的几个大小不等的圆形或半圆形成球	质轻，强度大，比表面积和孔隙率容易协调，气流通畅	易老化，孔隙率小，挂膜难
活性炭素纤维	炭	丝状	巨大的比表面积，对臭气有很大的吸附量，对微生物也极易固定	造价昂贵，水流、气流难协调
固定化生物颗粒	海藻酸钠、球形PVA-硼酸、卡拉胶等	球形	增加生物量，能高效高负荷处理臭气，挂膜容易，缩短驯化过程	固定微生物不易更新，成本高，技术不完善

填料是生物过滤法除臭装置的重要组成部分，深入研究填料的一些特性，开发一些新型填料，对于臭气生物处理来说意义十分重大。生物过滤中填料的发展，从土壤、堆肥，最后到泥炭、改性硅藻土、改性活性炭、聚乙烯纤维球、黏土陶粒，其趋势就是逐渐弱化自然影响因素，强化人工控制过程，而在这个过程中填料的改进原则就是增加填料比表面积和亲水性，提高单位体积的生物容量；加大填料的孔隙率，从而增强对有机臭气的吸附作用，扩大臭气与生物的接触面；增加填料强度并减轻质量，防止压实和出现气体短流。研究表明，填料还应耐酸碱盐，耐生物腐蚀，抗老化，并且保持足够的机械强度，不易破碎，密度小，价廉易得等，还要求填料堆砌形态、结构能为气液固三相提供充分的接触，尽量强化填料表面上流体的湍流程度，提高传质效率。目前，新开发的填料很难全面满足上述条件，多种填料组合除臭将是未来研究和开发的方向。填料塔的出现是除臭装置封闭化发展的必然结果。过滤填料上的微生物种类繁多，并形成生物群落，而填料塔填料上的生物种类单一，有针对性，因而填料塔处理臭气浓度大，效率高，但对填料的要求也高。

以固定化生物颗粒作填料是除臭填料开发过程中的一个新动态。我国有研究者用海藻酸钠包埋固定化颗粒作填料去除NH_3，负荷大（3.99g N/kg），效率高（92%）。不仅如此，该方法用于去除H_2S也取得了良好效果。日本微生物技术研究所还将污水厂活性污泥在30～40℃下干燥后，粉碎制成填料去除H_2S、硫醇，效率达90%。也有报道，将粉末活性炭熔到PVA粒子表面，作为生物填料塔的填料，将去除不同臭气的微生物分布到不同的区域，最大限度发挥了每一类群微生物的代谢作用，这一处理系统可以满足对臭气控制的要求。

2）生物过滤法的运转条件

保持生物过滤法良好工作的先决条件是保持其中的微生物的健康生长，因此在实际应用中需要保证填料的通气量、湿度、温度、pH、营养物浓度等参数正常。

（1）pH调节。臭气中含有的氨气、硫化氢等物质经传质过程和生物降解后产生HNO_3、H_2SO_4等无机酸，使环境中pH下降，而除臭微生物的pH宜为7～8，因此微生物代谢活动受到影响，此时向填料中加入适量的可溶性碱（如Na_2CO_3）即能改善微生物的pH环境。近年来，中国科学院成都生物研究所李东团队筛选得到异养好氧反硝化细菌，其能够将HNO_3在好氧条件下还原为N_2，从而避免pH下降。

（2）湿度调节。适宜的湿度对于除臭系统的正常运行非常重要，水分过多，填料孔隙中水分大量滞留，导致运行受阻；水分过少，缺乏微生物代谢时所必需的水分，从而降解速率减弱，另外水分过少，还影响氧在水中的溶解，使好氧细菌的代谢活动受阻，降低除臭效果。研究表明，填料湿度范围在40%～60%为宜。增湿的方法：直接在填料的表面喷水；在进气口设置喷口或湿度交换器。若缺少增湿设备，填料很快就会被吹干，从而失去微生物生长的液体环境。

（3）臭气量调节。为达到良好的除臭效果，进入系统内的臭气量要适宜，生物过滤器中的微生物需要一定的时间来分解代谢臭气成分，进气流速必须根据这一时间制定。气量的多少受到诸多因素的影响，如填料厚度、气体在填料中运行时间、填料的性质和填料的孔隙率等。填料厚度过大，生活于堆料深层的细菌因缺氧而使代谢受阻，填料厚度过薄，气流在堆层中的停留时间太短，达不到除臭的效果。据报道：以二次堆肥为填料，堆层的高度为1.5～2m时，气体在堆层中停留时间至少30s，系统表面的气流量为0.1～0.8$m^3/(min·m^2)$，除臭效果达90%以上。通常情况下，臭气在生物过滤器中需要停留45s以保证90%以上的去除效率。同样，在生物过滤器中也需要一定量的氧气以供微生物代谢活动所需，为保证通气量，有的生物过滤器附带排气装置；有的还采用负压设计。

（4）营养物质的供给。随着系统的运行，填料中的营养物质和微量元素由于微生物的消耗而逐渐变少，因此，必须适时加入微生物生长所必需的营养物质。当加入的营养物质中C∶N∶P为200∶10∶1时，微生物的生长情况较好。

（5）其他。生物过滤器的寿命与温度和通气的粉尘率有密切关系，在一定范围内，通常温度越高过滤填料寿命越长，粉尘率越高则寿命越短。毋庸置疑，保持适当的温度、湿度、pH和营养物浓度等参数，是生物过滤器中微生物生长的前提条件。这些参数的设置需要通过实践，针对不同的情况，不断摸索和验证才能达到最佳的处理效果。

5. 生物洗涤法臭气处理技术

该法又称生物吸收法。其要点是先使恶臭成分溶解于活性污泥中，后被活性污泥中含有的微生物分解达到净化。主要有以下两种方式。

1）曝气式活性污泥除臭法

该方法是将臭气通入污水处理中的活性污泥曝气池中，利用污泥中的微生物将臭气分解转化从而达到除臭的目的。其除臭效果主要取决于臭气成分和污水、污泥的接触状况，臭气成分在污泥中分散越好、接触时间越长，除臭效果就越好。这与废水的活性污泥法处理过程极为相似。活性污泥经过驯化后，对任何不超过极限负荷量的臭气成分，其去除率均可高达99.5%以上。另外，向活性污泥中添加粉状活性炭可有效提高其抗冲击负荷的能力，并改善消泡性能和提高对恶臭物质的分解能力。虽然这种方法不需要投资建设专门的除臭装置，但由于受活性污泥曝气池的限制，这种方法只适合于那些具有污水处理设备的场所使用，对于已建有污水处理设备的畜禽粪便堆肥厂来说，仅需设置风机和配管，将臭气引入曝气池内即可进行除臭，因此该法十分经济，但由于受到曝气强度的限制，该法的应用还有一定的局限性。

2）洗涤式活性污泥除臭法

该法的主要原理是将恶臭物质和含悬浮污泥的混合液充分接触，使之在吸收器中将臭气去除，洗涤液再送到反应器中，通过悬浮生长微生物的代谢活动降解溶解的恶臭物质。生物洗涤塔通常由一个装有填料的吸收塔和一个具有活性污泥的生物反应塔构成，装置见图3-30。采用这种方法可以处理大气量的臭气，同时操作条件易于控制，占地面积较小，压力损失也较小，其不足之处在于设备费用高，操作复杂且需投加营养物质，因而其应用受到了一定的限制。这种方法的除臭效率与气液比、气液接触方式、恶臭物质的溶解性和可生物降解性、污泥浓度以及pH等因素有关。在活性污泥悬浮液中加入粒状活性炭和网状的塑料微粒，可适应臭气负荷的变动，并减少泡沫形成和提高臭气去除率。

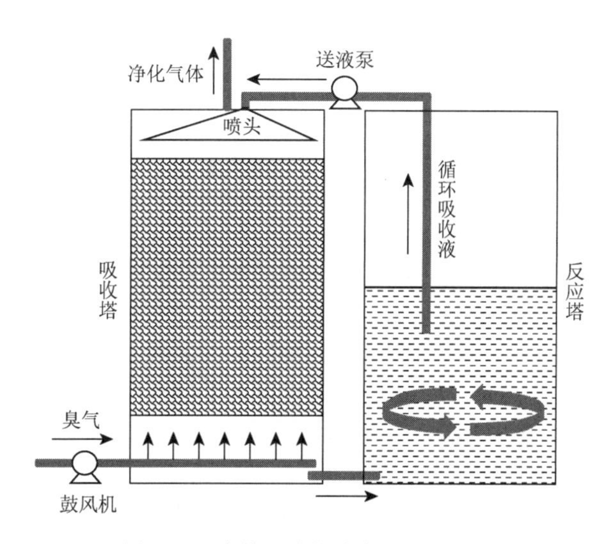

图3-30　生物洗涤塔除臭工程示意图

3.3.3　堆肥氮损失控制

堆肥过程中会发生大量氮素损失。如何在堆肥中保持尽可能多的氮素是获得堆肥产品很重要的一个目标，因为含氮高就意味着堆肥价值高，同时也可减少氨挥发。在堆肥过程中几乎所有氮的损失都是由于有机氮化合物分解释放氨。微生物分解含氮的有机质，使之转化为简单的化合物来为新细胞物质的合成提供氮素。一些氮被转化为氨（NH_3），如果氮素出现富余，氨就积累起来，它由于具有挥发性，就会从堆体中逸出。

高温堆肥过程中普遍存在氮素损失现象，大量的氨气挥发后通过沉降等方式又会进入自然水体，造成水体富营养化，不仅污染环境，而且降低肥料中的养分含量。研究表明，畜禽粪便堆肥化处理过程中氮损失量为 45%～65%，其中以鸡粪堆肥相对较高，达到 60%以上。因此在堆肥中控制氮素损失成为一关键问题，而高温堆肥中的氮素运动规律研究是进行氮素损失控制的基础。

1. 氮素转变规律及影响因素

堆肥过程中氮素转化很复杂，主要包括氮素固定和氮素释放。其中氮素的释放主要指有机氮的矿化、氨的挥发以及硝态氮的反硝化。

堆肥原料中氮以有机形态为主，通常主要以蛋白质和肽的形式存在，分布在不同的微生物群落和腐殖质中。有机氮作为堆肥全氮的主要组成部分与全氮一样，在堆肥过程中，始终呈降低趋势。一次发酵初期，氮损失速率较快，主要是由于 NH_3 的高温挥发，另外易挥发含氮有机物的直接挥发也是造成氮素大量损失的另一个主要原因；二次发酵阶段基本无氮损失。堆肥过程中氮的转化是一个复杂的微生物活动过程（图 3-31）。

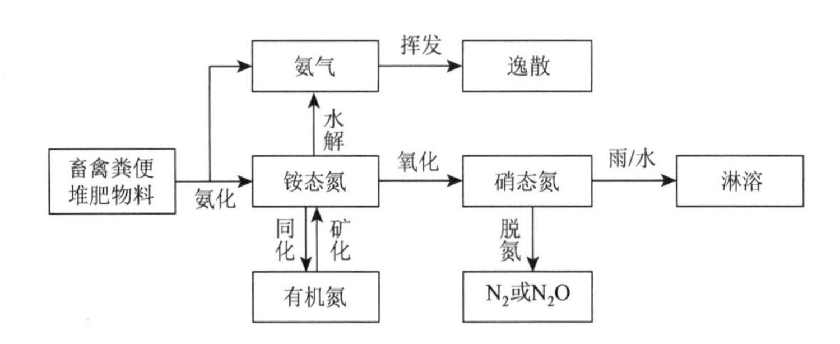

图 3-31　畜禽粪便堆肥过程中的氮素转化与损失途径

一次发酵初期（前 10 天），在微生物作用下，易降解有机物迅速分解，由于物料的含水率较高，生成的氨主要以铵根离子的形式存在于物料中，铵态氮的含量不断增加，至第 10 天左右增至最高点。随后，由于高温作用，水汽蒸发加强，引起大量氨气挥发，铵态氮含量不断降低。

二次发酵（20～50 天）过程中，铵态氮含量的变化规律与一次发酵类似，但其作机制与一次发酵完全不同。发酵初期，因微生物作用，铵态氮含量呈不断增加的趋势，但随着硝化作用的加强，铵态氮在硝化细菌的作用下，被进一步氧化为硝态氮。这一过程一直持续至堆肥结束。

硝态氮含量主要取决于硝化和反硝化速率之差，物料所处环境为好氧状态时，硝化作用占绝对优势。另外硝化过程还受温度及基质等参数影响。硝化细菌属于嗜温菌，对高温尤其敏感，一般认为，温度高于 40℃时，硝化作用将受到严重抑制。一次发酵中，因堆料温度高，硝化作用受到严重抑制，硝态氮含量一直很低。故一次发酵的硝化反应表现为温度控制。二次发酵中，由于条件合适，硝化作用强烈，硝态氮含量迅速上升。

2. 影响堆肥氮素损失的因素

堆肥过程中的氮素损失受堆肥原料组成、C/N、pH、通风、温度、湿度、堆肥添加剂和微生物活动等的共同影响（李国学等，2003）。

1）堆肥原料组成

堆肥的氮损失与初始原料的组成和含氮量密切相关，原料含氮量高，氮损失的比例相应就高。研究表明，厨余垃圾与树叶等混合堆肥的净氮损失是 43%～62%，鸡舍废物（鸡粪、锯末混合物）在强制通风堆制过程中的氮损失为初始氮的 59%，单独的牛粪堆制比牛粪与生活垃圾堆肥以 1∶1 体积联合堆制的氮损失高 4～10 倍。

2）堆肥物料 C/N

在堆肥过程中，C/N 对氨挥发和有机物分解速率有重要影响。若 C/N 较高，可供消耗的碳素多，氮素相对缺乏，细菌和其他微生物的生长受到限制，有机物分解速度慢，堆肥化过程延长，这种堆肥施入土壤后会与作物争氮并影响作物生长；若 C/N 较低，可供消耗的碳素少，氮素相对过剩，则氮极易变成氨气而挥发，导致氮素营养大量损失，堆肥物料 C/N 越低，氮素损失越严重。对鸡粪和锯末高温堆肥的研究表明：C/N 越低，氮素损失越严重，堆肥合适的 C/N 范围为 25～35。以畜禽饲养场排放的鸡粪、牛粪为底物，以玉米糠和玉米秸秆作调理剂和膨胀剂进行堆制，堆肥化过程中的氮素损失随起始堆料的 C/N 升高而降低。

3）不同通风方式

翻堆、强制通风以及鼓风能加快氨从条垛/堆体中逸出的速度。但适当通风是堆肥的关键，因此，不能由于保氮而减少翻堆或通风，只有当保存氮素很重要的时候，才可减少对原料的不必要的翻动。

4）pH

好氧堆肥初期，pH 一般下降到 5～6，而后开始上升，过程完成前可达 8.5～9.0，最终成品达到 7.0～8.0。pH 在 5～6 时氨挥发较少，在 6～7 次之，呈碱性时损失最大。高 pH 增加了氨的损失，特别是像家禽粪便等含氮量高的原材料。在堆肥原料中有两种氨的存在形态：气态氨和溶解在堆肥中的铵离子，这两种形态都会出现并能从一种形态转化为另一种，转化比例由堆体条件决定。较高的 pH 能帮助气态氨从堆体中逸出。

5）微生物活动的影响

堆肥的初期阶段，堆体内的中温微生物迅速繁殖，随着堆体温度升高，中温微生物活动减弱，超过 40℃时降解活动转由嗜热微生物进行，在堆肥的高温期，铵态氮快速积累并提高 pH，此时过量的有效氮就以氨的形式释放出来。55～60℃时微生物的生物量和种类最丰富，降解速率最大，这个时期氨的挥发损失率非常大。

3. 堆肥氮损失控制的方法

目前，国内外堆肥过程中的氮损失控制方法主要有两类：改变工艺条件，如保障适量的通风/控温、适当的湿度等。在堆肥过程中加入添加剂，加入的物质主要有富含碳的物质，如秸秆、泥炭等，目的是使物料 C/N 升高，减少氮损失；金属盐类及硫元素，如过磷酸钙、$CaCl_2$、$CaSO_4$、$MgCl_2$、$MgSO_4$、$MnSO_4$、$CuSO_4$、$Al_2(SO_4)_3$ 和 SO_2；吸附剂，如沸石、黏土、椰壳纤维等；添加微生物，通过固氮、锁氨减少氮损失。

适宜的堆肥工艺条件：研究表明，在条垛堆肥过程中，在腐熟期足够长的前提下，加水和翻堆有利于保氮，通过控制物料初始水分和采用温度反馈的通气量控制工艺可以快速去除水分，使堆体内的氧含量始终保持在较高水平，可以减少堆体内的局部厌氧现象，抑制反硝化的进行，减少硝态氮损失。

不同通风方式对猪粪高温堆肥氮素和碳素变化也有影响。单一强制通风由于缺乏对混合物料的翻动，物料之间互相黏结成块，造成堆体较为坚实且分布不均匀；另外，由于堆体孔隙度较小，气体交换受阻，不利于好氧堆肥的进行。多次翻动可以破碎结块的物料，并通过多次混合使物料分布均匀，从而减少或消除物料结块及不均匀的现象，增加堆体孔隙度，有利于气体交换及好氧堆肥化的进行。强制通风与机械翻堆相结合能促进堆肥温度升高和腐熟，加快有机碳降解和硝态氮升高，是相对较好的一种通风方式。

堆肥添加剂的使用：添加剂是指为了加快堆肥进程或提高堆肥产品质量，在堆肥物料中加入的微生物、有机或无机物质。在控制堆肥氮损失时，加入的物质主要有四种。

1）富碳物质

保氮的最好方法是使氮降解的速率和氮被微生物吸收的速率相匹配。微生物利用氮素的量和可利用的碳素总量是有一定比例的，因此高 C/N 可明显减少氨损失。

在堆肥过程中添加高 C/N 的混合物可降低氮损失。畜禽粪便中含有大量的氮素，C/N 一般低于 15，为了使堆肥初期满足营养平衡，在禽粪堆制时，加入富碳物质（秸秆和泥炭）可使 NH_3 损失分别降低 33.5%和 25.8%，通过添加高 C/N 且吸附性能好的原料（如泥炭、锯末等）提高混合物料的 C/N 与吸附特性，可以减少 NH_4^+-N 在堆体内的累积及吸附较多的 NH_4^+-N，从而减少 NH_3 挥发。畜禽粪便中的碳素较难被微生物降解，因此，筛选能被微生物高效利用的含碳素丰富的物质来降低氨挥发损失是至关重要的。

2）金属盐类及硫元素

金属盐类的添加可降低堆肥过程中 NH_3 的损失。考虑到金属铜、锰的作物安全性和价格，选择沸石、过磷酸钙和少量 $MnSO_4$ 作为氮素损失抑制剂是切实可行的。在堆肥中加入过磷酸钙，可形成磷酸-铵的配合物从而减少氨挥发的损失，同时 NH_4^+ 可交换复合体上的 Ca^{2+}，减少 NH_4^+ 的损失。添加过磷酸钙的推荐用量是粪便干重的 2%～5%。

上述这类化学物质对抑制氨挥发具有添加量少、效果快等优点，但因其成本高、副作用大，在使用时要进行筛选并控制用量，以免对环境产生不良影响。

3）吸附剂和调理剂

吸附剂和调理剂的添加也可降低氨损失。目前物理吸附添加剂主要有分子筛、硅胶、沸石、活性炭和玄武岩等，另外一些天然吸附材料如稻草、橘皮等农业废弃物也可在粪便好氧堆制过程中降低氨损失。其中红壤是牛粪吸收氨效果较好的添加物，稻草是猪粪和羊粪吸收氨效果较好的添加物，红壤及稻草是马粪吸收氨效果较好的添加物。

4）外源微生物

外源微生物的添加可调控堆肥过程中氮、碳的代谢，调控氮素物质分解为NH_4^+-N后的气态挥发损失，保留更多的氮养分。

实验证明，在固氮菌的作用下，堆肥的含氮量有一定提高，纤维素分解菌对固氮菌的生长有一定协同效应。利用鸡粪和锯末在自动化高温堆肥装置中进行堆肥试验，并引入两种外源微生物 FM 菌和 EM 菌。结果表明：两种外源菌对水溶性铵态氮的转化和水溶性有机氮的形成都有明显的促进作用，对氮素保存有较好的效果。其中 FM 菌对促进有机碳分解、有机氮形成和缩短堆肥时间更为有利。

5）其他保氮措施

在堆体外面铺一层堆肥或泥炭，能帮助减少氮素损失。黏土对氨气有很好的吸附作用，并且覆盖黏土还可起到除臭的作用。但覆盖黏土也有不利于翻堆，透气性不好，易导致厌氧发酵等缺点。魏宗强等（2009）研究发现实验的所有处理中，覆盖篷布和秸秆处理的全氮含量最高，说明覆盖处理具有良好的保氮效果。

近年来，国内筛选出多种有机和无机脲酶抑制剂，如醌氢醌、1, 4-对苯二酚、邻苯二酚、对苯醌、硫酸铜等。无机脲酶抑制剂对堆肥脲酶活性具有很强的抑制能力，从而抑制尿素在脲酶的作用下分解为铵态氮，后又挥发损失掉，以此抑制尿素的转化率。

参 考 文 献

陈海滨，汪俊时，万迎峰，等，2009. 重力翻板式有机生活垃圾快速堆肥中试研究[J]. 环境工程学报，3（5）：923-926.
陈世和，1994 .中国大陆城市生活垃圾堆肥技术概况[J]. 环境科学，15（1），53-56.
陈同斌，郑国砥，高定，2009. 污水处理厂污泥生物堆肥技术[J]. 建设科技（7）：56-57.
崔宗均，李美丹，朴哲，等，2002.一组高效稳定纤维素分解菌复合系 MC1 的筛选及功能[J].环境科学，22（3）：36-39.
冯明谦，汪立飞，刘德明，2000. 高温好氧垃圾堆肥中人工接种初步研究[J]. 四川环境，19（3）：27-30.
李国学，李玉春，李彦富，2003. 固体废物堆肥化及堆肥添加剂研究进展[J]. 农业环境科学学报，22（2）：252-256.
李季，彭生平，2005. 堆肥工程实用手册[M]. 北京：化学工业出版社.
林先贵，王一明，束中立，等，2007. 畜禽粪便快速微生物发酵生产有机肥的研究[J]. 腐植酸（2）：28-35.
刘婷，陈朱蕾，周敬宣，2002.外源接种粪便好氧堆肥的微生物相变化研究[J].华中科技大学学报（城市科学版），19（2）：57-59.
刘悦秋，刘克锋，石爱平，等，2003. 生活垃圾堆肥优良菌剂的筛选[J]. 农业环境科学学报，22（5）：597-601.
马平，汪春，2018. 畜禽粪便好氧堆肥技术研究进展[J]. 农业技术与装备（10）：86-88.
宁平，2007. 固体废物处理与处置[M]. 北京：高等教育出版社.
全国畜牧总站，中国饲料工业协会，国家畜禽养殖废弃物资源化利用科技创新联盟，2017. 粪便好氧堆肥技术指南[M]. 北京：中国农业出版社.
汪恒英，2004. 接种对堆肥进程的影响及堆肥产物功能化研究[D]. 芜湖：安徽师范大学.

王正银，2015. 肥料研制与加工[M]. 2 版. 北京：中国农业大学出版社.

魏源送，李承强，樊耀波，等，2002. 采用不同调理剂的污泥堆肥稳定度研究[J]. 中国给水排水，18（2）：5-9.

魏宗强，李吉进，邹国元，等，2009. 不同覆盖措施对鸡粪堆肥氨挥发的影响[J]. 水土保持学报，23（6）：108-111.

席北斗，党秋玲，魏自民，等，2011. 生活垃圾微生物强化堆肥对放线菌群落的影响[J]. 农业工程学报，27（S1）：227-232.

徐鹏翔，杨军香，李季，2018. 畜禽粪便堆肥工艺与控制参数[J]. 畜牧业环境（1）：33-37.

张锐，韩鲁佳，2006. 好氧堆肥反应器系统在废弃物处理中的应用[J]. 农机化研究，28（10）：173-175，178.

赵冰，2014. 有机肥生产使用手册[M]. 北京：金盾出版社.

赵京音，姚政，1995. 微生物制剂促进鸡粪堆肥腐熟和臭味控制的研究[J]. 上海农学院学报，13（3）：193-197.

赵天涛，梅娟，赵由才，2016. 固体废弃物堆肥原理与技术[M]. 北京：化学工业出版社.

曾光明，黄国和，袁兴中，等，2006. 堆肥环境生物与控制[M]. 北京：科学出版社.

曾庆东，刘孟夫，2018. 好氧堆肥技术与装备在农业废弃物资源化中的应用[J]. 现代农业装备，39（2）：53-57.

Bernal M P，Alburquerque J A，Moral R，1972. Composting of organic wastes：influence of process conditions on electrical conductivity[J]. Journal of Agricultural Science，4（36）：71-79.

de Bertoldi M，Sequi P，Lemmes B，et al.，2006. The science of composting[M]. Berlin：Springer.

Epstein E，Alpert J E，Could M，1983. Composting：engineering practices and economic analysis[J]. Water Science and Technology，15（1）：157-167.

Garcia-Fraile P，Menendez E，Rivas R，2015. Microbial population dynamics during composting of organic matter[J]. Bioresource Technology，197：342-351.

Harada Y，Inoko A，1980. Relationship between cation-exchange capacity and degree of maturity of city refuse composts[J]. Soil Science and Plant Nutrition，26（3）：353-362.

Haug R T，1993. The practical handbook of compost engineering[M]. New York：Routledge.

Herrmann K M，Layla F M，Roberta V P，et al.，1976. Microbial community dynamics during composting of organic waste[J]. Journal of Applied Microbiology，89：163-171.

Howard A，1940. An agricultural testament[M]. Oxford：Oxford University Press.

Insam H，Riddech N，Klammer S，2002. Microbiology of composting[M]. Berlin：Springer.

Krogmann U，Körner I，Diaz L F，2011. Composting technology[M]. Oxford：Blackwell Publishing Ltd.

Maheshwari D K，2014. Composting for sustainable agriculture[M]. Berlin：Springer.

Mosher A，Anderson J，1977. Composting：a sustainable solution for waste management[J]. Compost Science & Utilization，6：42-47.

Pereira Neto J T，Stentiford E I，1992. A low cost controlled windrow system[J]. Acta Horticulturae（302）：141-152.

Sela R，Goldrat T，Avnimelech Y，1998. Determining optimal maturity of compost used for land application[J]. Compost Science & Utilization，6（1）：83-88.

Sugahara K，Inoko A，1981. Composition analysis of humus and characterization of humic acid obtained from city refuse compost[J]. Soil Science and Plant Nutrition，27：87-94.

Switzenbaum M S，Soares H M，Cardenas B，et al.，1995. Evaluating pathogen regrowth in biosolids compost[J]. Biocycle，36（6）：70-76.

Waksman S A，1932. Principles of soil microbiology[M]. Array Baltimore：The Williams & Wilkins Company.

第 4 章　有机肥料施用技术

本章针对有机肥料养分特性，总结有机肥料施用原则，重点针对果树营养需求特点介绍了苹果、葡萄、柑橘、香蕉、菠萝等果园有机肥施用技术，针对蔬菜营养需求特点介绍了叶菜类、茄果类、瓜果类、水果类、水生蔬菜类等菜田有机肥施用技术，最后特别介绍了有机-无机复混肥、生物有机肥、生物炭基有机肥、保水有机肥等复合功能有机肥。

4.1　有机肥料养分特性

1. 养分种类全面

堆肥含有丰富的有机物质，以及能够满足植物生长需要的氮、磷、钾、钙、镁及微量营养元素，具有养分全面的特征。

2. 养分释放缓慢

相对于化肥，堆肥中的养分释放缓慢，可维持供肥的持续性和有效性。有时在初次施用堆肥时作物增产、土壤质量及作物品质提高可能效果不显著，但大量研究表明，长期施用有机肥对土壤及作物均有积极的效果，这是由于后茬作物也能利用前茬施入土壤中的养分；另外堆肥中含有多种糖类物质，施用有机肥可增加土壤中的各种糖类，在有机物的降解下释放出大量的能量，为土壤微生物生长、发育、繁殖活动提供能量（汪建飞，2014）。

3. 生物有效性高

堆肥产品往往含有大量的有益微生物及微生物产生的各种酶，堆肥施入土壤中可大大提高土壤酶活性，可显著改善植物根际微环境。

综合来说，堆肥产品应用于农业生产中有以下作用：第一，堆肥能显著提升土壤中有机质含量，培肥土壤，为作物提供必要的营养元素，提高氮肥利用率，促进作物产量和品质提高；第二，堆肥中含有维生素、激素、酶、生长素等，可促进作物生长和增强抗逆性，提高植物生长活力，增强植物对病虫害的抵抗力；第三，堆肥是很好的土壤改良剂，可提高土壤质量，提高土壤的缓冲能力，降低土壤容重，促进土壤团聚体形成，能有效克服因长期化肥投入造成的土壤板结、酸化问题；第四，堆肥施入土壤，经过一系列途径的分解，转化形成各种腐殖质（沈中泉等，1995）。腐殖质是一类高分子物质，具有很高的阳离子交换及络合能力，对土壤中的重金属及其他有害物质有很好的吸附能力，起到对有害物质钝化、减害作用，为粮食安全生产提供有利条件。

4.2　有机肥料施用原则

4.2.1　根据养分含量和作物养分需求推荐

土壤之所以能够生长植物是因为其中具备植物生长所需养分，土壤肥力是土壤主要功能和本质属性，包括土壤有效养分供应量、土壤通气状况、土壤保水和保肥能力、土壤微生物数量等，土壤肥力状况高低直接决定着作物产量的高低。堆肥施用时首先应根据土壤肥力确定合适的目标产量，一般以某地块前 3 年作物的平均产量增加 10%作为目标产量；然后根据土壤肥力和目标产量确定施肥量。对于高肥力地块，土壤有机质含量高，N、P、K 养分含量丰富，土壤供肥能力强，要适当减少底肥所占全生育期肥料用量的比重，增加后期多追肥的比重；对于低肥力土壤，土壤养分含量少，应增加底肥的用量，后期合理用肥，充分利用堆肥肥效缓慢的特点，使土壤肥力持久的同时，提高土壤质量。

4.2.2　根据土壤培肥改良需求推荐

不同质地土壤中有机肥料养分释放转化性能和土壤保肥性能不同，应采取不同的施肥方案。砂土土壤肥力较低，有机质和各种养分含量均较低，土壤保水保肥能力差，养分易流失，但其具有良好的通气性，可促进有机质更快分解，增强供肥能力，应该每次少施多次追施以防止养分流失，保证肥力供应的连续性及效率；黏土保水保肥能力强，但土壤硬实，通气性差，有机质矿化速率低，故黏土地施堆肥可多施、早施，尽量施用肥料释放较快的堆肥产品。对于各种类型土壤，增施堆肥均能在一定程度上提高土壤腐殖质含量，提高土壤质量。

4.2.3　根据堆肥原料和产品特性进行施肥

由于堆肥产品的原料来源不同，组成不同，其养分含量也存在或多或少的差异，加之气候因素的影响，不同有机肥施入土壤中所起的作用也不同，因此，施肥应根据不同堆肥产品的特性进行，采取合理的方式，以达到堆肥中养分合理利用的目的（全国农业技术推广服务中心，1999）。

以饼肥为原料的堆肥产品性能极佳，不仅含有丰富的有机质，还含有供作物利用的丰富的养分，对作物的品质改善起到积极的作用，是西瓜、花卉等经济作物的理想肥源。其养分含量较高，既可作底肥，也可作追肥，尽量采用穴施、沟施，每次用量要少。

以秸秆为主要原料的堆肥产品有机物含量较高，这类肥料对增加土壤有机质含量、培肥地力有明显的作用。秸秆在土壤中分解缓慢，此类堆肥产品适宜作底肥，可多施。但氮、磷、钾等含量较低，较高的碳氮比不利于微生物对有机质的矿化及养分释放，故可与氮磷钾化肥配施。

畜禽粪便类有机肥的有机质含量中等，有人调查分析了我国 20 个省份主要畜禽粪便的养分含量，结果显示，鸡粪中氮、五氧化二磷、氧化钾、锌和铜平均含量分别为 2.08%、3.53%、2.38%、306.6mg/kg 和 78.2mg/kg；猪粪中分别为 2.28%、3.97%、2.09%、663.3mg/kg 和 488.1mg/kg，氮磷钾养分含量丰富，该类堆肥产品由于其养分含量高，应少施，集中施，一般作底肥施用，也可作追肥。

4.2.4　根据施肥方式推荐使用

虽然不同的堆肥产品养分成分及含量不同，但概括起来，其施用方式有以下几个方面。

1. 有机肥作基肥施用

基肥一般称为底肥，是在播种或移植前施用的肥料。它主要是供给植物整个生长期中所需要的养分，为作物生长发育创造良好的土壤条件，也有改良土壤、培肥地力的作用。

有机肥料一般作为基肥施用，施用方法采用两种方式，即全层施入和集中施入。全层施入是将有机肥撒满地表，通过耕地使有机肥施入全土层中，这种施肥方法在有机肥较多（每亩 4000～6000kg）或者作物密度较大的情况下可以应用。集中施入土壤中就是通过开沟把堆肥施入作物的根系附近，这种施肥方法在肥料较少（每亩 1500～3000kg）和土壤肥力比较低的情况下值得采用。

一般来说，养分含量较高的堆肥产品应采用穴内施肥或挖沟施肥的方法，使其与植物的根系充分接触，达到养分高效利用的效果。集中施肥不是离定植穴越近越好，而是根据堆肥的特性及作物生长、根系活动的情况而定，在离定植区一定距离处施肥，能够局部改善土壤理化性质，从而更有利于植物根系生长、伸长，产生对堆肥中养分有效吸收的良性循环。

堆肥的施用应该兼顾不同元素的特点，从而有针对性地进行作业。如磷元素是作物生长发育过程中不可缺少的元素，施入土壤的堆肥产品中有效磷含量较高，但易被土壤固定，移动性也较差，养分供应因此会降低。故堆肥产品的集中施用能有效降低土壤对磷素的固定，利于植物吸收。

集中施肥在一定程度上可降低肥料的投入量，节省成本，但耗费人力、物力与时间，不利于大面积推广，堆肥可结合深耕施用，深耕可扩大根系活动范围及养分吸收空间，促进扎根、壮苗，同时又能很好地利用深层土壤中的养分，减少养分损失；另外，根据作物的养分需求，将磷肥、钾肥与有机肥一起堆制腐熟施用，结合集中施肥，能够起到更加理想的效果。

2. 有机肥作追肥施用

追肥是在作物生长发育期间，为及时补充作物生长发育过程中对养分的阶段性需求而采用的施肥方法，追肥能促进作物生长发育，提高作物产量和品质。堆肥不仅是理想的底肥，由于堆肥中含有大量的速效养分，虽不及化肥，但也可以用作追肥。堆肥用作追肥的方法有土壤深施和根外追肥两种。土壤深施一般将堆肥施在根系密集层附近，施后覆土，以免造成养分挥发损失。根外追肥是将堆肥与10倍的水混合均匀，静置后取其上清液，借助喷雾器将肥料溶液喷洒在作物叶面，以供叶面吸收。

堆肥用作追肥时应注意以下几点。

（1）有机肥中含有一定量的速效养分，但和化肥相比，速效性较差，因此用堆肥作追肥一般应比用化肥作追肥时间提前几天，使其适应植物生长需要。

（2）追肥的目的是满足作物生长的营养需求，但不同堆肥产品的养分组成及含量不同，这就可能造成追肥后某种元素达不到作物的生长需求。因此当出现某种元素缺乏时，应该施用适当的单一元素化肥加以补充。

（3）应当根据环境的变化调整追肥的施用量。例如地温低时，微生物活动微弱，有机肥料养分释放慢，可以把施用量的大部分作为基肥，减少追肥投入，充分利用堆肥中的有效养分；当地温高时，微生物活性增强，如果基肥用量过多，势必造成过量分解而远远超过作物的需求，造成白白地浪费甚至产生烧苗现象。因此在这种情况下，应当增加追肥的用量，减少底肥的用量，以实现作物对肥料的高效利用。

3. 有机肥作种肥施用

种肥是指播种同时施下或与种子拌混的肥料，它可保障作物种子发芽时对养分的需求。

这时植物刚发芽，根系还不发达，无法从大范围的土壤中有效地吸收肥料，种肥即成为最经济有效的施肥方法。

种肥的施用方法有多种，如拌种、浸种、条施、穴施等。拌种是用少量的清水，将有机肥溶解或稀释，喷洒在种子表面，边喷边拌，使肥料溶液均匀地沾在种子表面，阴干后播种的一种方法。浸种是把肥料溶解或稀释成一定浓度的溶液，按液种 1∶10 的比例，把种子放入溶液中浸泡 12～24h，使肥料液随水渗入种皮，阴干后随即播种。开沟或挖穴后将肥料施入耕层 3～5cm 的沟、穴中，再在肥带附近播种，种肥距保持在 3cm 以上。用作种肥的肥料要求养分释放快，不能过酸、过碱，肥料本身对种子发芽无毒害作用，堆制后充分腐熟的有机肥是很好的种肥。

4. 有机肥作育苗基质施用

目前农业生产中许多作物栽培，均采用先育苗后定植的方法。幼苗对养分的需求量虽少，但养分不足不能形成壮苗，不利于移栽与植株的健康生长。充分腐熟的有机肥料，养分释放均匀，养分全面，是育苗的理想肥料。一般以 10%的有机肥料加入一定量的草炭、蛭石或珍珠岩，用土混合均匀作为育苗基质使用。为了育成壮苗，就要有适合育苗的基质，要求所含各种养分丰富，具有疏松、吸水、吸热等性能，为幼苗生长发育提供充足的养分及有利于根系发育的环境条件。育苗基质多以大田土壤为基础，加入一定量的有机肥，其配合比例都是按体积计算。营养土大约有 3 种类型：①以大田土为主，加入畜禽有机肥，大田土与有机肥之比为（8∶2）～（6∶4），配好的营养土容重约 $1g/cm^3$；②在大田土中加入一部分草炭，再加入一定量的有机肥，配比量为大田土∶草炭∶堆肥 = 6∶3∶1，配成的营养土较为疏松，容重约 $0.8g/cm^3$，吸水、吸热、保肥性能好，育出的苗粗壮，干物质重，根多，定植后缓苗快；③采用草炭、蛭石和有机肥育苗，这样可避免使用大田土可能带有的病菌危害幼苗，草炭、蛭石与有机肥的配比量可为 4∶4∶2。这种基质更加疏松，容重约 $0.25g/cm^3$，吸水、吸热、保肥、通气等性能更好，育出的苗壮，移苗定植时不易松散，更有利于缓苗，新根生长快。

5. 有机肥作营养土施用

在温室、塑料大棚栽培条件下，多种植一些蔬菜、花卉和特种作物，这些作物经济效益相对较高，为了获得更高的经济收入，应充分满足作物生长所需的各种条件，常使用无土栽培。无土栽培是以草炭或森林腐叶土、蛭石等轻质材料来固定植株，让植物根系直接接触营养液，采用机械化精量播种一次成苗的现代化育苗技术。传统的无土栽培基质上往往添加化肥作为肥源，而实验表明在基质中定期添加有机肥不但可以为植物的生长供应营养物质，而且在一定程度上降低了生产成本，是化肥营养液很好的替代品（全国农业技术推广服务中心，2019）。营养土栽培的配方为：$0.75m^3$ 草炭、$0.13m^3$ 蛭石、$0.12m^3$ 珍珠岩、3.00kg 石灰石、1.00kg 过磷酸钙（20%五氧化二磷）、1.5kg 复混肥（15∶15∶15）、$10.0m^3$ 腐熟堆肥。

6. 有机肥滴灌施用

滴灌系统是液体压力输水系统，显然不能直接使用固体有机肥，适合沼液和液体有机肥（氨基酸、腐殖酸等水溶肥）。以沼液为例，经过沉淀、三级过滤（先用 20 目不锈钢网过滤，再用 80 目不锈钢网过滤，最后用 120 目叠片过滤器过滤），可用于滴灌施用。

水肥一体化滴灌施肥技术是目前农业技术领域中较为先进的自动化、高效、节能灌溉施肥技术。灌溉施肥的特点是水肥同时供应，可发挥二者的协同作用；将肥料直接施入根区，降低了肥料与土壤的接触面积，减少了土壤对肥料养分的固定，有利于根系对养分的吸收；灌溉施肥持续的时间长，为根系生长维持了一个相对稳定的水肥环境；可根据气候、土壤特性、各种作物在不同生长发育阶段的营养特点，灵活地调节供应养分的种类、比例及数量等，满足作物高产优质的需要。

通过滴灌施肥可以提高肥料的利用率，节省肥料量和施肥劳作；灵活、方便、准确掌握施肥时间和数量；养分吸收速度快；改善土壤的环境状况；特别适合微量元素的应用；发挥水、肥的最大效益；有利于保护环境。滴灌施肥对肥料特性的要求有：溶液中养分浓度高；田间温度下完全溶于水；溶解迅速、流动性好；能与其他肥料相容；不会引起灌溉水 pH 剧烈变化。

4.2.5　根据堆肥产品的有害物质含量推荐

堆肥产品虽然有许多优点，但也有一定的缺点，如养分含量较少，肥效迟缓，可能含有致病菌、有害微生物及重金属物质等，故堆肥的施用量不是越多越好，也要注意适当施肥，适量投入。有机肥的投入虽能增加土壤有机质含量，在一定程度上起到重金属的钝化作用，但过量投入的同时也可能会向土壤中带入重金属等有害物质。已有研究表明，猪粪、鸡粪等畜禽粪便中一些重金属的含量超标，使用以其为原料的堆肥产品势必存在一定的风险。

4.3　有机肥果园施用技术

4.3.1　果树的营养需求特点及施肥对策

1. 果树营养需求特点

果树的营养特点不同于一般大田作物和蔬菜作物，果树有如下营养特点：果材生命周期长，营养要求高。果树生命周期一般分为：营养生长期、生长结果期（初果期）、盛果期、衰老更新期。不同树龄的果树有其特殊的生理特点和营养要求。幼龄果树主要是搭好树架长大枝、扩大树冠和扩展根系，此阶段树体尚小，吸肥能力弱，需肥较少，但对肥料反应十分敏感。对幼树加强培肥管理，不仅是果树早结果、早丰产的关键之一，而且对果树高产稳产具有重要意义。生长结果期果树主要是继续扩大树冠和促进花芽分化，盛果期果树主要目标是优质丰产，所以施肥既要促进花芽分化，又要保证果实有良好的质量和品质，并要求每年仍有一定的生长量，以满足翌年的丰产。进入衰老更新期的果树，施肥的目的是促进营养生长，使其继续维持盛行不衰，以促进更新复壮，延长盛果期。

果树年周期中的营养需求特点：在果树年周期中，其生长期、挂果期均长，根与枝叶生长交替进行，同时伴有开花、坐果、花芽分化和果实膨大等过程。这些过程随着季节变化有规律地同时或交叉进行。因此，在管理上，必须根据各生育期特点，制定施肥措施。如早春萌芽、开花期，树体消耗的营养大部分来自树体的贮藏营养，需要在前一年采果前后施用全部的基肥，如果肥料施用不足，早春季节还要施用一些速效性肥料。春夏之交，果树处于旺盛生长阶段，同时又是柑橘开花结果、苹果花芽分化时期，此时追肥要有利于提高坐果率和促进花芽分化。夏末秋初，则是柑橘果实继续膨大和秋梢生长阶段，对柑橘补施一次追肥，为翌年预备结果母枝；对苹果，可在采收后喷营养液，以加强树体贮备营养，为翌年生长、结果打下良好基础。

果树根系特点与果树缺素的普遍性：由于果树根系发达、分布深广，一经定植，即长期固定在一个位置上，根系不断地从根域土壤中有选择地吸收某些营养元素，需要土壤供应养分的强度和容量大，一旦供应不平衡，容易造成某些营养元素亏缺；且果树对多种元素的亏缺和过量比较敏感，所以果树缺素症的出现较为普遍，尤其是新种植的果树多种植在瘠薄的土壤上。因此，必须根据果园土壤营养特点，施用富含多种营养元素的优质有机肥料，以保证果树营养生理平衡。为促进根系发达，还要求立地土壤土层深厚、质地疏松、酸碱度适宜、通气良好。

树体营养和果实营养生长交替进行：果树生产主要是获得高产优质的商品果实，但如果供肥不足，则营养生长不良，致使果少质次；反之，施肥过量，会使营养生长过于旺盛，梢叶徒长，花芽分化不良。有的虽能开花结果，但容易脱落，果实着色不良，酸多糖少，风味不佳。同时，旺长的枝叶与果实争夺养分，诱发果实缺素的生理性病害，其中，尤以果实缺钙较为普遍。所以，必须协调好枝叶和果实间的营养平衡。

果树营养受砧木和接穗类型的影响：果树嫁接繁殖，能维持其优良特性，而嫁接用的砧木和接穗组合不同，又会明显影响养分的吸收和体内养分的组成，如柑橘选用枸头橙、本地早，苹果选用海棠作碱性或石灰性土壤上的砧木，则不易产生缺铁黄化症；但柑橘选用枳壳，苹果用山荆子为砧木，则极易产生缺铁黄化症。

2. 果树施肥对策

果树的营养特点不同于大田作物，因此果树测土配方施肥技术要比大田作物更复杂。

（1）果树根系分布不同于大田作物，空间变异很大，对土壤采样的要求更高，不合理的土壤采样方法常会使养分测试结果不能很好地反映果树的营养状况。这就要求在果园土壤测试中首先要保证土壤采样的代表性。

（2）大多数果树具有贮藏营养的特点，其生长状况和产量不仅受当年施肥和土壤养分供应状况的影响，同时也受上季施肥和土壤养分状况的影响。因此，土壤测试结果与当年的果树生长状况的相关性可能不如大田作物好。这就要求果树测土配方施肥更应该注重长期的效果，土壤测试指导施肥应该注重前期管理。

（3）果树生长往往是生殖生长与营养生长交替进行，由于管理水平的差异，即使在相同土壤养分及施肥条件下产量差别也很大，这会影响果树施肥效果的评价。

（4）大多数果树树体大、个体变异也大，因此在果树施肥中要注意不同果树间的差异而调整施肥量。

果树测土配方施有机肥的步骤大致包括以下几个环节。

（1）确定果园土壤主要养分含量与果树生长量、产量及品质等的关系；

（2）建立果园土壤养分测试指标体系；

（3）确定不同果园土壤养分测试值相应的果树施肥原则和依据；

（4）确定果树主要养分的吸收参数；

（5）进行果园土壤测试；

（6）根据土壤测试结果，结合果园土壤养分测试指标，选用消除果树营养障碍因素的措施，如将土壤 pH 调节到适宜范围、将土壤有机质调节到适宜水平等，在新建果园尤应注意；

（7）根据土壤测试结果，制定并实施有机肥料的施用方案。

4.3.2 苹果需肥规律及有机肥施用技术

1. 苹果需肥规律

苹果是我国栽培面积最广、产量最大的果树品种之一，是落叶果树中较耐寒的树种，在我国主要分布在长江以北的广大地区。苹果产区若地势平坦、土层深厚、排水良好、土壤有机质含量较高，则有利于苹果的生长发育。从苹果的生产特点看，其适应性强、丰产性好、结果周期长、品种繁多、耐贮运。如果采用较先进的贮藏方法可周年供应市场。另外，苹果具有较高的营养价值，富含可溶性糖、淀粉、维生素C、脂肪、蛋白质、果胶、胡萝卜素、烟酸、钙、镁、锌等营养成分。苹果缺素症如下。

（1）缺氮最初出现在新梢和老叶上，新梢短而细，叶片小，嫩梢木质化后，变为淡红褐色。枝条基部叶片黄化，逐渐向枝梢顶端发展，使新梢嫩叶变黄，甚至造成落叶和生理落果。缺磷最初出现在新梢和老叶上，叶片小而薄，枝叶呈灰绿色，叶柄及背面叶脉为紫红色，开花展叶延迟，新枝细弱分枝较少。

（2）严重缺磷时，老叶变为黄绿色和深绿色相间的花叶状，有时产生红色或紫红色斑块，叶缘出现半月形坏死斑，很快脱落，缺磷还导致花芽分化不良，抗逆性差，易受冻害。

（3）缺钾先从新梢中部或下部叶出现，叶尖和叶缘常发生初为紫色后变褐色的枯斑，邻近枯斑的叶组织仍在生长，致使叶片皱缩。缺钾严重时整个叶片焦枯，但多不脱落。花芽小，果实着色面积小而淡。

（4）缺铁最初出现在新梢幼叶上，幼叶叶肉失绿变黄，但老叶和幼叶叶脉两侧仍保持绿色，幼叶叶片呈绿色网纹状；严重缺铁时叶脉也变成黄色，出现褐色枯斑和枯边，枝梢顶端枯焦，严重削弱树势，影响产量。

（5）缺锌主要表现在新梢和叶上，病梢发芽较晚，节间变短，顶梢小叶簇生或光秃，叶型狭小，质地脆硬，叶黄色，严重时枯梢，枯枝下部可再发新梢，初时叶正常，不久又变得狭长，产生花斑。花少而小不易坐果，果实小而畸形。

（6）缺镁幼苗基部叶片先开始褪绿脱落，最后只在顶梢残留几片薄而软的淡绿色叶片；成龄树枝条老叶叶缘和叶脉间先失绿，逐渐变成黄褐色或深褐色，新梢和嫩枝均较细长，抗寒力明显降低，开花受到抑制，果实小而味差。

（7）缺硼主要表现在果实、新梢和幼叶上，缺硼时因根尖伸长和细胞分化受阻，簇生厚而脆的小叶，叶脉变红。严重时干尖。春季发芽不正常，发出的细弱枝不久即枯死，在枯死部位下又形成许多纤细枝，丛生成“扫帚枝”。果面出现凹陷，内部褐变并木质化。

（8）轻度缺钙初期，地上部分无明显症状，由于新根停止生长早，根系短而粗。缺钙严重时，新生幼根从根尖向后逐渐枯死，在枯死处后部又长出新根形成粗短且分枝多的根群。地上部表现为叶片较小，在嫩叶上产生褪绿色至褐色坏死斑，严重时枯死或花萎缩。果实在近成熟期和运输贮藏期易发生红玉斑点病、苦痘病和水心病等。

有机肥中不仅含有果树生长发育所需要的大量营养元素氮、磷、钾、钙、镁、硫等，还含有果树营养生长所需要的微量元素锌、铁、硼、锰等，对于协调各种养分元素的供应有十分重要的作用。同时，有机肥在养分供应方面较为迟缓，一般不易出现肥害现象，且供应时间长而均衡，生长中不易出现脱肥现象。有机肥中含有的深色腐殖质能提高土壤对太阳能的吸收，有利于提高早春的地温（Milosevic T and Milosevic N，2009）。在早春果树地上部分还未大量生长时，阳光可大量照射到地表，施入有机肥的土壤颜色较深，太阳能吸收较多、地温升高较快，能促进根系早活动、多吸收积累一些养分供树体萌发之后利用，促进苹果生长发育。

2. 苹果有机肥施用技术

苹果树的施肥应以基肥为主，一般每亩施有机肥 1000～1500kg（赵佐平等，2013）。最好的基肥施用时间为秋季，早熟的品种在果实采收后进行；中、晚熟的品种可在果实采收前进行。秋季是苹果树的根系快速生长期之一，施肥后的断根伤口较易愈合，并且可起到一定的根系修剪作用，促进了新根萌发，有利于养分的吸收积累。追肥的施用时间因树势的不同有一定的差异，一般在萌芽前、花期、果实膨大期进行 3 次追肥，每次每亩施有机肥 150～180kg，每次还可叶面喷施 1%～2%有机肥浸出液，每次每亩喷施肥液 50～80kg。成年果树最好采用全园施肥，结合中耕将肥料翻入土中。

4.3.3　葡萄需肥规律及有机肥施用技术

1. 葡萄需肥规律

葡萄是蔓性果树，具有生长旺盛、极性强烈、营养器官生长快速、根系也较发达的特点。葡萄的根系因繁殖的方法不同，根系的分布有一定的差异。一般用扦插繁殖的植株，没有主根，只有粗壮的骨干根和分生的侧根及细根。在土层深厚的土壤中，葡萄的根系分布较广，可深达 2～3m，因此具有一定的耐旱能力。葡萄对土壤的适应性很强，除含盐量较高的盐土外，在各种土壤上都可生长，在半风化的含沙砾较多的粗骨土上也可正常生长。虽然葡萄的适应性较强，但不同品种对土壤酸碱度的适应能力有明显的差异；一般欧洲品种在石灰性的土壤上生长较好，根系发达，果实含糖量高、风味好，在酸性土壤上长势较差；而美洲种和欧美杂交种则较适应酸性土壤，在石灰性土壤上的长势就略差。此外，山坡地由于通风透光，往往较平原地区的葡萄高产，品质也好。葡萄的根为肉质根，可贮藏大量的营养。当土温适宜时，地上部还没有萌发，葡萄的根系已开始吸收养分和水分，枝蔓的新鲜剪口会出现伤流液。一般葡萄的根系一年内在春季、夏季和秋季各有 1 次生根高峰，土温适宜时根系可周年生长而无休眠期。

葡萄与其他果树相比，对养分的需求既有共同之处，如都需要氮、磷、钾、钙、镁、硼等各种营养元素，但也有其自身的特点（表 4-1）。

表 4-1　葡萄常见的缺素症

症状名称	病症特征
缺镁症	叶肉呈线条状或块状失绿，幼叶有肋果状隆起，逐渐向叶身中部发展；沿主脉向叶身的基部保留有一个“人”字形失绿区，余下的区域呈现黄色或灰绿色；结的果实小，味淡，略有苦味
缺铁症	幼叶黄化，但叶脉呈绿色且经久不褪，脉纹清晰可见，叶柄基部呈紫色或红褐色斑点，并常有坏死部分；缺铁时叶小而薄，叶肉由黄色到黄白色，再变为乳白色，同时还出现网状细脉，随病情恶化叶脉失色，呈现黄色；叶片上有棕色枯斑，并发现枯顶现象
缺硼症	枝顶叶小，簇生，新梢生长点枯死或自动脱落，侧芽发生后不久就死亡；缺硼初期叶脉黄化
缺铜症	叶常常发生“叶疹症”。发病初期叶色暗绿，然后出现斑点状缺绿，直至叶片坏死或叶尖死亡，叶缘焦枯；有时叶面上出现橙褐色条纹，它与叶边平行；树皮粗糙，有时树体上出现裂口，从中流出枝胶

续表

症状名称	病症特征
缺锌症	叶小丛生，节间短，叶的大小常不及常叶的一半；叶边缘卷曲呈波状或皱缩向下卷曲；新梢纤细，自枯死亡，生长畸形
缺钾症	叶条细弱，严重时甚至枯死；叶肉缺绿皱缩，叶边卷缩，最后焦枯；落叶延迟，果小，着色差；采收落果严重
缺钙症	幼嫩器官（根尖、茎尖等）易腐烂坏死；幼叶失绿，叶片卷曲，叶缘皱缩，叶片上常出现破裂或斑点；果实向阳的一面呈黄色，皮孔周围有白色晕环，萼洼至梗洼纵裂；果实小，发绵

葡萄具有很好的早期丰产性能，一般如土壤较肥沃，在定植的第二年即可开花结果，第三年即可进入丰产期。由于葡萄为深根性植物，没有主根，主要是大量的侧根，为使葡萄较好地进入丰产期，促进葡萄形成较发达的根系是早期施肥的关键。调查结果表明，种植前进行深翻施肥改土，提高深土层中养分的含量是施肥的关键（韩建等，2020）。

2. 葡萄有机肥施用技术

1）基肥

基肥是葡萄园施肥中最重要的一环，基肥在秋天施入，从葡萄采收后到土壤封冻前均可进行。但生产实践表明，秋施基肥越早越好。基肥通常用腐熟的有机肥在葡萄采收后立即施入，基肥对恢复树势、促进根系吸收和花芽分化有良好的作用。

施基肥的方法有全园撒施和沟施两种，棚架葡萄多采用撒施，施后再用铁锹或犁将肥料翻埋。撒施肥料常常引起葡萄根系上浮，应尽量改撒施为沟施或穴施。篱架葡萄常采用沟施。方法是在距植株50cm处开沟，沟宽40cm，深50cm，每株施有机肥10～20kg，过磷酸钙250g。一层肥料一层土，依次将沟填满。为了减轻施肥的工作量，也可以采用隔行开沟施肥的方法，即第一年在第一、第三、第五、……行挖沟施肥，第二年在第二、第四、第六、……行挖沟施肥，轮番沟施，使全园土壤都得到深翻和改良。基肥施用量占全年总施肥量的50%～60%。一般丰产稳产葡萄园每亩施有机肥5000kg。果农总结为“1kg果5kg肥”。

2）追肥

在葡萄生长季节施用，一般丰产园每年需追肥2～3次。第一次追肥在早春芽开始膨大时进行。这时花芽正继续分化，新梢即将开始旺盛生长，需要大量养分，每亩宜追施有机肥500kg，施用量占全年用肥量的10%～15%。第二次追肥在谢花后幼果膨大初期进行，这次追肥不但能促进幼果膨大，而且有利于花芽分化。这一阶段是葡萄生长的旺盛期，也是决定翌年产量的关键时期，也称“水肥临界期”，必须抓好葡萄园的肥水管理，这一时期追肥每亩宜施有机肥600～800kg。

3）根外追肥

根外追肥是采用液体肥料叶面喷施的方法迅速供给葡萄生长所需的营养。葡萄生长不同时期对营养需求的种类也有所不同，一般在新梢生长期叶面喷施1%～2%有机肥浸出液，每亩喷施肥液50～70kg，促进新梢生长；在浆果成熟前喷2～3次1%～2%有机肥浸出液，每次每亩喷施肥液50～70kg（Al-Atrushy and Birjely，2015），可以显著提高产量、增进品质。应该强调的是，根外追肥只是补充葡萄植株营养的一种方法，但代替不了基肥和追肥。要保证葡萄健壮生长，必须长年抓好施肥工作，尤其是基肥不可忽视。

4.3.4　柑橘需肥规律及有机肥施用技术

1. 柑橘需肥规律

柑橘属多年生木本果树，其生命周期较长，树体寿命可达数十年乃至百余年，在整个生命周期中，经过生长、结果、盛果、衰老和更新等阶段，不同年龄时期有其特殊的生理特点和营养需求。柑橘是典型亚热带常绿果树，周年多次抽梢和发根，且挂果期长，年周期中的柑橘营养需求特点是：在果树年周期中，其生长期、挂果期均长，根与枝叶生长交替进行，同时伴有开花、坐果、花芽分化和果实膨大等过程，这些过程随着季节变化有规律地同时或交叉进行。柑橘对养分的吸收，随物候期的进展表现出有规律的季节性变化。其中4～10月是柑橘年周期中吸肥最多的时期。

柑橘生长发育及果实形成所需的绝大部分养分由根系吸收，不同的柑橘种类、品种、砧木、繁殖方法、树龄、环境条件和栽培方法均会影响柑橘根系分布。柑橘根系的生长主要有以下特点。

（1）柑橘根系分为垂直根和水平根，根系的水平分布通常为树冠高度的2～4倍。

（2）垂直根和水平根的生长有相互制约作用，柑橘定植后，3～5年间垂直根首先发育长粗，而抑制水平根生长，往往导致地上部徒长，延迟开花结果期。

（3）为了早结果丰产，必须在幼龄期有效抑制垂直根伸长，促使水平根系优先形成，因此，随着柑橘的生长及其树冠的不断扩大，必须深翻土壤并拓宽原有栽培沟或穴，以适应根系活动范围的扩展。

（4）柑橘根系生长与新梢抽生是相互交替的。长江流域柑橘根系生长始于4月中旬即春梢抽生开花末期，5月为夏梢生长期，6月则为根系生长最旺期，7月下旬早秋梢抽发，根系生长势减弱，早秋梢转绿以后，壮果至9月中旬果实暂停肥大，又出现根系迅速生长，这段时间的根系生长量可占全年生长量的约1/3。

（5）根据柑橘根系周年生长习性，为满足新梢抽生、保花保果、壮果以及花芽分化等营养需要，应结合施肥促根而起到养叶的作用，根深才能叶茂。因此，对促根与促梢，控肥与控梢，稳果与壮果，施肥是最为重要的。对成龄柑橘，在深翻改土时，结合翻压绿肥或有机肥，并在酸性土中配施石灰，其最佳时期应为夏、秋季柑橘发根高峰前，此时断根后发根快，数量多。

（6）柑橘是亚热带果树中内生菌根植物的典型代表，菌根能扩大根系吸收表面，有助于吸收磷、铜、锌和钾等营养元素；通过分泌有机酸和多种酶以分解难溶性粗腐殖质、磷灰石和石灰石等；分泌抗生素能提高抗病能力，如抗脚腐病（Mann et al.，2011）；还能提高柑橘的抗旱能力。

2. 柑橘有机肥施用技术

（1）幼树施肥。幼树施肥的重点在于扩大树冠营养生长，使抽梢整齐、生长健壮，促使新梢迅速形成多枝多叶的小树冠。所以，在肥料分配上要求前期薄肥勤施，后期控肥水、促老熟。长江流域柑橘每年抽生 3 次新梢，因此以 3 次施肥为主，即 2 月底至 3 月初施肥，一般每亩施有机肥 500～600kg；5 月中旬施夏梢肥，一般每亩施有机肥 400～500kg；7 月上中旬施早秋梢肥，一般每亩施有机肥 300～500kg；11 月下旬还要补施冬肥，一般每亩施有机肥 400～500kg。此外，丘陵、山地的橘园，有机肥要深埋深施，深耕改土，促进根系的生长和扩展。

（2）成年树施肥。主要注意调节营养生长与生殖生长的关系，适时重施肥料，确保有足够的营养枝生长，使每年抽生的新梢有 1/2 或 1/3 成为结果母枝，形成交替结果，从而获得连年高产稳产。我国成年柑橘树一般每年施肥 3～4 次。第一次是萌芽肥：主要是促春梢抽生和花芽分化，在柑橘发芽前 1 个月左右施入土壤，一般每亩施有机肥 600～700kg。第二次是稳果肥：在 5 月中下旬施用，此时处在第一次生理落果与第二次生理落果之间。这次施肥要看树势和结果多少而定，结果少的旺树可不施或少施，结果多而长势中等或较弱的树要多施。一般每亩施有机肥 400～800kg。第三次是壮果促梢肥：一般在 7 月下旬至 8 月中旬施入，7 月以后，果实迅速膨大，适时足量施用有机肥，可提高当年产量，改善果实品质，为翌年产量打下基础。一般每亩施有机肥 600～800kg。还可叶面喷施 1%～2%有机肥浸出液，每次每亩喷施肥液 50～70kg。第四次是采果肥：一般在采果后 10 天左右施用，能促使迅速恢复树势，护根防害，防止冬季落叶；促进花芽发育，为翌年春梢萌发积累更多的养分，因此应十分重视，施肥量为施肥总量的 30%～35%，施肥要结合扩穴改土进行。一般每亩施有机肥 700～800kg。

（3）柑橘衰老后，生长势减弱，树冠中下部、内膛枝因受郁闭枯萎逐渐增多，渐渐失去生产能力，需要全园更新，更新的方法通常是通过重剪，结合地下部断根施重肥，促发新根生长和抽生新梢。断根结合施肥的时间，一般在春季 2～3 月，夏季 7 月上旬，秋季 8 月下旬至 9 月上旬，分期错开断根，施用有机肥料，以重新培养新根。一般每次每亩施有机肥 600～800kg。

（4）土壤施肥的主要方式：一是环状沟施法，平地幼龄果树在树冠外缘垂直投影处开环状沟；缓坡地果园，可开半环状沟，但挖沟易切断水平根，而且施肥面积小。二是放射状沟施肥法，依树冠大小，沿水平根生长方向开放射状沟 4～6 条；其肥料分布面积较大，且可隔年或隔两年更换施肥部位，扩大施肥面，促进根系吸收，适用于成年果园施肥（陈大超等，2018）。三是条沟施肥法，在果树行间开沟施入肥料，也可结合果园深翻进行，在宽行密植的果园常采用此种方法。

土壤施肥要看天气、土壤状况、植株生长结果情况灵活掌握。做到雨前、大雨不施肥，雨后初晴抢施肥，雨季干施，旱季液施，砂性土保肥力差，应勤施、薄施、浅施，黏重土可重施，深浅结合施，但须保持土表疏松：地下水位高宜浅施，酸性土多施碱性肥。

4.3.5　香蕉需肥规律及有机肥施用技术

1. 香蕉需肥规律

香蕉为多年生常绿大型草本植物。若以中等产量每亩产 2000kg 蕉果计算，每亩香蕉约需从土壤中吸收氮 24kg，磷 7kg，钾 87kg。香蕉施肥量的多少，主要是根据土壤肥力、结果量、种植密度、肥料种类以及气候特点来确定。一般来说，土壤肥沃、有机质含量高的蕉园施肥量相对较少；瘦地、种植密度大的蕉园需肥量相对多些。总之，适时足量供给肥料，以满足香蕉生长发育所需。肥料过多或不足对香蕉生长、开花和结果不利。

香蕉缺氮：叶色淡绿而失去光泽，叶小而薄，新叶生长慢，茎秆细弱，吸芽萌发少，果实细而短，梳数少，皮色暗，产量低。香蕉缺磷：吸芽抽身迟而弱，果实香味和甜味均差。香蕉缺钙：会减少含氮化合物的代谢作用和养分的转移，根系生长不良。香蕉缺钾：茎秆软弱易折，果实未成熟叶片即行枯死，果形不正，果指扭曲，风味极差，不耐贮运，对病虫抵抗力减弱。

2. 香蕉有机肥施用技术

（1）施肥量与结果迟早、产量的高低有很大的关系，在香蕉营养生长迅速期，及时施肥，可使植株生长加快，抽蕾早，产量高（袁先福等，2018）。为了使施肥科学合理，既满足香蕉生长发育的需要和生产目标的要求，又不致多施浪费肥料，最好是进行香蕉叶片营养分析和土壤养分分析，根据分析结果指导施肥，按其缺乏量多少，合理补充不足的部分。

（2）香蕉 18～40 叶期生长发育的优劣，对香蕉的产量与质量起决定性作用，所以这一时期是香蕉重要施肥期。这个时期又可分为营养生长中后期与花芽分化期 2 个重施期，应把大部分肥料集中在这两个时期施用。

（3）营养生长中后期（18～29 叶期）即春植蕉植后 3～5 个月，夏秋植蕉植后与宿根蕉出芽定笋后 5～9 个月。从叶形看，这个时期由刚抽中叶至进入大叶 1～2 片。这个时期正处于营养生长盛期，对养分要求十分强烈，反应最敏感，蕉株生长发育的优劣，由肥料供应丰缺决定，如果这时施重肥，蕉株获得充足养分，就能长成叶大茎粗的蕉株，进行高效的同化作用，积累大量有机物，为下阶段花芽分化打好物质基础。一般每次每亩施有机肥 800～1200kg。

（4）花芽分化期（30～40 叶期）即春植蕉植后 5～7 个月，夏秋植蕉植后与宿根蕉出芽定笋后 9～11 个月，从叶形看，这个时期由抽大叶 1～2 片至短圆的葵扇叶，叶距从最疏开始转密，抽叶速度转慢；从茎干看，假茎发育至最粗，球茎（蕉头）开始上露地面，呈坛形；从吸芽看，已进入吸芽盛发期。这个时期正处于生殖生长的花芽分化过程，需要大量养分供幼穗生长发育，才能形成穗大果长的果穗（张金妹等，2012）。这时施重肥，可促进叶片最大限度地进行同化作用，制造更多的有机物质供幼穗的形成与生长发育。一般每次每亩施有机肥 900～1300kg。

（5）香蕉具有周年生长、生长迅速、增长量大的特性，而我国气候特点是香蕉生长最佳季节里出现高温多雨天气，肥料施后易渗漏，挥发流失，因此，香蕉施肥必须贯彻勤施薄施、重点时期重施的原则。肥料分多次施用，可尽量减少流失，提高利用率，充分发挥肥效。对于砂质土壤的蕉园，肥料分多次施效果更为明显。适宜的香蕉施肥次数：全年 9～12 次，其中重肥 2 次，薄肥 7～10 次。

（6）香蕉根外追肥就是向叶面喷施 1%～2%有机肥浸出液，每次每亩喷施肥液 50～80kg。根外追肥的优点是肥料易被叶片或果实直接、快速吸收，能及时补充营养，满足香蕉生长发育对养分的需求，尤其是花芽分化至幼果发育时期需要大量的养分，通过根外追肥可及时补充其所需的养分，对提高香蕉产量和质量起着重要的作用；另外，喷施叶面、果面肥，肥料吸收率可高达 90%，显著高于根际施肥（Hazarika et al.，2015）。但根外追肥也有不足之处，主要是每次施肥量小，需要多次施用，费工较多。

4.3.6 菠萝需肥规律及有机肥施用技术

1. 菠萝需肥规律

菠萝又称凤梨，属凤梨科，凤梨属，果实品质优良，营养丰富，是多年生单子叶草本植物。菠萝植株适应性强，耐瘠、耐旱，对肥料的要求不高，病虫害较少，是新垦山地的重要先锋作物，易栽培，产量高，还可间作，是南方丘陵、山地开发，发展农村经济和使农民致富的好树种。

菠萝性喜温暖，以年均温 24～27℃生长最适。15℃以下生长缓慢，5℃是受冻的临界温度，43℃高温即停止生长。菠萝虽耐旱，但仍需一定水分，以 1000～1500mm 的年雨量且分布均匀为宜。菠萝较耐阴，但阳光充足时生长良好、糖含量高、品质佳。过强的光照加高温，叶片变成红黄色，果实也易烧伤。菠萝对土壤适应性广，喜疏松、排水良好、富含有机质，pH5.0～5.5 的砂质壤土或山地红壤较好。

2. 菠萝有机肥施用技术

菠萝从定植至收获第一果，一般需 15～18 个月，在此期间经历了根、茎、叶营养器官的生长，花芽分化，抽蕾开花，果实发育成熟及各类芽的抽生等几个不同的阶段。各阶段经历的时间的长短，所遇到的气候环境及对养分的需求均不相同。因此，只有按照菠萝生长发育各个阶段的进程和特点施肥，才能获得预期的效果。根据菠萝吸收养分的规律和生长发育阶段，划分如下几个施肥时期。

1）基肥

在菠萝定植时施用，占全年施肥总量的 40%，可基本满足菠萝一年里对养分的需求。定植前按行距挖宽 50cm、深 30cm 的种植沟，一般每亩施有机肥 1200～1900kg，配施过磷酸钙 15kg，混合后施入沟内。

生产上十分重视对菠萝施基肥，群众形容为“一基胜三追”。施足基肥是菠萝丰产的根本保证。基肥施用方法可采用条施或穴施，数量大时，可条施在定植行内，数量不多时，可穴施在定植部位下。

2）攻苗肥

菠萝的营养生长期长达 6～18 个月，占整个生育期的 60%以上，是影响产量的关键时期，施肥量可占年施肥量的 50%，攻苗肥可在小苗期、中苗期、大苗期施入。

攻小苗肥：从定植到新抽生叶片 10 片左右，主要是构建完整根系，此期的抗旱能力弱，根系吸收能力差，在施足基肥的基础上，主要通过追肥促进根系早生快发，一般每亩施有机肥 200～300kg，施肥量占年施肥量的 7%左右；根外追肥 1～3 次，可向叶面喷施 1%～2%有机肥浸出液，每次每亩喷施肥液 50～70kg。

攻中苗肥：从 10 叶期到菠萝基本封行期间，菠萝已形成完整根系，根系吸收能力加强，若气候适宜，生长迅速，此时施肥以有机肥为主，一般每亩施有机肥 600～900kg，施肥量占年施肥量的 18%左右，并结合松土、培土。根外追肥 1～3 次，可向叶面喷施 1%～2%有机肥浸出液，每次每亩喷施肥液 50～70kg。

攻大苗肥：从封行到现红抽蕾期间，叶片抽生速度减缓，但叶片伸长、加厚、变宽，田间非常荫蔽，形成一定的自荫环境，施肥操作困难。在完全封行前攻大肥。施肥以有机肥为主，一般每亩施有机肥 800～1200kg，施肥量占年施肥量的 25%左右。有条件的进行 1～2 次根外追肥，可向叶面喷施 1%～2%有机肥浸出液，每次每亩喷施肥液 50～70kg。

3）攻果肥

菠萝谢花后转入果实迅速生长膨大期和萌芽的抽生盛期，两者互相争夺养分，使植株进入一个养分吸收的高峰期，养分需要量大。此期养分供应充足与否，不仅关系到当年量，也影响继代苗的生长及植株的抗寒力。一般每亩施有机肥 400～600kg，肥料用量占全年施用量的 10%。为缓解根部吸收压力，可进行 1～2 次的叶面追肥，每次向叶面喷施 1%～2%有机肥浸出液，每次每亩喷施肥液 50～70kg，以保持叶色浓绿。

4.4　有机肥菜田施用技术

4.4.1　蔬菜的营养需求特点及施肥对策

肥料作为现代农业生产中蔬菜养分主要的供给源，直接参与协调蔬菜营养的代谢与循环，对蔬菜的产量和品质形成具有极为重要的影响，施肥技术也成了提高蔬菜品质的主要途径。对蔬菜进行正确的营养诊断是确保蔬菜进行合理施用有机肥的重要前提条件，从而提高蔬菜的产量和品质。近年来，蔬菜的营养诊断技术发展很快，诊断范围日趋广泛，从大量营养元素发展到微量营养元素；从化学诊断发展到土壤物理、土壤微生物以及组织化学和生物化学等诊断；由速测速效无机养分发展到叶片养分含量的快速分析；从单种营养元素发展到几种营养元素和各种元素以及各种营养元素间协调和拮抗关系的诊断。

蔬菜栽培中施肥过多，不但造成环境污染和资源浪费，对植株的正常生长发育和产品品质也会形成负面影响。植株对肥料的反应因蔬菜种类、土壤类型、前茬种植情况而变化。即使这些因素都相同，它还要受当地气候和生长季节等方面的影响。所以需要根据当地具体情况和蔬菜种类（或不同品种）确定施肥量，不能完全照搬某些手册上规定的施肥量数据。首次进行蔬菜栽培的，还应结合当地条件做一些生产性试验。

（1）应根据蔬菜栽培方式和集约化的程度决定施肥量。当蔬菜产量的单产较低时，二者对施肥量的要求并不明显，但随着单产增加，栽培方式和集约化程度增高，对施肥量的要求也更加苛刻。

（2）应根据前茬栽培蔬菜或农作物的肥料施用量以及该土壤的保肥能力来确定本茬蔬菜的施肥量。如栽培土壤中的无机氮数量通常只能保持一季有效，而磷素和钾素可以保持二到三季乃至数年有效，所以在确定施肥量上就要注意这些特点。

（3）应注意所在蔬菜基地的耕作制度，包括轮作、栽培方式以及有机肥施用情况等，这些因素均对施肥量有影响。栽培季节的气候状况也要考虑进去，一般春夏季雨水较多时，土壤中的养分由于淋溶作用强烈而易流失，所以要适当增加相应施肥量。

（4）应根据不同的肥料种类来确定正确的施肥量。因为不同的肥料种类其所含的养分含量和性质也是各不相同的。

4.4.2　叶菜类蔬菜

1. 白菜需肥规律及有机肥施用技术

1）白菜需肥规律

白菜以叶为产品，对氮的要求最为敏感。氮素供应充足则叶绿素增加，制造的碳水化合物随之增多，也促进了叶球的生长而提高了产量。若氮素过多而磷、钾不足，则白菜植株徒长，叶大而薄，结球不紧且含水量多，品质下降，抗病力减弱。磷能促进叶原基分化，使外叶发生快，球叶的分化增加，而且也促进它向叶球运输。充分供给钾肥，使白菜叶球充实，产量增加，并且可增加白菜中养分含量而提高品质。缺氮的白菜全株叶色变淡，植株生长缓慢；缺磷则叶背的叶脉发紫，植株矮小；缺钾则外叶叶缘发黄，甚至叶缘枯脆易碎；白菜缺钙易发生干烧心。生长盛期缺硼，常在叶柄内侧出现木栓化组织，由褐色变为黑褐色，叶周围枯死，结球不良。

2）白菜有机肥施用技术

根据白菜生长需肥量和土壤养分供给能力测算，结合当前白菜施肥实际水平进行综合分析，确定施肥量：①目标产量 8000kg 的中上等地选种晚熟品种，一般每亩施用有机肥 4000～4800kg；②目标产量 6000kg 的中等地，选种早熟品种，一般每亩施用有机肥 3600～4200kg；③目标产量 5000kg 的下等地，一般选择早熟、中早熟品种，一般每亩施用有机肥 3300～3800kg。

2. 甘蓝需肥规律及有机肥施用技术

甘蓝又称结球甘蓝，根系吸水吸肥能力强，喜肥耐肥，需要较多的氮素，尤其是晚熟种比早熟种需要更多。甘蓝施用基肥，应结合整地每亩施入有机肥 3000～4000kg。甘蓝莲座后期开始包心时，结合浇水追肥 1～2 次，每次每亩施入有机肥 300～400kg。对于中晚熟品种，由于其生长时期较长，在包球中期需追肥 1 次，施用方法同前两次追肥。这样施肥后，甘蓝可保持不间断地旺盛生长，对增加产量和提高品质效果显著。

4.4.3　茄果类蔬菜

1. 茄子需肥规律及有机肥施用技术

1）茄子需肥规律

茄子为一年生草本植物，在热带为多年生灌木。茄子根系发达，成株根系深达 1.5m

以上，根系横向直径超过1m，保护地栽培的茄子根系主要分布在0～30cm的耕层内。茄子根系的再生能力较差，木质化较早，不宜多次移植。

茄子生长期长，喜温怕霜，喜光不耐阴。茄子是喜肥作物，土壤状况和施肥水平对茄子的坐果率影响较大。在营养条件好时，落花少，营养不良会使短柱花增加，花器官发育不良，不易坐果。此外，营养状况还影响开花的位置，营养充足时，开花部位的枝条可展开4～5片叶，营养不良时，展开的叶片很少，落花增多。茄子对氮、磷、钾的吸收量，随着生育期的延长而增加。苗期氮、磷、钾三要素的吸收仅为其总量的0.05%、0.07%、0.09%。开花初期吸收量逐渐增加，到盛果期至末果期养分的吸收量占全期的90%以上，其中盛果期占2/3左右。各生育期对养分的要求不同，生育初期的肥料主要是促进植株的营养生长，随着生育期的进展，养分向花和果实的输送量增加。在盛花期，氮和钾的吸收量显著增加，这个时期如果氮素不足，花发育不良，短柱花增多，产量降低。

茄子对各种养分吸收的特点是从定植开始到收获结束逐步增加。特别是开始收获后养分吸收量增多，至收获盛期急剧增加。茄子植株缺氮时生长势弱，分枝减少，花芽分化率低，发育不良，落花率高，坐果率低，果实膨大受阻，皮色不佳，叶片小而薄，叶色淡，光合效能明显降低。缺磷时茎叶呈现紫红色，生长缓慢，花芽分化延迟，着花节位升高。缺钾时幼苗生长受阻，严重影响产量和质量。因此，茄子生长期间有三怕：前期怕湿冷，中期怕荫蔽，后期怕干旱。

2）茄子有机肥施用技术

基肥施用：茄子容易感染黄萎病，栽培茄子的设施保护地应避免重茬。如果隔茬时间较短，一定要进行保护地消毒。按保护地内空间计算，$1m^3$用硫磺4.0g、80%敌敌畏0.lg、锯末8.0g混合均匀后点燃，密闭24h后再通风，若是有机栽培则不能使用敌敌畏。消毒后的保护地按每亩施入有机肥3500～4500kg，均匀地撒在土壤表面，并结合翻地均匀地耙入耕层土壤。

追肥施用：当“门茄”达到“瞪眼期”（花受精后子房膨大露出花时），果实开始迅速生长，此时进行第一次追肥。每亩施入有机肥300～400kg，当“对茄”果实膨大时进行第二次追肥。“四面斗”开始发育时，是茄子需肥的高峰，进行第3次追肥。3次的追肥量相同。

2. 辣椒需肥规律及有机肥施用技术

1）辣椒需肥规律

辣椒属于喜温蔬菜，生长适宜温度为25～30℃，果实膨大期需高于25℃。成长植株对温度的适应范围广，既耐高温也较耐低温。甜椒对光照要求不严格，在光照长或较强的条件下，都可以完成花芽分化与开花过程。与其他果菜相比，为最耐弱光的蔬菜，强光对辣椒植株生长不利，易形成果实的日灼病。辣椒的耐旱力较强，随植株生长增大，需水量也随之增加，但水分过多不利于生长。

辣椒从生育初期到果实采收期不断吸收氮肥，其产量与氮吸收量之间有直接关系（高强等，2001）。辣椒的辛辣味与氮素有关，氮素施用量多会降低辣味（Valenzuela-García，et al.，2019）。营养生长过旺，果实不能及时得到钙的供应而产生脐腐病。

随着植株不断生长，磷的吸收量不断增加。但是，吸收量的变化幅度较窄，总吸收量约为氮的 1/5，辣椒苗期缺磷，植株矮小，叶色深绿，由下而上落叶，叶尖变黑枯死，生长停滞，早期缺磷一般很少表现症状。成株期缺磷，植株矮小，叶背多呈紫红色、茎细、直立、分枝少，延迟结果和成熟，并引起落蕾、落花。钾在辣椒生育初期吸收少，开始采摘果实后增多。辣椒缺钾多表现在开花以后，发病初期，下部叶尖开始发黄，然后沿叶缘在叶脉间形成黄色斑点，叶缘逐渐干枯，并向内扩展至全叶呈烧伤状或坏死状，果实变小，叶片症状是从老叶到新叶，从叶尖向叶柄发展。结果期如果土壤钾不足，叶片会表现缺钾症，坐果率低，产量不高。钙吸收量比番茄低，如钙不足，易诱发果实脐腐病，辣椒在整个生育期不可缺钙。定植初期吸收镁少，进入采收期吸收量增多，此时如镁不足，叶脉间黄化呈缺镁症，影响植株生长和结实。辣椒缺硼时，叶色发黄，心叶生长慢，根木质部变黑腐烂，根系生长差，花期延迟，并造成花而不实，影响产量。

2）辣椒有机肥施用技术

辣椒植株矮小，生长结果时间长，施有机肥是增产的重要措施。

基肥：辣椒每亩施入有机肥 3500～4000kg，结合整地沟施或穴施，覆土后移苗定植、浇水。

追肥：第一次追肥在植株现蕾时，每亩施入有机肥 300～400kg。第二次于 5 月下旬，第一簇果实开始长大。这时需要大量的营养物质来促进枝叶生长，否则不但影响结果，而且植株生长也受到抑制。每亩施入有机肥 300～400kg。第三次在 6 月下旬，天气转热，正是结果旺期，结合浇水，每亩施入有机肥 300～400kg。第四次在 8 月上旬，气温高，辣椒生长缓慢，叶色淡绿，果实小而结果少，每亩施入有机肥 300～400kg，以促进辣椒秋后枝叶生长和结果。辣椒施肥次数多是保证长时间生长结果和抗恶劣环境的需要。

3. 番茄需肥规律及有机肥施用技术

1）番茄需肥规律

番茄的种植面积很大，种植区域也很广。番茄的一生分为发芽期、幼苗期和开花结果期。发芽期从种子萌动到子叶展开直至第一片真叶显露。幼苗期从真叶显露到第一花序现蕾。此期为营养生长与生殖生长的并行时期，在光照充足、通风良好、营养完全等条件下可培育出适龄壮苗。开花结果期从第一花序现蕾至果实采收完毕，又分为始花结果期和开花结果盛期。始花结果期：从第一花序现蕾至坐果，是以营养生长为主向生殖生长为主的过渡阶段；开花结果盛期：从第一花序坐果至果实采收完毕，是产量形成的主要时期。

番茄对养分的吸收是随着生育期的推进而增加的。在生育前期吸收养分量少，从第一花序开始结果，养分吸收量迅速增加，到盛果期养分吸收量可占总吸收量的 70%～80%。番茄对氮、磷、钾的吸收呈直线上升趋势，对钾的吸收量接近氮的 2 倍，钙的吸收量和氮相似，可防止蒂腐病发生。缺氮会造成植株瘦弱，叶色发淡，呈淡绿或浅黄色。叶片小而薄，叶脉由黄绿色变为深紫色，主茎变硬呈深紫色，蕾、花变为浅黄色，很容易脱落，番茄果穗少且小。果实小，植株易感染灰霉病和疫病。苗期缺磷叶片背面呈淡紫红色，而且叶脉上最初出现部分浅紫色的小斑点，随后逐渐扩展到整个叶片，叶脉、叶柄也会发展为紫红色，主茎细长，茎变为红色，叶片窄小，后期叶片有时出现卷曲，结实较晚，成熟推迟，果实小。缺钾幼叶卷曲，老叶最初呈灰绿色，然后叶缘呈黄绿色，直至叶缘干枯，叶片向上卷曲。有时叶脉失绿和坏死，甚至扩大到新叶。严重时黄化和卷曲的老叶脱落。落果多、裂果多、成熟晚，且成熟不一致、果质差。缺钙上部叶片褪绿变黄，叶缘较重，逐渐坏死变成褐色。幼叶较小，畸形卷缩，易变紫褐色而枯死。花序顶部的花易枯死，产生花顶枯萎病。果实顶腐，在果实顶端出现圆形腐烂斑块，呈水浸状，黑褐色，向内凹陷，称为脐腐病。番茄缺镁下部叶片失绿，叶脉及叶脉附近保持绿色，形成黄绿斑叶，严重时叶片有些僵死，叶缘上卷，叶缘间黄斑连成带状，并出现坏死点；进一步缺镁时，老叶枯死，全叶变黄。缺铁时叶片基部先黄化，呈金黄色，并向叶顶发展，叶前缘可见残留绿色，叶柄紫色。缺硼时幼叶叶尖黄化，叶片变形，严重缺硼时，叶片和生长点枯死。茎短而粗，花和果实形成受阻，嫩芽、花和幼果易脱落。叶柄变粗。坐果少，果实起皱，出现木质化斑点，成熟不一致。缺钼时中下部老叶变黄色或黄绿色，叶片边缘向上卷曲，叶片较小并有坏死点；严重时，叶片只形成中肋而无叶片，成为鞭条状；最后，叶片发白枯萎。缺锌时叶片间失绿，黄化或白化，节间变短，叶片变小，类似病毒症。缺硫时植株变细、变硬、变脆。上部叶片变黄，茎和叶柄变红，节间短，叶脉间出现紫色斑，叶片由浅绿色变黄绿色。

2）番茄有机肥施用技术

番茄露地栽要重施基肥，建议每亩施入有机肥 3800～4500kg。追肥，在第一果穗膨大时结合浇水每亩施入有机肥 300～500kg，在第一果穗采收后每亩施入有机肥 300～400kg 作为盛果肥。在盛果期可喷施 0.1%尿素加 0.2%磷酸二氢钾溶液或 1%～2%有机肥浸出液，每隔 7～10 天喷施 1 次，共喷 2～3 次，每次每亩喷施肥液 50～80kg，可明显提高番茄的产量和维生素 C 的含量（李吉进等，2008；Valšikova-Frey et al.，2018）。

4.4.4　瓜类蔬菜

1. 黄瓜需肥规律及有机肥施用技术

1）黄瓜需肥规律

黄瓜是我国露地和保护地蔬菜生产中的重要作物，在我国已有 2000 多年的栽培历史，现在我国从南到北，从东到西均广泛栽培，是人民生活中必不可少的一种蔬菜。黄瓜的生长发育周期共分为发芽期、幼苗期、抽蔓期和结果期。从种子萌发至两片子叶展开为发芽期。此阶段生长所需养分完全靠种子贮藏的养分供给。从真叶出现到展开 4～5 片真叶为幼苗期。此期主根继续延伸，侧根开始发生，花芽开始分化，营养生长和生殖生长并行。抽蔓期从 5～6 片真叶到第一个瓜坐住。此时蔓的伸长加快，出现卷须和侧枝，雌、雄花陆续开放。结果期从第一个瓜坐住到拉秧，这一时期茎叶生长、根系生长和瓜条生长并存，而且生长量很大，是肥水管理的关键时期。

黄瓜要求土壤疏松肥沃，富含有机质。黏土发根不良，砂土发根，前期虽旺盛，但易于老化早衰。适于弱酸性至中性土壤，最适 pH 5.7～7.2。当 pH 5.5 以下时，植株就发生多种生理障碍，黄化枯死；pH 高于 7.2 时，易烧根死苗，发生盐害。

黄瓜对氮、磷、钾的吸收是随着生育期的推进而有所变化的，从播种到抽蔓吸收的数量增加；进入结瓜期，对各养分吸收的速度加快；到盛瓜期达到最大值，结瓜后期则又减少。它的养分吸收量因品种及栽培条件而异。平均每生产1000kg产品需吸收氮2.6kg、磷0.8kg、钾8.9kg、钙3.1kg、镁0.7kg，其中氮与磷的吸收值变化较大，其他养分吸收量变化较小。各部位养分浓度的相对含量，氮、磷、钾在收获初期偏高，随着生育时期的延长，其相对含量下降；而钙和镁则是随着生育期的延长而上升。黄瓜植株叶片中的氮、磷含量高，茎中钾的含量高。当产品器官形成时，约占60%的氮、50%的磷和80%的钾集中在果实中。当采收种瓜时，矿质营养元素的含量更高。始花期以前进入植株体内的营养物质不多，仅占总吸收量的10%左右，绝大部分养分是在结瓜期进入植物体内的。当采收嫩瓜基本结束之后，矿质元素进入体内很少。但采收种瓜时则不同，在后期对营养元素吸收还较多，氮与磷的吸收量约占总吸收量的20%，钾则为40%。黄瓜栽培方式不同，肥料的吸收量与吸收过程也不相同，秋季栽培的黄瓜，定植1个月后就可吸收全量的50%，所以对秋延后的黄瓜来说，施足基肥尤为重要。

缺氮黄瓜叶片小，从下位叶到上位叶逐渐变黄，叶脉凸出可见。最后全叶变黄，坐果数少，瓜果生长发育不良。黄瓜苗期缺磷，叶色浓绿、发硬、矮化，定植到露地后，就停止生长，叶色浓绿，果实成熟晚。黄瓜早期缺钾，叶缘出现轻微的黄化，叶脉间黄化；生育中、后期，叶缘枯死，随着叶片不断生长，叶向外侧卷曲，瓜条稍短，膨大不良。

2）黄瓜有机肥施用技术

黄瓜有机肥施用首先要重视苗期培养土的制备，一般可用50%菜园土、30%草木灰、20%有机肥掺和而成。种植黄瓜的菜田要多施基肥，一般每亩普施有机肥4000～5000kg。根据每亩生产5000kg以上产量的经验，从黄瓜定植至采收结束，共需追肥8～10次。一般每次每亩施有机肥200～300kg，还可叶面喷施0.1%尿素加0.2%磷酸二氢钾溶液或1%～2%有机肥浸出液，每隔7～10天喷施1次，共喷2～3次，每次每亩喷施肥液50～80kg，可促瓜保秧，力争延长采收时期。

2. 丝瓜需肥规律及有机肥施用技术

1）丝瓜需肥规律

丝瓜为葫芦科1年生攀缘草本植物。以嫩瓜供食，供应期长，为夏秋果菜之一。丝瓜有普通丝瓜和棱角丝瓜两个种。华南地区习惯种棱角丝瓜，其他地方多种普通丝瓜。丝瓜耐旱、耐肥，对土壤要求不严格，一般土壤都能生长，在质地疏松肥沃的砂壤土中生长最好。生长期内需要较多的钾和适量的氮与磷，氮、磷、钾的吸收比例为2∶1∶2.6。

2）丝瓜有机肥施用技术

基肥：当丝瓜苗长出1～3片真叶时，可带土移栽。移栽前7～10天，在确定移植的地上施足基肥，每亩普施有机肥4000～5000kg，施肥后及时进行土地翻耕，并精细整地，盖好地膜待移植。丝瓜种植密度以500株/亩左右为宜，其行距为3m，株距0.4～0.5m。同时保持土壤湿润，防止干旱。

追肥：追肥的合理施用对丝瓜的坐果及充实膨大具重要作用（黄健超和陈仕军，2015），追肥的施用时间、次数及用量视丝瓜长势和结瓜量多少而定。当第一期幼瓜直径长到 4cm 以上时，须施第一次追肥，一般每亩施有机肥 200～300kg，以促进丝瓜膨大与充实；以后每隔 20 天左右追施 1 次，每次每亩施有机肥 200～300kg。丝瓜茎叶繁茂，结果多，营养生长和生殖生长期长，当植株转入生殖生长以后，吸收量大。如果开花期营养不足，茎叶生长变弱，坐果率降低。拉秧前 30 天停止施肥。

4.4.5　水果类蔬菜

1. 草莓需肥规律及有机肥施用技术

1）草莓需肥规律

草莓的适应性很广，适于多种栽培方法，又有陆续开花结果的习性，且采收期长，露地栽培可采收 1～2 个月，半促成栽培可采收 3～4 个月，促成栽培采收可长达 6～7 个月。各种栽培方法配合得当，可达到周年均衡采收。草莓生长对温度的要求有 3 个重要的时期：一是植株生长期，即开花前，白天温度控制在 26～30℃，夜温 10～14℃。二是果实膨大期，即草莓开花结果后，此期外界气温较低，应注意保温，白天温度控制在 20～25℃，夜间不低于 8℃；保温措施可采取加盖小拱棚或地膜等双层覆盖。三是果实采收期，白天温度控制在 18～20℃，夜间不低于 8℃。

生长良好的草莓不仅要有一定数量的氮、磷、钾大量元素，还要有一定量的钙、镁、硫等中量元素和微量元素。每种元素各有其用，不能替代，因此施用优质有机肥是保证草莓质量的重要措施。

2）草莓有机肥施用技术

草莓育苗用的苗床，每亩施有机肥 3000～3500kg。草莓定植后，生长加快，所以要施足基肥，每亩施有机肥 4000～5000kg，在第一花开放之前，每亩追施有机肥 200～300kg，以后当果实膨大，收获时都应分别追肥，从第一次收获至全期结束，应追肥 4～5 次，用量均为每亩施有机肥 200～300kg。同时，可根据需要在生长中后期叶面喷施 0.1%尿素加 0.2%磷酸二氢钾溶液或 1%～2%有机肥浸出液，每隔 7～10 天喷施 1 次，共喷 2～3 次，每次每亩喷施肥液 50～80kg，可明显提高产量和质量（赖涛等，2006）。

2. 西瓜需肥规律及有机肥施用技术

1）西瓜需肥规律

西瓜对氮、磷、钾三要素的吸收基本与植株干物质的增长相平衡，即生长发育前期吸收氮、磷、钾的量较小，坐果后急剧增加。有关资料表明：西瓜在发芽期吸收量极小；幼苗期占总吸收量的 0.5%；伸蔓期植株干重迅速增长，矿物质吸收增加，占总吸收量的 15%；坐果期、果实生长盛期吸收量最大，占全期的 84%（宋荣浩等，2007）。

西瓜需肥量大而集中，每生产 1000kg 果实，需纯氮 5.8kg，纯磷 3.7kg，纯钾 8.5kg，西瓜对氮、磷、钾三要素的吸收，以钾最多，氮次之，磷最少。氮素营养水平直接影响西瓜营养体的大小和产量的高低。磷素促进根系的生长，并与花芽分化和花蕾发育有关，有增产作用及增进品质的作用。钾可显著提高西瓜果实含糖量，改善品质，提高植株抗病性。

西瓜在其生长发育过程中有两个极其重要的时期，即营养的临界期和营养的最大效率期，这两个时期如能充分供给养分，西瓜产量将会有明显的提高。营养临界期是指营养元素过多或过少或营养元素间不平衡，都会对西瓜生长发育起显著不良作用的那段时间。一般来说，西瓜生长发育初期，对外界条件较敏感，此时如果养分供应不足，对生长发育有明显的影响，由此造成的损失，以后施用大量肥料也难以补救。营养最大效率期指西瓜生长发育过程中，需要的养分绝对数量最多、肥料的作用最大、增产效率最高的时期。西瓜果实膨大期，需肥量最大，如果缺肥，对西瓜产量影响极大，是西瓜的营养最大效率期。

2）西瓜有机肥施用技术

计算出某个地块的肥料需要量后，就可以确定施肥方案了。施肥方案的具体内容应包括：肥料种类、肥料的量、施用时间及施用方法。应根据西瓜的需肥规律及土壤、肥料的性质，将肥料分几次施用，如北方降水量少，植株长势容易得到控制，基肥施用比例较高，长期以水调肥，追肥的次数和用量较少；南方则相反，为满足生长和结果的需要，追肥次数和用量较多。西瓜追肥要特别注重西瓜的膨果肥，既要满足西瓜膨果期营养的需求，又要注意防止营养生长过旺。只有这样，才能及时满足西瓜各生育期对养分的需要，达到增肥增产的最大经济效益。西瓜要重施基肥，一般每亩施有机肥 4000～5000kg，栽培高品质西瓜的有机肥源以腐熟羊粪最佳。

4.4.6　水生蔬菜

1. 莲藕需肥规律及有机肥施用技术

1）莲藕需肥规律

莲藕要求温暖湿润的环境，主要在炎热多雨的季节生长。当气温稳定在 15℃以上时就可栽培，长江流域在 3 月下旬至 4 月下旬，珠江流域及北方地区要分别比长江流域提早或推迟 1 个月左右，有的地方在气温达 12℃以上即开始栽培。总之，栽培时间宜早不宜迟，这样使其尽早适应新环境，延长生长期。但栽培时间也不能太早或太晚：太早，地温较低，种藕易烂，若是栽培幼苗，也易冻伤；太晚，藕芽较长，易受伤，对新环境适应能力差，生长期也短。适时栽培是提高藕产量的重要一环。

莲藕生长发育过程经过 3 个阶段。一是从种藕萌芽开始至抽生立叶，为萌芽生长期，生长所需养分主要靠母体供给，所以要用肥壮的藕作种。二是从植株长出立叶时开始至出现终止叶，为旺盛生长期。三是从开花以后至藕膨大充实为止，为结藕期。自终止叶出现，约 5 天长 1 节藕。从开始结藕到藕充分膨大，要经过约 20 天。在四川的东南地区栽培藕，要到霜降节后才充分成熟。莲藕喜阳光和温暖的气候。当春天的气温上升到 15℃左右，地温有 8℃以上时，种藕开始萌芽。气温达 18～20℃时，开始抽生立叶，生长的适宜温度 23～30℃。藕的膨大期以 20～25℃为宜，并以昼夜温差大为好。若高于 30℃或低于 15℃，对藕的膨大不利。

藕的各个生育期灌水深浅要求是不同的，旺盛生长前灌水宜浅，旺盛生长期灌水宜深，藕的膨大期灌水宜浅，整个生育期不能缺水，更不能深水淹没荷叶。莲藕还怕暴风吹打荷叶和激水冲击，若在旺盛生长的前期、中期遭遇上述情况，则要延迟“坐藕”，形成长把长节的瘦藕；若在旺盛生长期后期遭遇上述情况，就会形成瘦小的藕头，产量低，品质下降。

依据适应水位的高低不同，可分为深水藕和浅水藕。浅水藕多属早熟品种，适于稻田或浅水塘栽培，在旺盛生长期适宜水位 30cm 左右，若超过 100cm 的深水就要受水害。深水藕多属中晚熟品种，其叶梗高又较粗，叶片大，藕节长，地下茎入土较深，耐深水程度较强，旺盛生长期的适宜水位 30～50cm，在 150cm 的深水位也可生长发育，宜在池塘或湖荡中栽培。莲藕对于氮、磷、钾三要素的需求因品种不同也存在一定差异（鲍锐等，2019）。子莲类型的品种，对氮、磷的要求较多；藕莲类型的品种，则对氮、钾的需要量较多。

2）莲藕有机肥施用技术

藕田的基肥施用量应根据土壤肥瘦而定，一般每亩施有机肥 1000～1500kg。深水藕田易缺磷，除了施足有机肥外，还应撒施过磷酸钙 30～40kg。莲藕在生长发育过程中所需要的营养物质，一方面来自莲的光合作用；另一方面来自土壤，而土壤中原有的肥料有限（包括基肥），随着植株的生长发育会越来越少，尽管鱼的粪便和残饵可为藕提供一定量的养分，但与藕的生长需求相比是很少的，因此必须及时追肥。莲藕生育期长，一般追肥 2～3 次。第一次在立叶开始出现时进行，中耕除草后，每亩施有机肥 750～1000kg。第二次追肥在立叶已有 5～6 片时进行，每亩施有机肥 750～1000kg。第三次追肥在终止叶出现时进行，这时结藕开始，称为追藕肥。每亩施有机肥 750～1000kg。施肥应选择晴朗无风天气，避免在烈日的中午进行。每次施肥前放掉田水，以便肥料吸入水中，然后灌水至原来的深度。

浅水藕连茬 5 年左右后，由于土壤透气条件较差，极易诱发生理病害。该生理病害始发于 5 月上中旬，发病高峰期一般在 7～8 月高温季节。发病较轻的田块可减收 20%～30%，严重的减收 60%～80%。初发病时，新生叶片刚出水面就呈轻微萎蔫状，叶脉渐失绿变淡，叶片边缘生褐色斑点，并逐渐扩大至整个叶片枯死。防治方法主要有：连作 3～4 年后耕翻 1 次，这是控制生理病害的根本途径；增施优质有机肥，在 4 月底藕田只有薄水时，每亩用硫酸铜 1～1.5kg、硫酸亚铁 2～2.5kg、钙镁磷肥 25～30kg 拌干细土撒施。

2. 茭白需肥规律及有机肥施用技术

1）茭白需肥规律

茭白在我国以长江流域及南方各省份栽培较多，其中以长江中下游地区栽培面积最大，栽培技术水平也较高。我国大多数省份栽培单季茭白，双季茭白的栽培集中在江苏、浙江、上海等地，特别是苏州、无锡、杭州的茭白，闻名全国。近几年，安徽、湖北、湖南也逐步引种栽培双季茭白。各地通过对茭白地方品种的不断选育和提纯复壮，推广新品种，改进栽培技术，茭白每亩产量已由新中国成立初期的 750～1000kg，提高到现今的 1500～2500kg，品质也有明显提高（黄凯丰等，2008）。

茭白栽培技术简易，对土壤要求不严，凡灌水便利的田地都可栽培，也可在浅水田或低洼地种植。茭白植株高大，吸肥力强，因此宜早施分蘖肥，时间在移栽后 10 天左右。

第 2 次为长秆肥，以后可根据情况施好孕茭肥。茭白 1 年可采收 2 季，第一季在 5～7 月间采收；第二季在 9～11 月间采收，正是夏秋缺菜季节。

茭白生产的经济效益显著，因此在农业产业结构调整中，茭白栽培面积有所扩大，特别是在近山区的冷水田、山垄田和在水库有冷水资源的水田，适宜茭白生长，可提早采收上市，既解决城市淡季吃菜问题，又有利于开发山区经济。

2）茭白有机肥施用技术

基肥：茭白吸肥力强，要求每亩施有机肥 2000～2500kg 作基肥，整地后灌水 3～5cm 待种。

追肥：全期 4～5 次。第一次在苗长 10～20cm 时进行，每亩施有机肥 450～500kg；隔 15～20 天后进行第二次追肥，每亩施有机肥 450～500kg；以后视植株长势的强弱，每隔 10～15 天再施 1～2 次，每次每亩施有机肥 450～500kg。孕茭前 1 周左右停施追肥，否则延迟孕茭或不孕茭。

4.5　复合功能有机肥

以畜禽粪便进行发酵腐熟制备的堆肥产品有机质含量高，营养元素全面且丰富，但仍难以满足特定实践应用的肥料需求，如长短期肥效兼具的有机-无机复混肥，生物活性与有机肥料特性共存的生物有机肥，以及具有基质改良和养分活化的炭基有机肥，因此，开发并利用以有机营养功能为基础并复合其他作用的复合功能有机肥十分必要。本节将简要介绍有机-无机复混肥、生物有机肥、基质调理有机肥等。

4.5.1　有机-无机复混肥

有机-无机复混肥料既含有有机质，又含有化学肥料养分，是指将有机物料和化学肥料按一定比例混合后，采用各种制造工艺将二者进行复合（混）加工而成的肥料。有机-无机复混肥料中的有机质部分大都来源于加工后的其他有机物料，如畜禽粪便、食品加工和酿造等企业的有机废弃物、农作物秸秆、木屑等或有机质含量较高的有机物料；另外，不少企业也利用风化煤、褐煤、纯化腐殖酸、草炭等作为有机原料生产有机-无机复混肥料。有机-无机复混肥料中的无机营养部分主要来源于普通化学肥料。

有机肥料具有养分齐全、肥效缓长和改良土壤等优点，但不能完全满足高产作物对于养分的需要；虽然化学肥料养分浓度高，吸收快，但施用不当会引起土壤酸化、板结等一系列严重的问题。有机-无机复混肥料将前者的“容量因子”和后者的“强度因子”相结合，充分发挥有机肥养分完全、肥效稳定持久的优点和化肥养分含量高、肥效快的优势，并存在一定程度的良性交互作用，在生产实践中效果甚好（王正银，2015）。合理施用有机-无机复混肥，既能减少化肥的养分流失，又能减轻土壤对化肥中某些营养元素的固定，提高化肥利用率，从总体上提高养分的供给率。此外，有机肥由于具有较大的阳离子交换容量，还能够对化肥中一些易淋失的养分有效地吸附和保存。例如，腐殖质对氨氮的吸附，显著地减少氨的气态损失；有机肥分解产生的有机酸能提高过磷酸钙肥施用后期迟效磷的有效性，从而提高化肥肥效。

有机-无机复混肥中含有大量的有机质，会增加土壤中负电荷及促进微生物活动，通过化学、电化学及生物化学作用，对铵根离子、钾离子等养分产生吸附和调节作用，速效成分快而不猛，与其中的缓效成分配合肥效快而持久，可避免施用化肥那种“大起大落”、不均衡供肥的弊端，还可以增强保肥力，减少养分淋失，特别在南方高温多雨的条件下，在缺乏有机质的瘦土、砂土上，有机-无机复混肥的保肥力特别明显。另外有机-无机复混肥还可以活化土壤中的氮、磷、钾及硅、锰、锌等成分，提高有效性，改善土壤理化性质。因此，有机、无机比例合理的有机-无机复混肥能够提供平衡持久的养分，克服无机化肥供肥“大起大落”和农家肥供肥强度低、肥效慢的缺点。

目前大多数有机-无机复混肥只注意了不同元素之间的平衡，即氮、磷、钾和微量元素之间的配比，而忽视有机、无机成分之间的平衡。在农村，农民根据经验把有机肥和化肥混合使用，调节供氮的强度与持久性，均衡供应养分，使作物稳步生长。有机-无机复混肥已经对有机、无机成分进行了合理的调节，无须农民临时配制，因而更利于实现平衡施肥。有研究认为，施用有机-无机复混肥存在着时空效应，有机-无机复混肥中有机、无机成分具有同时间、共空间的特点，即有机-无机复混肥中的有机、无机成分从一开始就结合在一起，这比先施有机肥、后施化肥的传统施肥方法优越，传统方式即使同时施用有机肥和无机肥，有机、无机成分在土壤中的空间分布上也有差异，不如有机-无机复混肥均匀。

利用熟化堆肥作基料生产有机-无机复混肥的技术关键在于养分配方，包括氮、磷、钾配比以及微量营养元素的补充调节。如何根据农作物种类和土壤类型进行有机-无机复混肥养分比例调配，以及调节土壤、作物之间养分供求关系的平衡，满足不同作物和不同土壤类型对养分的需求，这固然要缜密进行养分合理配方的设计，而更重要的是要经过几个点验证，以便优化配方，切忌片面性或缺乏针对性，特别是微量营养元素的补充调节更应慎重。虽然微量营养元素对作物产量和质量影响很大，在有机-无机复混肥中加入适量微量元素可以提高肥效，但因为作物对微量元素的需求量较低且敏感，因此加入量应适量和安全，必须适宜土壤和作物的需求，否则适得其反，造成不良后果。养分配方设计应该根据作物品种、根系分布、吸收能力和土壤结构、pH、水分、有机质、养分数量、养分存在形态以及有机-无机复混肥的特点，确定土壤-作物的供求关系，然后拟定设计方案。

通用复混肥配方的应用对象是某一地区对养分（主要指氮、磷、钾）需求差异不太悬殊的多种主要作物。例如在广东，水稻、叶菜类、桑、林木一类作物，应用 11∶3∶7 或 10∶2.5∶6 的通用配方，均有较好效果。多年实践表明，有机-无机复混肥使用范围较广，在等氮或等重施用条件下，增产效果比一般无机复混肥高而成本降低。

通用配方磷的含量及比例均低于一般的无机复混肥。其原因是：有机-无机复混肥中磷的活性较高，过多磷反而会降低锌等元素的有效性。而且实践表明，采用这一比例及用量效果相当好，即使在红壤上施用，也不会出现磷不足的现象。与磷相比，氮的比例相应要高些。氮肥的利用率较无机复混肥高，多年实践表明，适当提高氮的比例，肥效更好。这可从两方面来解释：一是有机-无机复混肥的供肥平衡，波动小；二是有助于形成具有生理调节作用的腐殖酸铵。利用通用配方，适当配施一些其他肥料，有更大适应范围和更好效果。例如，对幼龄茶和林木作基肥施用时，可适当加些磷肥，效果更好；对成龄茶，则可加大氮比例；对挂果期的果树，宜加施一些钾肥。

专用型配方完全是针对某些土壤-作物供求关系中对氮、磷、钾有较特殊需求，或者某类土壤生长的农作物或林木出现缺素症，而对某种微量元素有特殊需求所拟定的养分配方。这类养分配方设计是针对某些作物品种和土壤类型的，用以调节这些作物与土壤的供求平衡，满足作物生长所需，针对性明显。例如，香蕉和烟草对钾的需求很高，对氮的供应需有一定的限制，防止质量受损；而茶对氮的需求量很高，对磷、钾则需控制在一定范围内。一般的通用肥难以满足其特殊需求。另外，这类作物经济价值高，也是配制专用肥的一个重要原因。

对吸肥特性类似的某些作物所配制的专用肥，可在小范围内使用，如稻、麦、白菜的三要素需求比例相近，其中某一作物的专用肥可通用。再放宽一些，也可用于甘蔗。又如香蕉、荔枝、黄瓜、番薯等作物需钾量均较大，其钾氮比在 3 左右，其专用肥在一定条件下也可考虑通用。对于多年生的果树、林木，其需要肥料的特性不仅因生长期而异，而且一年当中不同季节亦有区别。例如，桑树采摘期，春、夏、秋季可沿用 11∶3∶7 的专用肥，但冬季则宜提高磷、钾比例而减少氮比例。有的地区以 7∶5∶5 作为桑树冬肥。在配制专用肥时，也应考虑季节因素。

肥料配方的养分设计，应该根据作物吸肥特点和特性，土壤养分含量及有关理化性质、气候条件、复混肥的特点、不同生育期和不同季节时作物的养分需求变化、当地的施肥习惯等因素而定，并须经多点验证，完善后才能定出较优化的配方，仅按作物吸肥的比例或按土壤养分状况而定出配方，往往有片面性。根据作物种类、种植面积及季节，可定出几种基本专用肥配方。在一定条件下，把不同基本专用肥按一定比例相互组合，可得到更多种类的专用肥，这不仅有利于生产管理和更好地适应市场变化，而且对于提高肥效也有较好作用。

为了防范不同企业产出品差异较大，对复混肥中有害元素控制和卫生标准不一，加入的有机质品种多样，对农作物和人体存在潜在的危害，国家质量监督检验检疫总局和国家标准化管理委员会颁布了有机-无机复混肥料相关国家标准，具体指标见表 4-2。

表 4-2　有机-无机复混肥料产品的指标

项目		指标	
		Ⅰ型	Ⅱ型
总养分（$N+P_2O_5+K_2O$）的质量分数[a]/%	≥	15.0	25.0
水分（H_2O）的质量分数[b]/%	≤	12.0	12.0
有机质的质量分数/%	≥	20	15
粒度（1.00～4.75mm 或 3.35～5.60mm）[c]/%	≥	70	
酸碱度 pH		5.5～8.0	

续表

项目		指标	
		Ⅰ型	Ⅱ型
蛔虫卵死亡率/%	≥	95	
粪大肠菌群数/(个/g)	≤	100	
氯离子的质量分数[d]/%	≤	3.0	
砷及其化合物的质量分数（以As计）/%	≤	0.0050	
镉及其化合物的质量分数（以Cd计）/%	≤	0.0010	
铅及其化合物的质量分数（以Pb计）/%	≤	0.0150	
铬及其化合物的质量分数（以Cr计）/%	≤	0.0500	
汞及其化合物的质量分数（以Hg计）/%	≤	0.0005	

注：a. 标明的单一养分含量不得低于3.0%，且单一养分测定值与标明值负偏差的绝对值不得大于1.5%。
b. 水分以出厂检验数据为准。
c. 指出厂检验数据，当用户对粒度有特殊要求时，可由供需双方协议确定。
d. 如产品氯离子含量大于3.0%，并在包装容器上标明“含氯”，该项目可不做要求。

4.5.2 生物有机肥

生物有机肥是在微生物肥料基础上发展起来的一种高效的功能复合型肥料。生物有机肥是指特定功能微生物与主要以动植物残体（如畜禽粪便、农作物秸秆等）为来源并经无害化处理、腐熟的有机物料复合而成的一类兼具微生物肥料和有机肥效应的肥料。它既不是传统的有机肥，也不是单纯的菌肥，而是二者的有机结合体，它是以自然中含有一定植物养分容量的腐熟有机物为基质和载体，加入适量的无机元素，同时融入具有特定功能的微生物，这是此类产品的本质特征。当前，随着微生物学、肥料学研究工作不断深入，人们已经把微生物、肥料和环境作为一个整体来研究，生物有机肥的肥效不仅来自其本身所含有机物的分解，还有益于功能微生物的生物固氮、溶磷、解钾作用以及微生物活动对原、次生矿物营养转化表现出保氮、保钾等功能，强调对植物营养元素的有效供应量和供应总量的提高，是一种综合肥效的体现。使用生物有机肥可以减少化肥用量、增加农产品产量、改善农产品品质，提高经济效益；改善土壤结构、保护生态环境是微生物肥料社会效益的表现。

土壤有机质含量是土壤肥力的物质基础，是衡量土壤肥力的重要指标。我国耕地土壤有机质含量偏低，平均仅为1.8%，与欧美发达国家的地力水平差距较大。合理施用生物有机肥一方面补充了被消耗的土壤有机质，保持并更新土壤肥力，另一方面生物有机肥的施入起到了接种微生物的作用，这些微生物在改善土壤微生态环境、减少植物病害发生以及促进植物生长方面效果显著。这是因为在生物有机肥中除固氮菌、硅酸盐细菌、溶磷菌以外，通常还含有其他促生、益生菌，在这些微生物的生长繁殖过程中，能分泌出对应的病菌的抗生素及植物生长激素，起到抑制作物病害和促进植物生长的作用。此外，生物有机肥中的一些益生菌还能分泌胞外ACC脱氨酶，减少逆境条件下植株体内乙烯含量从而提高植物对不良环境的耐受性。

生物有机肥克服了化肥养分单一、供肥不平衡的不足，并注重生物、有机、无机相结合的养分互动互补作用，施用后既可提高作物产量，也可有效改善作物品质，还对提高农产品的安全性有积极作用，但生物有机肥不能代替化肥，它与化肥是互补的关系。化肥的高渗透压和复合肥加工的过程，造成微生物大量死亡和高额成本，都使化肥和微生物肥料不可能复合。表 4-3 列出了生物有机肥产品技术指标要求。

表 4-3　生物有机肥产品技术指标要求

项目	技术指标
有效活菌数（cfu）/(亿/g)	≥0.20
有机质（以干基计）/%	≥40.0
水分/%	≤30.0
pH	5.5～8.5
粪大肠菌群数/［个/g（mL）］	≤100
蛔虫卵死亡率/%	≥95
有效期/月	≥6

生物有机肥中使用的微生物种类繁多，根据它们的特性和作用机理，大致可以分为以下 5 种。

（1）能将空气中的惰性氮素转化成作物可直接吸收的离子态氮素，在保证作物的氮素营养上起着重要作用的微生物，属于这一类的有根瘤菌、固氮菌、固氮蓝藻等；

（2）能分解环境中难降解的有机质，释放出其中的营养物质供植物吸收的微生物，如纤维素降解菌、木质素降解菌等；

（3）能分解土壤中难溶性的矿物，并把它们转化成易溶性的矿质化合物，从而帮助植物吸收各种矿质元素的微生物，其中主要的是硅酸盐细菌和磷细菌等；

（4）对某些植物的病原菌具有拮抗作用，能防治植物病害，从而促进植物生长发育的微生物，如抗生菌；

（5）一些分离自植物根菌，对一些土著植物病原菌具有拮抗作用，并能抑制由这些病原菌引起的植物病害，保护和促进多种一年生作物生长的微生物。

1. 根瘤菌

根瘤菌应用于农牧业已有 100 多年的历史，是研究历史最长的一种微生物饲料。豆科植物的籽粒中有丰富的蛋白质和脂肪，根瘤菌能在豆科植物根际进行旺盛的生命活动，并侵入豆科植物根部结瘤，固定空气中的氮，改善土壤的肥力，具有很好的经济效益和社会效益。目前已经分离出来的根瘤菌已有很多，可实际应用的还很少，其中有些只能在一种豆科植物上结瘤，有些可以在多种豆科植物上结瘤。确立了分类地位的主要有以下几种：根瘤菌属（*Rhizobium*）、慢生根瘤菌属（*Bradyrhizobium*）、固氮根瘤菌属（*Azorhizobium*）和中华根瘤菌属（*Sinorhizobium*）等。在科研和生产中选用的根瘤菌有两种趋势：一种是广谱性的根瘤菌，它们专一性不强，可以在很多豆科植物上结瘤固氮；

另一种是专一性强的菌株，它们只能与某些特定的豆科植物结合，在根部结瘤和固氮，而抑制其他固氮能力较弱的菌株。

2. 固氮菌

根据固氮菌与高等植物和其他生物的关系，可以将固氮菌分为自生固氮菌、共生固氮菌和联合固氮菌三种类型。由于自生固氮菌和联合固氮菌缺乏根瘤这样的固氮结构和固氮机制，它们的固氮能力比共生固氮的根瘤菌要小很多。但是由于自生固氮菌和联合固氮菌在生长过程中除了固定一定数量的氮外，还产生许多有利于植物生长的物质，在植物的生长过程中同样也能发挥非常重要的作用。自生固氮菌和联合固氮菌在生长过程中对植物的根际没有严格的要求，特异性不强，这也是在目前的微生物肥料中被广泛应用的原因之一。

3. 解磷菌

解磷菌是一类促使土壤中不能被作物利用的有机态或无机态磷化合物转化为有效磷，从而改善作物的磷素营养，促进作物增产的微生物。这些微生物在其生命活动过程中，由于多种作用，可以将土壤中的难溶性磷酸盐释放出来，以达到供应农作物磷素的目的。常见的具有解磷作用的微生物有以下几种：巨大芽孢杆菌（*Bacillus megateriurn*）、蜡样芽孢杆菌（*Bacillus cereus*）、短小芽孢杆菌（*Bacillus pumilus*）、氧化硫硫杆菌（*Thiobacillus thiooxidans*）、解磷真菌和假单胞菌（*Pseudomonas* sp.）。

4. 解钾菌

土壤本身是一个天然的钾库，其中 95%以上的钾存在于钾长石和云母等硅酸盐矿物中，而且它们都是很稳定的矿物，所以其中的钾元素不能直接被植物吸收利用，形成了土壤对于植物来说既富钾又缺钾的现象。解钾菌又称硅酸盐细菌，是土壤中一类很特殊的微生物，它能分解土壤中含钾、磷等一些矿物，将其中的钾转化成植物能直接吸收的钾，从而补充土壤中钾的不足。另外，在菌体的生长过程中可分泌有机酸、氨基酸和植物激素，刺激和调控植物生长。常用的解钾菌有胶质芽孢杆菌（*Bacillus mucilaginosus*）和土壤芽孢杆菌（*Bacillus edaphicus*）。

5. 光合细菌

光合细菌（photosynthetic bacteria，PSB）是微生物中一类特殊的生理类群，因为其含有光合色素，可以利用光能进行不放氧的光合作用而生长繁殖。光合细菌具有多种不同的功能（固氮、脱氢、固碳、硫化物氧化），在自然界的碳、氮、硫循环中起重要作用。在作为肥料添加剂使用的时候，其主要发挥以下功能：①固氮；②消除有害物质，主要是由于光合细菌能利用硫化物、铵态氮和小分子有机物进行光合作用，将有害污染物变为营养物质或无害物质，作为植物的养分；③产生各种促生长物质，如辅酶 Q、维生素、光合色素等，提高作物光合作用的能力；④改善土壤肥力，提高作物产量。

以上都是在堆肥成品制备微生物肥料时常用到的几种微生物，它们往往在堆肥腐熟后，加入堆肥成品中，作为微生物添加剂，改善微生物肥料的微生物结构。根据堆肥成品的组成和不同的作物的需要，往往还在堆肥成品中添加一些有机或者无机营养元素，与添加进的微生物一同组成复合微生物肥料。根据作用机理一般分为：以营养为主；以抗病为主；以降解农药为主；也可以多种作用同时兼有。目前主要使用的有两种：①两种或两种以上的微生物复合，可以是同一种菌的不同菌系分别发酵，再混合；也可以是不同微生物分别发酵后再混合。所选用的微生物相互之间必须保证没有拮抗作用，且一般都是先单独发酵再混合。②微生物和其他营养物质复配。这种复配可以是菌剂和大量元素（如氮、磷、钾）配合，也可以是微生物与一些微量元素配合，还可以是菌剂同一定量的有机物或者植物生长激素配合，其都要求对所配合的物质的量和配比作仔细分析，保证肥料合适的酸碱度和营养结构，才能有利于作物的生长。在施用含有大量有活性的微生物和酶的堆肥成品到农田时，大量的微生物和酶被带入土壤，同时也给土壤微生物提供了大量养分和丰富的酶促基质，促进了土壤微生物的生长和繁殖，提高了酶的活性。

微生物在以下两个方面都发挥了积极的作用。

1）提高作物的抗病性，改善产品品质

在由腐熟堆肥制成的微生物肥料中含有大量有益微生物，它们在土壤中可以合成许多对作物有刺激性作用的生物活性物质，如维生素 B_1、B_2、B_3，生物素，叶酸，对氨基苯甲酸，生长素等。这些生物活性物质可以促进作物健壮生长，提高作物自身的抗病性。有国外研究者在施用到土壤中的腐熟堆肥中分别添加了两种真菌抑制微生物，一种是真菌（*Rhizoctonia solani*）上的寄生菌（*Verticillium biguttatum*），一种是镰刀菌抗微生物中筛选出的一个非致病性菌株，发现此种堆肥对土壤中致病微生物的抑制和提高作物的抗病性都具有促进作用，指出添加了一些抗病微生物和其他有益微生物的堆肥成品在农田和园艺上有很好的应用前景。

微生物和酶在分解、转化、合成作物所需养分，提高作物品质方面具有特殊的、不可替代的作用。施用这种有机肥还可以减少化学污染、减轻作物病害及抑制重金属、亚硝酸盐等有害物质含量，从而提高作物的品质。南昌市蔬菜科学研究所徐毅等（1987）在蔬菜上施用腐熟堆肥，增产 2.9%～57.8%，大白菜含糖量增加 28%，维生素 C 含量增加 3%，番茄糖含量提高 8%，马铃薯蛋白质含量增加了 40.5%。

2）提高土壤肥力

经精制施用到农田的腐熟堆肥中含有丰富的有机物质和大量活性微生物，在这些微生物的作用下，有机养分不断分解转化为植物能吸收利用的有效养分，同时也将被土壤固定的一些养分释放出来（郑福丽等，2018）。例如，微生物能分解含磷化合物，使被土壤固定的磷释放出来，解钾菌可以提高土壤钾的活性。微生物还能固定土壤中易流失的养分（如对土壤游离氮的微生物固定）。李国学等（2000）在北京某绿色蔬菜基地的黄瓜和番茄茬口取样测定土壤微生物数量，结果表明，化肥区土壤微生物数量最低，随着培肥时间的延长，其微生物活性（即数量）并不增加，堆肥处理的生物总数较高，而沤肥处理的土壤微生物数量略高于化肥区。由此可见，堆肥处理有利于改善土壤微生物学性状。沤肥由于其腐熟度不高，有效养分较低，培肥效益较差。

此外，由于长期施用有机肥的土壤自生固氮菌数量和生物活性都有大幅度增加，因此也就增加了对大气氮的固定数量，对提高土壤氮素供应能力有显著的作用。经精制的腐熟堆肥是酶促作用的基质，土壤有机质含量增加，酶的活性增强，加速了土壤养分的分解、转化、合成。土壤中动物数量极多，经精制的腐熟堆肥给它们的生存和繁殖提供了丰富的养分，土壤动物的旺盛生命活动对有机物的分解及各种化合物的合成也起着极为重要的作用。这些小动物排出的粪便增加了土壤养分，在改善土壤理化性状、提高土壤肥力方面也有重要作用。

4.5.3　生物炭基有机肥

炭基有机肥是指在有机质肥堆制发酵过程中添加一定比例的生物炭（优质竹炭为宜）以加速物料腐熟或提高堆肥品质为目的产出的有机肥。此外，一些企业通过将一定比例的生物炭混入已经腐熟的有机肥或生物有机肥中，其也可称作广义的炭基有机肥。通常炭基有机肥中以添加 10%～20%左右的生物质炭为宜，其余成分以腐熟有机肥为主，也可根据各种农作物生长的养分需求适量添加氮、磷、钾等多种化学肥料复配制成不同品种的专用炭基有机肥，使用方法与传统的有机肥料较为接近。

生物炭是有机残体在高温、低氧环境下分解得到的主要产物，其中包含钾、镁、钙、硅、锰、锌等多种植物营养元素，本身具有多孔性、高比表面积、芳香化结构，不论是在堆肥过程中还是在施于土壤后对对应环境中的微生物活性都存在积极意义。此外，生物炭对养分固着和持续释放都有重要作用。

炭基有机肥广泛应用于土壤改良，合理施用炭基有机肥可增加土壤的孔隙度，改善土壤的通气、透水状况，抑制土壤对磷的吸附，促进作物对磷的吸收，也可修复被重金属污染的土壤。不仅如此，炭基有机肥的墒肥保持能力突出，在肥效上，优于等氮含量的有机肥，有增产提质的效果，可在一定程度上降低施肥成本。

4.5.4　保水有机肥

肥料和水是作物生长的基础条件，农业用水量大和利用率低与我国水资源紧缺之间的矛盾以及肥料利用率低、浪费巨大、污染严重已成为阻碍我国农业可持续发展且迫切需要解决的问题。提高水肥利用率对我国农业可持续发展意义重大。保水肥是保水剂和肥料通过某种形式的结合研发的一类集吸水、保水和养分控释于一体的新型功能肥料。保水肥改变了农用保水剂直接施于土壤的传统利用方式，把保水剂与肥料结合，由土壤的“面”到肥料的“点”，范围缩小，用量降低，但效果更好。在保水功能上叠加了控肥功能，性能/价格比提高，因而明显提高了保水效果。

保水剂按其来源分为三大系列：天然保水剂、合成保水剂和半合成保水剂。天然保水剂是生物产物，如蛋白质、淀粉、纤维素、果胶类、藻酸类等，能够吸收超过自身质量十倍到数十倍的水，吸水量较高，有些天然材料如纤维素所吸持的水分通过挤压可去除。合成保水剂是利用石油化工产品的有机分子作为单体，通过聚合反应合成的高吸水性树脂，可吸收超过自身质量数百倍水量，如聚丙烯酰胺、交联聚丙烯酰胺、聚丙烯酸钠及交联聚丙烯酸钠等。半合成保水剂是用石化产物有机单体接枝天然高分子或与无机矿物共聚或混聚得到的聚合产物，如聚丙烯酯接枝淀粉共聚物、羧甲基纤维素接枝丙烯酯水解产物等。合成保水剂与天然生物材料或无机矿物共聚研制复合保水剂可降低保水剂生产成本，提高耐盐性能。

在农业领域的应用主要包括三种传统方式：①直接施于土壤中，在土壤中直接施用保水剂有地表撒施、沟施、穴施、喷施等多种方法，其中沟施和穴施等集中施用方式有利于保水剂在土壤内的保墒。②蘸根或拌种处理，该法在苗木移栽中应用较多。③种子包衣或造粒，种子包衣是用类似拌种的方法将种子外包一层保水剂，然后晾干；造粒是先将种子浸泡在一定浓度的保水剂溶液中，使种子表面形成一层保水剂薄膜，再将保水剂与化肥、农药、腐殖质等通过造粒包于表面。保水剂在农业上的上述三种传统使用方式中，以直接施于土壤方式简单易行，后两种方式处理不当就可能对植物造成伤害，因为保水剂直接作用于种子或作物在水分较少环境中将发生不利于种子或作物的水分竞争或盐害。

保水剂与肥料复合，其吸水性能将受到肥料盐离子的影响。当聚合物在浓盐溶液（如给聚合物加载养分）中水合时，其膨胀能力降低。水合溶液中可溶性盐的种类对聚合物的膨胀有很重要的影响。二价阳离子（Ca^{2+}和 Mg^{2+}）比一价阳离子（NH_4^+、Na^+、K^+）阻碍作用更大。土壤中常见阳离子对保水剂吸水倍率的降低程度与阳离子在土壤中的代换力排列近似，即 $Fe^{3+}>Al^{3+}>Ca^{2+}>Mg^{2+}>NH_4^+>Na^+>K^+$。有机肥中因离子浓度不高对保水剂吸水性能造成的影响不如化肥大，但缺陷是有机肥用量多，因此使用包膜保水工艺成本较大，所以保水有机肥通常采用简单的物理混合工艺，即将保水剂加入腐熟的堆肥或成品有机肥中均匀混合。这样即可获得富营养的保水有机肥，实践中可直接作肥料使用或与栽培基质混合使用。

一般认为保水剂的作用是保水，因此应用在地域上着重于我国西北干旱地区，在季节上着重于秋冬旱季。对于东南沿海地区，以及春夏降雨量较大的季节，通常认为保水剂（肥）的作用并不大。但是从水肥一体化调控的角度分析，由于肥随水动，保水就能保肥，因此在雨季和水分充足条件下通过保水剂（肥）的保水作用，就能减少肥料随水流失。保水剂的每个颗粒都能保持一些水分，相当于一个个小水库，灌溉或降雨时，下渗或侧渗水量减少，通过保水剂的吸持而有更多的水保存于耕层中，这样也同时减少了肥料随水流失，可保留更多养分于耕层，因此能保水保肥而增产。

4.5.5 防病有机肥

植物土传病害是一类重要的植物病害，在高温、高湿的热带、亚热带地区大量流行，是农业可持续发展的主要障碍之一。目前的防治方法中，化学防治（如喷施杀菌剂、土壤熏蒸等）效果差，而且易造成环境污染，导致抗药性和降低作物品质，同时还威胁食品安全。抗病育种耗时长，投入高，且抗病能力易受土壤环境变化及病菌变异而波动。因此，迫切需要见效快、安全可靠的防治技术。施肥防病是近年来日益活跃的前沿研究领域，是土壤肥料与植保学科交叉渗透的重要成果。通过施用防病肥，调控土壤微生物生态而提高土壤微生物多样性，从根本上提高土壤质量，在微生物生态水平上抑制土传病害。这是一项新颖的绿色防病技术途径，也为肥料拓展了防病功能，同时又为改善土壤生态系统或维护土壤健康提供理论依据和科学手段。研制和应用防病肥能有效地防治作物的土传病害，实现不用或少用农药，可从源头上解决作物的农残问题，这对于发展绿色食品、实行农业清洁生产和保障食品安全具有重大战略意义。

防病肥的技术原理是：通过施肥改善土壤微生物群落结构、提高土壤微生物多样性和有益微生物数量，抑制病原菌的繁殖，通过“扶正抑邪”的生态调控途径防治土传病害。基于此原理，适时提高土壤微生物多样性指数，使之在一定期间内得以持续，施肥防病的效果就可以使无药可治的土传病害变为“施肥可防”。防病肥的效果与化学农药有着本质区别。化学农药重在“治标”，往往出了问题才被动采取对策，而且容易造成病原菌抗药性、土壤生态系统功能破坏和环境污染等问题。而防病肥则是“寓治于防”，着重调整土壤微生物的种群结构，营造一个不利于发病而利于作物生长的土壤生态环境。这是一种施肥防病于前的源头治理，优于施药治病于后的常规技术。根据生物有机肥的定义可将防病肥纳入生物有机肥的范畴，但大多数对生物有机肥的肥效研究主要着眼于作物营养效果，即使是结合防病研究，也是从营养角度探讨对作物自身抗逆性增强的效果，从土壤微生态角度探讨防病的研究较少。而防病肥不仅含有对作物病原菌具有拮抗作用的菌种，还具有调控土壤微生物生态、防治土传病害的功能。

用于制造防病功能肥料的原材料与一般生物有机肥的类似，主要包括畜禽粪便腐熟料、菇渣、制糖酵母或滤泥、味（酒）精浓缩物、木薯淀粉渣、中药渣以及其他工农业废物（如秸秆、木屑、生活污泥等）。其生产技术工艺也大致与一般有机肥的相同，但有如下三个突出的技术特点。

1）复合菌剂的构建

从微生态系统考虑，在了解有关菌种特性的基础上，根据用途把多种菌株进行恰当组合，使之优化，构建出既有直接拮抗病原菌的拮抗菌系，还包括与拮抗菌系协同、在土壤中能快速繁殖，从生态位竞争角度间接抑制病原菌的营养菌系的复合菌剂。这样构建的复合菌剂既拥有纯培养菌株的营养要求，易于调控、生理代谢稳定，又具有混合培养的功能等优点，是构建高效复合菌剂的重要技术途径。

2）复合菌剂与物料的配伍

筛选与复合菌剂配伍的有机物料，通过菌种与相应的基质（有机物料）相配合，发挥“基质-菌群”效应，提高堆肥过程菌种的繁殖率，以促进菌种施入土后具有较高的竞争力，抑菌防病，这一关键技术对防病效果有很大影响。堆肥的接种方式和腐熟时间是堆肥工艺中影响堆肥性质的两大重要因素，因而直接影响防病肥的防效。试验结果表明，二次接种的堆肥较一次接种的堆肥和不接种的堆肥防病效果好，而腐熟堆肥的整体防病效果优于半腐熟的堆肥。接入高效菌种的堆肥施入土壤后，能提高土壤微生物多样性，且二次接种的能较早较快调控土壤微生物群落，其多样性指数上升较快，而番茄发病的敏感期多在前期，故二次接种处理有利于及时在前期发挥生态调控作用，防病效果好。比较不同腐熟程度的堆肥处理发现，在前期，腐熟堆肥处理的多样性指数均比对应的半腐熟处理高，而到中期和后期，半腐熟堆肥处理的多样性指数反而较对应腐熟堆肥处理高。这一指数变化反映了半腐熟堆肥可较持久地提高土壤微生物群落功能多样性指数，但起效较慢；而腐熟堆肥处理能在前期较快地被土壤中的微生物利用，微生物数量和种类较快地增加，故较快地提高多样性指数。

3）堆肥发酵的调节与有机肥肥效的关系

一般而言，大多数有机肥均有肥效缓慢的特点，对土壤微生态的调控滞后，因而达不到最佳防效。对此可采用调节施肥期和调节发酵腐熟度两个方法加以调节。一是调节施肥期，提前施基肥和提早追肥能较好地解决此矛盾，充分发挥其肥效和防效的潜力。对于同一肥料，采取不同追肥时间，其对土壤微生物多样性的影响以及防治土传病害的效果均不同。追肥及时，土壤微生物多样性指数维持较高，其发病率最低；而追肥时间迟，致使前期土壤微生物多样性指数较低，即使后期显著提高，也难以抑制病菌繁殖，其发病率则较高。因此，适时追肥，及时调控土壤微生态是防病肥发挥功效，实现“施肥防病”的关键。二是调节发酵腐熟度，根据堆肥发酵时间长短与显效快慢及持续期长短关系调节堆肥发酵期，使其腐熟度处于优化状态以充分发挥防病效果。发酵时间过长或过短而导致腐熟度过高或过低，都不利于充分发挥其防病的效果。

目前关于有机肥腐熟的标准是基于营养目标来确定的，而生态调控防病肥的主要目标是防病，不宜简单地套用现有的腐熟标准。依据土传病害的发病规律，了解土壤微生态最适调控期，从而对防病型功能的制肥工艺（接种方式、腐熟时间）进行相应调控，才能提高其防效。就番茄青枯病而言，前期是施肥防病的关键时期，应选择对提高土壤微生物多样性起效快且持久的堆肥，且应在前期和中期及时追肥，调控土壤微生物多样性以使其及时而持久地发生作用，以提高防病肥的防效。若某些土传病害的最适调控期是在中后期，则要考虑施用肥效持久的防病肥。在施用方法上，也可以通过调整施肥时间、施肥次数等手段，使防病肥及时调控土壤微生态，达到防治土传病害的目的。

4.5.6　含药有机肥

肥药混用恰当可发挥相互促进的协同作用。研究表明，农药与有机肥的复合制剂比单一的有机肥和农药优越，既省工又节约成本。一方面，某些药剂对于矿质营养有促进吸收作用。许多氯代烃类、有机磷类和氨基甲酸酯类农药能影响植物生长和矿质营养。乙拌磷能降低玉米对锰的吸收，而增加对锌的吸收；甲拌磷可使棉花植株体内含氮量下降而叶柄中钙、镁、磷、钾等元素的浓度增加。另一方面，部分肥料与杀虫剂混用可能改善一些农药的表面活性，增加其渗透性和附着力等，从而增加其杀虫活性。微量元素与不同的杀虫剂反应，可增加或减少其活性。一些有机肥本身还可作为杀虫剂、杀菌剂应用，如烟草秸秆堆制的有机肥内含大量生物碱，能够抑制病原菌生长，而含有木焦油的炭基有机肥可作杀线虫剂，既防治土壤线虫又培肥了土壤。此外，植物营养的改善也会提高其对虫害的抵抗力，例如，施用高钾有机肥有利于增强作物抗虫害能力。

含农药型有机肥料是指将农药与肥料相混合，并通过一定工艺生产而成的复合、多功能的新型肥料（简称药肥）。药肥中农药可以是液体或粉状固体，有机肥可以是单纯的有机肥，也可以是有机肥的衍生产品（如有机-无机复混肥、炭基有机肥、液体有机肥等）。

按照农药成分划分，药肥主要分为除草型、杀虫型和杀菌型，就产量和品种而言，主要是除草药肥，其次是杀虫药肥。

我国农田杂草有 250 多种，危害农作物最重的杂草有稗草、野燕麦等阔叶和禾本科杂草。除草药肥成为最重要的药肥类别。1964 年的日本东北农业试验场以化学除草剂五氯酚钠（PCP）混入有机肥中作基肥施用，可节省劳力，除草增氮。因为五氯酚钠能抑制硝化细菌而使硝化受阻，所以不但可除杂草，还增加氮肥的利用率。美国在 20 世纪 60 年代中期发现扑草净能强烈抑制硝化作用和反硝化作用，从而减少氮肥损失，还能增强生物固氮作用，增加土壤氮含量。从 20 世纪 70 年代以来，我国各地的农业科研单位开始对除草药肥混配及试验效果进行研究。吉林农业大学在 20 世纪 70 年代的研究表明，占肥料 7%～15%的五氯酚钠与有机肥混用后，能抑制土壤的硝化作用，提高氮肥的肥效。安徽省农业科学院土壤肥料研究所用除草药肥对麦田杂草防效为 65.3%～92.7%，且对小麦安全。

杀虫药肥是利用可与肥料混用的杀虫剂和肥料的混合物，主要包括用于防治地下害虫的农药和具内吸作用的有机氯和有机磷农药。有机磷农药如氯丹、艾氏剂等性质稳定，有较长残效，与有机肥混合对药效无影响。能与有机肥及其衍生品混合施用的杀虫剂有氯丹、地亚农、乙拌磷、保棉磷、七氯、马拉松、二溴氯丙烷等，目前国外推荐的可与肥料混用的杀虫剂有地亚农、乙拌磷、狄氏剂、马拉松、保棉磷、二溴氯丙烷、三硫磷等。但多数有机磷农药在碱性条件下易分解失效，因而不应与 pH 过高的有机肥以及含碱性化肥的有机-无机复混肥搭配使用。

杀菌剂（如肟菌酯）并不适宜与有机肥混配制备灭菌有机肥，这是因为有机肥的分解离不开微生物的作用，倘若用杀菌剂与有机肥复合，施用后势必会减缓有机肥在土壤中的分解速度从而抑制肥效的释放，不利于作物的生长。

4.5.7　抗倒伏有机肥

抗倒伏肥料指具有增强作物抗倒伏功能的有机肥及其衍生品。抗倒伏是保障作物高产的重要因素。高产作物的特征是根深叶茂、茎秆粗壮并抗折。通常高产作物单株形体较高，籽实重。在这种高产量水平下，能承受恶劣气候条件（如暴风袭击）而不发生倒伏，便显得特别重要。

使作物具有抗倒伏性能，通常有多种途径：一是添加特定植物生长激素或添加能产生这类激素的生物有机肥，通过激素调控抑制作物茎秆内细胞纵方向的伸长，使茎秆粗矮。例如日本商品有机肥公司注册了 12 种含倒伏减轻剂的肥料，其中包含了 2 种能够阻碍赤霉素的合成生物有机肥，该肥能够使作物茎秆变矮，增强其抗倒伏性能。二是利用某些营养元素（硅、钙）增强细胞壁厚度，提高茎秆抗倒伏能力。硅元素可使细胞壁硅质化并使稻茎节间距缩短，使之粗矮，不仅可抗倒伏，还有抗病害作用。一些按玻璃结构因子配料方法制得的钙镁磷肥料和熔融磷钾肥，其中所含硅酸为 4～5 个硅氧四面体$[SiO_4]_n$ 相连的短链，通过适当工艺将其与有机肥复合制成抗倒伏有机肥。施于土壤后，硅酸短链随水被作物根部吸收并沉积在细胞壁内，从而增强抗倒伏能力。

郑州大学研制的“6818”抗倒复合肥就是利用该原理，在水稻生产中显示了十分明显的抗倒伏效果。

参 考 文 献

鲍锐，孔令明，普建文，等，2019. 施用不同配比化肥与有机肥对莲藕植物学性状、产量及品质的影响[J]. 西南农业学报，32（4）：911-915.

陈大超，张跃强，甘涛，等，2018. 有机肥施用量及深度对柑橘产量和品质的影响[J]. 中国土壤与肥料（4）：143-147.

高强，李亚峰，刘振刚，等，2001. 有机复混肥对土壤及甜椒产量和品质的影响[J]. 吉林农业大学学报，23（4）：75-78.

韩建，尹兴，郭景丽，等，2020. 有机肥施用对红地球葡萄产量、品质及土壤环境的影响[J]. 植物营养与肥料学报，26（1）：131-142.

黄健超，陈仕军，2015. 施肥处理对大肉丝瓜产量和肥料利用的影响[J]. 广东农业科学，42（14）：60-64.

黄凯丰，江解增，秦玉莲，等，2008. 有机肥和无机肥对茭白膳食纤维含量的影响[J]. 中国蔬菜（4）：17-20.

赖涛，沈其荣，茆泽圣，等，2006. 几种有机和无机氮肥对草莓生长及其氮素吸收分配影响的差异[J]. 植物营养与肥料学报，12（6）：850-857.

李国学，孙英，丁雪梅，等，2000. 不同堆肥及其制成低浓度复混肥的环境和蔬菜效应的研究[J]. 农业环境保护，19（4）：200-203.

李吉进，宋东涛，邹国元，等，2008. 不同有机肥料对番茄生长及品质的影响[J]. 中国农学通报，24（10）：300-305.

全国农业技术推广服务中心，1999. 中国有机肥料资源[M]. 北京：中国农业出版社.

全国农业技术推广服务中心，2019. 果菜茶有机肥替代化肥技术模式[M]. 北京：中国农业出版社.

沈中泉，郭云桃，袁家富，1995. 有机肥料对改善农产品品质的作用及机理[J]. 植物营养与肥料学报，1（2）：54-60.

宋荣浩，杨红娟，马坤，等，2007. 有机和有机无机结合施肥对设施栽培西瓜产量和品质的影响[J]. 上海农业学报，23（2）：38-40.

汪建飞，2014. 有机肥生产与施用技术[M]. 合肥：安徽大学出版社.

王正银，2015. 肥料研制与加工[M]. 2 版. 北京：中国农业大学出版社.

徐毅，徐建南，罗兆荣，1987.辣椒施用腐植酸混合肥的效果[J].中国农学通报，3（2）：6-7.

袁先福，孙玉菡，朱成之，等，2018. 轮作联用生物有机肥促进香蕉生长[J]. 应用与环境生物学报，24（1）：60-67.

张金妹，田世尧，李扇妹，等，2012. 生物有机肥对土壤理化、生物性状和香蕉生长的影响[J]. 中国农学通报，28（25）：265-271.

赵佐平，同延安，刘芬，等，2013. 长期不同施肥处理对苹果产量、品质及土壤肥力的影响[J]. 应用生态学报，24（11）：3091-3098.

郑福丽，张柏松，崔荣宗，2018. 畜禽类有机肥料的养分释放规律研究[J]. 土壤科学（2）：48-54.

Al-Atrushy S M M，Birjely H M S，2015. Effect of some organic and non organic fertilizers on growth，yield and quality of grape Cv. Kamali[J]. International Journal for Sciences and Technology，10（1）：24-28.

Hazarika T K，Bhattacharyya R K，Nautiyal B P，2015. Growth parameters，leaf characteristics and nutrient status of banana as influenced by organics，biofertilizers and bioagents[J]. Journal of Plant Nutrition，38（8）：1275-1288.

Mann K K，Schumann A W，Obreza T A，et al.，2011. Spatial variability of soil chemical and biological properties in Florida Citrus production[J]. Soil Science Society of America Journal，75（5）：1863-1873.

Milosevic T，Milosevic N，2009. The effect of zeolite，organic and inorganic fertilizers on soil chemical properties，growth and biomass yield of apple trees[J]. Plant，Soil and Environment，55（12）：528-535.

Valenzuela-García A A，Figueroa-Viramontes U，Salazar-Sosa E，et al.，2019. Effect of organic and inorganic fertilizers on the yield and quality of jalapeño pepper fruit（*Capsicum annuum* L.）[J]. Agriculture，9（10）：208-214.

Valšiková-Frey M，Sopková D，Rehuš M，et al.，2018.Impact of organic fertilizers on morphological and phenological properties and yield of tomatoes[J]. Acta Horticulturae et Regiotecturae，21（2）：48-53.

第5章　死淘鸡无害化处理与资源化利用技术

5.1　死淘鸡无害化处理现状

5.1.1　死淘鸡的危害

据中国畜牧业协会禽业分会统计，2023年中国肉鸡出栏量总计130.22亿只。一般来说，在养殖过程中，因疾病因素（如病毒病、肠道病、呼吸系统疾病等）、管理因素（如腹水症等）及其他的意外情况（如降温不利、停水停电等）引起的肉鸡死淘率为8%左右（张士罡，2015）。按照以上数据计算，我国鸡场每年死淘鸡可达到10.41亿只，按1.25kg/只计算，每年死淘鸡达到130万t，并且随着国内鸡场规模的扩大而逐年增加。

死淘鸡如果没有进行无害化处理，不仅给周围环境带来巨大的威胁，如污染地下水源、土壤，也可通过不良商贩流入市场，将直接威胁群众的身体健康（刘宏等，2019）。病死畜禽的无害化处理工作已经引起国务院、农业农村部、国家发展和改革委员会等部门的重视，根据国内实际情况初步探索建立国内病死动物无害化处理长效机制，并配套出台了多项政策法规（表5-1）。

表5-1　国内出台的病死动物处理主要政策法规

时间	出台部门	名称
2012年4月	农业部	《关于进一步加强病死动物无害化处理监管工作的通知》
2013年9月	农业部	《建立病死猪无害化处理长效机制试点方案》
2013年11月	国务院	《畜禽规模养殖污染防治条例》
2014年1月	中共中央、国务院	《关于全面深化农村改革加快推进农业现代化的若干意见》
2014年10月	国务院办公厅	《关于建立病死畜禽无害化处理机制的意见》
2019年6月	国务院办公厅	《关于加强非洲猪瘟防控工作的意见》

整体来看，各地政府及养殖企业已认识到病死动物的危害，各地均建有病死动物处理试点，其中山东省病死动物处理走在全国前列，截至2019年底已建成91处病死动物处理点。但是，在全国部分县区因各种原因运行状况普遍较差或停止运行，有些地方甚至出现弄虚作假等违法现象，很多县级无害化处理项目处于已立项但是未建设状态，对国内畜牧稳定发展造成严重的威胁。

5.1.2　死淘鸡无害化处理的意义

1. 解决死淘鸡乱扔引起的环境污染问题

我国是畜牧业养殖大国，每年因各种疾病导致的病死动物数量巨大，其中病死鸡占有相当大的比例。但是与德国、日本、美国等发达国家相比，我国病死动物处理相关法律体系不完备（司瑞石等，2018），无害化处理水平偏低，尚未健全完善的病死动物无害化处理与资源化利用机制。通过对死淘鸡的无害化处理，可有效减轻目前畜牧行业面临的环保压力。

2. 防止疫病传播，保障人类及动物健康

死淘鸡尸体尤其是不明死因的尸体存在极大的危险，烈性传染病和有毒物质极有可能潜藏在这些尸体中。通过对病害动物的无害化处理，可以切断传染病流行的传染源、传播途径，阻止传染病病原体扩散，杜绝人畜共患现象的出现，保障人类的生命健康，也促进了鸡场业的可持续发展。

3. 保障食品安全，维护社会稳定

对死淘鸡的无害化处理，间接性地可以加强地方监管力度，可以有效避免死淘鸡经不法商贩或加工商流向市场，确保食品安全，避免肉类市场紊乱，保障人民身体健康，维护社会稳定。

4. 符合国家绿色生态产业发展方向，实现变废为宝

死淘鸡经无害化处理后，可再次进行二次利用，用于农业种植。摆脱传统的社会公益型企业项目经济性较差，过度依赖政府财政补贴和扶持政策的发展模式，有利于在一定程度上减轻政府财政负担，真正意义上实现“环境友好、变废为宝、利国利民”，并促进我国生态养殖业、有机种植业等绿色生态产业的可持续发展。

5.1.3　死淘鸡无害化处理现状分析

1. 已建成的无害化处理中心瓶颈问题分析

目前，我国已建成的县级病死动物无害化处理中心大多采用传统的“高温化制-干燥脱脂”处理工艺，该类工艺存在如下瓶颈问题。

1）项目建设选址难

处理工艺必须要求配套蒸汽管道接口和污水排放管网，对选址需要远离人口聚居区的病死动物处理中心而言，难以兼顾上述配套设施，往往需要花费巨大的投资。这也正是病死动物无害化处理项目选址难，很多县市已立项但未建设的根本原因。

2）项目建设成本高

处理工艺不仅需要投资昂贵的高温化制、真空干燥等生产设备设施，而且需要配套庞大的废水废气处理设施，投资成本高，占地面积大，废水废气处理费用高。每 100t 病死动物约排放 75t 废水废气，真空干燥过程中产生的大量废水废气须经收集/冷凝/酸解/碱解/UV 光解/三级沉降池/微生物处理/絮凝过滤后达标排放至市政污水管网。

3）项目运行费用高

处理工艺所需蒸汽、电力及人工耗费大，以年处理量 1 万 t 病死动物为例：全年蒸汽

和电费消耗约为 300 万元，导致病死动物处理运行成本高昂，很多已建成项目难以持续运行。

4）处理产物风险高

处理工艺的终端处理产物为肉骨粉和工业油脂，按国家规定病死动物无害化处理产物只能作为有机肥和生物柴油，运行规范的无害化处理企业大多严格要求采购方必须出具有机肥料生产许可证并定期现场核查，但仍存在下游有机肥企业将肉骨粉流入饲料原料行业、工业油脂流入地沟油行业等潜在的饲料污染和食品安全风险。

2. 无害化处理项目建设与运行情况分析

1）山东省内病死动物无害化处理中心建设与运行情况分析

2013 年，山东百德生物科技有限公司（以下简称百德生物）在诸城投资建设国内首家病死动物无害化处理试点项目，并被农业部、财政部及山东省畜牧兽医局认定为国家试点项目及山东省示范案例，目前全省已建成 91 处。其中，潍坊各县区均采用百德生物首创的畜牧、财政、公安等监管部门与无害化处理中心联网共管的无害化处理全程信息录入与透明化即时监控系统，目前各县区处理中心运行状况普遍良好；其他地市项目运行模式与无害化处理信息监控体系存在较多问题，运行状况堪忧。建议政府对运行状况不佳的县级无害化处理中心，由政府收回并委托专业化运营公司托管。

2）山东省外病死动物无害化处理中心建设与运行情况分析

河南省、湖南省、四川省等畜牧大省均建有若干处县级病死动物无害化处理试点项目，目前因各种原因运行状况普遍较差或停止运行，有些地方甚至出现弄虚作假等违法现象。很多县级无害化处理项目处于已立项/未建设状态。

3. 无害化处理设施建设情况分析

目前，国内规模化养殖场中仅有极少数龙头企业所属规模养殖场配置焚烧炉、化尸池、填埋场或好氧发酵腐熟池等简易的病死动物无害化处理设施，这些简易处理设施存在着废气废水等二次污染问题，不符合环评验收标准，甚至存在巨大的疫病传播等公共卫生防疫风险。大多数规模养殖场及几乎所有中小型养殖场没有配备任何病死畜禽无害化处理设施，存在病死畜禽流向不明的公共卫生防疫体系安全隐患和巨大的食品安全风险。建议政府建立病死畜禽无害化处理技术标准，并将规模养殖场病死畜禽无害化处理设施建设、病死畜禽无害化处理信息监控系统纳入规模养殖场取得生产经营许可证验收的必需条件。

目前，我国畜禽屠宰企业均已建设专门的病死动物、屠宰废弃物及检疫不合格食品的无害化处理设施，但大多采用传统的高温焚烧炉工艺，处理过程存在能耗高、废水废气污染等较为突出的环保问题，因不符合环保验收标准，大多数处于停用或废弃状态，大多数沦为了迎接防疫部门检查的面子工程。

总之，加强病死动物及屠宰废弃物无害化处理工作，是保障公共卫生防疫体系建设、非洲猪瘟防控工作、公共食品安全工作的重要物质基础和源头防控措施，也是实现我国绿色生态发展战略的重要保障条件。

5.2　死淘鸡无害化处理主要方式

国内外对病死畜禽的处理经历提炼工业油脂、焚烧、现代生物工程处理三个阶段。目前现有的病死动物（此处特指病死肉鸡）无害化处理的主要方法有掩埋法、焚烧法、化制法、高温法、化学处理法、发酵法 6 种。

5.2.1　掩埋法

1. 工艺说明

掩埋法是将死淘鸡投入化尸窖或深坑中并覆盖、消毒，发酵或分解尸体的方法。

2. 工艺特点

将死淘鸡进行掩埋是传统的一种处理方法，常用于非常规条件下的应急措施和不具备工业化集中处理条件下所采取的措施（麻觉文等，2014）。

优势：处理工艺简单、易操作。

劣势：受场地制约，由于自然降解速度慢，易造成土壤、水源污染甚至病原微生物二次污染，不能资源化利用。

5.2.2　焚烧法

1. 工艺说明

焚烧法是指在焚烧容器内，使死淘鸡在富氧或无氧条件下进行氧化反应或热解反应的方法。

2. 工艺特点

焚烧法可分为直接焚烧法和碳化焚烧法，其中直接焚烧法是许多国家曾经使用的传统处理方法，现已基本不使用。碳化焚烧法是通过热解原理，在无氧、高温条件下将死淘鸡转化为烟气和碳化物。

优势：效率高、处理效果可靠。

劣势：成本高、造成烟气等二次污染物、无法资源化利用。

5.2.3　化制法

1. 干化法

1）工艺说明

将死淘鸡破碎后送入高温高压灭菌容器进行处理，处理物中心温度≥130℃，压力≥

0.5MPa，时间≥4h，处理产物再经过压榨系统处理。

2）工艺特点

干化法处理工艺，热蒸汽不与死淘鸡直接接触，主要产物为肉骨粉、油脂等。

优势：安全性高，处理产物可进行资源化利用。

劣势：投资高、运行费用高。

2. 湿化法

1）工艺说明

将死淘鸡破碎后送入高温高压容器进行处理，处理物中心温度≥135℃，压力≥0.3MPa，时间≥30min，高温高压结束后，对处理产物进行初次固液分离。固体物经破碎处理后，送入烘干系统；液体部分送入油水分离系统处理。

2）工艺特点

湿化法是实现微生物灭菌的常规方法，技术比较成熟。

优势：安全性高、处理产物可资源化利用。

劣势：投资高、运行费用高，产生废水废气，需市政管网配套，不适宜偏远地区。

5.2.4　高温法

1. 工艺说明

将死淘鸡破碎后送入容器，容器夹层经过导热油或其他介质加热，常压下，处理物中心温度≥180℃，时间≥2.5h，处理产物再经过压榨系统处理。

2. 工艺特点

优势：安全性高，处理产物可进行资源化利用。

劣势：运行费用高，产生废气污染。

5.2.5　化学处理法

1. 工艺说明

化学处理法是指在密闭的容器内，将死淘鸡用强酸或强碱在一定条件下进行分解的方法。将死淘鸡进行破碎后投入耐酸的水解罐中，每吨处理物加入水 150～300kg，并加入 98%硫酸 300～400kg，密闭水解罐并加热。水解罐内温度 100～108℃，压力≥0.15MPa，反应时间 4h，至死淘鸡全部降解为液体。碱解法是将强酸换成强碱。

2. 工艺特点

化学处理法中碱解法是目前欧盟、美国处理病死动物的主要方法之一（Pollard et al., 2008）。但是该处理方法在国内研究较少，应用更少，仅见于高级别实验室。

优势：可彻底灭活包括朊病毒在内的病原微生物、无有害气体产生、操作简单、费用低。

劣势：需要专门耐酸耐碱反应釜、所用强酸强碱受到国家监控、需要专业的技术操作人员、处理产物不易进行资源化利用。

5.2.6 发酵法

1. 工艺说明

发酵法是指利用生物技术分解死淘鸡的处理方法，如堆肥法、生物酵解法等。堆肥法是将死淘鸡置于堆肥内部，通过微生物代谢降解尸体。生物酵解法是将死淘鸡经破碎、乳化灭菌、生物发酵后转化为功能氨基酸的处理工艺。

2. 工艺特点

发酵法是一种较为简单的处理方法。

优势：技术简单、投资小、臭味小、无污染、产生农业肥料等。

劣势：堆肥时间长、处理能力有限；生物酵解处理需要专门的设备及处理菌剂。

5.3 死淘鸡无害化处理操作管理规范

目前，国内死淘鸡处理方式可大体分为两类：原位处理与异位集中处理，但是仅有部分大型规模化养殖企业在养殖场或附近设有病死畜禽处理点（原位处理），而大部分养殖企业将死淘鸡委托第三方集中处理中心进行处理（异位集中处理）。在实际案例中，死淘鸡在收储阶段规范大同小异，在处理过程中不同的处理工艺操作规范亦不相同。本节着重讲述国内应用较为广泛的县域集中化处理模式的收储及处理规范。

5.3.1 死淘鸡收储规范

1. 信息登记

鸡场户每天将死淘鸡信息上传至病死动物无害化处理全程信息监控系统，经各县区政府部门授权的监管防疫执法人员进行拍照取证并审核上传。

2. 死淘鸡收集

回收员利用专用密闭车辆到各收集点收集死淘鸡。回收员对客户订单内数据进行核实处理，并经养殖户、防疫员审核确认后保存。

3. 现场拍照取证

回收员通过手机现场采集照片，作为收取证据，并及时将照片回传服务器，回传的现场照片数据，由系统自动分配日期，并与车牌、客户、订单相对应，保存至服务器存档，系统中可任意查询调看。

4. 称重存档

回收车辆进行过磅称重，仓库统计员打印或开具过磅单，存档。

5. 车辆消毒

称重完毕，回收车辆进入消毒池，由仓库保管员预先协助喷淋消毒，并且给车辆进行照相。

6. 入库统计

仓库统计员要按回收员（或每车辆）开具入库单，回收员按要求填写统计表，统计员按入库单做好统计工作。统计员将当日照片、监控记录拷贝储存于计算机，注明名称、日期，并按街道分类建立文件夹。

7. 回收统计

入库结束后，回收员按要求填写统计表。回收员根据当日收集登记表，填写纸版“病害动物收集日报表”，统计员根据纸版统计表，分乡镇（街道）输入电子版“病害动物收集日报表”并打印，和装订好的登记表存放在一起，用于月底统计汇总。

5.3.2　死淘鸡处理规范

1. 物料交接

经过消毒后的死淘鸡由保管员与上料工交接数量，办理出库单，数目不清晰的二次过磅，上料过程中保管员全程跟踪，确保数量准确。

2. 设备检查

检查水解罐出料口是否关闭，关闭时必须压紧螺栓，并清除密封条上的杂质。

3. 投料破碎

打开破碎机仓盖，开启破碎装置，将死淘鸡投入破碎机，投料完毕后关闭仓盖。

4. 加热水解

水解前检查冷凝器、循环泵工作是否正常，检查水解罐是否密封，卸压阀门是否关闭到位。将破碎后的浆料泵入高温水解罐，开启加热装置（电炉或燃气炉），加热至 120℃以上，停止加热，保温 30min（保持连续搅拌），确保物料充分水解。

5. 泄压出料

高温水解结束后，开启高温水解罐泄压阀（出料口）泄压，泄压前检查并打开冷凝器循环泵。待水循环至冷水塔后形成循环方可泄压。泄压时速度不能太快，应将阀门小开一点，慢慢漏气。开大了物料会受压力喷出水解罐进入管道，堆积多了会堵塞管道，慢开至压力降到 0.05MPa 以下再稍稍开大一点，使压力降到零。排出的热气经废气处理装置，防止废气排出。

6. 后处理

（1）可制备工业油脂及肉骨粉：泄压后进行抽真空处理，然后将水解后的浆料添加部分辅料混匀，进行榨油处理，榨油过程中，时刻观察油饼性状，颜色越黄含油率越低。油饼发黑、松软，含油量高。

（2）可制备农用氨基酸酵解菌肥：将水解后的浆料直接泵送至发酵罐，经生物转化后制备为农用氨基酸酵素菌肥。

7. 消毒防疫

生产完成后清理现场，确保现场无人车间密闭后，开启喷雾装置进行消毒灭菌，然后开启紫外灭菌灯，喷雾消毒一次，紫外灭菌过夜，次日车间工人进入车间前开启强制排风 30min 左右。当日处理不完的物料卸入冷库暂存，做好物料登记。

5.4 死淘鸡资源化利用方向

5.4.1 死淘鸡营养成分

随着人们环保意识增强及国内畜牧产业的不断转型升级，死淘鸡无害化处理技术从分散转向集中，从只注重“无害化”转向“资源化”，从处理终端转向整体运营（麻觉文等，2014）。从表 5-2 可以看出，死淘鸡含有丰富营养物质，在保证无害化的前提下应更多地挖掘资源化方式。

表 5-2 死淘鸡成分表

成分	指标/%
粗蛋白（以干基计）	53.63
粗脂肪（以干基计）	33.08
灰分（以干基计）	7.53
水分	62.20

5.4.2 制备有机肥

将死淘鸡与辅料混合后直接进行发酵，微生物对尸体中的有机物进行分解，并产生高温对死淘鸡进行无害化处理，处理产物可直接作为有机肥用于农业种植。一般而言，常见的沙门菌、大肠杆菌，经 55℃以上维持 1h 即可灭杀。刁佳林等（2013）采用病死鸡作为原料经发酵后，最高温度超过 70℃，死鸡分解率在 85%以上，产物有机质含量 36.29%～43.96%，全磷含量 4.7%～5.64%，全氮含量 3.78%～4.79%。利用高温灭菌与传统的好氧发酵堆肥法相结合，可进一步保障发酵后产物安全性。杨军香等（2016）研究发现，病死禽经处理后有机肥产量约为处理物料质量的 83%，产物符合《有机肥料》（NY/T 525—2021），将处理产物按 10%～20%添加至肥料中可有效促进玉米种子生长。

5.4.3 制备复合氨基酸肥

研究发现，病死畜禽经化制工艺处理后的肉骨粉十五种氨基酸总量平均值高达 50.5%，特别是赖氨酸、苏氨酸、甲硫氨酸、精氨酸、亮氨酸、缬氨酸、苯丙氨酸、甘氨酸、酪氨酸等必需氨基酸含量很高（李裕等，2019），是生产复合氨基酸肥的高端原料，对于果蔬、作物等植物可以起到很好的促进作用。

高温消毒-酶解产氨基酸水溶肥技术，通过高温将致病病原微生物如细菌、病毒、寄生虫等杀灭，保证了生物安全性，再将肉鸡尸体通过酶解产生氨基酸，制作成氨基酸液体水溶肥。目前，氨基酸水溶肥主要有以下几方面的应用。

1. 叶面喷施

将液体肥料按一定浓度稀释或将固体肥料用水按一定浓度溶解，喷洒在叶片表面，农作物通过叶片上的气孔和外质连丝获取肥料中的营养。采用这种方式施肥，叶片很容易吸收补充植物体内所需养分。植物生长的中后期，根系汲取养分能力下降，通过叶面喷施能很快解决植物的缺素症状。韩效钊等（2008）对营养调理型叶面肥料进行了系统的研究与制备，结果显示茶叶经过叶面喷肥处理后，鲜叶增产率为 10.0%～41.9%，水浸出物、干茶茶多酚、氨基酸和咖啡因的含量均有所提高。

2. 滴灌、喷灌

将液体肥料按一定浓度稀释或将固体肥料用水按一定浓度溶解后施用。在滴灌过程中肥料中的营养元素随水分渗入土壤中，快速到达作物根部，提高作物对营养元素的吸收和利用。将滴灌和喷灌技术应用到大型农场和经济作物种植区，不仅能节约灌溉水，而且能提高劳动生产效率，降低资本投入。资料显示，种植番茄时采用滴灌技术，可以省肥 17.9%～58.9%，节水 28.9%～31.0%，果实品质得到提高，且产量有显著增加。

3. 冲施和土壤浇灌

将液体肥料或溶解后的固体肥料随灌溉水施于作物根部土壤，简便易行，不会造成土壤板结，同时可以让作物根部组织充分接触肥料，快速吸收养分，从而实现增产。谢玉平系统研究了冲施肥对番茄生长发育过程的影响，田间试验结果表明：番茄经冲施肥处理后，植株发病率降低，防病效果好，生长健壮，且增产 16.11%。

5.4.4　制备生物培养基

当前政策要求，从生物安全方面考虑，死淘鸡经无害化处理后不可直接用于饲料加工。但是将无害化处理后的产物经功能微生物转化为单细胞蛋白，并注明来源及使用范围，即可为农牧产业提供一种安全高效的农牧生产材料。亦可将处理产物用于蝇蛆饲喂，最终得到活性蝇蛆和有机肥料。蝇蛆加工的蝇蛆粉是一种优质昆虫蛋白原料，可代替鱼粉用于水产养殖（张海涛等，2017）。

参 考 文 献

韩效钊，刘文宏，汪贵玉，等，2008. 茶园测土配肥及其叶面营养调理研究[J]. 安徽农业科学，36（2）：642-643.

李裕，肖安东，欧阳龙，等，2019. 畜禽无害化处理产物的氨基酸分析及应用价值探讨[J]. 湖南饲料（6）：23-26.

刘宏，高天放，白胜男，等，2019. 营销渠道中的非正式治理策略与投机行为匹配关系：基于多案例研究[J]. 管理案例研究与评论，12（6）：609-619.

麻觉文，洪晓文，吴朝芳，等，2014. 我国病死动物无害化处理技术现状与发展趋势[J]. 猪业科学，31（10）：90-91.

司瑞石，陆迁，张强强，等，2018. 病死畜禽废弃物资源化利用研究：基于中外立法脉络的视角[J]. 资源科学，40(12)：2392-2400.

习佳林，董红敏，贺爱国，等，2013. 不同通风条件下堆肥处理死鸡效果研究[J]. 环境科学学报，33（5）：1314-1320.

杨军香，黄萌萌，全勇，等，2016. 病死畜禽高温生物降解无害化处理技术研究与应用[J]. 中国家禽，38（8）：1-4.

张海涛，高峰，李云龙，等，2017. 蝇蛆粉替代鱼粉饲料中添加甲壳素酶对泥鳅生长性能和非特异性免疫力的影响[J]. 中国饲料（11）：39-43.

张士罡，2015. 降低肉鸡死淘率措施[N]. 河北科技报（B05）. 2015-06-16.

中华人民共和国国家质量监督检验检疫总局，中国国家标准化管理委员会，2006. GB/T 20193—2006，饲料用骨粉及肉骨粉[S]. 北京：中国标准出版社.

朱红军，匡佑华，2019. 高温生物降解法在病死畜禽无害化处理上的应用[J]. 猪业科学，36（8）：82-85.

Pollard S J T，Hickman G A W，Irving P，et al.，2008. Exposure assessment of carcass disposal options in the event of a notifiable exotic animal disease：application to avian influenza virus[J]. Environmental Science & Technology，42（9）：3145-3154.

第6章　鸡场废弃物饲料化利用技术

6.1　鸡粪生产饲料

6.1.1　鸡粪营养成分

由于鸡的肠道短，消化吸收饲料的能力差，所以鸡粪中残存的营养成分较多。一般来讲，每公斤鸡粪的干物质中有13.4～18.8kJ的总能量；粗蛋白19.95%，最高可达31.9%；粗脂肪5.67%；无氮浸出物36.8%；粗纤维7.71%～13.0%；粗灰分17.26%。鸡粪里还含有含氮非蛋白化合物，它们以尿酸和氨的形态存在（陈玲玲等，2011）。每公斤干鸡粪中含有赖氨酸5.4g、胱氨酸1.8g，苏氨酸5.3g，此外，还含有B族维生素，特别是维生素B_{12}以及各种微量元素（檀晓萌等，2014）。鸡粪的营养成分与配合饲料接近，但它的缺点是能量不足，需要与其他能量饲料混合饲喂。

6.1.2　鸡粪再生饲料的利用

鸡粪中的粗蛋白含量较高，特别是非蛋白氮含量高达47%～64%（以干重计），可被反刍家畜的瘤胃微生物利用合成蛋白质，所以鸡粪是反刍家畜的优质饲料。而单胃动物仅能利用纯蛋白质，因此需要通过微生物发酵将鸡粪中的非蛋白氮转化为蛋白质。据报道，用于鸡粪以及肉鸡垫料喂反刍家畜的可消化能为8.36～10.23MJ/kg，可消化养分总量的59.8%左右（陈玲玲等，2011）。羊的日粮中加入32%的干燥鸡粪，对生长无不良影响；奶牛混合料中加入30%的干燥鸡粪，其产奶量、乳脂率、奶的味道正常；肉牛日粮中加入25%的干燥鸡粪，肉牛的增重和肉的品质正常。蛋鸡日粮中加入15%～20%鸡粪发酵饲料，肉仔鸡日粮中添加5%鸡粪发酵饲料，猪日粮中添加15%的鸡粪发酵饲料，对它们的正常生长、肉品质均无不良作用。鸡粪发酵饲料还可作为兔、鱼的补充饲料。

经证明，饲喂鸡粪饲料的猪、鱼肉的味道与未饲喂鸡粪饲料的猪、鱼肉的味道无任何差异。据国内外实践证明，鸡粪饲料的饲喂效果为：羊＞牛＞鱼＞猪＞兔；日粮中干鸡粪饲料的比例分别为：奶牛0～30%，肉牛25%～40%，羊30%～70%，鱼20%～50%，猪10%～20%，一般情况下，新生动物不宜饲喂鸡粪饲料，但随着其生长可以逐渐增加其配比量。

6.1.3　鸡粪生产饲料的方法

国外将鸡粪作为生物蛋白质饲料进行开发利用已久，我国也在不断地探索中，但由于鸡粪本身的臭味及含有的各种潜在的寄生虫卵、病原菌及一些有害成分，因此鸡粪用作饲料，须经过适当的加工处理，达到脱水、去臭、杀虫、灭菌以及改善适口性等目的，用于正常的饲喂（杨桂源，2018）。目前，鸡粪的处理方法较多，包括物理处理法、化学处理法、生物发酵法。

1. 物理处理法

鸡粪向着饲料转变过程中，最常见的处理方式就是物理脱水干燥法。一般情况下，新鲜的鸡粪含水量较高，通过干燥脱水处理，能够确保鸡粪中的含水量下降到15%以下。通过干燥脱水处理，一方面能够有效降低鸡粪的所占体积和质量，方便进一步地处理；另一方面通过干燥和脱水，能够将鸡粪中的某些病原微生物杀死，减少养分流失，避免鸡粪中的各种营养物质被微生物分解。在对鸡粪处理过程中，常用的干燥脱水方法，主要包括自然干燥法、膨化法、机械干燥法、高温快速干燥法和高频电流干燥法，在具体生产过程中，需要将 2 种或以上的干燥方法综合应用。

1）自然干燥法

把新鲜的鸡粪收集起来，除去鸡羽毛等杂物后，平摊在塑料布上或水泥地面上，适时进行翻动，让鸡粪自然风干或晒干。为了减少营养物质损失，防止鸡粪中有害物质产生，要求干燥的速度越快越好。为了保证鸡粪再生饲料的品质，也可以在鸡粪的水分降至 35%左右时，加入 5%的甲醛溶液，再充分搅拌后风干，等水分降到 12%左右时，进行粉碎过筛，然后装袋密封以备饲喂。此方法简便易行，成本低，容易推广，尤其适合雨量较少、气候干燥、阳光充足地区和小规模鸡场采用。缺点是灭菌效果差，不利于鸡场防疫，适口性差，营养成分损失多。

2）膨化法

膨化法又称热喷法，将鲜鸡粪先晾至含水量 30%以下，再装入密闭的膨化（热喷）设备中，加热至 200℃左右，压力 820kg/m^2；经过 3～4min 处理，迅速将鸡粪喷出，其容积比原来的可增大 30%左右。此法处理效果甚佳，膨松适口，富香味，有机质消化率可提高 10 个百分点。

3）机械干燥法

把鸡粪去杂后，运到装有搅拌机械和气体蒸发的干燥机中，在 70～500℃的温度下烘干，把水分降到 12%左右，装袋密封以备饲喂。这种方法利弊共存，优点是能快速干燥，灭菌彻底；缺点是耗能大，鸡粪的营养成分损失也大。

4）高温快速干燥法

鲜鸡粪在不停运转的脱水干燥机中加热，可以有效地杀死病原微生物，在 500～550℃的高温下，很短的时间内便可使水分降到 13%以下，即可作饲料。

5）高频电流干燥法

鸡粪进入高频装置，超高频电磁波使鸡粪中的水分子发生共振，剧烈运动，温度急剧升高，水分迅速蒸发，降到 10%即可作饲料。

后面三种方法需要一定的设备条件，且需要更多的能耗，适于大型集约化饲养场或饲料加工厂。

2. 化学处理法

在鸡粪转化为蛋白质饲料过程中，需要外加一些化学试剂用来杀菌，除臭和加快发酵熟化过程。根据所用化学试剂不同可分为福尔马林法、硫酸亚铁法和氨化法，化学处理法主要作为物理处理和生物处理的一种辅助处理方式。

1）福尔马林法

收集的鲜鸡粪，用 37%的福尔马林溶液喷洒并混合均匀，在 60℃下烘干即可利用。福尔马林溶液的用量为每千克鸡粪用 40%的甲醛溶液 7.5mL，加水 500mL 左右与鸡粪混合均匀。在鸡粪中添加 0.5%～2%的福尔马林溶液可使鸡粪中的细菌、病毒减少为零。

2）硫酸亚铁法

用 100 份（质量）鲜鸡粪、7 份硫酸亚铁（$FeSO_4 \cdot 7H_2O$）及 3.5 份煤炭或细沸石粉相互混合，经干燥后即成为鱼类和畜禽饲用的无臭饲料。

3）氨化法

选农作物秸秆或者用牧草切短后作为辅料，然后与鸡粪混合，再用 3.5%的尿素溶液处理，当含水量达到 30%时，装入容器密封或堆贮，等垫料呈烟色时，进行氨处理，风干后贮存备用。

3. 生物发酵法

鸡粪在发酵产蛋白质饲料过程中，发酵温度可达 70℃以上，只需持续数小时，就能有效地消灭其中的病原微生物，成为安全的动物粗饲料。通过生物发酵方式对鸡粪进行处理，能用各种微生物的活动有效分解鸡粪中不容易被利用的各种有机成分，可以极大地释放鸡粪中的营养物质，提高营养物质的利用率，改变鸡粪的 pH，除菌并增强适口性。常见的发酵方法主要有：好氧发酵、厌氧发酵、青贮发酵、酒糟发酵、复合菌发酵和糖化发酵等。

1）好氧发酵

鸡粪含大量微生物，如酵母菌、乳酸菌等，在含水率 45%的条件下，给鸡粪以充足的空气，使好氧菌得以迅速繁殖。鸡粪通过好氧菌的繁殖，分解出硫化氢等有害气体，使有效氨基酸增加，同时酸度增加。经搅拌混合放出异味气体后干燥成粉状再生饲料。

2）厌氧发酵

将鲜鸡粪中的杂质除去，装入密封的塑料袋或水泥池中，留一透气小孔，让废气逸出，并将水分控制在 32%～38%；发酵时间因季节不同而不同，春季和秋季各 3 个月，冬季 4 个月，夏季约 1 个月，当发酵物体内外温度相等时，发酵停止。

3）青贮发酵

鸡粪（约占 30%）或鸡粪垫草与青草、作物秸秆、作物残茬、水果、蔬菜废料和块根作物等混合均匀，湿度控制在 60%～70%，装窖、踏实、密封一起青贮。按形式分，有窖贮、塑料袋贮和堆贮等方法，方法同普通饲料青贮类似。如果日粮成分中可溶性碳水化合物的数量不足，则须添加糖蜜（1%～3%）或其他来源的可发酵碳水化合物。通常青贮 30～50 天即可。经青贮发酵处理的鸡粪饲料具有酸、甜和酒香等气味，适口性好，牛羊等反刍家畜喜欢采食。青贮鸡粪的主要优点是能够提高饲料的适口性，使反刍动物增加采食量。此外，青贮法不仅可防止粗蛋白损失，还可使部分非蛋白氮转化为真蛋白。

4）酒糟发酵

将鸡粪除杂、晒干、拍碎，每 100kg 均匀混入 20kg 酒糟、20kg 麸皮、0.8kg 食盐，加水拌湿，含水量为 55%～65%。然后分层装入水泥缸或水泥池内，层层压实，直到高出地面 20cm，覆盖塑料薄膜密封，夏秋季节 15～20 天，冬季室内或塑料暖棚内 20～30 天即可饲喂。发酵好的鸡粪呈黄色，略带酸香味。

5）复合菌发酵

按鲜鸡粪 80%、豆粕粉 5%、玉米粉 10%、复合菌（枯草芽孢杆菌、乳酸菌、热带假丝酵母菌、白地霉、黑曲霉等）种液 5%的比例搅拌混合均匀，并根据混合物的干湿程度调节含水量。控制鸡粪发酵的含水量在 60%～70%（即鸡粪手握成团，指缝见水，但无滴水，松手即散）。将上述混合物装入发酵桶密封，室温发酵，直至鸡粪臭味消失，出现浓厚酒香味，发酵即结束，时间在 10 天左右。有研究指出鸡粪直接发酵和复合菌发酵的粗蛋白含量较发酵前分别下降了 22.90%和 1.98%，真蛋白含量分别增加了 8.51%和 27.64%，粗纤维含量分别下降了 8.78%和 28.44%（邬苏晓和肖正中，2016）。

复合菌发酵鸡粪产蛋白质饲料在家畜日粮中可以代替部分蛋白质饲料使用。鸡粪通过复合菌发酵可以消除鸡粪的臭味，改善饲料的感官性状，增加鸡粪饲料的蛋白质含量，降低粗纤维含量，提高其可消化率和适口性；抑制有害菌，增加益生菌数量。用于饲喂有助于提高畜禽的免疫能力。

6.1.4　鸡粪发酵饲料的制备工艺

1. 工艺步骤

中国科学院成都生物研究所李东团队利用优选的异常威克汉姆酵母、热带假丝酵母、产朊假丝酵母三种酵母菌和嗜酸乳杆菌、胚芽乳杆菌、香肠乳杆菌三种乳酸菌，开发了一套鸡粪发酵饲料的专利制备工艺（专利号：201810364725.7 和 201810364781.0）。具体步骤如下。

（1）鸡粪预处理：将鸡粪在 70～100℃高温条件下热处理 0.5～2h；

（2）发酵底物预混：按质量份数，将预处理后的鸡粪 5～7 份、麸皮 1～2 份、玉米粉 1～2 份混匀，调整含水量至 50%，得发酵底物；

（3）好氧固态发酵：将酵母菌按 5%的接种量，接种到发酵底物中，在 20～35℃条件下进行好氧发酵 24～48h，发酵至：肉眼可见发酵底物中长有白色菌丝，得好氧固态发酵物料；

（4）厌氧固态发酵：将乳酸菌按 5%的接种量，接种到好氧固态发酵物料中，在 20～35℃条件下密封厌氧发酵 48～96h，发酵至：发酵底物 pH 达到 4 以下，具有浓郁的酒香味和乳香味，质地松散，发酵完成。

酵母菌接种物为：异常威克汉姆酵母、热带假丝酵母、产朊假丝酵母三种酵母菌按接种量 1∶2∶2 混合，各酵母菌的菌浓度＞1.0×10^9 个/mL。

乳酸菌接种物为：嗜酸乳杆菌、胚芽乳杆菌、香肠乳杆菌三种乳酸菌按接种量 1∶1∶1 混合，各乳酸菌的菌浓度＞1.0×10^{10} 个/mL。

研究团队开展了三组鸡粪发酵饲料的制备工艺研究，见表 6-1，发酵前后的成分结果见表 6-2。可以看出，鸡粪饲料安全性符合《饲料卫生标准》（GB 13078—2017）。

表 6-1　三组鸡粪发酵饲料的制备工艺条件

工艺条件	工艺条件一	工艺条件二	工艺条件三
灭菌条件	100℃，30min	85℃，60min	70℃，120min
鸡粪用量	7.0kg	7.0kg	6.0kg
麸皮用量	1.0kg	1.5kg	2.0kg
玉米粉用量	2.0kg	1.5kg	2.0kg
好氧发酵条件	28℃，36h	30℃，36h	30℃，48h
厌氧发酵条件	28℃，60h	28℃，48h	35℃，72h

表 6-2　三组工艺条件下鸡粪发酵前后的成分

成分	工艺条件一	工艺条件二	工艺条件三
氨氮含量（发酵前）	4.5g/kg	5.1g/kg	6.1g/kg
氨氮含量（发酵后）	0.6g/kg	0.7g/kg	1.1g/kg
尿酸含量（发酵前）	72g/kg	76g/kg	79g/kg
尿酸含量（发酵后）	6.2g/kg	6.9g/kg	7.3g/kg
真蛋白含量（发酵前）	130g/kg	132g/kg	132g/kg
真蛋白含量（发酵后）	206g/kg	198g/kg	201g/kg
大肠菌群（发酵前）	＞240000MPN/100g	＞240000MPN/100g	＞240000MPN/100g
大肠菌群（发酵后）	＜30MPN/100g	＜30MPN/100g	＜30MPN/100g
霉菌（发酵前）	1.1×10^7CFU/g	4.3×10^7CFU/g	2.1×10^7CFU/g
霉菌（发酵后）	＜10CFU/g	5.6×10^3CFU/g	1.1×10^3CFU/g
沙门菌（发酵前）	未检出	未检出	未检出
沙门菌（发酵后）	未检出	未检出	未检出
志贺菌（发酵前）	未检出	未检出	未检出
志贺菌（发酵后）	未检出	未检出	未检出
酵母菌（发酵后）	$\geqslant5.3\times10^8$CFU/g	$\geqslant1.1\times10^7$CFU/g	$\geqslant1.2\times10^7$CFU/g
乳酸菌（发酵后）	$\geqslant6.4\times10^{10}$CFU/g	$\geqslant1.3\times10^{10}$CFU/g	$\geqslant2.0\times10^{10}$CFU/g

2. 工艺特点

（1）该工艺通过热处理和好氧-厌氧两步发酵，杀灭或抑制志贺菌、沙门菌、霉菌、大肠杆菌、蛔虫虫卵等有害微生物，去除了有害物质，保证发酵蛋白饲料使用安全，同时增加有益菌，使鸡粪由废弃物成为可饲喂饲料，环保绿色、成本低廉。

（2）该工艺首先进行好氧发酵，将非蛋白氮通过酵母转化为单细胞蛋白（SCP）氮，有效提高了发酵鸡粪中真蛋白的含量，鸡粪发酵饲料中真蛋白含量从 13.2%提高到 20.6%，同时大幅降低鸡粪中的氨氮及尿酸等非蛋白氮。

（3）该工艺将好氧发酵后的发酵物接种的乳酸菌混合液，进行厌氧发酵，选择的乳酸菌中：嗜酸乳杆菌能调整肠道菌群平衡，抑制肠道不良微生物增殖，对致病菌具有拮抗作用并能耐受低 pH；胚芽乳杆菌具有良好的热、酸稳定性，其发酵物具有乳香味；香肠乳杆菌含有免疫活性的某一种物质。发酵后的饲料既增加了乳香味，又能抑制喂养畜禽中肠道不良微生物的繁殖，具有良好的饲喂性能。

（4）微生物在发酵过程中将粗纤维、粗蛋白、淀粉等大分子物质分解转化成易消化吸收的葡萄糖、氨基酸等小分子营养物质，且能产生丰富的维生素及有机酸、酶、多肽等小分子营养物质。

3. 工艺流程

鸡粪中还含有垫料纤维和羽毛，难以被动物消化利用，除了需要添加产单细胞蛋白的酵母菌，还需要添加纤维素和羽毛角蛋白的降解菌，以提高鸡粪的可消化率。图 6-1 为鸡粪生产发酵饲料的工艺流程。

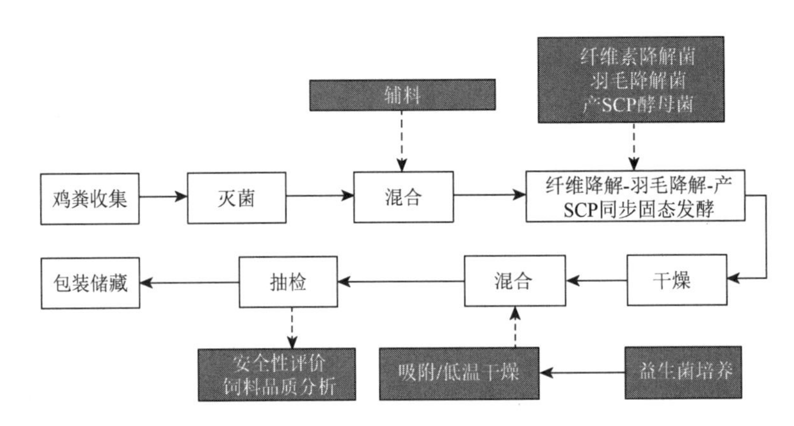

图 6-1　鸡粪生产发酵饲料的工艺流程

6.1.5　鸡粪饲料的应用

1. 鸡粪饲料饲喂

在用鸡粪饲料饲喂时，需要和其他的饲料或辅料按照一定的配比混合投喂，如此均衡的营养，才能达到理想的饲喂畜禽效果。如在肉牛养殖时，在母牛日粮中添加 80%鸡粪和 20%精饲料（陈玲玲等，2011）。在蛋鸡日粮中添加 20%发酵鸡粪，蛋鸡采食正常，对产蛋率不会产生影响。生猪养殖过程中，按照鸡粪、三七糠、菜籽饼 60%、30%和 10%比例进行发酵处理，在猪育肥过程中，添加 30%发酵鸡粪，能够提高猪的采食欲望，节约养殖成本。

2. 鸡粪再生饲料安全性及注意事项

1）鸡粪饲料安全性

鸡粪中存在矿物质、重金属、药物残留和激素等有害物质。在处理时需要注意以下几个方面。在配制基础日粮时，注意勿使铜、铁等重金属超过正常标准。鸡粪中含有较多的微生物和寄生虫卵，目前杀灭病原菌和寄生虫卵的主要方法是高温灭菌。鸡粪中含有少量的雄性或雌性激素，饲喂时需合理搭配，并控制饲喂量（檀晓萌等，2014）。

2）鸡粪饲料饲喂注意事项

（1）鲜鸡粪饲喂畜禽之前，应首先进行加工处理，夏季应该采用当日鸡粪，以防鸡粪变质和产生恶臭气味，影响饲喂动物的适口性；

（2）在畜禽日粮中添加发酵鸡粪时，应由少到多逐渐过渡；

（3）对于疫区的鸡粪应禁止使用，以防疫病逐渐传播，导致畜禽死亡；

（4）鸡粪对于猪、奶牛、肉牛、羊来说添加量应有一定的限度；

（5）特别是产蛋鸡粪，由于其中的灰分含量过高，添加时应该注意矿物质含量平衡；

（6）由于鸡粪饲料能值较低，饲喂时要注意能量饲料补充；

（7）因为羊对鸡粪饲料的耐受力较低，日粮中鸡粪用量以不超过羊的最大耐受量为准；

（8）妊娠母畜不能过量饲喂鲜产蛋鸡粪，以防雌性激素过量而引起流产。

6.2　羽毛微生物降解产寡肽

6.2.1　羽毛的处理和利用现状

1. 羽毛的处理现状

羽毛废弃物的处理已成为畜禽养殖业面临的很大难题，也是规模化畜禽养殖业持续发展面临的挑战。传统处理方法主要是通过填埋和焚烧的方式，然而由于该法存在安全隐患且造成环境污染，多国已明令禁止。研究表明，羽毛中营养物质丰富，粗蛋白含量达 90%以上，氨基酸种类齐全，还含有一定量的粗脂肪、多种矿物质和维生素，是一种优质的动物蛋白源，针对这种廉价丰富的蛋白资源进行处理利用的研究成为当前的热点。羽毛资源开发利用的关键是破坏其结构稳定性，断裂二硫键，提高角蛋白溶解度从而使其转化为易于消化、吸收的可溶性蛋白、寡肽、氨基酸等。因此，采用一定的处理加工技术，提高羽毛产品的质量，较为普遍的方法有物理法、化学水解法、酶解法和微生物发酵法等。

1）物理法

传统的物理法是利用加热加压设备，通过控制温度（100～200℃）、压力（0.294～0.98MPa）和时间，使羽毛角蛋白分子间或分子内部的二硫键发生断裂，进而转变为可溶蛋白或寡肽的方法。物理法可分为高温高压水解法和高温膨化法；根据水解过程中加入的酸或碱又可分为高温加压稀酸水解法和高温加压稀碱水解法。其中高温膨化法由于加工温度较低，处理时间较短，而且产物比较疏松，易于成粉而较为常用。

目前该法制得的羽毛粉被广泛用于畜禽、鱼虾等的饲料添加剂。但高温高压易损坏热敏氨基酸，仍无法改善氨基酸营养不平衡问题，且羽毛降解不彻底，能耗大，易污染环境等，导致利用效果并不理想。近年来，逐渐兴起新的物理降解角蛋白技术，是用过热水法制备羽毛寡肽水溶液，使羽毛溶解率达到 77.4%，并且制得的寡肽具有较好的自组装能力，并进一步利用该特性制得具有优良抑菌性能的稳定纳米材料（王晶等，2007）。过热水又称亚临界水，是在一定的压力（1～6MPa）下，将水加热到沸点（100℃）以上临界温度（374℃）以下仍保持液态，是一种新型绿色溶剂。该法可在不破坏氨基酸情况下断裂二硫键，瓦解 β 折叠结构，从而大大提高角蛋白的溶解度。这相比传统的物理法较环保。

2）化学水解法

化学水解法可分为酸碱处理法和氧化还原法。酸碱处理法通常是先用盐酸、硫酸、磷酸或氢氧化钠等溶液浸泡羽毛使其溶胀后，加热水解至轻轻一拉即断状态，再经适宜的碱或酸中和、干燥、粉碎制得。该法不仅能够破坏二硫键、氢键，还能破坏分子内肽键，制得的羽毛粉分子量相对较低。在 90℃条件下，利用 1.8%浓度的氢氧化钠溶液处理羽毛，获得了在 2000Da 以下浓度达 87.74%的羽毛寡肽（姚清华等，2010）。氧化还原法通常是利用氧化剂（高锰酸钾、过氧化氢、过氧乙酸、过甲酸等）把羽毛角蛋白中的二硫键氧化为磺酸基团，或利用还原剂（尿巯基乙酸、巯基乙酸钠、巯基乙醇、二硫苏糖醇等）将角蛋白中的二硫键还原为巯基，从而使角蛋白转变为可溶性蛋白（Maciel et al.，2017）。氧化还原法的氧化阶段在实际应用中需要加入甘油、表面活性剂、尿素、金属盐等试剂协助羽毛降解；而还原法生成的巯基化学性质活泼，极易被氧化，因此，通常需要加入十二烷基苯磺酸钠（SDBS）作保护剂，以增加角蛋白溶液的稳定性。

综合来看，化学水解法成本低，需时短，操作简单，但酸碱水解法所需设备多，酸碱腐蚀及环境污染严重。生产过程中不仅易造成某些热敏氨基酸（硫氨酸、赖氨酸、色氨酸等）转变为赖丙氨酸、羊毛硫氨酸等非营养氨基酸，降低羽毛蛋白的应用价值，而且氧化还原法中添加的某些试剂（过氧化物、硫醇化合物等）有一定的毒性，从而限制了化学法的大规模应用。

3）酶解法

酶解法是利用高活性的蛋白酶制剂在适宜的反应条件下降解羽毛，然后脱水制粉，使其成为易被消化吸收的可溶蛋白混合物。相比于物理法和化学法，酶解法具有工艺简单，反应条件温和，对氨基酸破坏少，产物中蛋白消化率高，环境污染小等优势（Lang et al.，2016）。姚清华等（2010）利用 3 种混合酶（胰蛋白酶、木瓜蛋白酶、菠萝蛋白酶）对市售羽毛粉进一步降解，发现在最佳 pH 8，最佳反应温度 55℃下反应 24h 后，羽毛基本转化为小分子蛋白，小分子蛋白含量相比对照组提高了近 200%。有研究者采用碱解法与角蛋白酶结合降解羽毛，在最优条件下处理 150min，得到了富含低聚肽（小于 2000Da）的羽毛水解液（单春乔等，2016）。此外，也有一些基因工程酶用于降解羽毛的研究。将来源于解淀粉芽孢杆菌 K11 的角蛋白酶基因 *KerK* 在枯草芽孢杆菌 SCK6 中表达、分离纯化后用于羽毛降解效果观察，发现该酶在二硫苏糖醇（DTT）协助下，0.5h 内便能将羽毛完全降解（Yang et al.，2016）。可见，酶解法具有较好的应用潜力。但生物酶制剂成本较高，对条件比较敏感，易发生自溶，因此难以得到广泛生产应用。由于具有角蛋白降解能力的角蛋白酶可由自然界中的多种微生物产生，优良羽毛降解微生物资源的挖掘是一个重要的研究方向。

4）微生物发酵法

角蛋白年产量巨大，却很难在自然界中长久堆积，说明自然界中存在能够降解角蛋白的微生物。目前已发现 30 余种具有降解角蛋白能力的微生物，包括细菌、真菌和放线菌。由于该法不仅减少对环境的污染，而且氨基酸损失较少，菌体本身就是蛋白源，产物营养价值高，如 Fakhfakh 等（2011）利用菌株 *Bacillus pumilus* A1 降解 50g/L 的羽毛，在 pH 10，45℃发酵 2 天后，肽和氨基酸产量达 42.4g/L，体外消化率高达 98%，并且其发酵液具有较强的 DPPH 自由基清除能力（IC_{50}值为 0.3mg/mL）。相比常规方法处理废弃羽毛，微生物降解羽毛法存在较大优势，具有广阔的应用前景。

2. 羽毛的利用现状

目前，羽毛角蛋白作为一种可利用的生物质资源，在饲料、日化、肥料、材料、制革、生物修复等多领域均有应用。

1）饲料

将羽毛加工成粉作为饲料添加剂的研究由来已久，也是目前废弃羽毛的主要用途。我国自 20 世纪 80 年代开始批量生产羽毛粉，并广泛用于畜禽、鱼虾等动物的配合饲料中。研究发现，以 9.4%的羽毛粉替代点带石斑鱼饲料中 25%的鱼粉，对该种鱼的正常生长没有明显的影响；用酶解羽毛粉部分替代血浆蛋白粉和肠蛋白粉饲喂仔猪，对其生长和肠道健康有积极的影响；以 2.5%羽毛粉替代等量的菜籽饼饲喂蛋鸡的实验结果显示，在其饲料中添加羽毛粉能够提高饲料利用率，增加蛋重，具有明显的经济效益。而且在畜禽春秋换毛季节饲喂，还能够有效减少动物的食毛和自咬现象，从而改善皮毛状况。可见，利用廉价易得的羽毛粉部分替代价格较为昂贵的豆粕粉、鱼粉、血粉等蛋白饲料是可行的，既能缓解饲料危机，又能降低饲料成本，具有很大的开发利用价值。但饲喂实验表明，羽毛粉在动物饲料中的可添加量不足 10%（赖安强等，2016），限制了羽毛资源的大规模应用。一方面是由于市场上出售的羽毛粉中大分子蛋白含量高，适口性差，所以其利用率低；另一方面是由于羽毛中甲硫氨酸、色氨酸、赖氨酸和组氨酸匮乏，所以氨基酸营养不平衡。用水解羽毛粉（占比 12.5%）、血粉和晶体氨基酸混合制得的饲料可替代欧洲鲈鱼饲料中 76%的鱼粉而不影响其正常生长。因此尽可能地将羽毛角蛋白转化为小分子蛋白、寡肽、氨基酸等易于被动物体消化吸收的小分子物质，并在必要时补充所缺乏氨基酸再行饲喂，将对实现羽毛的充分、高效利用大有裨益。

2）日化

羽毛水解液还被广泛用于化妆品、护肤护发产品和生物去污剂等产品。研究表明，羽毛角蛋白经过一定的加工处理后，可以制得棕榈酰五肽，并进一步制成清洁剂、涂擦剂和口红等化妆品的湿润剂。在护肤护发方面，羽毛水解物被广泛用于洗发剂、喷雾染色剂、增色剂、定型剂等的添加剂，并对毛发有良好的保护、修复能力和定型、改善发质的效果；角蛋白水解物还可以用作皮肤防护剂，涂抹于脚跟、膝盖、胳膊肘等关节处具有润滑的作用，从而防止皮肤破损；利用菌株 *Bacillus pumilus* GRK 降解羽毛得到的粗酶液，与市售洗涤剂具有较好的兼容性，并表现出良好的血渍去除能力；在指甲油中添加角蛋白水解液，能够减小化学品的添加对人体造成的损害，从而制得低毒低害的指甲油，具有潜在的应用价值。

3）肥料

羽毛中含有丰富氮源、多种氨基酸和微量元素等，决定了其经一定处理后还可以用作生物肥料或叶面肥料。它不仅能为植物提供氮源，提高土壤微生物活性，而且能够促进土壤团粒结构的形成，增加土壤持水能力。羽毛降解液中的寡肽、氨基酸等还能够与某些微量元素形成螯合物，从而促进作物对微量元素的吸收。研究指出，利用酸解羽毛粉作为外源蛋白研制的生物有机肥对茄子和番茄有明显的促生作用，并且能够改善土壤中微生物的组成，利于功能微生物增殖。而将嗜麦芽寡养单胞菌的羽毛发酵液经合理稀释后，喷洒于香青菜叶面，发现其同样具有显著的促生效果。

4）其他应用

角蛋白分子中含有的大量肽键（—CONH—）与—NH_2、—COOH、—OH、—SH 等极性基团，使其具有很大的化学改性空间，也能够作为修饰剂改性其他材料。因此，在材料、生物修复、制革、医药等多个领域均有应用。在材料方面，羽毛经一定处理后能形成稳定的分散体，可用作材料、再生纤维、生物薄膜、涂料等的制备。利用植酸对经过一定处理的羽毛进行改性，成功制备了对二价铅的吸附容量达 54.4mg/g 的羽毛吸附材料（刘新华等，2017）；在十二烷基硫酸钠的作用下，可通过湿法纺丝制备出以羽毛角蛋白为骨架的纤维。生物修复方面，主要是利用羽毛角蛋白自身以及改性后的吸附能力，将其用于工农业废水中色素、重金属离子等的去除。在制革领域，羽毛水解得到的小肽能够与皮革中铬、胶原结合形成络合物，充当填充复鞣剂，改善皮革质地，并有助于减少制革废液中铬污染。在医药领域，羽毛蛋白可用于制备缓释药物的复合载体，调节复合载体的载药量、包封率以及缓释性能（Xu and Yang，2014）。

6.2.2　羽毛寡肽的特性

羽毛角蛋白经发酵降解后的产物除了有可溶性蛋白，还有小分子肽类、氨基酸等。肽是氨基酸脱水缩合的产物，通常由 20～100 个氨基酸分子脱水缩合而成的化合物称为多肽，它们的分子质量低于 10000Da，能透过半透膜，不被三氯乙酸沉淀；把由 2～20 个氨基酸组成的短肽称为寡肽（小分子肽）。根据现代消化理论，寡肽可不经消化直接被动物体吸收，具有吸收速度快，能耗低，不易饱和等特点，而且不与氨基酸的吸收相竞争，大大提高了蛋白的吸收利用率。

1. 寡肽的营养特性

寡肽通常还具有抗氧化性、抗菌性和提高免疫力等多种生理功能。研究指出，给动物饲喂低水平蛋白质并补充合成氨基酸日粮，并不能获得最佳的生产性能和饲料效率，而要达到此目的，日粮中必须有一定数量的原蛋白质和寡肽（李雷和冯红，2018）。利用微生物将畜禽羽毛转化为小分子寡肽，将有助于提高其消化率，改善生物效价，增加羽毛产品附加值，实现废弃羽毛资源的高附加值利用。

1）促进氨基酸吸收和蛋白质合成

寡肽具有不同于氨基酸的独立转运系统，并且具有吸收速度快、能耗低、不易饱和等特点，因此，当以寡肽为氮源时，能够避免吸收时与游离氨基酸的竞争，进而使蛋白质的合成效率提高。让 12 名健康成年男性分别饮入 12.5g 溶于饮料中的大豆蛋白、大豆蛋白酶解得到的寡肽以及等价的游离氨基酸混合物后，检测其血清中各游离氨基酸浓度，发现饮入大豆寡肽的实验者血清中游离氨基酸含量显著高于其他两组，表明以寡肽形式存在的氨基酸更易被有效吸收。当动物体由于疾病等原因无法吸收某种游离氨基酸时，可通过添加含有该氨基酸的寡肽进行替代。可见，在动物体日粮中提供一定量的寡肽可能比混合氨基酸更为有益。

2）改善饲料适口性、促进生长、提高饲料利用率

某些寡肽能够产生酸、甜、苦、咸等味道，可通过模拟、掩盖或增进口味，从而改善饲料、食品或药品的适口性，如高度增甜二肽阿斯巴甜，其甜度是甘蔗的 100～200 倍，已被批准在 500 多种食品和药品中添加。此外，小分子寡肽相比原蛋白往往具有较高的消化利用率，利于动物发挥较佳的生长生产性能。在欧鳗饲料中添加 2%和 4%的小肽制品后，欧鳗的特定生长率显著提高。用鱼蛋白水解液及其超滤液分别替代鱼粉进行大菱鲆幼鱼饲喂实验，发现经超滤的鱼蛋白水解液能够明显促进幼鱼生长，而且该鱼种对超滤物的消化率较高，说明寡肽有助于促进鱼类生长和提高饲料利用效率。而在幼龄草鱼日粮中添加 0.5%的酶解酪蛋白（80%以上为小肽），发现饲料系数显著下降，相对生长率显著增加。在仔猪饲料中添加酵母多肽粉后仔猪的采食量与日增重相对于对照组显著增加。

3）促进矿物元素吸收

寡肽具有促进矿物元素吸收和利用的功能。寡肽具有一定的螯合能力，能够与部分金属元素（如钙、铁、锌、锰、铜等）结合，可以连同金属元素一同被吸收进体内；也可以在体内起到载体的作用，将金属元素送至机体需要的位置，从而促进矿物元素的有效吸收。研究发现，寡肽铁能自由地通过成熟的胎盘，之后，硫酸亚铁经主动转运途径被运铁蛋白结合而吸收，而寡肽由于分子量较大，被胎盘滤出。所以母猪饲喂寡肽铁后，母猪奶和仔猪血液中有较高的铁含量。

2. 寡肽的功能特性

除了上述营养特征，寡肽还被发现具有较多的功能特性，如抗氧化性、抗菌性、血管紧张素转化酶抑制活性、免疫活性。

1）抗氧化性

利用复合酶制剂降解黄线狭鳕鱼皮制得了分子质量主要分布于 1000Da 以下的寡肽，并发现其具有较好的 DPPH 自由基清除活性（IC_{50} 值为 2.5mg/mL）；利用菌株 *Bacillus* sp. SM98011 的粗酶液降解中国毛虾，研究发现，降解液和经 3000Da 超滤膜过滤得到的滤液的羟基自由基清除活性分别为 42.38%和 67.95%，表明由毛虾酶解液得到的寡肽具有较强

的抗氧化性；另有研究发现从谷物蛋白中分离出三条富含酪氨酸和亮氨酸的寡肽，这些寡肽具有显著的 DPPH 自由基和超氧阴离子自由基清除活性。含有不成对电子的自由基引发的氧化作用是引起机体衰老和病变的重要因素之一，因此，从这些天然产物中提取抗氧化肽，开发无毒无害的绿色抗氧化剂意义重大。

2）抗菌性

某些肽具有病原菌抑制活性，研究者从大豆粉的微生物降解液中分离到一条抗菌肽 AMPS，发现其对溶藻弧菌和副溶血弧菌具有抑制活性，进一步对南美白对虾饲喂该寡肽，能有效防止虾感染弧菌病，对虾养殖业具有重要意义；另有从小米蛋白中分离出的三条寡肽 FFMP4、FFMP6 和 FFMP10，它们不仅具有大肠杆菌抑制活性，还具有较强的抗氧化性（Cheng et al.，2017）。

3）血管紧张素转化酶抑制活性

血管紧张素转化酶（ACE）是一种外肽酶，催化血管紧张素生成，ACE 抑制肽能够通过抑制 ACE 活性来预防或治疗高血压，在医学上有重要的应用价值。研究发现，多种蛋白水解液都具有一定的 ACE 抑制活性，并且寡肽的抑制活性比其母体蛋白的抑制活性强，有些寡肽混合物还兼具抗氧化性和 ACE 抑制活性（Dhanabalan et al.，2017）。

4）免疫活性

某些寡肽具有免疫活性作用，加强有益菌群繁殖，提高菌体蛋白合成；能加快幼龄动物的小肠发育，并刺激消化酶分泌，从而提高机体免疫力。研究者从面筋蛋白中获得富含谷氨酰胺的寡肽，之后进行大鼠饲喂实验，并腹腔注射氨甲蝶呤，发现饲喂了寡肽的大鼠比饲喂游离氨基酸组对氨甲蝶呤诱发的小肠结肠炎具有较强的免疫能力。

6.2.3 微生物发酵羽毛产寡肽

根据寡肽所具有的生物特性，利用微生物发酵将羽毛更多地转化为小分子寡肽，将促进畜禽羽毛降解，增加羽毛附属产品的价值，对实现羽毛资源的利用具有重要意义。

1. 降解羽毛的微生物

羽毛降解的微生物一直都有研究报道：早期发现能产角蛋白酶降解羽毛类的主要是皮肤真菌类，包括须发癣菌（*Trichophyton mentagrophytes*）、猴毛癣菌（*Trichophyton simii*）、红色毛癣菌（*T. rubrum*）、犬小孢子菌（*Microsporum. canis*）、鸡毛癣菌（*T. gallinae*）、白念珠菌（*Candida albicans*）、石膏样小孢子菌（*Microsporum gypseum*）、黄曲霉（*Aspergillus flavus*）、热带念珠菌（*C. tropicalis*）等，以及一些其他真菌，如短尾帚霉（*Scopulariopsis brevicaulis*）、烟曲霉（*Aspergillus fumigatus*）等。现在分离到相关的一些放线菌主要是链霉菌类，如弗氏链霉菌、密旋链霉菌、热紫链霉菌等。有关的细菌是芽孢杆菌，如地衣芽孢杆菌 PWD-1、枯草芽孢杆菌；还有其他种属，如弧菌科、黄单胞菌属、芽孢八叠球菌属、寡养单胞菌属、气单胞菌属（何周凤等，2015）。产角蛋白酶微生物具有一定多样性，但大部分是早期发现的皮肤致病真菌类，部分是条件致病菌，如黄单胞菌属、嗜麦芽寡养单胞菌等，不能进行工业化开发利用，此外目前获得的菌株还存在降解速率慢、发酵产物中仍存在较多大分子蛋白等难题，高酶活新基因资源需进一步发掘。

中国科学院成都生物研究所李东团队从羽毛堆积物及其土壤、鸡粪堆肥土壤、养鸡场的下水沟淤泥和发酵池沼渣中分离筛选到 3 株高产寡肽优势菌株 H0、H5、H11（专利号：201710938214.7、201710938824.7、201710939550.3）；三株菌的最佳发酵初始 pH 分别为 11、9、11；最佳发酵温度均为 40 ℃。在各自最佳培养条件下，菌株 H0、H5、H11 均在发酵 120 h 后得到最大羽毛降解率，分别为 90.67%、87.88%、92.07%；最大寡肽产率分别为 38.19%（72h）、25.23%（96h）、35.37%（24h）（分别占可溶性总肽的 67.52%、55.49%、69.71%）。根据形态学、生理学特征以及 16SrRNA 分析，初步鉴定这 3 株菌分别为甲基营养型芽孢杆菌（*Bacillus methylotrophicus* H0）、解淀粉芽孢杆菌（*Bacillus amyloliquefaciens* H5）和耳炎假单胞菌（*Pseudomonas otitidis* H11）（黄艳蒙，2018）。

2. 微生物降解羽毛产寡肽

将筛选出的 H0、H5、H11 的种子液接种至含有 10%完整羽毛的发酵培养基中，肉眼观察 0～72h 内菌株 H0、H5、H11 在各自最佳产寡肽条件下的羽毛降解效果（图 6-2）。发酵前培养基清澈而透明，接种培养 24h 后，3 株菌的培养液均变浑浊，羽毛的完整结构被破坏，H0 和 H5 的发酵液呈乳白色，H11 的发酵液呈淡黄色，均有细小颗粒悬浮，说明羽毛发生部分降解。其中，H11 组羽毛基本被完全降解，只剩下极少量残缺的短小羽轴，H0 和 H5 的羽毛降解速率相对较慢，仍能观察到较多未被降解的羽毛；继续培养，

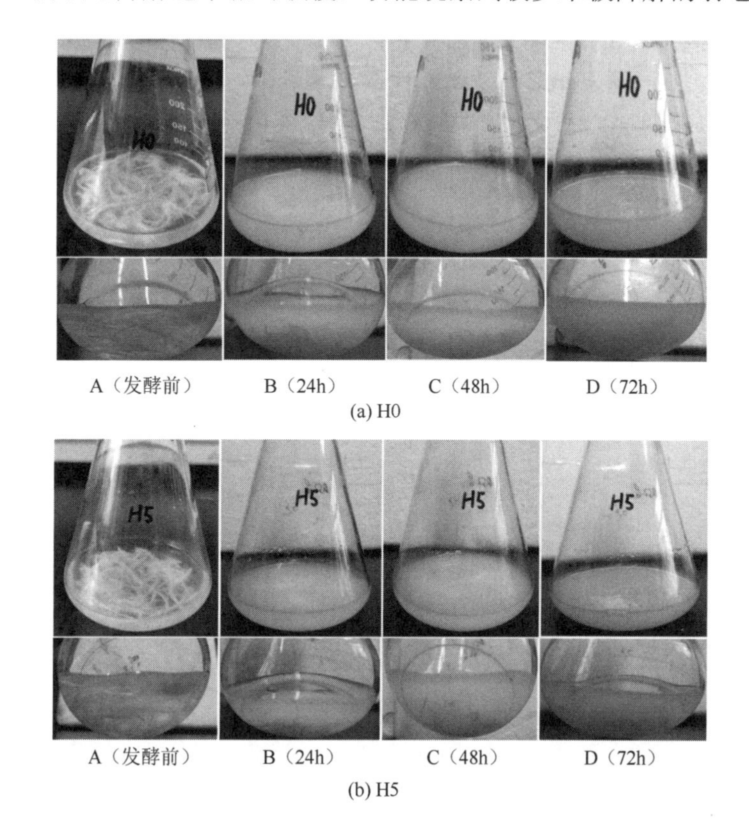

A（发酵前）　B（24h）　C（48h）　D（72h）

(a) H0

A（发酵前）　B（24h）　C（48h）　D（72h）

(b) H5

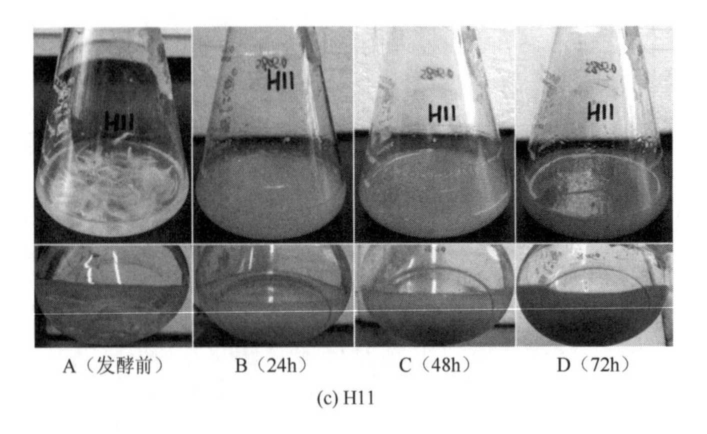

A（发酵前）　B（24h）　C（48h）　D（72h）

(c) H11

图 6-2　三株菌羽毛降解效果进程图

H0 和 H5 发酵液中残留的羽枝逐渐脱落并消失，培养至 72h，羽毛基本降解完全，只残留少许短小羽干，H11 组则无羽毛形态可被识出，培养液颜色随时间不断加深，说明有大量的细菌色素产生。

3. 羽毛寡肽的特征

将甲基营养型芽孢杆菌（*Bacillus methylotrophicus* H0）、解淀粉芽孢杆菌（*Bacillus amyloliquefaciens* H5）和耳炎假单胞菌（*Pseudomonas otitidis* H11）3 株菌在最佳条件下发酵羽毛所得发酵液经单宁分级分离后，进行 LC-MS/MS 分析。在 H0、H5、H11 样品中，各检测到 99、21、53 条肽段，这些肽段的分子量分布分别如图 6-3（a）～图 6-3（c）所示，H0 发酵液中寡肽的分子质量主要分布在 415～1281Da，H5 发酵液中寡肽的分子质量主要分布在 449～1410Da，H11 发酵液中寡肽的分子质量主要分布在 483～1557Da。

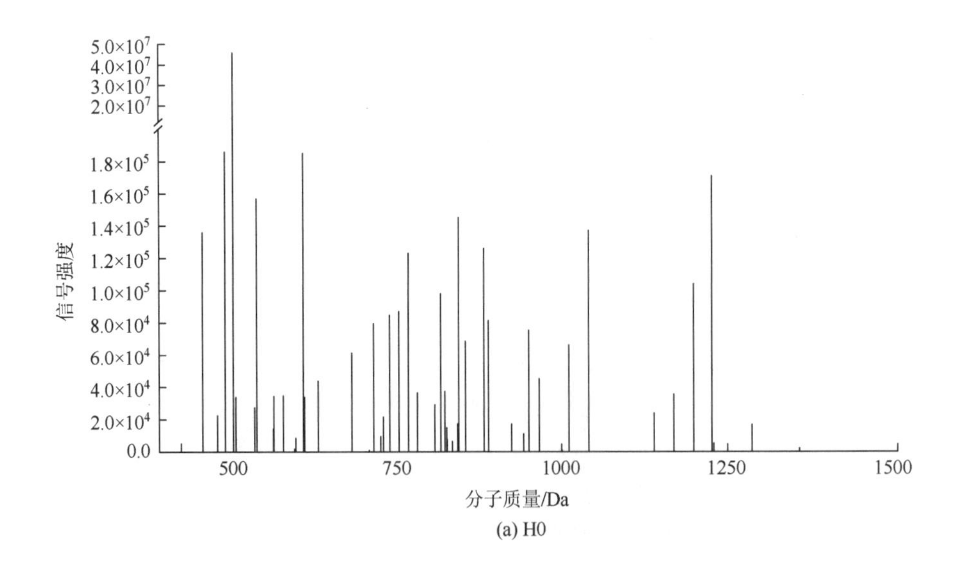

(a) H0

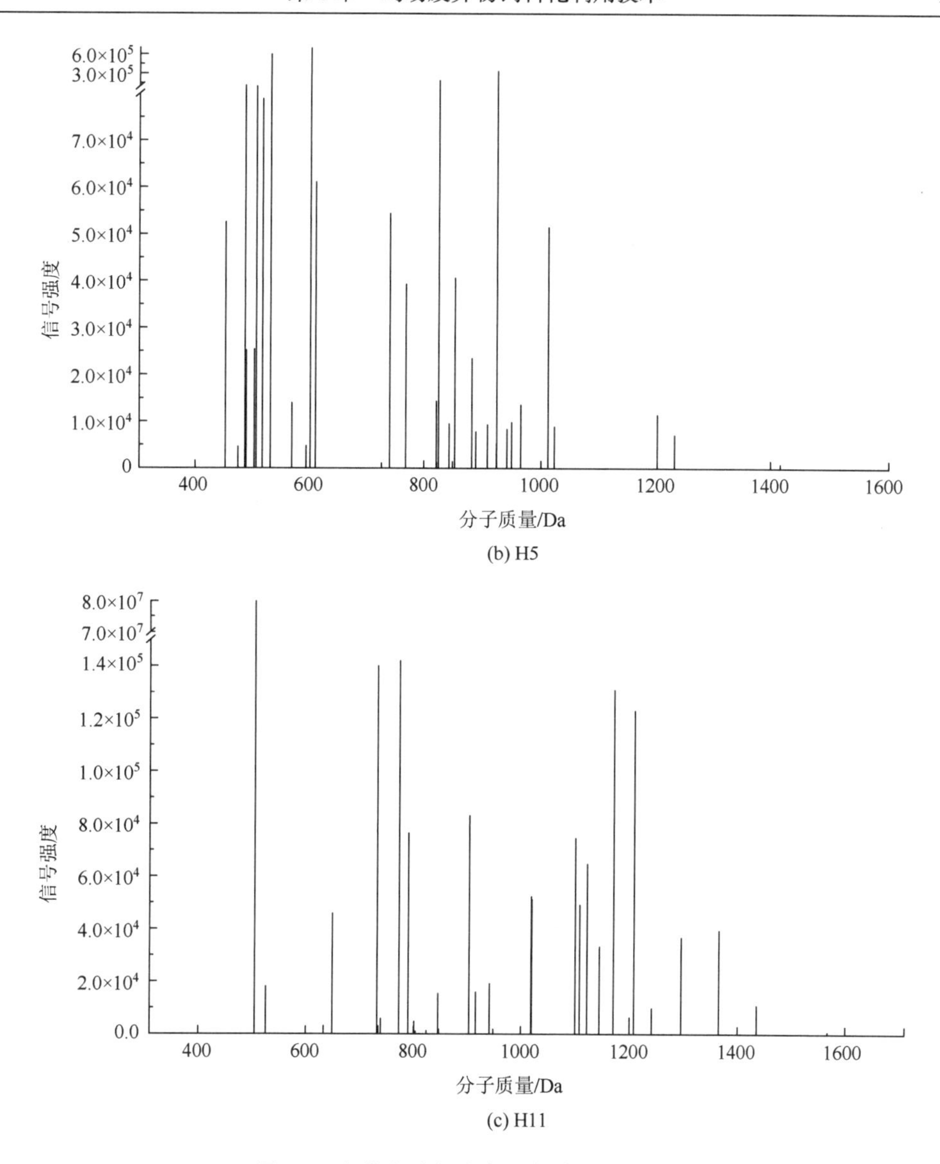

(b) H5

(c) H11

图 6-3　经单宁分级分离后发酵液的质谱图

菌株 H0 所产寡肽片段在蛋白水平上归属于 7 种角蛋白，其中氨基酸覆盖度最大的是蛋白 P20307（羽毛角蛋白 3），如图 6-4（a）所示，这些寡肽片段种类丰富，覆盖了 15 种氨基酸，其中包含多种动物必需氨基酸，如苯丙氨酸（F）、苏氨酸（T）、缬氨酸（V）等，且主要是由 3～10 个氨基酸组成的短肽，最长肽段不超过 14 个氨基酸。菌株 H5 所产寡肽片段在蛋白水平上归属于 4 种角蛋白，其中氨基酸覆盖度最大的是蛋白 O13152（β-角蛋白相关蛋白，beta-keratin-related protein），如图 6-4（b）所示，H5 所产寡肽种类相对于 H0 较单一，肽链较短，由 3～9 个氨基酸残基组成，氨基酸种类齐全。如图 6-4（c）所示，H11 所产寡肽片段在蛋白水平上归属于 3 种角蛋白，其中氨基酸覆盖度最大的是蛋白 P20308（羽毛角蛋白 4），肽段种类丰富，主要是由 3～10 个氨基酸组成的短肽，最长肽段不超过 17 个氨基酸，氨基酸种类齐全。综上可知，3 株菌尤其是菌株 H0 和 H11 具有较强的降解羽毛产寡肽能力，能用于高品质羽毛寡肽饲料的开发。

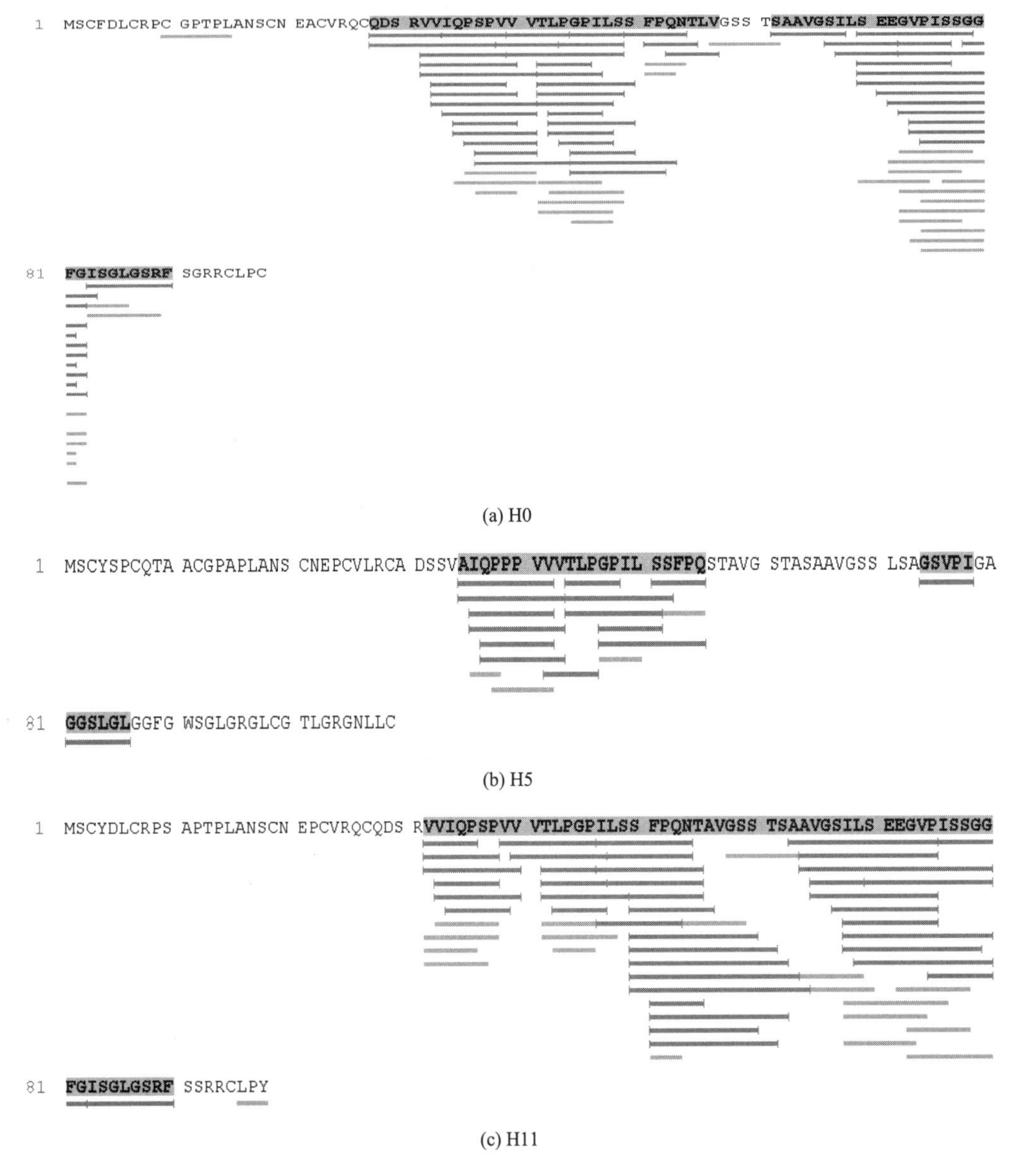

(a) H0

(b) H5

(c) H11

图 6-4　氨基酸覆盖图

4. 发酵液中的游离氨基酸组分与含量

在 3 株菌最佳产寡肽条件下，分析其发酵液中游离氨基酸的产率，见表 6-3，发酵液中除了可溶性肽，还检测到各种游离氨基酸组分，其中包括除色氨酸外的所有必需氨基酸，某些氨基酸含量相对较高，表明微生物发酵法具有改善羽毛发酵产物氨基酸营养的功能，可与寡肽营养互补。

表 6-3　发酵液中氨基酸组分（%）

游离氨基酸	H0	H5	H11	游离氨基酸	H0	H5	H11
天冬氨酸（Asp）	0.17	0.21	0.25	脯氨酸（Pro）	0.03	0.04	0.01
谷氨酸（Glu）	0.45	0.24	0.11	酪氨酸（Tyr）	1.04	0.03	0.02
半胱氨酸（Cys）	0.13	0.13	0.15	缬氨酸（Val）	1.80	0.12	0.17
丝氨酸（Ser）	0.37	0.28	0.2	甲硫氨酸（Met）	0.17	0.12	0.05
甘氨酸（Gly）	2.41	0.56	0.07	异亮氨酸（Ile）	0.27	0.06	0.11
组氨酸（His）	0.10	0.05	0.04	亮氨酸（Leu）	0.60	0.11	0.10
精氨酸（Arg）	0.12	0.09	0.07	苯丙氨酸（Phe）	2.79	1.66	0.07
苏氨酸（Thr）	0.21	0.07	0.05	赖氨酸（Lys）	0.28	0.13	0.17
丙氨酸（Ala）	0.20	0.09	0.09	总计	11.14	3.99	1.73

6.3　鸡粪沼液生产单细胞蛋白

6.3.1　鸡粪沼液成分组成

鸡粪沼液的理化指标如表 6-4 所示。沼液体系呈弱碱性，总氮为 5500mg/L，其中主要是铵态氮，含量高达 5271mg/L、总磷为 4310mg/L、总钾为 2400mg/L。氮、磷、钾可参与单细胞蛋白的生产，满足微生物在高氮条件下生产单细胞蛋白的生长因子。鸡粪沼液中总还原糖含量 1200mg/L，COD 含量达 20700mg/L（窦俊伟，2018），这为单细胞蛋白的生产提供了丰富的碳源。

表 6-4　鸡粪沼液理化指标

理化指标	含量	理化指标	含量
pH	8.15	COD/(mg/L)	20700
总还原糖/(mg/L)	1200	TS/(g/kg)	21.10
电导率/(μS/cm)	42680	VS/(g/kg)	10.90
总氮/(mg/L)	5500	SS/(g/kg)	11.30
总钾/(mg/L)	2400	VSS/(g/kg)	7.70
总磷/(mg/L)	4310	挥发酸（乙酸计）/(mg/L)	153
NH_4^+-N /(mg/L)	5271	腐殖酸/(g/kg)	10.60
NO_3^--N /(mg/L)	104		

表 6-5 和表 6-6 分别为鸡粪沼液的部分元素及氨基酸含量：金属元素中 Na、Fe、Zn 的含量相对较高，分别为 530.80mg/kg、65.22mg/kg、48.77mg/kg。从表 6-6 看出，鸡粪沼液中氨基酸种类丰富，共检测出 20 种，总氨基酸含量为 535.15μg/100mL。其中含量相

对较高的为天冬氨酸、谷氨酸、苯丙氨酸、赖氨酸和脯氨酸，含量分别为：106.40μg/100mL、265.10μg/100mL、65.79μg/100mL、23.77μg/100mL、53.30μg/100mL。在 SCP 制备时，这些微量元素和氨基酸易被微生物消化利用，有利于获得更多的菌体蛋白。

表 6-5 鸡粪沼液中的部分元素含量 （单位：mg/kg）

元素	含量	元素	含量
Cr	0.12	Cu	4.47
As	0.13	Se	0.09
Cd	0.02	Mo	0.17
Hg	0.00	Fe	65.22
Pb	0.12	Mg	25.18
Mn	11.84	Zn	48.77
Co	0.74	Si	15.82
Ni	5.32	Na	530.80

表 6-6 鸡粪沼液中的氨基酸含量 （单位：μg/100mL）

氨基酸种类	含量	氨基酸种类	含量
苏氨酸（Thr）	<5.0	异亮氨酸（Ile）	<5.0
天冬氨酸（Asp）	106.40	甲硫氨酸（Met）	<5.0
丝氨酸（Ser）	<5.0	亮氨酸（Leu）	<5.0
天冬酰胺（Asn）	<5.0	酪氨酸（Tyr）	<5.0
谷氨酸（Glu）	265.10	苯丙氨酸（Phe）	65.79
谷氨酰胺（Gln）	<5.0	色氨酸（Trp）	<10.0
甘氨酸（Gly）	9.14	赖氨酸（Lys）	23.77
丙氨酸（Ala）	5.92	组氨酸（His）	<5.0
缬氨酸（Val）	5.73	精氨酸（Arg）	<5.0
半胱氨酸（Cys）	<5.0	脯氨酸（Pro）	53.30
		总计	535.15

6.3.2 鸡粪沼液处理和利用现状

1. 鸡粪沼液脱氮处理技术

目前畜禽粪污沼液主要处理方式有物化法和生物法，其中物化法包括吹脱法、化学氧化法、膜分离技术、蒸发法等，但这些方法均能耗大，成本高，且易产生二次污染（Xing et al.，2017）。生物法因其除氮效率高、成本较低的优势而被广泛应用。

目前，传统生物脱氮技术主要是硝化反硝化，该技术分为硝化和反硝化两个阶段。硝化阶段是由好氧氨氧化细菌和亚硝酸盐氧化菌协作完成，是将氨氮转化为亚硝酸盐再转化为硝酸盐的过程；反硝化阶段是在厌氧条件下通过反硝化细菌作用，将硝酸盐转化为亚硝酸盐，最终将亚硝酸盐还原为氮气。这种方法已经得到广泛应用，但是在此过程中，会释放大量的温室气体一氧化二氮。采用此方法对废水进行脱氮处理，最后氨氮去除率达 84.4%，COD 去除率达 91.8%。此方法最大不足之处在于，氨对硝化细菌有较强的抑制作用，因而只能处理氨氮含量较低的污水。此外，该方法需要两级单元，并且需要调节回流比来控制硝化和反硝化过程，增加了土建和运行成本。

新的硝化反硝化技术被不断研究推出，可缩短其生物过程的反应时间，降低处理成本。主要是：短程硝化反硝化、同步硝化反硝化和厌氧氨氧化。

1）短程硝化反硝化

短程硝化反硝化是通过硝化细菌将氨转化成亚硝酸根，然后直接进行反硝化，直接将亚硝酸根还原为氮气。研究发现，通过短程硝化反硝化法进行脱氮处理，其氨氮去除率达 90%，在硝化阶段释放大量 N_2O，总累积释放量为 3.25mg/L。

2）同步硝化反硝化

同步硝化反硝化技术是指在低氧条件下，在一个反应器中同时存在硝化作用和反硝化作用，从而实现深度脱氮。该技术避免了硝酸根离子的积累对硝化反应的抑制，简化了操作的难度，同时也降低了运行成本。有学者利用好氧反硝化菌（*Diaphorobacter* sp.）同步硝化反硝化处理污水，最后氨氮去除率为 92%～96%，COD 去除率为 85%～93%，N_2O 总累积释放量为 1.11mg/L。

3）厌氧氨氧化

厌氧氨氧化是利用厌氧氨氧化菌在缺氧的条件下，以二氧化碳或碳酸盐为碳源，氨为电子供体，亚硝酸盐为电子受体，通过生化反应将氨转化为氮气的过程。采用此法，氨氮去除率为 54.27%。

2. 鸡粪沼液肥料化利用技术

以上沼液脱氮处理方法是将氨转换为氮气排出，在此过程中不仅释放了大量温室气体 N_2O，而且严重浪费了氮资源。其实，将沼液作为一种丰富的氮资源，这些沼液中的氮素可用作土地肥料将其还田，从而增加土地肥力。沼液作为一种优良的液体有机肥料，在保证作物增产提质的基础上，可以代替或部分代替化学肥料，作为基肥、追肥、叶面肥和浸种剂使用（隋倩雯等，2011）。大量试验证明，沼液是一种优质、全效的有机肥料。

1）沼液作基肥

用沼液作基肥浇灌果树，结果大、味美。用于水稻，作物生长强壮、挺拔翠绿、分蘖多，根系粗壮发达，白根多，有效穗、穗粒数、结实率都有所提高。沼液与化肥联用对寒地水稻生产的应用表明，在 50%沼液与 50%化肥的配比下，水稻产量可提高 10%以上。通过沼液配施水培油菜也表明，不仅可以显著增加油菜的产量，也能在一定程度上提高油菜籽的品质。在添加 0.25～1.25mL/L 的各个处理中，油菜中维生素 C 含量提高了 42.6%，还原糖含量提高了 60.1%，沼液处理还能降低油菜中硝酸盐和总酸的含量，分别降低了 16.9%和 33.6%。

2）沼液作追肥

用沼液作追肥，效果也很明显。追施沼液的小麦单产增产 450kg/hm^2，小白菜追施沼液，其叶片数、叶宽、叶柄长均高于对照，产量显著提高，最高增产 97.74%。在大蒜上追施沼液，其产量和效益随追施用量的增加而增加，增产效果显著。在芹菜上，以化肥为基肥，然后单次或分次施用沼肥，与单施化肥相比，芹菜的生理指标、品质指标均有显著提高。其中盆栽 5kg 土中一次施用 300mL 沼液的处理相比化肥处理，芹菜的叶绿素含量和过氧化氢酶活性分别提高了 19.06%和 6.52%；一次施用 900mL 沼液的处理相比化肥处理，芹菜的维生素 C 含量和还原糖含量分别提高了 9.07%和 51.31%，硝酸盐含量则下降了 31.65%；且一次施用与分次施用沼液对芹菜的品质、产量无显著影响。莴笋和生菜的相关试验得到相似的效果。

3）沼液作叶面肥

沼液喷施于作物叶片上作叶面肥，是应用较多的一种方式。冬小麦喷施沼液，不仅能增加穗长、穗粒数、千粒重及产量，还能抑制病虫害的发生。以 50%浓度的沼液在杏树展叶期和叶片生长期各喷洒 1 次，可以改善果实品质，显著提高杏树的单果重和纵横果径。西瓜喷洒沼液，可改善果品品质。目前，以沼液为基质制造叶面喷施肥是最有市场潜力的，它是一种将发酵成熟的沼液经过过滤后，与相应的无机成分进行络合、混合、浓缩等，集作物生长发育所需各种营养物于一体的有机营养液，但市场上相应的成熟产品还不多见。

4）沼液作浸种剂

沼液作为浸种剂不仅能提高作物抗性，杀灭种子表面的病菌，还能促进植物根系发育，提高种子发芽率、成秧率及抗逆性。

3. 鸡粪沼液饲料化利用技术

1）养鱼

沼液养鱼是将沼液施入鱼塘，为水中的浮游动、植物提供营养，增加鱼塘中浮游动、植物产量，丰富滤食性鱼类饵料的一种饲料转换技术。沼液中营养成分易为浮游生物吸收，促进其繁殖生长，改善了水质，减少了溶解氧的消耗，避免泛塘现象发生，排除了寄生虫卵及病菌引发鱼病的可能，能提高鱼苗成活率及规格，使成鱼品质及单产明显提高。据有关部门测定，施用沼液鱼塘，含氧量比普通鱼塘高 13.8%，水解氮量提高 15.5%，铵盐含量提高 52.9%，磷酸盐含量提高 11.8%，浮游生物数量增长 12.1%，鱼质量增长 41.3%。试验表明，使用沼液养鱼，鱼苗成活率较传统养鱼可提高 10%以上，鱼增产可达 27%以上。其中草鱼、鲫鱼、青鱼、鲤鱼、鳊鱼等都增产明显。用发酵原料为牛粪的沼液喂鱼，每 3 天饲喂 1 次，在不添加其他任何物质的情况下，经过 125 天，产鱼量为 4826kg/hm^2。沼液养鱼宜放养滤食性鱼类和杂食性鱼类。一般滤食性鱼类比例不低于 70%，杂食性鱼类比例为 20%～30%。

2）喂猪

沼液喂猪，就是将沼液作为一种饲料添加剂，拌入猪饲料中，以促进生猪生长，缩短育肥期，提高饲料转换率，降低料肉比，达到增加收入的目的。据测定，沼液中含有促进生猪生长的氨基酸以及铜、铁、锌等微量元素；沼液中无寄生虫卵和有害病原微生物，喂猪安全可靠；同时沼液中有害元素镉、汞、铅等均低于国家生活标准；此外沼液还具有治虫（蛔虫）、防病、治病（治疗僵猪和防治猪丹毒、仔猪副伤寒等疾病）的作用。

试验表明，喂沼液相比喂清水，每头猪日均增重 35～129g，料肉比下降 12.9%，缩短育肥期 32 天。屠宰化验表明，喂沼液猪肉质正常，符合国家规定的食品卫生标准（GB 2707—2016）。

4. 鸡粪沼液产单细胞蛋白技术

沼液脱氮处理技术不仅浪费了氮资源，还造成严重的温室气体排放；沼液作为肥料是一种较好的利用途径，但是由于肥料施用存在季节性，完全消纳较为困难；沼液直接饲喂存在一定的安全风险。沼液中的氨氮用作氮源、COD 等有机质用作碳源，可被微生物利用并生产单细胞蛋白（single cell protein，SCP）饲料（Jalasutram et al.，2013），从而达到较好的处理效果和较高的经济效益。

目前用于生产 SCP 的原料很广泛，主要是可再生资源物料，如农业、工业加工废料、废水等。主要是将废弃物中的碳源、氮源和其他营养物质用于微生物产 SCP。这样“变废为宝”，处理废弃物，提供蛋白质资源，提高其附加值（El-deek et al.，2009）。利用无机碳（CO_2）产 SCP 的是自养微生物，主要是光合微生物和化能微生物两大类，其中光合微生物主要有绿藻、小球藻等藻类及红假单胞菌、红螺菌等，化能微生物主要有氢细菌、硝化细菌、甲烷细菌、一氧化碳氧化菌等（Wang et al.，2013）。其利用底物时可以 CO_2 作为无机碳源，以沼液中的氨氮作为氮源。微藻分布较广，且蛋白质含量较高，蛋白质含量达 58.5%～71%，但其适应的氨氮浓度较低，且需要足够的光照，相较而言大规模和高氨氮浓度的沼液产 SCP 时化能微生物具有一定的优势（Nasseri et al.，2011）。

6.3.3 沼液制备细菌单细胞蛋白

中国科学院成都生物研究所李东团队通过对氢氧化菌的富集驯化，分离筛选出固碳固氮效果好且单细胞蛋白含量较高的菌株 Y5 和 D6，其 SCP 含量分别为 63.65%和 63.10%；二氧化碳平均固定速率分别为 613.9mg/(L·d)和 590.97mg/(L·d)；铵态氮平均固定速率分别为 40.61mg/(L·d)和 44.89mg/(L·d)。经鉴定，菌株 Y5 为脱氮副球菌 *Paracoccus denitrificans*，菌株 D6 为善变副球菌 *P. versutus*（窦俊伟，2018）。

1. 氢氧化菌自养产 SCP

通过试验考察氢氧化菌自养代谢利用 CO_2 和利用氨氮产 SCP 的情况。当培养试验进行到第 5 天时，培养瓶中压力无变化，则结束培养。测得 6 株菌的菌体干质量和单细胞蛋白含量如图 6-5 所示。所有菌株的菌体干重（CDW）产量均在 1.0g/L 以上，SCP 含量在 61.66%～73.73%。其中菌株 Y5 的生长效果最好，CDW 为 2.13g/L，SCP 含量为 73.73%。其次为菌株 D6，其 CDW 和 SCP 分别是 1.92g/L 和 71.22%。

2. 氢氧化菌异养产 SCP

对鸡粪沼液进行成分分析，其中有机碳有 1200mg/L 的总还原糖（表 6-4）。选取葡萄糖作为模拟鸡粪沼液中的有机碳源添加到无机盐培养基中进行氢氧化菌异养产单细胞蛋白的研究。当葡萄糖含量归零时，培养时间 5 天。测得的 CDW 和 SCP 含量如图 6-6 所示。

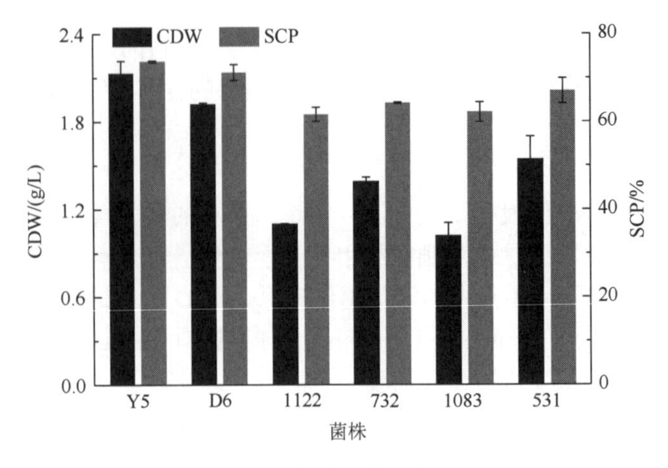

图 6-5　六株菌自养培养结果

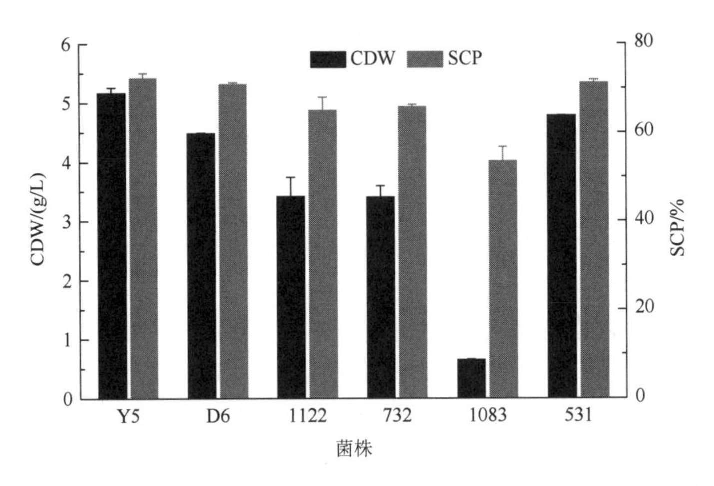

图 6-6　六株菌异养培养结果

菌株 Y5 有最大 CDW 产量（5.17g/L），SCP 含量为 72.2%；菌株 D6 的 CDW 产量为 4.49g/L，SCP 为 70.8%。在通空气的条件下，利用氢氧化菌以有机碳为底物生长得到的 CDW 量是在自养培养条件下获得的 CDW 值的两倍。这是因为在自养条件下气液传质效率低，提供的碳源不足。

3. 氢氧化菌混合营养产 SCP

1）混合营养产 SCP

从表 6-4 可得，鸡粪沼液中 COD 与总氮比值为 3.76，对应的碳氮比为 1.41，远低于产单细胞蛋白所需碳氮比。故在氢氧化菌混合营养产 SCP 的过程中，以鸡粪沼液中的有机碳源和氨氮为底物进行异养培养，同时需补充 CO_2 为无机碳源，结合沼液中的氨氮进行自养培养产单细胞蛋白。将 6 株菌分别接种于 pH 为中性已灭菌稀释 5 倍的鸡粪沼液中进行培养产 SCP。CDW 和 SCP 含量结果见图 6-7，与购买菌种相比，仍然是菌株 Y5 和 D6 的 CDW 量最高，分别是 3.19g/L 和 3.3g/L，SCP 含量分别为 69.6%和 67.3%。

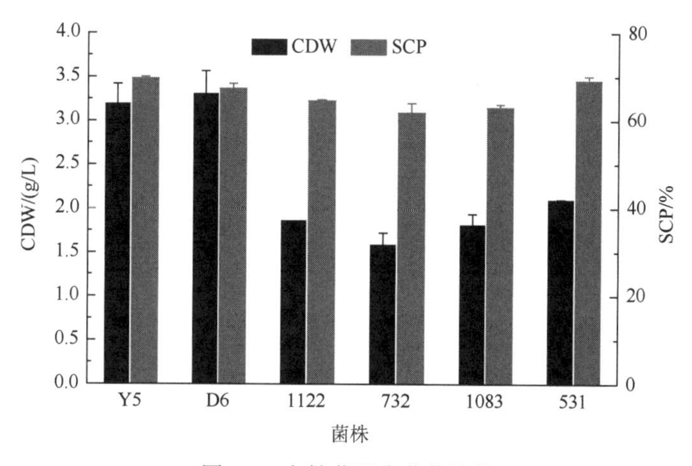

图 6-7　六株菌混合营养培养

2）氨氮浓度变化、溶解性 COD（SCOD）变化以及气体利用

在混合营养过程中，发酵液的氨氮浓度变化、SCOD 变化以及气体利用结果见图 6-8。图中显示这 6 株菌的氨氮浓度和 SCOD 均有明显降低。随着培养时间的延长，菌株 Y5、D6 和 DSM732 的氨氮浓度保持缓慢下降趋势，而菌株 DSM1122、DSM1083 和 DSM531 在培养前 8 天的氨氮浓度下降较快，但后 8 天未出现下降趋势。6 株菌的 SCOD 在前 8 天下降速度较快。从第 8 天后，SCOD 几乎没有变化，是因为残留的 SCOD 是难降解物质，未能被氢氧化菌利用。由厌氧瓶中的气压变化可以看出，6 株菌在前 3 天几乎没有利用气体，表明菌株主要利用鸡粪沼液中的有机碳产单细胞蛋白，即在混合营养前期是异养生长为主。由以上分析得出，氢氧化菌利用鸡粪沼液混合营养产单细胞蛋白的最适培养时间为 8 天，此时菌株 Y5 对鸡粪沼液中的氨氮去除率为 35.5%，SCOD 去除率达 49.1%。

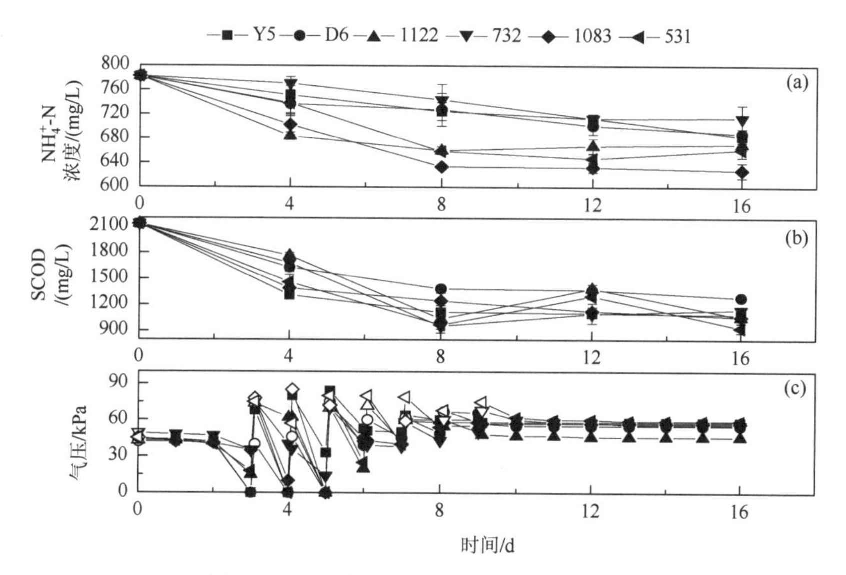

图 6-8　氨氮浓度、SCOD 和气压变化情况

空心标记为充气后的气压

3）自养产 SCP 的氨基酸分析

测定菌株 Y5 和 D6 在自养条件下菌体中的氨基酸组成，并与豆粕氨基酸组成进行了比较，结果如表 6-7 所示。菌株 Y5 和 D6 的氨基酸组成均比豆粕种类多，其中脯氨酸、天冬氨酸、谷氨酸和丝氨酸均在菌株 Y5 和 D6 中存在，但并未在豆粕蛋白中检出。菌株 Y5 中的精氨酸、苏氨酸、缬氨酸、丙氨酸和甘氨酸含量均高于豆粕中的含量，其中 Y5 精氨酸含量为 4.04g/100g CDW，高于豆粕中精氨酸含量（3.8g/100g CDW），而精氨酸是鱼饲料中最重要的氨基酸添加剂之一。Y5 中甲硫氨酸和半胱氨酸含量总和高于豆粕中的含量，这两种氨基酸是家禽和猪饲料中必须添加的氨基酸。由此可见，菌株 Y5 和 D6 的菌体中包含高质量蛋白，可用作饲料添加剂以提供动物所需的必需氨基酸。

表 6-7　自养条件下菌株 Y5 和 D6 及豆粕的氨基酸组成　（单位：g/100g CDW）

氨基酸		Y5	D6	豆粕
必需氨基酸	精氨酸（Arg）	4.04	2.99	3.8
	组氨酸（His）	1.16	0.81	1.3
	异亮氨酸（Ile）	2.22	1.66	2.57
	亮氨酸（Leu）	3.85	2.78	3.8
	赖氨酸（Lys）	2.54	1.65	3.2
	甲硫氨酸（Met）	0.91	0.9	0.72
	苯丙氨酸（Phe）	2.07	1.44	2.6
	脯氨酸（Pro）	2.07	1.7	未检出
	苏氨酸（Thr）	2.64	1.94	1.97
	缬氨酸（Val）	3.26	2.46	2.7
非必需氨基酸	丙氨酸（Ala）	3.49	2.52	2.56
	天冬氨酸（Asp）	7.22	4.5	未检出
	半胱氨酸（Cys）	0.95	0.35	0.74
	谷氨酸（Glu）	5.8	3.92	未检出
	甘氨酸（Gly）	3.05	2.09	2.43
	丝氨酸（Ser）	1.79	1.27	未检出
	酪氨酸（Tyr）	2	1.4	1.95

6.3.4　沼液制备真菌单细胞蛋白

中国科学院成都生物研究所李东团队通过对多种类型真菌的富集、分离，筛选出在鸡粪沼液培养体系中能良好生长的白地霉（*Galactomyces candidum*）（专利号 201911334463.0）和蜂蜜酵母（*Nectaromyces rattus*）（专利号 201911334498.4）。根据沼液体系的理化性质、白地霉和蜂蜜酵母两株真菌的生长条件，选用弱酸性物质调节培养体系的 pH，使培养体系的 pH 在 5.0～6.0，并选葡萄糖作为鸡粪沼液体系中的外加碳源进行产单细胞蛋白的研究。当鸡粪沼液培养体系的 pH 大于 7.5，培养 4 天；待收获真菌菌体后，除去菌体的培养液再次调节 pH 后接种培养，培养 1 天后体系的 pH 再次大于 7.5 时，收获菌体，如此重复连续培养获得菌体。测得白地霉和蜂蜜酵母的 CDW 和 SCP 含量如图 6-9 所示。白地霉经过连续培养，在培养 4 天、1 天和 12h 后的菌体的干重分别是 8.27g/L、3.02g/L 和 1.55g/L，一共能达到 12.84g/L 的水平；而蜂蜜酵母经过连续发酵能达到 14.13g/L；两种菌株的 SCP 含量是在 33.5%～42.5%。研究发现，鸡粪沼液培养体系的 pH 状况是影响菌株生长的重要因子，而单位培养体系中菌体容积是有限的，过高的菌体浓度会对体系菌体的生长产生严重抑制（Zhang et al.，2021；Zhou et al.，2022）。

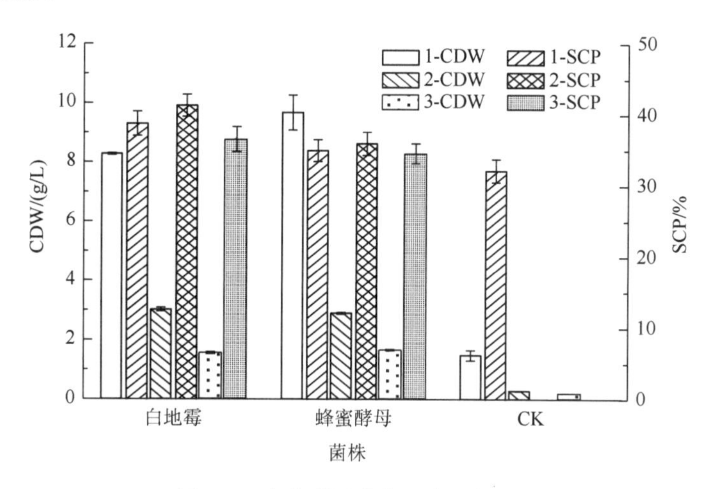

图 6-9　真菌利用鸡粪沼液制备 SCP

1-CDW 和 1-SCP 表示体系培养 4 天后的菌体干重和粗蛋白；2-CDW 和 2-SCP 表示收获第一次发酵菌体后，调节体系 pH 再培养 1 天后的菌体干重和粗蛋白；3-CDW 和 3-SCP 表示收获第二次发酵菌体后，调节体系 pH 再培养 12h 后的菌体干重和粗蛋白

选取白地霉和蜂蜜酵母两株真菌连续培养后，培养体系的氨氮含量见图 6-10。两种真菌在鸡粪沼液培养体系中，随着持续的发酵培养产 SCP，体系的氨氮含量不断地减少，从最初配制的 2000mg/L（培养过程会有部分挥发损失），三次发酵后白地霉组依次降至 695.91mg/L、336.61mg/L 和 217.80mg/L；蜂蜜酵母组依次降至 625.10mg/L、

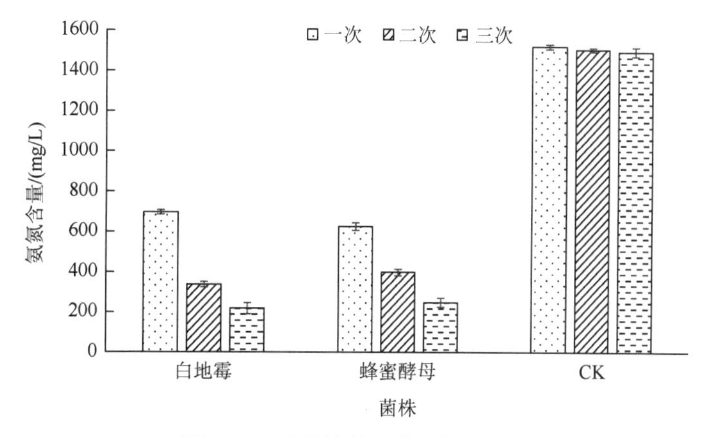

图 6-10　连续培养后体系氨氮含量

一次表示在最适的条件下培养 4 天后的氨氮；二次是指收获第一次发酵的菌体后，调节体系 pH 培养 1 天后的氨氮；三次是收获第二次发酵的菌体后，调节体系 pH 培养 12h 后的氨氮

398.24mg/L 和 247.14mg/L。经连续培养后，白地霉和蜂蜜酵母对体系铵态氮的利用率分别达到 89.11%和 87.64%，这有利于促使鸡粪沼液氨氮的资源化利用。经过第三次培养后还有剩余的氨氮，这主要是由于碳源消耗完，在实际生产中应注意调节碳氮比，以保证氨氮完全利用。

培养后产真菌的沼液体系中部分元素含量见表 6-8。白地霉和蜂蜜酵母的培养体系中的钙、铁、镍、锰和锌的含量较沼液原液均下降；两者利用元素存在差异，白地霉能更多地利用体系中的镁和铜，而蜂蜜酵母则能利用更多的钙和硅。这也可降低沼液后端处理的部分元素积聚的风险。

表 6-8　培养后产真菌的沼液体系中的部分元素含量　　（单位：mg/kg）

元素	原液	白地霉	蜂蜜酵母	元素	原液	白地霉	蜂蜜酵母
Cr	0.11	0.09	0.5	Cu	4.47	3.21	4.25
As	0.14	0.14	0.14	Se	0.11	0.11	0.11
Cd	0.03	0.03	0.03	Mo	0.17	0.17	0.13
Hg	0	0	0	Fe	65.32	58.79	63.53
Pb	0.12	0.01	0.01	Mg	25.31	9.54	24.68
Mn	11.84	8.95	7.86	Zn	48.77	47.62	46.34
Co	0.75	0.38	0.45	Si	16.82	16.98	15.69
Ni	5.32	4.89	4.97	Na	531.83	521.24	498.75
Ca	43.85	18.61	8.65				

相较于传统的豆粕（表 6-7），真菌白地霉和蜂蜜酵母（表 6-9）的丙氨酸和天冬酰胺含量更高，且有更丰富的氨基酸种类，如天冬氨酸、谷氨酸、脯氨酸、γ-氨基丁酸和丝氨酸在豆粕中没有，而两种真菌中都有，且相对含量不低，具有较强的后端回收利用价值。真菌与细菌相较而言，虽在氨基酸总的相对量上不及，但对同一沼液的处理上能产生更多的菌体，而且培养周期更短，有利于大量废弃资源的快速处理。

表 6-9　白地霉和蜂蜜酵母的单细胞蛋白氨基酸组分　　（单位：g/100g）

氨基酸	白地霉	蜂蜜酵母	氨基酸	白地霉	蜂蜜酵母
精氨酸（Arg）	1.684	0.723	丙氨酸（Ala）	4.805	4.362
组氨酸（His）	0.814	0.507	天冬酰胺（Asn）	2.329	1.808
异亮氨酸（Ile）	1.299	1.796	天冬氨酸（Asp）	1.123	2.398
亮氨酸（Leu）	1.903	2.656	γ-氨基丁酸（GABA）	6.046	5.529
赖氨酸（Lys）	1.93	2.197	谷氨酰胺（Gln）	0.628	0.365
甲硫氨酸（Met）	0.185	0.27	谷氨酸（Glu）	6.122	0.954
苯丙氨酸（Phe）	1.293	1.76	甘氨酸（Gly）	1.368	1.868
脯氨酸（Pro）	1.133	12.004	丝氨酸（Ser）	1.163	1.953
苏氨酸（Thr）	2.108	1.959	酪氨酸（Tyr）	1.215	1.476
缬氨酸（Val）	1.436	2.263			

6.3.5　沼液生产单细胞蛋白工艺流程

图 6-11 为鸡粪沼液生产单细胞蛋白的工艺流程。为保证单细胞蛋白的品质，首先要絮凝离心分离出悬浮固体（suspended solids，SS），然后通过高产单细胞蛋白微生物利用沼液中的氨氮、磷和碳源（以 COD 计）同化生产单细胞蛋白，但是鸡粪经过厌氧消化产沼气后碳源不足，需要额外补充碳源，最后再将单细胞蛋白菌体絮凝离心回收。额外补充的碳源可以是含糖废水（如糖蜜、淀粉废水）或含有机酸废水（如酿酒黄水）等高浓度废水，这样可以以废治废，提高资源利用率，降低生产成本。

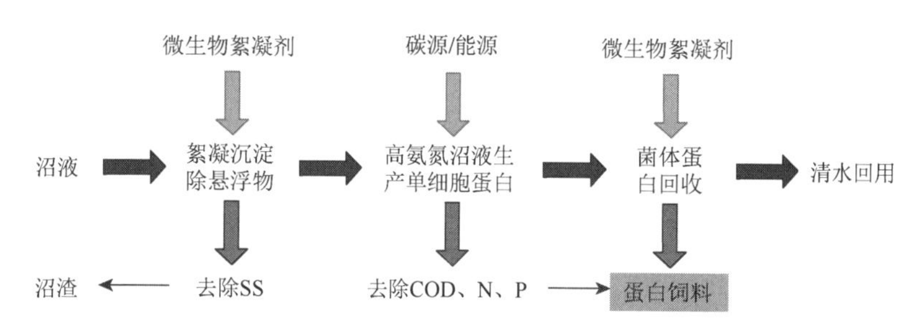

图 6-11　鸡粪沼液生产单细胞蛋白的工艺流程

然而，为了保证饲料产品的安全性，不能使用聚丙烯酰胺或聚合氯化铝等化学絮凝剂，只能采用安全无毒的微生物絮凝剂。中国科学院成都生物研究所李东团队通过多年的研发，筛选出对鸡粪沼液有较好絮凝效果的粪产碱菌（*Alcaligenes faecalis* AS28）（专利号：202010069156.0），絮凝效果见图 6-12，同时该菌对蜂蜜酵母单细胞蛋白也具有很好的絮凝效果，见图 6-13。

图 6-12　粪产碱菌（AS28）对鸡粪沼液的絮凝除悬浮固体的效果

图 6-13　粪产碱菌（AS28）对蜂蜜酵母（SCP 1）单细胞蛋白的絮凝效果

参 考 文 献

陈玲玲，徐建新，乌仁图雅，2011. 鸡粪饲料化技术的研究[J]. 当代畜禽养殖业（1）：5-8.

窦俊伟，2018. 氢氧化菌利用鸡粪沼液产单细胞蛋白的研究[D].兰州：兰州理工大学.

何周凤，周章才，王东，等，2015. 高效羽毛降解菌株的鉴定及发酵条件的优化[J]. 基因组学与应用生物学，34（12）：2624-2630.

黄艳蒙，2018. 高产寡肽羽毛降解菌的筛选及其羽毛降解特性研究[D]. 北京：中国科学院大学.

赖安强，董国忠，苏宁，等，2016. 蒸煮酶解羽毛粉的营养价值及其在肉鸭上的能量和氨基酸利用率评定[J]. 动物营养学报，28（5）：1471-1479.

李雷，冯红，2018. 两株芽孢杆菌降解羽毛比较及抗氧化肽分离[J]. 应用与环境生物学报，24（1）：172-176.

刘新华，储兆洋，李永，等，2017. 基于植酸改性的羽毛吸附材料的制备及其性能[J]. 功能高分子学报，30（3）：354-359.

单春乔，刘再胜，冯柳柳，等，2016. 羽毛粉酶解法制备羽毛肽的工艺研究[J]. 饲料研究，39（20）：5-8，34.

隋倩雯，董红敏，朱志平，等，2011. 沼液深度处理技术研究与应用现状[J]. 中国农业科技导报，13（1）：83-87.

檀晓萌，张楠楠，郝二英，等，2014. 鸡粪作为可再生饲料资源的开发利用[J]. 今日畜牧兽医，30（9）：48-49.

王晶，陈丽，曹张军，等，2007. 一株羽毛角蛋白降解菌的分离与鉴定[J]. 农业环境科学学报，26（S1）：105-009.

邬苏晓，肖正中，2016. 复合益生菌对鸡粪饲料发酵效果的影响[J]. 黑龙江畜牧兽医（下半月）（7）：184-185.

吴娱，2015. 鸡粪沼液培育蛋白核小球藻累积生物量及螺旋藻固碳研究[D]. 北京：中国农业大学.

杨桂源，2018，鸡粪饲料开发利用现状及展望[J]. 当代畜牧（26）：28-29.

姚清华，宋永康，林虬，等，2010. 饲用羽毛肽粉的制备[J]. 中国饲料（12）：37-39，43.

Cheng A C，Lin H L，Shiu Y L，et al.，2017. Isolation and characterization of antimicrobial peptides derived from *Bacillus subtilis* E20-fermented soybean meal and its use for preventing *Vibrio* infection in shrimp aquaculture[J]. Fish & Shellfish Immunology，67：270-279.

Dhanabalan V，Xavier M，Kannuchamy N，et al. 2017. Effect of processing conditions on degree of hydrolysis，ACE inhibition，and antioxidant activities of protein hydrolysate from *Acetes indicus*[J]. Environmental Science and Pollution Research，24（26）：21222-21232.

Duarte L C，Carvalheiro F，Lopes S，et al. 2008. Yeast biomass production in brewery's spent grains hemicellulosic hydrolyzate[J]. Applied Biochemistry and Biotechnology，148（1）：119-129.

El-deek A A，Ghonem K M，Hamdy S M，et al. 2009. Producing single cell protein from poultry manure and evaluation for broiler chickens diets[J]. International Journal of Poultry Science，8（11）：1062-1077.

Fakhfakh N，Ktari N，Haddar A，et al.，2011. Total solubilisation of the chicken feathers by fermentation with a keratinolytic bacterium，Bacillus pumilus A1，and the production of protein hydrolysate with high antioxidative activity[J]. Process Biochemistry，46（9）：1731-1737.

Gao L M，Chi Z M，Sheng J，et al.，2007. Single-cell protein production from Jerusalem artichoke extract by a recently isolated marine yeast *Cryptococcus aureus*，G7a and its nutritive analysis[J]. Applied Microbiology and Biotechnology，77（4）：825-832.

Jalasutram V，Kataram S，Gandu B，et al.，2013. Single cell protein production from digested and undigested poultry litter by *Candida utilis*：optimization of process parameters using response surface methodology[J]. Clean Technologies and Environmental Policy，15（2）：265-273.

Lange L，Huang Y H，Busk P K，2016. Microbial decomposition of keratin in nature-a new hypothesis of industrial relevance[J]. Applied Microbiology and Biotechnology，100（5）：2083-2096.

Maciel J L，Werlang P O，Daroit D J，et al.，2017. Characterization of protein-rich hydrolysates produced through microbial conversion of waste feathers[J]. Waste and Biomass Valorization，8（4）：1177-1186.

Nasseri A T，Rasoul-Ami S，Morowvat M H，et al.，2011. Single cell protein：production and process[J]. American Journal of Food Technology，6（2）：103-116.

Wang J P，Kim J D，Kim J E，et al.，2013. Amino acid digestibility of single cell protein from *Corynebacterium ammoniagenes* in growing pigs[J]. Animal Feed Science and Technology，180（1-4）：111-114.

Xing W，Zhang W Q，Li D S，et al.，2017. An integrated O/A two-stage packed-bed reactor（INT-PBR）for total nitrogen removal from low organic carbon wastewater[J]. Chemical Engineering Journal，328：894-903.

Xu H，Yang Y，2014. Controlled de-cross-linking and disentanglement of feather keratin for fiber preparation via a novel process[J]. ACS Sustainable Chemistry & Engineering，2（6）：1404-1410.

Yang L，Wang H，Lv Y，et al.，2016. Construction of a rapid feather-degrading bacterium by overexpression of a highly efficient alkaline keratinase in its parent strain *Bacillus amyloliquefaciens* K11[J]. Journal of Agricultural and Food Chemistry，64（1）：78-84.

Zhang L，Zhou P，Chen Y C，et al.，2021. The production of single cell protein from biogas slurry with high ammonia-nitrogen content by screened *Nectaromyces rattus*[J]. Poultry Science，100（9）：101334.

Zhou P，Zhang L，Ding H X，et al.，2022. Optimization of culture conditions of screened *Galactomyces candidum* for the production of single cell protein from biogas slurry[J]. Electronic Journal of Biotechnology，55：47-54.

第7章　资源化利用过程检测及安全性评估

7.1　安全性评估的概念及意义

7.1.1　安全性评估的概念

安全性评估，最早由美国于1964年提出，随着社会及技术的不断发展，该技术已应用于多个领域，如工程、网络、医学、建筑、食品等方面。安全性评估分狭义和广义两种。狭义指对一个具有特定功能的工作系统中固有的或潜在的危险及其严重程度所进行的分析与评估，并以既定指数、等级或概率值做出定量的表示，最后根据定量值的大小决定采取预防或防护对策。广义指利用系统工程原理和方法对拟建或已有工程、系统可能存在的危险性及其可能产生的后果进行综合评价和预测，并根据可能导致的事故风险的大小，提出相应的安全对策措施，以达到工程、系统安全的过程。安全评估又称风险评估、危险评估，或称安全评价、风险评价和危险评价。

影响鸡场废弃物资源化利用技术安全性的因素有很多，包括致病病原微生物、重金属离子、蛔虫线虫等寄生虫、有毒有害气体以及在工艺实施过程中产生的新可疑物质等。对工艺中产生的可能引起危害的物质及气体进行科学检测、得出结论，以确定该物质或气体含量是否符合安全标准，该工艺技术的产物及产品是否安全、绿色、环保。这一过程为本工艺安全性评估。

7.1.2　安全性评估的意义

安全性评估的意义在于可有效地预防事故发生、减少财产损失和人员伤亡及伤害。安全评价与日常安全管理和安全监督监察工作不同，安全评价从技术带来的负效应出发，分析、论证和评估由此产生的损失和伤害的可能性、影响范围、严重程度及应采取的对策措施等。

我国畜牧业正在走向人与自然和谐、可持续发展的生态文明时代。生态畜牧业是资源环境友好型生产方式，因此，对于动物生产的全过程，包括鸡场废弃物处理，提出了更高、更严格的要求。近年来，以山东为例，虽然没有发生重大动物疫情，但全省动物疫病病种多、病原复杂、污染面广、畜禽隐性带毒的现象仍然存在，禽白血病等其他动物疫病也存在局部流行的风险。随着畜牧业生产规模不断扩大，养殖密度不断增加，畜禽感染病原机会增多，病原变异概率加大，新发疫病发生风险增加。研究表明，70%的动物疫病可以传染给人类，75%的人类新发传染病来源于动物或动物源性食品。因此，目前鸡场废弃物若不加强资源化利用处理，将会严重危害公共卫生安全。为了解决以上问题，特提出三种鸡场废弃物资源化利用的高值、绿色、环保、安全生产工艺技术。而对于本工艺进行安全性评估不仅可以检测其安全性，对是否产生二次危害进行验证及科学判断，更是对于本工艺进行技术推广的重要一环，保障畜牧业健康有序发展，有利于保障动物源食品安全。

1. 检测工艺的安全性，规避风险

本工艺的目的是解决鸡场过程中产生的病死鸡及粪便等养殖废弃物，而在这个过程中不可避免地会产生一些新的气体和物质，并且养殖废弃物中本身含有的一些致病病原微生物和寄生虫也对周围环境产生一定的潜在危害。安全性评估则可以利用科学的检测方法从多方面分析产物的组成、含量、是否对环境造成危害。例如，黄红卫等（2018）对宁夏规模养殖场中 5 种畜禽（奶牛、肉牛、猪、肉鸡、蛋鸡）的粪便、堆肥样品及有机肥产品中的重金属含量、抗生素残留等进行检测，结果显示有机肥产品的重金属和抗生素含量低于畜禽粪便作为肥料要求的限值，避免了有机肥产品对农作物及食品产生危害。王爽（2012）利用人工感染弱毒禽流感病毒处理了的染疫鸡尸进行静态堆肥，检测在堆肥过程中的鸡粪原发大肠菌群、金黄色葡萄球菌及禽流感病毒的含量变化，从而评估堆肥体系效果及安全性，结果显示能够有效灭活堆料中病原微生物，有效降解鸡尸，迅速降解鸡肉组织，能够达到并维持较长时间的高温，有效杀灭病原微生物。

可以看出，通过安全性评估，不断检测出影响生物安全的组分含量，并通过国家标准来判断是否符合安全标准，若不符合，也可通过不断调整工艺参数等方式，来优化完善工艺技术，以使整个工艺技术更安全可靠。

2. 保障技术推广，推动养殖业发展

当前，我国的畜禽养殖还是以农村分散饲养和中小规模养殖场饲养为主，在畜禽养殖总量中，分散饲养畜禽的量占比较高，达 70%以上，在小规模养殖过程中，由于饲养管理相对粗放，对于养殖过程中的环保及疫病防控意识差，对病死动物不经任何处理随意丢弃或者仅采用简单掩埋的方法处理，无法实现资源化利用；随着养殖数量和规模的加大，养殖畜禽的基数大，2023 年中国肉鸡出栏量总计 130.22 亿只，在这种情况下，相对死亡数也多，如遇畜禽传染病、饲料问题等特殊情况则淘汰或死亡数量会更多，处理的难度自然增大，而且目前的规模化养殖场基本都是采取租舍、租地搞养殖的模式，一般情况下本场不建相应的处理设施，周边的农田也不可能进行鸡场废弃物的深埋处理。因此，鸡场废弃物的随意处置和丢弃成为较为普遍的现象，造成环境污染和疫病传播流行的情况也时有发生。这种情况不仅可能造成生产严重损失，而且极易引起社会恐慌，对整个行业的发展也非常不利。

因此将鸡场废弃物资源化利用技术进行推广十分必要，安全性评估可提供关于危害气体、致病病原微生物、重金属等物质类别及含量，以及是否产生有害气体及物质，产生的有害气体或物质是否符合国家标准、对周围环境及人是否有较大危害，产生的有机肥是否可用于农业生产等信息。从选址、建造到对废弃物进行处理的整个过程均能给予参考，使整个技术推广过程更加科学有效，利用本技术将养殖废弃物资源化利用，从而提高畜牧业经济效益，使我国畜牧业生产健康、可持续发展。

3. 有利于保障动物源食品安全，保障人和动物健康安全

目前，因为养殖户、企业缺乏鸡场废弃物无害化处理的意识，缺乏经济实用、切实可行的设施和条件，所以由此产生了收购病死畜禽加工成食品获利的专门行业，既解决了养殖户、企业处理病死畜禽的麻烦，又可获利。因病死亡的畜禽多数是由于感染某种传染病，其中有一些是人畜共患的传染病，而且可能因发病治疗用了过多的药物，而没有考虑休药期造成药物的蓄积，形成药物残留过高，当病死畜禽进入流通环节，就有可能造成不可估量的食品安全威胁。

因此，能否将病死畜禽所带致病病原微生物有效灭活，抗生素等其他药物残留能否降解至标准以下，堆肥过程中释放的刺激性气体是否对人及附近养殖场中动物产生危害等方面，均可通过安全性评估来进行判定，从而有效控制致病病原微生物及有害物质散播，保障养殖动物健康生长，无传染性病原，符合药残标准，符合动物源食品安全标准，为人们提供安全可靠的畜产品。

7.2　堆肥工艺全过程检测及安全性评估

7.2.1　检测分析的内容

1. 堆肥过程释放到环境中致病病原微生物

鸡场废弃物多为病死鸡和鸡粪便。病死鸡多数是由一些致病病原微生物导致的死亡，因此鸡尸中含有较多病原微生物。畜禽体内的微生物主要通过消化道排出体外，而粪便是各微生物的主要载体，畜禽粪便中存在大量微生物，包括细菌、真菌、寄生虫卵及病毒，其中大肠杆菌、沙门菌、金黄色葡萄球菌、马立克病毒、鸡痘病毒、禽白血病病毒、传染性法氏囊病病毒、鸡传染性支气管炎病毒、蛔虫卵等有致病性。在堆肥过程中，为了保证氧气充足，需要定期翻堆，无论是正常堆肥期间，还是翻堆过程中，堆体中的致病病原微生物都有可能飘散进入周围环境中，与空气中的物质形成生物气溶胶，生物气溶胶中的细菌、病毒等成分可以直接被人类吸入并沉积在肺中，对人体健康造成直接伤害。另外，堆肥过程中，肉鸡粪便及污水等液体通过淋溶等形式进入附近水体中，污染水体环境，对人类造成一定危害。

1）细菌

（1）大肠杆菌病是由大肠杆菌引起的细菌性人畜共患病。大肠杆菌为革兰氏染色阴性无芽孢的直杆菌，兼性厌氧菌，在普通培养基上生长良好，最适生长温度为37℃，在麦康凯培养基上形成红色菌落。病原性大肠杆菌的许多血清型可引起各种家畜和家禽发病，其中O1、O2、O4、O11、O18、O26、O78、O88等多见于鸡。患病动物和带菌者是本病的主要传染源，通过粪便排出病菌散布于外界，并且可通过空气传播。本病一年四季均可发病，雏鸡病死率可达100%。

鸡在感染大肠杆菌后患病症状没有明显特征，根据发病日龄、被侵害器官的不同以

及是否发生混合型感染等情况，造成患病后的临床医学症状不同。大肠杆菌病在潮湿多雨的季节发病率较高，发病情况也会受到饲料优劣、饲养管理条件以及环境条件等生活状态的影响。患病鸡通常会出现精神萎靡不振、采食量下降等情况，患病严重的鸡会出现绝食现象，死亡率增高。解剖患病鸡可见肝包膜增厚且容易脱落，肝脏肿大，仔细观察肝脏表面会有不均匀纤维膜；部分患病鸡发生心包炎，造成心包增厚、心包积液等情况；胸腹部气囊变为灰黄色、增厚，且气囊出现纤维素性渗出物；输卵管黏膜干燥、充血，管壁变薄且呈黄白色块状；部分患病鸡腹腔内有灰白色软壳蛋，伴有腹膜炎。患病时间较长的患病鸡肠道黏膜上会出现纤维素黏附，腹膜粗糙、发炎、粘连，盲肠、小肠以及肠系膜内可以清晰观察到肉芽肿结节，肝脏表面有大量大小不一、随机分布的坏死灶，部分患病鸡会出现滑膜炎、眼炎等疾病（罗红，2012）。产蛋鸡感染大肠杆菌多为原发性，少数患病鸡会发生继发性感染。产蛋鸡在患病后，产蛋量明显下降，症状在产蛋高峰期尤为明显。雏鸡感染大肠杆菌病最常见的临床医学症状为雏鸡脐炎，腹部明显增大，肚脐四周区域会有大量的发红、水肿现象，7 天后逐渐出现死亡，少部分患病鸡会出现水样粪便，发病 2 天即出现死亡。患病鸡多因脐炎致死，少量因为下痢死亡。对患病死亡的雏鸡进行医学解剖，可以清晰观察到脐孔大开，脐孔周围出现水肿、瘀血症状且水肿液为黄红色，肠道内有明显卡他性炎症（姚德海等，2019）。

（2）沙门菌病又名副伤寒，是各种动物由沙门菌属细菌引起的疾病总称，沙门菌的许多血清型可使人感染，发生食物中毒和败血症等，是重要的人畜共患病原体。由于抗菌药的广泛使用等因素的影响，该类细菌耐药性日趋严重，发病率逐渐上升。该菌为革兰氏阴性杆菌，在普通培养基上生长良好，需氧及兼性厌氧，培养适宜温度为 37℃。禽上较为常见的为鸡白痢沙门菌和鸡伤寒沙门菌。病雏的粪便和飞绒中含有大量病菌，可经呼吸道感染。

各种品种的鸡对鸡白痢沙门菌均易感，2～3 周内雏鸡的发病率与病死率为最高，呈流行性。感染本菌的雏鸡精神沉郁、嗜睡、怕冷、身体蜷缩、少食或不食，排白色黏稠便，肛门可常见硬结粪块。新生鸡出雏后一周内是死亡高峰期，本菌引起新生雏鸡的死亡率可高达 100%。长途运输会增加感染鸡的发病率和死亡率，通常发病率比死亡率更高。成年鸡临床症状不明显，多呈隐性带菌感染。雏鸡急性病变表现为肾脏、脾脏、肝脏充血肿大。心脏和肝脏有时可见白色坏死灶，心包液增多，心包增厚。病程较长的雏鸡卵黄吸收不良，内容物时常可形成干酪样或黑绿色黏稠物。肠道可见出血点，盲肠肿大，部分内容物可形成干酪样栓子。部分鸡表现为关节肿大，且关节腔内含有黄色黏液。跗骨关节病变在关节型鸡白痢病中较为常见。本菌感染成年鸡后主要侵袭生殖器官。公鸡表现为睾丸炎，母鸡则表现为卵泡变形、输卵管炎等。严重时，母鸡卵巢破裂，公鸡睾丸极度萎缩，最终导致感染鸡死亡。

禽伤寒，在年龄较大的鸡和成年鸡常见，急性感染者突然停食，排黄绿色稀粪，体温上升 1～3℃。病鸡可迅速死亡，通常经 5～10 天死亡，病死率 10%～50%或更高些。禽副伤寒，鸡感染后，病死率从很低到 10%～20%不等，严重者高达 80%以上。

（3）金黄色葡萄球菌在自然环境中分布极为广泛，可在空气中存在，也是人和动物体表及上呼吸道的常在菌，经呼吸道感染可引起支气管炎、肺炎。主要表现为急性败血症、关节炎和脐炎 3 种类型。30～70 日龄的中雏急性败血症多发生突然死亡。病程较长者表现为精神委顿，食欲丧失，水样下痢，胸、翅及腿部皮下有斑点状出血。胸腹、大腿内侧及翅膀内侧皮下水肿，羽毛潮湿易掉，有时可发生于头部、下颌部和趾部皮肤。病理变化主要表现为全身肌肉出血，以胸肌最明显。肝变脆，有出血点及白色坏死点。肺脏出现坏死点。4～12 周龄的鸡群多发关节炎。临床表现为精神较差，食欲减少，部分鸡有腹泻。病鸡两侧胫、跖关节及邻近的腱鞘肿胀、变形、跛行、不愿走动，严重者完全不能站立，瘫伏或伏卧。病理变化为胫、跖关节肿大，腱鞘及滑膜增厚、水肿，关节周围结缔组织无明显肉眼变化，有时可见肝肿胀。种蛋被金黄色葡萄球菌污染或出壳后脐环闭合不全，感染金黄色葡萄球菌可导致新生雏鸡脐炎。临床上表现为腹部膨大，脐口发炎，卵黄体可从脐部渗出，伴有恶臭。病理变化主要是卵黄囊较大，卵黄呈青绿色或褐色，其他脏器被染成灰黄色。脐部皮下有胶冻样浸润及充满黏液。

2）病毒

（1）马立克病是最常见的一种鸡淋巴组织增生性传染病，以外周神经和包括虹膜、皮肤在内的各种器官和组织的单核性细胞浸润为特征，传染性强，受害鸡群的损失从不到 1%到超过 30%不等，个别鸡群可达 50%以上。病鸡和带毒鸡是主要的传染源，病毒经气源直接或间接接触传播，病毒可借助羽毛、皮屑、粪便等排泄物释放到环境中，迅速感染其他宿主，给养殖业造成巨大经济损失。

从感染鸡羽囊随皮屑排出的游离病毒，对外界环境有很强的抵抗力，污染的垫料和羽屑在室温下其传染性可保持 4～8 个月，在 4℃至少为 10 年。但常用化学消毒剂可使其失活。

在马立克病毒暴发时，可以观察到发病鸡群精神沉郁，食欲不振，部分鸡出现劈叉、垂翅、肉髯下垂、消瘦、嗜睡等症状，有些鸡突然死亡。典型临床特征表现为：病鸡外周坐骨神经一侧性肿大。出现病变的一侧神经明显粗大，光泽变暗，呈灰白色或淡黄色。淋巴瘤也时有发生，肉眼可见多个界限明显的肿瘤小结节，质地软而呈灰白色，多发生于卵巢等组织中。急性型临床特征表现为：剖检可见发病鸡的肝脏、脾脏、肾脏、心脏等组织器官中出现广泛性肿瘤。甚至羽毛囊周围的皮肤和骨骼肌也可出现肿瘤，外周神经异常肿大。

（2）鸡痘是由鸡痘病毒引起的一种急性、热性、高度接触性传染病。该病主要以在鸡的无毛或少毛处的皮肤上形成痘疹、结痂，或在口腔、咽喉部黏膜处形成纤维素性、坏死性假膜为特征。本病通过直接接触皮肤或黏膜伤口感染，也可以通过口腔和呼吸道上皮感染（车国喜，2012），蚊子、库蠓等体表寄生虫是主要传播媒介（郇秀荣等，2007）。蚊子的带毒时间可长达 10～30 天，这是夏秋季流行鸡痘的重要传播途径。各种品种、不同日龄的鸡都可感染发病。

（3）禽白血病是由禽白血病病毒引起的禽类的多种肿瘤性疾病的统称，在自然条件下以淋巴白血病最为常见。通常在鸡群造成 1%～2%的死亡率，偶见高达 20%或以上者，并且引起生产性能下降，尤其是产蛋和蛋质下降，造成感染鸡群免疫抑制。本病可垂直传播和水平传播。

（4）传染性法氏囊病是由传染性法氏囊病毒引起的一种急性高度接触性传染病。发病率高、病程短。主要临诊症状为腹泻、颤抖、极度虚弱并可死亡。死亡率差异大，有的仅为3%～5%，一般为15%～20%，严重发病群死亡率可达60%以上。病鸡是主要的传染源，其粪便中含有大量的病毒，污染了饲料、饮水、垫料、用具、人员等，通过直接和间接接触传播。病毒在外界环境中极为稳定，并且特别耐热，56℃，3h病毒效价不受影响，60℃，90min病毒不被灭活，70℃，30min可灭活病毒。

（5）传染性支气管炎病毒。鸡传染性支气管炎是由传染性支气管炎病毒引起的鸡的一种急性、高度接触传染性呼吸道疾病。其特征是病鸡咳嗽、喷嚏和气管啰音。雏鸡还可出现流涕，产蛋鸡产蛋减少和质量变劣。肾病理变化型肾肿大，有尿酸盐沉积。感染鸡生长受阻、耗料增加、产蛋和蛋质下降、死淘率增加，并发感染产生气囊炎，导致肉鸡加工中的废弃，因此本病常给养鸡业造成巨大经济损失。本病的传染源是病鸡和带毒鸡，主要传播方式是飞沫传染。

多数病毒株在56℃，15min灭活，但传染性鸡胚尿囊液在−30℃能保存数年。病毒对一般消毒剂敏感，如0.01%高锰酸钾3min内死亡。传染性支气管炎病毒在pH为6.0～6.5的环境中培养最稳定，在室温中能抵抗1% HCl（pH 2）、1%石炭酸或1% NaOH（pH 12）1h。

2. 堆肥过程中的恶臭及危险气体

1）氨气

在堆肥过程中，微生物不断分解代谢有机化合物，产生多种代谢物、部分中间体和终产物，散发出刺鼻气味，如图7-1所示。有机物为微生物需氧发酵提供了碳源。在堆肥过程中，有机物不断降解，为微生物提供能量，使它们能够快速生长和繁殖。有机物经过复杂的降解过程后形成腐殖质，从而增加了堆肥的肥力。

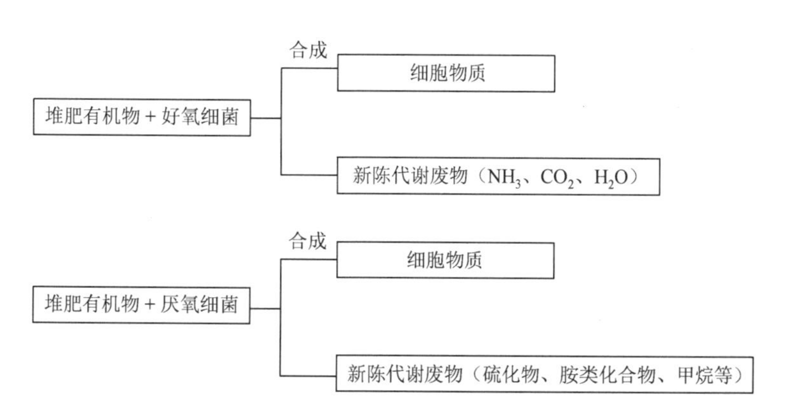

图7-1　有害气体产生示意图

堆肥是畜禽粪便处理和改善许多农业土壤低有机质含量的重要方法之一。然而，在堆肥过程中不可避免地会产生一些问题。堆肥过程中首先进行的是有机物的氨化过程。蛋白质在蛋白酶的催化下，降解成多肽、寡肽、氨基酸等。接着通过脱氨基作用，分离氨基酸的氨基，产生铵离子或氨气。氧化脱氨是氨基酸降解的最普通的类型，重点是利用氧气和氨基酸氧化酶，将氨基酸降解成含氧的酸、氨气和水。在偏碱性和堆体温度较高的条件下，氨水更倾向于转变为氨气，自由扩散至空气中（Etinger-Tulczynska，1969；He et al.，2009）。

氨气属于有毒气体，具有强烈的刺激性和腐蚀性，极易溶于水，对人体的皮肤、眼睛均有损害。吸入氨、胺和硫醇等可引起恶心、呕吐、头晕等症状，可导致呼吸系统和神经系统中毒，吸入高浓度氨气对于堆肥附近工作人员的呼吸道损害较大。在堆肥过程中产生的各种恶臭气体中，氨是最主要的恶臭气体之一。第一，在堆肥过程中，氨是气味最大的。第二，在堆肥过程中，氨的释放量与其他气味化合物的浓度呈显著正相关。因此，氨浓度经常被用来测量气味的排放量。第三，氨挥发导致氮损失，影响堆肥营养。Barrington 等（2002）的研究表明，堆肥过程中氨挥发是造成氮素损失的主要原因，占总损失的 90%以上。第四，除气味外，氨还催化酸雨的形成，产生不利影响（Barrington et al.，2002）。

2）甲烷

堆肥过程中同样容易产生甲烷气体，在大多数国家，由畜禽堆肥产生的甲烷占农业排放总量的 12%～41%。由于堆肥过程中堆体内部进入空气较少、含水率不适宜等客观情况，不可避免会存在厌氧或者缺氧区域，在厌氧或缺氧条件下微生物不能将堆料中的有机质完全代谢为二氧化碳和水，这种情况下会产生甲烷气体。甲烷对人体健康也会产生一定危害，人处于甲烷浓度达 25%～30%的空气中即可出现缺氧的一系列临床表现，如头晕、头痛、注意力不集中、气促、无力、共济失调、窒息等；如浓度很高，患者可迅速死亡。堆肥作业场所内，工作人员长期处于含甲烷气体环境中，无疑对于其劳动卫生是一个重大威胁。并且对于周边的环境卫生安全也是一个潜在威胁。

3）硫化氢

《恶臭污染物排放标准》(GB 14554—1993)规定了八种气味污染物，其中一种就是硫化氢，堆肥过程中由于微生物的作用，蛋白质通过脱羧作用、氨基酸通过脱氨作用，导致堆肥过程中臭味的产生。在 pH 偏酸的条件下脱羧作用产生胺类和含硫化合物，在 pH 偏碱的条件下脱氨作用生成氨气、挥发性脂肪酸和硫化氢气体（国家环境保护局和国家技术监督局，1994）。硫化氢是一种重要的恶臭物质，会降低工人的生活质量，影响居民的生活。

3. 有机肥料、生物有机肥料中粪大肠菌群等致病病原微生物

粪大肠菌群是指一群能发酵乳糖、产酸产气、需氧和兼性厌氧的革兰氏阴性无芽孢杆菌。一般认为该菌群细菌可包括大肠杆菌、柠檬酸杆菌、产气克雷伯氏菌和阴沟肠杆菌等。畜禽粪便中含有大量细菌，在堆肥工艺中，可杀死绝大部分细菌，但大量的粪大肠菌群危害性较大，若有机肥料中含有超量粪大肠菌群，在进行农业施肥后，有可能侵入农作物，若在烹饪过程中，未清洗干净或未完全煮熟，被人食用后，将给人的身体造成危害。Islam 等（2005）在研究施用三种不同有机肥的土壤、水源以及蔬菜受沙门菌污染的情况时，用腺苷酸环化酶突变的沙门菌作为靶标菌株，该菌株不能利用麦芽糖，以区别于其他沙门菌和肠道细菌，虽然该菌生长缓慢，但仍然可以侵入植物内部组织。

另外，对于蔬菜表面的病原菌的杀灭，利用普通的烹饪方法是有效的，但对于侵入蔬菜内部的病原菌杀灭效果不大。生食粪大肠菌群污染的蔬菜更容易引起肠道疾病的发

生。Lee 和 Kaletunc（2002）用差示扫描量热法研究不同病原菌的耐热性，研究表明，若以变性为标准，大肠杆菌经过 100℃处理后其 DNA 可以复性，而植物乳杆菌经过 100℃处理后其 DNA 不能复性，说明大肠杆菌较植物乳杆菌耐热，James 等（2005）的研究也表明用微波处理能杀灭马铃薯内外部的粪大肠菌群。因此，评估肥料中的粪大肠菌群数是非常重要的安全指标之一。

4. 有机肥料、生物有机肥料中蛔虫卵死亡率

鸡蛔虫属于蛔目禽蛔科禽蛔属，是鸡体内最大型的一种线形寄生虫，主要寄生于肠道内。鸡蛔虫对鸡的危害很大，尤其对雏鸡。大量成虫寄生于小肠薄膜时，会引起肠道堵塞、破裂以及腹膜炎，严重感染时可导致宿主死亡（詹希美，2010；Bates et al.，2007）。国内外一些实验和临床报道已经证实，患此病的鸡表现出生长受阻、拉稀等症状，严重者表现为下痢、产蛋量下降及贫血等（Steinmann et al.，2010）。鸡蛔虫病给养鸡场造成严重的经济损失，使得治疗鸡蛔虫病已经成为当下最为重要的工作之一。

蛔虫生活史简单，雌虫产卵量大，虫卵对外界环境的抵抗力强，如用含有超量蛔虫卵的有机肥料施肥，粪便中的蛔虫卵可能会广泛污染土壤和周围环境。且虫卵在适宜条件下，约经 10 天发育为含感染性幼虫的虫卵，并在土壤内生存 6 个月仍具有感染能力（韩九皋，2007）。蛔虫卵危害较大，因此，应通过科学方法检测肥料中的蛔虫卵死亡率，达到国家标准的有机肥或生物有机肥才具有安全性。

5. 有机肥料、生物有机肥料中土霉素、四环素、金霉素与强力霉素含量

Danilova 等（2018）观察到，与牛、羊、猪和兔子的肥料相比，鸡粪是土壤中产生抗生素抗性微生物的最大因素。抗生素是活的微生物通过次生代谢产生的有机物，或人工或半人工合成的，除病毒外，用于杀灭或抑制微生物病原体的生长或代谢活动。在鸡场生产中，有使用低浓度抗生素以预防疾病和促进生长现象出现，但在动物饲料中添加的抗生素由于新陈代谢不完全，大多数应用的抗生素通过粪便和尿液排泄，每千克粪便中的最高检出量超过 100mg。抗生素在畜禽粪便堆肥过程中虽然可通过多种方式被降解，但堆肥过程并不能使其完全被降解。研究显示，土霉素、四环素和金霉素在施用粪肥农田表层土壤中的平均残留量分别为未施粪肥农田的 38 倍、13 倍和 12 倍，上海出入境检验检疫局在对 77 个代表性肥料样品检测中发现，抗生素污染超标，土霉素、四环素、金霉素等抗生素检出率近 20%～30%。

含有超量土霉素、四环素、金霉素与强力霉素的有机肥用于农田后，不仅导致抗生素的污染加剧，还有可能由于病原体通过反复暴露于化学物质中而对抗生素产生抗药性，从而导致细菌耐药性和抗生素抗性基因增加。土壤中长期存在抗生素会产生较多不利影响，包括抑制微生物活动、细菌真菌数量失衡、破坏地球化学循环以及土壤肥力和生产力降低。土壤中一些抗生素如金霉素被吸附到蔬菜（大葱和卷心菜）和玉米等粮食作物上，其浓度随着土壤污染的增加而增加（Kumar et al.，2004）。人类食用受抗生素污染的食物会增加抗生素耐药性，导致食物中毒或过敏。因此有机肥、生物有机肥料中土霉素、四环素、金霉素与强力霉素含量也是安全性评估的重要一环。

6. 有机肥料、生物有机肥料中汞、砷、镉、铅、铬等的含量

在家禽生产中，将砷、钴、铜、铁、锰、硒和锌以各种形式的矿物质（如氧化锌和氧化锰）添加到饲料中用于疾病预防和提高饲料转化效率，目的是提高体重和增加产蛋量。为了最大限度地提高收益，家禽养殖户通常向禽类（尤其是肉鸡）饲喂较高含量的元素（尤其是镉、铅和砷），其含量要高于欧盟等监管机构允许的水平。鸡饲料中摄入的重金属中只有 5%～15%被禽类吸收，大部分通过粪便和尿液排泄到鸡粪中（Bolan et al.，2010）。在堆肥过程中，堆料中的有机物质经微生物分解消耗，而重金属并不能被降解，残留于有机肥料中，因此常在有机肥中检测到重金属（Makan，2015）。

有机肥料中存在重金属（如铜、铁、锰、钴、钼、锌），以及植物生长所需的镍和硒，可能使其成为营养微量元素的重要来源之一。此外，砷、铬、钴、铜、钼、镍、硒和锌是重要的动物营养素。但是，高浓度的镉、铅、砷和汞对动植物和环境健康构成严重的健康风险。如果人们摄入超出最高限度浓度的砷，如饮用水中摄入的砷超量，可能会导致营养不良，肺癌和皮肤癌等疾病，还会导致神经和激素缺陷，其毒害作用范围较广（Fang et al.，2014a）。镉会损害肾脏、肝脏和大脑，并具有致癌性。汞和铅会导致致命的脑损伤，钴导致不育，如 20 世纪轰动世界的日本水俣病就是汞污染的后果。在动物上，铜的积累可能会导致动物死亡。在植物上，铜的积累导致叶枯萎脱落、生长受阻、不育或形成不正常的果实和种子（Wilkinson et al.，2011；Shepherd et al.，2017）。另外，重金属还会影响植物体内的酶活性，从而导致植物对水分、氮、磷、钾等营养成分的吸收能力下降（Meharg and Macnair，1992）。重金属还会对土壤微生物的多样性和活性产生危害，如减少细菌菌落数、抑制微生物活性。因此有机肥中的汞、砷、镉、铅、铬含量是安全性评估的重要性因素。

7.2.2　检测方法及参照的相关标准、规程

1）堆肥过程中释放到环境中致病病原微生物检测方法及参照的相关标准、规程

空气中及水环境中的菌落总数和总大肠菌群数检测方法参照《生活饮用水标准检验方法 第 12 部分：微生物指标》（GB/T 5750.12—2023）。

2）堆肥过程中氨气、硫化氢、甲烷等气体检测方法及参照的相关标准、规程

堆肥过程中氨气的检测方法参照中华人民共和国国家环境保护标准《环境空气和废气 氨的测定 纳氏试剂分光光度法》（HJ 533—2009）。

堆肥过程中硫化氢的检测方法参照中华人民共和国国家标准《空气质量 硫化氢、甲硫醇、甲硫醚和二甲二硫的测定 气相色谱法》（GB/T 14678—1993）。

堆肥过程中甲烷的测定方法参照中华人民共和国国家标准《便携式热催化甲烷检测报警仪》（GB/T 13486—2014），甲烷检测使用甲烷检测仪。

3）有机肥料、生物有机肥料中粪大肠菌群测定方法及参照的相关标准、规程

有机肥料、生物有机肥料中粪大肠菌群测定方法参照中华人民共和国国家标准《肥料中粪大肠菌群的测定》（GB/T 19524.1—2004）。

4）有机肥料、生物有机肥料中蛔虫卵死亡率检测方法及参照的相关标准、规程

有机肥料、生物有机肥料中蛔虫卵死亡率检测方法参照中华人民共和国国家标准《肥料中蛔虫卵死亡率的测定》(GB/T 19524.2—2004)。

5)有机肥料、生物有机肥料中土霉素、四环素、金霉素与强力霉素含量测定方法及参照的相关标准、规程

有机肥料、生物有机肥料中土霉素、四环素、金霉素与强力霉素含量测定方法参照中华人民共和国国家标准《有机肥料中土霉素、四环素、金霉素与强力霉素的含量测定 高效液相色谱法》(GB/T 32951—2016)。

6)有机肥料、生物有机肥料中汞、砷、镉、铅、铬含量测定方法及参照的相关标准、规程

有机肥料、生物有机肥料中汞、砷、镉、铅、铬含量测定方法参照中华人民共和国农业行业标准《肥料 汞、砷、镉、铅、铬、镍含量的测定》(NY/T 1978—2022)。

7.2.3 安全性评价标准

1. 堆肥过程中释放到环境中致病病原微生物安全评价标准

堆肥过程中释放到环境中致病病原微生物安全评价标准参照中华人民共和国农业行业标准《畜禽场环境质量标准》(NY/T 388—1999)。空气细菌总数≤25000个/m^3，水中细菌总数≤200个/L，水中大肠菌群≤3个/L。

2. 堆肥过程中氨、硫化氢、甲烷等气体安全评价标准

氨气和硫化氢的安全评价标准参照《恶臭污染物排放标准》(GB 14554—1993)，氨的标准为≤5mg/m^3，硫化氢的标准为≤0.60mg/m^3。国内外环境质量标准中无甲烷的相关环境质量标准，根据甲烷爆炸极限为5.3%～15%的理化性质，本次安全评估标准采用甲烷≤5.3%。

3. 有机肥料、生物有机肥料中粪大肠菌群等致病病原微生物安全评价标准

有机肥料、生物有机肥料中粪大肠菌群的安全评价标准参照中华人民共和国农业行业标准《生物有机肥》(NY 884—2012)，粪大肠菌群数≤100个/g。

4. 有机肥料、生物有机肥料中蛔虫卵死亡率安全评价标准

有机肥料、生物有机肥料中蛔虫卵死亡率的安全评价标准参照中华人民共和国农业行业标准《生物有机肥》(NY 884—2012)，蛔虫卵死亡率≥95%。

5. 有机肥料、生物有机肥料中土霉素、四环素、金霉素与强力霉素含量安全评价标准

有机肥料、生物有机肥料中土霉素、四环素、金霉素与强力霉素含量的安全评价标准参照《肥料分级及要求》，抗生素总量(土霉素、四环素、金霉素与强力霉素四种物质总和)农田级含量未做标明，生态级抗生素总量≤1.0mg/kg，因此本安全标准采用抗生素总量≤1.0mg/kg。

6. 有机肥料、生物有机肥料中汞、砷、镉、铅、铬含量安全评价标准

有机肥料、生物有机肥料中汞、砷、镉、铅、铬含量安全评价标准参照中华人民共和国农业行业标准《有机肥料》（NY 525—2012），见表 7-1。

表 7-1　有机肥料中部分元素的限量指标

项目	限量指标/(mg/kg)
总砷（以烘干基计）	≤15
总汞（以烘干基计）	≤2
总铅（以烘干基计）	≤50
总镉（以烘干基计）	≤3
总铬（以烘干基计）	≤150

7.2.4　安全性评估方法

促腐-保氮-抑臭型堆肥工艺的安全性评估需要满足以上所有项目的安全性评价标准。堆肥的一个重要目的是杀灭堆料中的病原微生物，使堆肥产物具有安全性，将堆料对于公共卫生和环境的威胁降到最低，并且能够使资源充分利用（Hay，1996）。对于可以应用于农业生产的堆肥产物，其中的病原微生物不得高于国家规定检测标准，如细菌、病毒、寄生虫以及抗生素和重金属含量都是必须考虑的因素，因为它们危害到了人和环境的安全（Jager and Eckrich，1997）。通过科学严谨的检测方法，促腐-保氮-抑臭型堆肥工艺不同项目的检测指标均符合国家标准。因此，促腐-保氮-抑臭型堆肥工艺具有生物安全性，可进行规模化推广，从而提高肉鸡废弃物资源化利用率，提高经济效益。

病毒在空气中较难存活，并且经实验证明堆肥过程可将所有的病毒类致病病原微生物杀灭，在堆肥结束后的堆体中未检测出病毒。由微生物数量分析可知，本工艺技术无害化处理杀灭病原微生物效果显著。但为了更好地利用堆肥工艺，建议在堆肥过程中：①坚持定期翻堆，适当通风，保证堆体氧气充足，不但可以使堆体发酵均匀，还能保证发酵的温度。②调节环境温度，更能优化发酵效果；保持堆体的湿度在 40%左右，能够更好地维持发酵温度，加速堆肥，提高堆肥产品的质量并减少能耗。过高的通气率可能会促进散热，从而导致温度过低，不适合达到卫生标准。同时，高通气速率导致堆肥营养元素流失和高能耗成本。但是，如果通气不足，则需氧微生物的代谢所需要供给的氧气不足，会导致低温。此外，堆肥中会出现厌氧条件，导致大量的恶臭气体和甲烷排放。

气味排放是堆肥工艺的重要问题之一。研究表明，向堆肥中添加微生物制剂是解决该问题的重要方法，但是当将一种微生物剂添加到堆肥中时，该过程通常是不稳定的。Zhou 等向堆肥中添加不同比例的微生物 *Bacillus stearothermophilus*、*Candida utilis* 和 *Bacillus subtilis*，发现以 1∶2∶1 的比例加入这三种微生物，可以降低氨气排放，促进氨氮转化为硝态氮（Zhou et al.，2019）。但堆肥过程中少量的气味产生难以避免，并且长期在恶臭气

体环境中工作，会导致恶心、呕吐、呼吸困难等不良症状。因此，重要的是通过各种方法，如提供防护服（工作服、胶靴、手套和口罩），以保护那些直接接触堆肥的工作人员。

7.3　厌氧消化全过程检测及安全性评估

7.3.1　检测分析的内容

1. 排放污水 COD 浓度

COD 是在一定的条件下，采用一定的强氧化剂处理水样时，所消耗的氧化剂量。它是表示水中还原性物质多少的一个指标，是衡量水体有机污染的重要指标之一。化学需氧量反映了水中受还原性物质污染的程度，水中的还原性物质包括有机物、亚硝酸盐、亚铁盐、硫化物等，而水体被有机物污染是全球面临的一个环境污染问题，因此化学需氧量也是衡量水中有机物含量的指标之一，但只能反映能被氧化的有机物污染，不能反映多环芳烃、多氯联苯（PCB）、二噁英类等的污染状况。化学需氧量越大，说明水体受有机物的污染越严重。肉鸡粪污经厌氧消化后产生的液体中有机物的量，也可以从侧面说明厌氧消化分解有机物的程度，并且出水 COD 也是衡量水体能否排放进入水体环境的一项指标。

2. 氨氮浓度

在鸡粪厌氧消化过程中，氨氮是由蛋白质和尿酸转化而来，游离氨氮会产生氨氮抑制现象，氨氮的抑制通常会对厌氧消化体系的稳定性产生负面影响，当氨氮浓度达到一定范围时，甚至会导致厌氧消化失效。氨的抑制，尤其是游离氨（NH_3）的抑制，通过渗透到微生物细胞中，干扰正常的生化反应，改变细胞内的 pH，使关键酶失去活性。众所周知，鸡粪作为高氮含量的原料，很容易在厌氧消化期间引起氨氮抑制。

3. 挥发性脂肪酸

挥发性脂肪酸是厌氧消化过程的关键因素，pH 和总挥发性脂肪酸反映了反应器中变化的过程，挥发性脂肪酸是中间有机酸产物。除了厌氧消化期间的 pH 外，总挥发性脂肪酸浓度还被认为是代谢状态的重要指标。挥发性脂肪酸的积累导致 pH 降低，从而影响厌氧消化过程中产甲烷菌的生长，甲烷菌可利用挥发性脂肪酸形成甲烷，较高的挥发性脂肪酸浓度对甲烷菌具有抑制作用。因此在厌氧消化过程中，挥发性脂肪酸是一项重要的控制指标。

4. 沼气成分检测

沼气的主要成分为甲烷、二氧化碳、硫化氢。甲烷和二氧化碳含量是衡量沼气热值品质的重要指标，同时也是衡量厌氧消化系统稳定性的重要参数；硫化氢对于沼气输送管网和终端利用设备具有较强的腐蚀性，因此需要脱除硫化氢。因此，沼气成分的检测对于沼气生产和利用具有重要意义。

5. 排放污水粪大肠菌群等致病病原微生物

肉鸡粪污中含有大量的粪大肠菌群，沼气中温发酵对发酵原料中的粪大肠菌群有显著杀灭效果，但发酵结束后沼液中残留的粪大肠菌群浓度是否达到安全标准，是否符合国家要求的污水排放标准，都是需要探究的问题，因为粪大肠菌群中可能有一些为致病病原微生物。厌氧发酵后产生的沼液排放进入江河湖泊中的水体中，若粪大肠菌群含量超标，对于地面水体和地下水体都会污染，因此，对出水粪大肠菌群进行检测是安全性评估的重要一环。

6. 沼肥中土霉素、四环素、金霉素与强力霉素含量

抗生素污染是在农业中施用沼肥的一个不可忽视的问题。通过厌氧消化，粪便中的一部分抗生素被生物降解，降解产物不会对环境产生污染，但在沼液中仍会有一些难降解的抗生素残留。卫丹等（2014）对嘉兴市规模养殖场沼液水质进行了调查研究，检测沼液中污染物的水平，发现在不同养殖场中抗生素均可在沼液中检出，其中四环素类（四环素、土霉素、金霉素）含量最高，占总抗生素浓度的 91%，总抗生素总浓度在 10.1～1090μg/L，远远高于欧盟水环境中抗生素阈值（10ng/L）。因此沼液中抗生素残留，尤其是四环素类抗生素残留应该引起重视。

四环素类抗生素是我国畜禽养殖业生产和疾病治疗中用量最大、使用最广的一类抗生素，能杀死或者抑制细菌蛋白质的合成，其具有广谱高效、杀菌力强、成本低廉、副作用相对较小、使用方便等优势。但畜禽对抗生素的吸收利用率较低，30%～90%的抗生素可排出体外而存于粪便中。大量研究证明，畜禽粪便中四环素类抗生素含量普遍较高。Kasumba 等（2020）研究了猪、牛和家禽粪便中四环素类抗生素（四环素、土霉素和金霉素）的厌氧降解，发现四环素在牛粪中降解得更快，与猪和家禽粪便相比，牛粪中有机物和金属的浓度最低。四环素类抗生素厌氧消化后在动物粪便中仍然存在，当将厌氧消化后的沼液用于农作物生产时，可能会导致环境中出现抗生素抗性细菌并使其能够长期存在。抗生素残留的最大问题便是会对土壤中的微生物产生危害，如破坏微生物生态平衡，通过药物的不断筛选以及抗性基因的转移等方式，使耐药菌增多，从而导致药物效用大大降低。当施用液体粪肥的农场土壤中四环素类抗生素浓度高达 300mg/kg，高浓度的抗生素残留不仅严重干扰土壤微生物结构群落和活性，还会通过蓄积作用影响植物生长，进而对人类健康构成潜在威胁。四环素类抗生素主要是通过改变土壤中生物酶的作用，抑制植物生长。因此，检测沼肥中的四环素类抗生素至关重要。

7. 沼肥中汞、砷、镉、铅、铬、铜、锌含量

当前，我国已禁止在饲料中添加药物性添加剂，但从目前养殖现状看，使用药物还难以避免。由于重金属元素在动物体内的生物效价很低，大部分随畜禽粪便排出体外，经厌氧消化后，沼液中的重金属含量要高于原物料中的重金属浓度，这是厌氧消化过程中的重金属浓缩效应，由于粪液中的有机物被分解消耗，金属逐渐集聚。因此沼液中的

重金属污染成了一个难以忽视的问题，长期施用此种沼液肥可能会导致土壤及农作物的重金属污染。国内外对沼液中元素含量进行了较多调查。研究表明，沼液中含有汞、砷、镉、铅、铬、铜、锌等。对太湖流域规模化养殖场中猪饲料、猪粪及沼肥中的重金属含量进行测定，结果显示不同阶段的猪饲料重金属含量不同，这主要是由于不同金属的作用不同，但铜和锌具有促生长作用，含量均较高，沼液中铜和锌平均值分别为猪粪液中对应含量的1.59倍和1.40倍（胡修韧等，2019）。对鄱阳湖生态经济区的4个县市沼液抽查结果显示，沼液中元素平均含量高低顺序是Pb＞Zn＞Cd＞Cu＞As＞Cr，4个样点中Pb和Cd含量均严重高于我国农田灌溉水标准，4个样点的沼液作为肥料使用时，需进行有害金属脱除处理才能应用于农作物的增肥（黎鑫林等，2014）。另外，经过厌氧发酵处理后所产生的沼液大部分会以灌溉形式进入土壤中，当土壤中可给态铜和锌分别达到10～200mg/g和100mg/kg时，即可造成土壤污染和植株中毒。因此，粪污中的有害元素进入土壤后，对土壤的污染影响是十分显著的，必须在重金属进入土壤造成可能的环境污染之前，了解沼肥中重金属含量，避免重金属含量超标，以减少沼液利用过程中因重金属含量超标而造成的土壤污染、农作物生长危害等影响，才能够真正实现沼液安全利用。

8. 沼肥中大肠菌群等致病病原微生物

鄱阳湖生态经济区的4个县市沼液抽查结果显示，沼液中氮、磷、钾总量均在1.00g/kg以上，这说明沼液中大量元素含量丰富，营养充分，可为植物生长吸收利用提供比较全面的营养，而且还含有氨基酸、多种微量元素、维生素和其他营养物质，可以用作追肥，将沼液直接施入土壤中供应植物生长所需养分，也可以作叶面肥于早晚喷施。沼液中营养成分可改善土壤生物学性质，还可直接被茎叶吸收，参与光合作用，从而增加产量，肥效显著，此外还可改善农产品营养品质。但沼液是肉鸡粪水通过生物强化厌氧发酵后的产物，沼渣沼液中不可避免地还含有一些致病病原微生物。研究表明，畜禽粪便废弃物中含有150多种人畜共患病的潜在致病源，一旦进入适宜的环境，便会大量生长繁殖，造成疾病暴发和流行。沼液发酵处理可以显著降低粪大肠菌群含量，平均可减少92.9%，但厌氧消化后的沼液中仍含有较高浓度粪大肠菌群（叶小梅等，2012）。另外，许多农户将沼液直接喷洒于农作物表面，虽然可提高产量，提高经济效益，但也存在一个潜在危险，即若沼液中含有过量的大肠菌群等致病病原微生物，通过喷洒留存于农作物，若这些农作物未经过安全处理，那么可能会给人类身体带来潜在危险。因此沼肥中的大肠菌群等致病微生物必须经过检测，保证粪大肠菌群值达到国家标准，保证沼肥的生物安全性。

9. 沼肥中蛔虫卵死亡率

蛔虫是人体内最常见的寄生虫之一，温带、热带、经济不发达、温暖潮湿和卫生条件差的国家或地区流行更为广泛，是农村地区人群中感染率最高的寄生虫。而蛔虫是肉鸡饲养过程中比较常见的寄生虫，粪便中不可避免地含有大量蛔虫卵，若厌氧消化工艺未将蛔虫卵杀灭到国家标准，那么直接将沼液喷洒到瓜果蔬菜等农作物表面，不可避免会对人的健康状况产生威胁。因此必须对沼肥中的蛔虫卵死亡率进行检测。

7.3.2 检测方法及参照的相关标准、规程

1. 排放污水 COD 的质量浓度检测方法及参照的相关标准、规程

COD 的质量浓度检测方法参照中华人民共和国环境保护行业标准《水质 化学需氧量的测定 快速消解分光光度法》(HJ/T 399—2007)。

2. 氨氮的质量浓度检测方法及参照的相关标准、规程

氨氮的质量浓度检测方法参照中华人民共和国环境保护行业标准《水质 氨氮的测定 纳氏试剂分光光度法》(HJ 535—2009)。

3. 厌氧消化工艺处理过程中挥发性脂肪酸检测方法及参照的相关标准、规程

厌氧消化过程中挥发性脂肪酸检测方法参照《挥发酸 VFA 测定》(Q/YZJ 10-03-02—2000)。

4. 沼气成分检测方法及参照的相关标准、规程

沼气成分的测定方法参照中华人民共和国农业行业标准《沼气中甲烷和二氧化碳的测定 气相色谱法》(NY/T 1700—2009)

5. 排放污水粪大肠菌群等致病病原微生物检测方法及参照的相关标准、规程

排放污水粪大肠菌群测定方法参照中华人民共和国国家标准《肥料中粪大肠菌群的测定》(GB/T 19524.1—2004)。

6. 沼肥中土霉素、四环素、金霉素与强力霉素含量检测方法及参照的相关标准、规程

沼肥中土霉素、四环素、金霉素与强力霉素含量测定方法参照中华人民共和国国家标准《有机肥料中土霉素、四环素、金霉素与强力霉素的含量测定 高效液相色谱法》(GB/T 32951—2016)。

7. 沼肥中汞、砷、镉、铅、铬含量检测方法及参照的相关标准、规程

沼肥中汞、砷、镉、铅、铬含量测定方法参照中华人民共和国农业行业标准《肥料 汞、砷、镉、铅、铬、镍含量的测定》(NY/T 1978—2022)。

8. 沼肥中粪大肠菌群值检测方法及参照的相关标准、规程

沼肥中粪大肠菌群测定方法参照中华人民共和国国家标准《肥料中粪大肠菌群的测定》(GB/T 19524.1—2004)。

9. 沼肥中蛔虫卵死亡率检测方法及参照的相关标准、规程

沼肥中蛔虫卵死亡率检测方法参照中华人民共和国国家标准《肥料中蛔虫卵死亡率的测定》（GB/T 19524.2—2004）。

7.3.3 安全性评价标准

1. 排放污水 COD 的质量浓度安全评价标准

排放污水 COD 的质量浓度安全评价标准参照中华人民共和国国家标准《畜禽养殖业污染物排放标准》（GB 18596—2001），COD 最高允许日均排放浓度 400mg/L。

2. 排放污水氨氮的质量浓度安全评价标准

排放污水氨氮的质量浓度安全评价标准参照中华人民共和国国家标准《畜禽养殖业污染物排放标准》（GB 18596—2001），出水铵态氮最高允许日均排放浓度 80mg/L。

3. 厌氧消化处理过程中氨氮、挥发性脂肪酸、沼气成分的安全评价标准

评价厌氧消化稳定性的氨氮、挥发性脂肪酸、沼气成分等参数，目前没有标准值。一般来讲，以鸡粪中温厌氧消化为例，评价厌氧消化系统稳定性的指标为：氨氮浓度≤5000mg/L，游离氨浓度≤500mg/L，挥发性脂肪酸浓度≤8000mg/L，游离挥发性脂肪酸浓度≤100mg/L，甲烷浓度≥55%。具体见本书第 2 章相关部分。

4. 排放污水粪大肠菌群等致病病原微生物安全评价标准

排放污水粪大肠菌群值安全评价标准参照中华人民共和国国家标准《畜禽养殖业污染物排放标准》（GB 18596—2001），粪大肠菌群数最高允许日均排放浓度 1000 个/L。

5. 沼肥中土霉素、四环素、金霉素与强力霉素含量安全评价标准

沼肥中土霉素、四环素、金霉素与强力霉素含量安全评价标准参照中华人民共和国《肥料分级及要求》，抗生素总量（土霉素、四环素、金霉素与强力霉素四种物质总和）农田级含量未做标明，生态级抗生素总量≤1.0mg/kg，因此本安全标准采用抗生素总量≤1.0mg/kg。

6. 沼肥中汞、砷、镉、铅、铬含量安全评价标准

沼肥中汞、砷、镉、铅、铬含量安全评价标准参照中华人民共和国农业行业标准《沼肥》（NY/T 2596—2022），具体见表 7-2。

表 7-2 沼肥中部分元素的限量指标

项目	沼液肥限量指标/(mg/kg)	沼渣肥限量指标/(mg/kg)
总砷（以烘干基计）	≤10	≤15
总汞（以烘干基计）	≤5	≤2
总铅（以烘干基计）	≤50	≤50
总镉（以烘干基计）	≤10	≤3
总铬（以烘干基计）	≤50	≤150

7. 沼肥中粪大肠菌群等致病病原微生物安全评价标准

沼肥中粪大肠菌群数安全评价标准参照中华人民共和国农业行业标准《沼肥》（NY/T 2596—2022），沼液肥中粪大肠菌群数≤100 个/mL，沼渣肥中粪大肠菌群数≤100 个/g。

8. 沼肥中蛔虫卵死亡率安全评价标准

沼肥中蛔虫卵死亡率安全评价标准参照中华人民共和国农业行业标准《沼肥》（NY/T 2596—2022），沼液肥中蛔虫卵死亡率≥95%，沼渣肥中蛔虫卵死亡率≥95%。

7.3.4 安全性评估方法

厌氧消化工艺一般可以很好地达到安全评估标准，工艺过程中产生的物质及气体等均符合国家标准。当然在不同地区不同养殖场的情况不同，有可能出现沼肥中卫生指标、有害污染物质如重金属等的超标问题。若沼液中粪大肠菌群等致病病原微生物出现了超标情况，那么将沼肥经过 70℃以上的温度进行消毒处理后使用，以保障农作物免受致病病原微生物侵害，但是高温消毒的方式也会使沼肥中的速效养分的含量降低 30%左右，在田间利用的肥效也大大降低。德国对沼肥的安全利用有严格的管理规定，沼气发酵处理后的残余物（沼肥），必须在 70℃的温度下处理 1h，才可以作为肥料使用。为了环境卫生和肥效的充分利用，规定秋季以后不得将沼肥施于农田，必须贮存 6 个月后才能使用。如果要做饲料利用，必须在 90℃的高温下处理 1h。

通过生物强化厌氧消化技术形成的沼渣和沼液是良好的有机肥料，同时它也具有二重性，如果后续的处置和利用方法得当，沼肥就是一种资源，能够给沼气工程带来客观的生态、环保和经济效益；如果处理不当，它就成了一种二次污染。沼渣液的后处理方式有两种主要形式，一种是沼气工程的厌氧出水贮存于贮液池后作液态有机肥用于农田、蔬菜、果木和花卉；另一种是厌氧出水进一步处理后达标排放或回用。这两种方式需要配备相应的设备和构筑物，以便进行固液分离和料液贮存。对于厌氧残留物浓度较高的沼渣液可以采用固液分离机，一般情况下厌氧出水作农田有机肥时只需进行简单的固液分离，去除掉其中较大的固形物即可，不需要消耗电力进行固液分离。进行固液分离后的沼渣可以做基肥，而沼液则用于喷施和灌溉有机液肥，在厌氧消化的过程中，95%以上的病原微生物和寄生虫卵在发酵过程中被杀死，因此在使用的过程中，只需要根据植物、土壤等需要的养分进行水肥配制，即可替代部分化肥和农药，形成良好的农业生态循环经济模式，不但可以降低猪场的排污成本，消除对环境的污染，同时可以增加作物产量，提高农作物的质量，促使沼气工程可持续运行，并有一定的经济效益回报。

随着我国对可再生能源需求的增长，沼气作为一种可再生资源，厌氧消化成了一项重要技术，畜禽粪便也是大多数沼气厂的主要原料，而甲烷的产量是关键。对于鸡粪这种高氨氮原料，高负荷厌氧消化容易产生氨抑制，因此鸡粪厌氧消化工程的稳定性显得尤为重要。通常采用低氨氮的原料（如秸秆）与高氨氮的鸡粪进行混合厌氧消化，这是解决氨抑制的一个重要手段。近年来，畜禽粪便和农作物秸秆的共消化也引起了国际研究者的关注，并取得了一些成果。中国科学院成都生物研究所李东团队采用鸡粪和稻草进行混合厌氧消化，能够有效提高稳定运行的有机负荷率，同时提高原料产气率，具体见第 2 章相关部分。另外，Gebert 和 Groengroeft（2006）发现，在牛粪中添加 40%的小麦秸秆和 100%的稻草可以分别增加 10.2%和 88.1%的日沼气产量。

7.4　死淘鸡生产氨基酸水溶肥全过程检测及安全性评估

7.4.1　检测分析的内容

1. 氨基酸水溶肥料中游离氨基酸含量

氨基酸是蛋白质的基本组成部分，在植物结构、代谢和运输等方面具有多种功能。用于生产生物刺激剂的氨基酸是通过化学合成，从植物蛋白（如藻类、玉米和大豆），以及通过化学或酶解从动物蛋白中获得的。氨基酸的重要性在于其广泛参与多种不同有机化合物的生物合成，氨基酸在植物营养中已显示出最重要的意义，它可以通过促进植物生长，以获得更高的产量和质量，并缩短干燥材料的生产周期。

通过叶面施用氨基酸促进植物生长，由氨基酸产生的液态肥料构成了潜在的重要氮源，而新型液态肥料的叶面施用对各种生态系统中的植物也很重要。许玉兰和刘庆城（1998）利用 ^{15}N 标记无菌氨基酸培养液，将无菌稻苗放入培养液中生长，发现在 15 天的试验期内，已有 70%以上的 ^{15}N 由溶液中转移到植物体内。这证明外源氨基酸分子可以被稻苗直接吸收，并进一步证明氨基酸施肥后稻苗植株健壮，干重增加，是氨基酸分子进入植物体内的结果。许玉兰和刘庆城（1998）向芹菜茎叶喷施氨基酸混合液，使植物分蘖增加，并且肥效要比等氮量的无机氮肥高 50%左右。Wang 等（2019）研究发现，喷施氨基酸水溶肥的豇豆产量较喷施化肥的对照组，呈持续增加趋势，因此氨基酸叶面施肥可显著提高作物产量，有益微生物的加入可进一步改变叶面微生物群的组成。

通过冲施和土壤浇灌的方式施用氨基酸水溶肥时，土壤微生物对氨基酸的直接吸收在土壤生态系统中具有重要意义，利用 ^{15}N 同位素稀释和富集技术证明了对亮氨酸和甘氨酸的直接摄取。Geisseler 等（2009）也得出了类似的结论，当两种类型的小麦残留物被添加到土壤样品中时，55%～62%的添加氨基酸被直接吸收。通过添加 ^{13}C、^{15}N-甘氨酸，测定微生物生物量 ^{13}C 和 ^{15}N 的富集量，可以发现 ^{13}C 和 ^{15}N 的富集量之间存在显著的线性相关关系，表明微生物对完整甘氨酸的吸收（Geisseler et al.，2009）。另外，色氨酸、硫氨酸等氨基酸还是合成植物激素乙烯的前体，这类氨基酸肥料施用后可能间接影响植物根际和体内生长激素水平产生效应，达到促进植物生长的作用。由此可见，氨基酸对于植物的生长起着至关重要的作用。

2. 氨基酸水溶肥料中微量元素含量

氨基酸水溶液中的钙、镁、硫为中量元素，铜、锰、锌、铁、硼、钼均为微量元素，均是肥料中重要的营养成分。

钙作为一种重要的植物宏观营养素，在植物生长和人类健康中起着至关重要的作用。第一，钙可通过桥接磷酸盐与磷脂及蛋白质的羟基来稳定膜的结构，而完整的细胞膜可使细胞维持相对稳定的内环境，是细胞与周围环境进行物质、能量和信息交流的基础，是细胞是否存活的标志之一。第二，钙具有维持植物细胞壁结构的功能，植物细胞壁中的多糖物质与钙离子形成离子键，是多糖物质在细胞壁形成互相交联的主要形式。此功能可有效防止成熟果实采后贮藏过程中出现腐烂现象，从而提高果实的贮藏品质。钙离子还是调节细胞多种功能的第二信使，通过其在细胞质中浓度的变化参与植物体内的信号传导。第三，钙还可以中和植物代谢过程产生的某些酸，从而防止过多的有机酸毒害细胞（陆景陵，2003），而且钙还有助于促进植物细胞的生长和分泌过程，并作为许多酶的活化剂等（刘旭，2012）。植物缺钙会引起生理失调，并产生一系列的病症，如苹果的苦痘病、水心病，鸭梨的黑心病，大白菜、生菜的干烧心，番茄、辣椒的脐腐病，甘蓝的心腐病，马铃薯的褐斑病，芹菜的黑心病等。

镁被土肥学者看作是氮、磷、钾之后植物生长所必需的第四大营养元素，在植物中的含量占 0.1%～0.5%。镁的主要功能如下：第一，镁主要存在于叶绿素中，是叶绿素的矿质组分；第二，因为镁在植物的新陈代谢过程中是最活跃的组分，并且是多种酶的基本要素，因此镁是植物形成蛋白质和淀粉不可缺少的元素；第三，磷的肥效会因镁的共存而提高，镁还发挥了磷在植物体内吸收和搬运者的功能；第四，镁还可以促进植物体内糖和能量的代谢。若镁供应不足，会导致叶绿素难以生成，继而植物叶片就会失绿变黄，若缺镁严重，植物叶片则形成褐斑坏死，光合作用就不再进行，导致作物的收获量减少。

我国大部分地区都存在不同程度的微量元素缺乏，我国中、低产量农田占总耕地面积的 70%以上，其中大部分耕地存在中、微量元素缺乏的问题。如果土壤中缺乏中微量元素，却没有及时补给，就会降低农产品品质，严重的还会导致生理性缺素病甚至造成减产。例如棉花蕾而不花，油菜花而不实，柑橘结出石头果、小硬果等，都是由于缺乏微量元素硼；玉米缺锌容易发生叶片白化，水稻缺锌影响分蘖，柑橘和苹果等果树缺锌会出现叶片簇生、小叶病、黄叶枯梢病等。

我国已出台关于氨基酸水溶肥料中微量元素的最低含量，若肥料中营养元素含量不达标，则属于质量问题。若施用的氨基酸肥料中营养元素含量不达标，施肥后不能有效地补充农作物所需营养，会导致作物减产。单一养分铜、锰、硼、锌、铁、钼等各养分含量小于产品应该达到的指标，无法达到平衡施肥，将严重影响农民施肥的效果，造成农作物减产。例如，锌对碳水化合物代谢、蛋白质代谢、植物生长素代谢及细胞膜的功能和结构有很大的影响，农作物在缺锌中后期生殖生长受阻，减产显著，施用锌肥能提高籽粒质量；植物缺硼后会迅速引起植物形态、生理、代谢的变化，尤其是在我国有效硼含量较少的南方土壤，增施硼肥效果显著。另外，锌、硼与多种矿质元素均有正的交互作用。如果农民施用养分含量不合格的劣质产品，那么势必造成植物生长不良，产量降低，产品品质下降，甚至导致绝产失收。因此氨基酸水溶肥料中微量元素是不可缺少，且必须要达标的。

3. 氨基酸水溶肥料 pH

水溶肥料是经过水溶解或稀释，用于灌溉施肥、叶面施肥、无土栽培、浸种蘸根等用途的液体或固体肥料。灌溉溶液的酸碱度要适宜，pH 过高，会降低磷、锌和铁的有效性，并且可能产生磷酸盐和碳酸盐沉淀，堵塞灌溉管道；pH 过低，对作物根系不利，并可能增加铝和锰浓度，产生毒害。

4. 氨基酸水溶肥料中水不溶物含量

水溶性肥料的最大特点就是可以快速溶解于水中，能够适用于喷灌、滴灌等设备。良好的溶解性是保证微灌施肥技术顺利实施的基础。若肥料溶解不充分而产生沉淀，则在喷肥过程中会发生滴头堵塞现象，导致水溶性肥料很难适应当前水肥一体化设备的要求，难以大规模推广使用。

5. 氨基酸水溶肥料中水分

对于很多肥料来说，水分含量不仅在生产加工过程中直接影响肥料的品质，在仓储保存过程中，可能也会对其质量产生影响，如过磷酸钙，这种肥料吸湿或遇到潮湿条件、放置时间过长，都会引起多种化学反应，主要指其中的硫酸铁、铝杂质与水溶性的磷酸钙发生反应生成难溶性的磷酸铁、铝盐，从而降低了磷肥肥效。

6. 氨基酸水溶肥料中液体肥料密度

氨基酸水溶肥中含有植物生长所需要的氮、磷、钾、氨基酸、钙、镁、硫、铜、锰、硼、锌、铁、钼等一系列营养物质。有一些做成了固体肥料，溶解后使用；也有一些做成了液体肥料，稀释后使用。普通肥料养分向根部渗透速度较慢，而作物对养分吸收速率较快，养分达到根部的分生组织区才能被吸收利用。液体肥料中的养分以离子形态进入土壤，能快速渗透到植物根系表面，最后被植物直接吸收利用，从而提高了肥料的利用率，降低了固定在土壤中的营养元素。液体肥料可以喷施到叶片表面，从而更快地被作物吸收。且液体肥料更适用于滴灌设备，优良的液体肥料加入滴灌系统中不会堵塞管道，造成损失。相对于传统施肥模式，现代化施肥方式既节约水源，又降低施肥量，是一种精准的农业技术。液体肥料技术配合现代化滴灌技术能够使农业走向可持续发展的道路，从而得到广泛的应用与持续的发展。如果液体肥料密度过低，则说明营养成分有效浓度相对较低，难以达到农作物生长所需要的养分浓度，不利于产品在市场上的应用。但如果液体肥料密度太高，也有可能导致贮存时出现问题，温度过低时，容易产生沉淀和结晶。另外，对液体肥料密度进行检测，将结果转化成质量浓度，才能更方便指导人们使用，可以根据不同农作物的需要，用水稀释至所需浓度，便于使用。

7. 氨基酸水溶肥料中重金属和砷含量

由于饲料中添加一些重金属物质，肉鸡尸体内有重金属物质残留，高温消毒-酶解产氨基酸水溶肥工艺，前期将病死肉鸡尸体高温消毒粉碎，高温可将许多细菌、病毒、寄生虫等致病病原微生物杀灭，但对于重金属物质作用不大，经过酶解，这些重金属物质会进入氨基酸水溶肥料中，肥料通过喷洒进入植物组织内，通过食物链，传递到人体，在植物、动物、人体内蓄积，给人体造成极大危害。

1）铅

铅在自然界中分布十分广泛，环境样本中的含量为 13μg/g，是一种现代工业的重要原材料，铅的应用极为广泛，目前主要应用于铅蓄电池。在汞、砷、镉、铅、铬中，铅对人体的危害最大，因为铅会导致人体免疫力下降，损害人体的肾脏、消化系统、神经系统和造血系统。因此预防铅对人类的危害，首先要对人们饮食安全进行全面监测和控制，从各个环节监控铅的含量，以防人体对铅的过量摄入。

2）砷

人体对砷的生理需要量为 40μg/d，当人体摄取一定量的砷后，大部分砷会很快通过肾脏由尿液排出。若是自然或人为因素，人体摄入砷化合物量超过自身排泄量时，砷会在组织中产生积累，引起急性或慢性砷中毒，从而对人体健康产生危害效应。摄入体内的砷可经血液迅速分布至全身，皮肤、神经、心、肺等均可受累，过量的砷会损害皮肤、危害生殖发育、导致癌症、引起心血管疾病，损害神经系统、肝脏、肾脏和肺等，对皮肤、生殖和发育均有毒性，对心血管系统、神经系统、消化系统、泌尿系统、循环系统等有重大影响。因此，在日常生活中一定要注意预防砷对人体造成的损伤。

3）镉

镉是一种重要的环境和工业毒物，也是一种半衰期很长（10～35 年）的多器官、多系统毒物，同时是土壤植物系统迁移较为活跃的元素。随着工农业生产的发展，受污染环境中的镉含量逐年上升。据统计，每年在世界范围内进入土壤的镉总量为 2.2 万 t。而土壤中镉的自然背景值在 0.3mg/kg 以下。关于环境镉允许浓度，日本定为 $50g/m^3$，美国最近也降低至 $50g/m^3$。人主要通过食物、吸烟、大气污染 3 个途径吸收镉，正常人体内含镉量仅有 30～40mg，其中 33%在肾脏，14%在肝内，2%在肺内，0.13%在胰内，当镉的浓度在各器官中超过该限度时，就会发生镉中毒。镉在环境中的活跃迁移对人类健康构成严重的威胁。镉主要通过呼吸道和消化道侵入人体。它不是人体必需微量元素，在新生儿体内并不含镉，但随年龄的增长，即使无职业接触，人体内也会含有镉。研究表明，微量的镉进入机体即可通过生物放大和积累，对肺、骨、肾、肝、免疫系统和生殖器官等产生一系列损伤。

4）汞

汞是对人类最具危害性的重金属之一，是在正常大气压力的常温下唯一以液态存在的金属，通称“水银”。它可以在生物体内积累并产生毒性。汞非常容易经皮肤、呼吸系统和消化道吸收。如水俣病就是汞中毒造成的。汞会破坏中枢神经组织，对口腔黏膜和牙齿有不利影响。汞及汞化合物对人体的损害与进入体内的汞量有关。汞对人体的危害主要累及中枢神经系统、消化系统及肾脏，此外对呼吸系统、皮肤、血液及眼睛也有一定的影响。

5）铬

铬是一种毒性很大的重金属，铬主要以三价铬和六价铬的形式存在，其中三价铬是人体必需的微量元素，而六价铬对人体健康有着严重影响，容易进入人体细胞，对肝、肾等内脏器官和 DNA 造成损伤，在人体内蓄积具有致癌性并可能诱发基因突变。

实际上，重金属对人体产生一定危害，往往是由于多种重金属共同作用的结果，并不是一种重金属的作用。当多种重金属进入人体后，除了增强各自的毒性外，也存在相互抑制毒性的作用。例如，镉与锌同时存在时，锌可以抑制镉的毒性。重金属对人体健康的影响是一种量的积累过程，进入人体中的重金属只有超过人体所能转化的量后，才会对人体产生重大影响。重金属进入人体的过程与重金属污染息息相关，当重金属污染到水体、土壤与空气后，由于人类活动与所在环境紧密相连，受污染后的水体与食品进入人体，就会对人体产生重大影响，因此，检测肥料中的重金属物质含量是不可缺少的环节。

7.4.2 检测方法及参照的相关标准、规程

1. 氨基酸水溶肥料中游离氨基酸含量检测方法及参照的相关标准、规程

氨基酸水溶肥料中游离氨基酸含量检测方法参照中华人民共和国农业行业标准《水溶肥料 游离氨基酸含量的测定》（NY/T 1975—2010）。

2. 氨基酸水溶肥料中微量元素含量检测方法及参照的相关标准、规程

氨基酸水溶肥料中钙、镁、硫、氯含量检测方法参照中华人民共和国农业行业标准《水溶肥料 钙、镁、硫、氯含量的测定》（NY/T 1117—2010）。

氨基酸水溶肥料中铜、铁、锰、锌、硼、钼含量检测方法参照中华人民共和国农业行业标准《水溶肥料 铜、铁、锰、锌、硼、钼含量的测定》（NY/T 1974—2010）。

氨基酸水溶肥料中钠、硒和硅含量检测方法参照中华人民共和国农业行业标准《水溶肥料 钠、硒、硅含量的测定》（NY/T 1972—2010）。

3. 氨基酸水溶肥料 pH 和水不溶物检测方法及参照的相关标准、规程

氨基酸水溶肥料 pH 和水不溶物检测方法参照中华人民共和国农业行业标准《水溶肥料 水不溶物含量和 pH 的测定》（NY/T 1973—2021）。

4. 氨基酸水溶肥料中水分检测方法及参照的相关标准、规程

氨基酸水溶肥料中水分检测方法参照中华人民共和国国家标准《复混肥料中游离水含量的测定 真空烘箱法》(GB/T 8576—2010)。

5. 氨基酸水溶肥料中液体肥料密度检测方法及参照的相关标准、规程

氨基酸水溶肥料中液体肥料密度检测方法参照中华人民共和国农业行业标准《液体肥料 密度的测定》(NY/T 887—2010)。

6. 氨基酸水溶肥料中部分元素含量检测方法及参照的相关标准、规程

氨基酸水溶肥料中汞、砷、镉、铅、铬含量测定方法参照中华人民共和国农业行业标准《肥料 汞、砷、镉、铅、铬、镍含量的测定》(NY/T 1978—2022)。

7.4.3 安全性评价标准

1. 氨基酸水溶肥料中游离氨基酸含量安全评价标准

氨基酸水溶肥料中游离氨基酸含量评价标准参照中华人民共和国农业行业标准《含氨基酸水溶肥料》(NY 1429—2010),固体产品游离氨基酸含量≥10.0%,液体产品游离氨基酸含量≥100g/L。

2. 氨基酸水溶肥料中微量元素含量安全评价标准

氨基酸水溶肥料中钙、镁、铜、铁、锰、锌、硼、钼含量安全评价标准参照中华人民共和国农业行业标准《含氨基酸水溶肥料》(NY 1429—2010),固体产品中量元素(钙、镁含量之和)含量≥3.0%,液体产品中量元素(钙、镁含量之和)含量≥30g/L;固体产品微量元素(铜、铁、锰、锌、硼、钼含量之和)含量≥2.0%,液体产品微量元素(铜、铁、锰、锌、硼、钼含量之和)含量≥20g/L。

3. 氨基酸水溶肥料 pH 安全评价标准

氨基酸水溶肥料中 pH 评价标准参照中华人民共和国农业行业标准《含氨基酸水溶肥料》(NY 1429—2010),pH(1∶250 倍稀释)在 3.0～9.0。

4. 氨基酸水溶肥料中水不溶物含量安全评价标准

氨基酸水溶肥料中水不溶物含量评价标准参照中华人民共和国农业行业标准《含氨基酸水溶肥料》(NY 1429—2010),固体产品水不溶物含量≤5.0%,液体产品水不溶物含量≤50g/L。

5. 氨基酸水溶肥料中水分安全评价标准

氨基酸水溶肥料中水分含量评价标准参照中华人民共和国农业行业标准《含氨基酸水溶肥料》（NY 1429—2010），固体产品水分（H_2O）≤4.0%。

6. 氨基酸水溶肥料中液体肥料密度安全评价标准

目前，我国还没有关于氨基酸水溶肥液体产品密度的相关标准，检测氨基酸水溶肥料中液体肥料密度，仅是将结果用于质量浓度的换算。

7. 氨基酸水溶肥料中部分元素含量安全评价标准

氨基酸水溶肥料中汞、砷、镉、铅、铬含量安全评价标准参照中华人民共和国农业行业标准《水溶肥料　汞、砷、镉、铅、铬的限量要求》（NY 1110—2010），具体见表 7-3。

表 7-3　水溶肥料中部分元素的限量指标

项目	水溶肥料限量指标/(mg/kg)
总砷（以烘干基计）	≤10
总汞（以烘干基计）	≤5
总铅（以烘干基计）	≤50
总镉（以烘干基计）	≤10
总铬（以烘干基计）	≤50

7.4.4　安全性评估方法

通过高温技术将病死肉鸡等物料中含有的致病病原微生物杀灭，再通过酶解技术制成含氨基酸水溶肥，氨基酸水溶肥中的营养成分、重金属含量等情况需符合国家标准才能保证产品的安全性，因此，产生的氨基酸水溶肥的以上各项因素均需符合安全评价标准，根据实验室检测结果，评估本技术及其产品的安全性。

植物可以产生氨基酸，但这种合成是高耗能的。因此，利用外源氨基酸可以帮助植物节约能源，加快自身的生长发育，特别是在植物发育的关键时期。氨基酸在农业产品工业中也被称为金属离子螯合物。微量元素与氨基酸螯合形成非常小的电中性分子，加速它们在植物内的吸收和运输。这类产品对需要补充微量元素的植物有益。例如，培育优质冬小麦品种需要充足的微量营养素，这些微量营养素对大量营养素吸收，特别是对氮的吸收有促进作用。冬小麦对土壤中微量营养素缺乏（主要是铜和锰）的敏感性高于其他作物。微量营养素的可得性受到土壤特性（pH 和吸收能力）以及农业惯例（不耕作的施肥系统，以及作物生产的集约化，从而吸收养分）的限制。因此，叶面施用微量营养素似乎比施用于土壤更有效，氨基酸水溶肥越来越受欢迎。

参考文献

常健，2017. 沼液在农业种植中的综合利用[J]. 农业科技与装备（3）：62-63.

车国喜，2012. 鸡痘病毒整合禽网状内皮组织增殖病病毒基因的检测分析[D]. 泰安：山东农业大学.

国家环境保护局，国家技术监督局，1994. 恶臭污染物排放标准，中华人民共和国国家标准：GB14554—1993[S]. 北京：中国标准出版社.

韩九皋，2007. 鸡几种常见线虫病的诊治[J]. 养禽与禽病防治（3）：30-31.

胡修韧，杨东海，边博，2019. 养猪粪污厌氧消化重金属变化特征及影响[J]. 环境监控与预警，11（4）：48-53.

郇秀荣，曲秀华，陈勇，2007. 鸡痘并发葡萄球菌病的诊治[J]. 家禽科学（11）：32.

黄红卫，吴彦虎，李晓梅，等，2018. 宁夏规模养殖场畜禽粪便养分含量和重金属、抗生素残留量测定及安全性评估[J]. 农业科学研究，39（2）：1-8.

黄金臣，李全振，2006. 养殖水体中氨氮的存在、危害及控制[J]. 河北渔业（2）：38.

黎鑫林，熊忠华，刘勇，等，2014. 鄱阳湖生态经济区沼肥养分及重金属状况研究[J]. 江西农业大学学报，36（6）：1387-1392，1408.

陆景陵，2003. 植物营养学[M]. 北京：中国农业大学出版社.

罗红，2012. 大肠杆菌对鸡的致病性探讨[J]. 畜牧与饲料科学，33（1）：119，128.

Marschner H，2001. 高等植物的矿质营养[M]. 北京：中国农业大学出版社.

王爽，2012. 处理染疫鸡尸静态堆肥的建立与效果评价[D]. 大连：大连理工大学.

王再莉，2016. 沼液在大白菜不同生育期喷施试验实施总结[J]. 农技服务，33（13）：88.

卫丹，万梅，刘锐，等，2014. 嘉兴市规模化养猪场沼液水质调查研究[J]. 环境科学，35（7）：2650-2657.

文旭，2012. 不同有机钙肥对库尔勒香梨果实相关品质的影响研究[D]. 乌鲁木齐：新疆农业大学.

吴中华，刘昌彬，刘存仁，等，1999. 中国对虾慢性亚硝酸盐和氨中毒的组织病理学研究[J]. 华中师范大学学报（自然科学版），33（1）：119-122.

许玉兰，刘庆城，1998. 用 N^{15} 示踪方法研究氨基酸的肥效作用[J]. 氨基酸和生物资源，20（2）：20-23.

姚德海，李官斌，杨月，2019. 鸡感染大肠杆菌的症状与防治[J]. 养殖与饲料，18（12）：115-116.

叶小梅，常志州，钱玉婷，2012. 江苏省大中型沼气工程调查及沼液生物学特性研究[J]. 农业工程学报，28（6）：222-227.

詹希美，2010. 人体寄生虫学[M]. 2 版. 北京：人民卫生出版社.

赵凤莲，孙钦平，李吉进，等，2010. 不同沼肥对油菜产量、品质及氮素利用效率的影响[J]. 水土保持学报，24（3）：127-130.

Atasoy M，Owusu-Agyeman I，Plaza E，et al.，2018. Bio-based volatile fatty acid production and recovery from waste streams：current status and future challenges[J]. Bioresource Technology，268：773-786.

Barrington S，Choinière D，Trigui M，et al.，2002. Effect of carbon source on compost nitrogen and carbon losses[J]. Bioresource Technology，83（3）：189-194.

Bates I，Mckew S，Sarkinfada F，2007. Anaemia：a useful indicator of neglected disease burden and control [J]. PLoS Medicine，4（8）：22-31.

Bolan N S，Szogi A A，Chuasavathi T，et al.，2010. Uses and management of poultry litter[J]. World's Poultry Science Journal，66（4）：673-698.

Danilova N V，Yu Galitskaya P，Yu Selivanovskaya S，2018. Antibiotic resistance of microorganisms in agricultural soils in Russia[J]. IOP Conference Series：Earth and Environmental Science，107：012054.

Entry J A，Leytem A B，Verwey S，2005. Influence of solid dairy manure and compost with and without alum on survival of indicator bacteria in soil and on potato[J]. Environmental Pollution，138（2）：212-218.

Etinger-Tulczynska R，1969. A comparative study of nitrification in soils from arid and semi-arid areas of israel[J]. Journal of Soil Science，20（2）：307-317.

Fang H，Han Y L，Yin Y M，et al.，2014a. Variations in dissipation rate，microbial function and antibiotic resistance due to repeated introductions of manure containing sulfadiazine and chlortetracycline to soil[J]. Chemosphere，96：51-56.

Fang Y，Sun X Y，Yang W J，et al.，2014b. Concentrations and health risks of lead，cadmium，arsenic，and mercury in rice and edible mushrooms in China[J]. Food Chemistry，147：147-151.

Gebert J，Groengroeft A，2006. Passive landfill gas emission-Influence of atmospheric pressure and implications for the operation of methane-oxidising biofilters[J]. Waste Management，26（3）：245-251.

Geisseler D，Horwath W R，Doane T A，2009. Significance of organic nitrogen uptake from plant residues by soil microorganisms as affected by carbon and nitrogen availability[J]. Soil Biology and Biochemistry，41（6）：1281-1288.

Hay J C. 1996. Pathogen destruction and biosolids composting[J]. Biocycle，36：67-77.

He F F，Jiang R F，Chen Q，et al.，2009. Nitrous oxide emissions from an intensively managed greenhouse vegetable cropping system in Northern China [J]. Environmental Pollution，157（5）：1666-1672.

Islam M，Doyle M P，Phatak S C，et al.，2005. Survival of Escherichia coli O157：H7 in soil and on carrots and onions grown in fields treated with contaminated manure composts or irrigation water [J]. Food Microbiology，22（1）：63-70.

Jager E，Eckrich C，1997. Hygienic aspects of biowaste coposting[J]. Annals of Agricultural and Environmental Medicine，4：99-105.

Kasumba J，Appala K，Agga G E，et al.，2020. Anaerobic digestion of livestock and poultry manures spiked with tetracycline antibiotics[J]. Journal of Environmental Science and Health part B，Pesticides，Food Contaminants，and Agricultural Wastes，55（2）：135-147.

Kizito S，Wu S B，Kipkemoi Kirui W，et al.，2015. Evaluation of slow pyrolyzed wood and rice husks biochar for adsorption of ammonium nitrogen from piggery manure anaerobic digestate slurry[J]. Science of The Total Environment，505：102-112.

Kumar K，Thompson A，Singh A K，et al.，2004. Enzyme-linked immunosorbent assay for ultratrace determination of antibiotics in aqueous samples[J]. Journal of Environmental Quality，33（1）：250-256.

Lee J，Kaletunç G，2002. Evaluation of the heat inactivation of *Escherichia coli* and *Lactobacillus plantarum* by differential scanning calorimetry [J]. Applied and Environmental Microbiology，68（11）：5379-5386.

Makan A，2015. Windrow co-composting of natural casings waste with sheep manure and dead leaves [J]. Waste Management，42：17-22.

Meharg A A，Macnair M R，1992. Suppression of the high affinity phosphate uptake system：a mechanism of arsenate tolerance in *Holcus lanatus* L[J]. Journal of Experimental Botany，43（4）：519-524.

Mirtsou-Xanthopoulou C M，Skiadas I V，Gavala H N.，2019. On the effect of aqueous ammonia soaking pre-treatment on continuous anaerobic digestion of digested swine manure fibers [J]. Molecules，24（13）：2469.

Shepherd M W Jr，Liang P F，Jiang X P，et al.，2007. Fate of *Escherichia coi* O157：H7 during on-farm dairy manure-based composting[J]. Journal of Food Protection，70（12）：2708-2716.

Steinmann P，Usubalieva J，Imanalieva C，et al.，2010. Rapid appraisal of human intestinal helminth infections among schoolchildren in Osh Oblast，Kyrgyzstan[J]. Acta Tropica，116（3）：178-184.

Wang D S，Deng X H，Wang B，et al.，2019. Effects of foliar application of amino acid liquid fertilizers，with or without *Bacillus amyloliquefaciens* SQR9，on cowpea yield and leaf microbiota[J]. PLoS One，14（9）：e0222048.

Wilkinson K G，Tee E，Tomkins R B，et al.，2011. Effect of heating and aging of poultry litter on the persistence of enteric bacteria[J]. Poultry Science，90（1）：10-18.

Zhang C G，Qiu L，2018. Comprehensive sustainability assessment of a biogas-linked agro-ecosystem：a case study in China[J]. Clean Technologies and Environmental Policy，20（8）：1847-1860.

Zhou S Z，Zhang X Y，Liao X D，et al.，2019. Effect of different proportions of three microbial agents on ammonia mitigation during the composting of layer manure[J]. Molecules，24（13）：2513.

附录　养殖废弃物无害化处理和资源化利用标准汇编

一、无害化处理标准

1. GB 18596—2001《畜禽养殖业污染物排放标准》
2. GB/T 27622—2011《畜禽粪便贮存设施设计要求》
3. GB/T 25169—2022《畜禽粪便监测技术规范》
4. GB/T 25171—2023《畜禽养殖环境与废弃物管理术语》
5. GB/T 26624—2011《畜禽养殖污水贮存设施设计要求》
6. GB 7959—2012《粪便无害化卫生标准》
7. GB/T 36195—2018《畜禽粪便无害化处理技术规范》
8. GB 5084—2021《农田灌溉水质标准》
9. HJ 497—2009《畜禽养殖业污染治理工程技术规范》
10. HJ/T 81—2001《畜禽养殖业污染防治技术规范》
11. NY/T 1168—2006《畜禽粪便无害化处理技术规范》
12. NY/T 1169—2006《畜禽场环境污染控制技术规范》
13. NY/T 1144—2020《畜禽粪便干燥机 质量评价技术规范》
14. NY/T 3119—2017《畜禽粪便固液分离机 质量评价技术规范》
15. JB/T 11830—2014《粪便消纳站除臭设备》

二、沼气化利用标准

1. GB/T 3606—2001《家用沼气灶》
2. GB/T 4750—2016《户用沼气池设计规范》
3. GB/T 4751—2016《户用沼气池质量检查验收规范》
4. GB/T 4752—2016《户用沼气池施工操作规程》
5. GB/T 26715—2011《沼气阀》
6. GB/T 29488—2013《中大功率沼气发电机组》
7. NY/T 344—2014《户用沼气灯》
8. NY/T 465—2001《户用农村能源生态工程南方模式设计施工与使用规范》
9. NY/T 667—2022《沼气工程规模分类》
10. NY/T 858—2014《户用沼气压力显示器》
11. NY/T 859—2014《户用沼气脱硫器》
12. NY/T 860—2022《户用沼气池密封涂料》

13. NY/T 1220.1—2019《沼气工程技术规范 第 1 部分：工程设计》
14. NY/T 1220.2—2019《沼气工程技术规范 第 2 部分：输配系统设计》
15. NY/T 1220.3—2019《沼气工程技术规范 第 3 部分：施工及验收》
16. NY/T 1220.4—2019《沼气工程技术规范 第 4 部分：运行管理》
17. NY/T 1220.5—2019《沼气工程技术规范 第 5 部分：质量评价》
18. NY/T 1220.6—2014《沼气工程技术规范 第 6 部分：安全使用》
19. NY/T 1221—2006《规模化畜禽养殖场沼气工程运行、维护及其安全技术规程》
20. NY/T 1222—2006《规模化畜禽养殖场沼气工程设计规范》
21. NY/T 1223—2006《沼气发电机组》
22. NY/T 1496.1—2015《户用沼气输气系统 第 1 部分：塑料管材》
23. NY/T 1496.2—2015《户用沼气输气系统 第 2 部分：塑料管件》
24. NY/T 1496.3—2015《户用沼气输气系统 第 3 部分：塑料开关》
25. NY/T 1496.4—2014《农村户用沼气输气系统 第 4 部分：设计与安装规范》
26. NY/T 1638—2021《沼气饭锅》
27. NY/T 1639—2008《农村沼气“一池三改”的技术规范》
28. NY/T 1699—2016《玻璃纤维增强塑料户用沼气池技术条件》
29. NY/T 1700—2009《沼气中甲烷和二氧化碳的测定 气相色谱法》
30. NY/T 1704—2009《沼气电站技术规范》
31. NY/T 1912—2010《沼气物管员》
32. NY/T 2371—2013《农村沼气集中供气工程技术规范》
33. NY/T 2450—2013《户用沼气池材料技术条件》
34. NY/T 2598—2014《沼气工程储气装置技术条件》
35. NY/T 2599—2014《规模化畜禽养殖场沼气工程验收规范》
36. NY/T 2600—2014《规模化畜禽养殖场沼气工程设备选型技术规范》
37. NY/T 2853—2015《沼气生产用原料收贮运技术规范》
38. NY/T 2854—2015《沼气工程发酵装置》
39. NY/T 2910—2016《硬质塑料户用沼气池》
40. NY/T 3239—2018《沼气工程远程监测技术规范》
41. NY/T 3437—2019《沼气工程安全管理规范》
42. NY/T 3438.1—2019《村级沼气集中供气站技术规范 第 1 部分：设计》
43. NY/T 3438.2—2019《村级沼气集中供气站技术规范 第 2 部分：施工与验收》
44. NY/T 3438.3—2019《村级沼气集中供气站技术规范 第 3 部分：运行管理》
45. NY/T 3439—2019《沼气工程钢制焊接发酵罐技术条件》

三、肥料化利用标准

1. GB/T 25246—2010《畜禽粪便还田技术规范》
2. GB/T 26622—2011《畜禽粪便农田利用环境影响评价准则》

3. GB/T 18877—2009《有机-无机复混肥料》
4. GB/T 17419—2018《含有机质叶面肥料》
5. GB/T 17420—2020《微量元素叶面肥料》
6. GB 20287—2006《农用微生物菌剂》
7. GB/T 28740—2012《畜禽养殖粪便堆肥处理与利用设备》
8. GB/T 30471—2013《规模养猪场粪便利用设备　槽式翻抛机》
9. GB/T 33891—2017《绿化用有机基质》
10. CJ/T 506—2016《堆肥翻堆机》
11. JB/T 13739—2019《堆肥用功能性覆盖膜》
12. NY 481—2002《有机-无机复混肥料》
13. NY 525—2012《有机肥料》
14. NY 609—2002《有机物料腐熟剂》
15. NY 884—2012《生物有机肥》
16. NY/T 3618—2020《生物炭基有机肥料》
17. NY/T 798—2015《复合微生物肥料》
18. NY 227—1994《微生物肥料》
19. NY/T 1334—2007《畜禽粪便安全使用准则》
20. NY/T 883—2004《农用微生物菌剂生产技术规程》
21. NY/T 2065—2011《沼肥施用技术规范》
22. NY/T 2374—2013《沼气工程沼液沼渣后处理技术规范》
23. NY/T 2596—2022《沼肥》
24. NY/T 2139—2012《沼肥加工设备》
25. NY/T 1916—2010《非自走式沼渣沼液抽排设备技术条件》
26. NY/T 1917—2010《自走式沼渣沼液抽排设备技术条件》
27. JB/T 11475—2013《农用沼渣沼液车　技术条件》
28. NY 1106—2010《含腐植酸水溶肥料》
29. NY/T 1107—2020《大量元素水溶肥料》
30. NY 1428—2010《微量元素水溶肥料》
31. NY 1429—2010《含氨基酸水溶肥料》
32. NY/T 3442—2019《畜禽粪便堆肥技术规范》
33. NY/T 2118—2012《蔬菜育苗基质》
34. DB34/T 975—2009《瓜菜育苗基质》
35. DB21/T 2648—2016《水稻育苗基质》
36. DB11/T 770—2010《花卉栽培基质》
37. 农办牧〔2018〕1 号《畜禽粪污土地承载力测算技术指南》
38. GB/T 51448—2022《有机肥工程技术标准》

四、饲料化利用标准

1. GB 13078—2017《饲料卫生标准》
2. NY/T 915—2017《饲料原料　水解羽毛粉》

五、安全性评估检测标准

1. GB/T 5750.12—2023《生活饮用水标准检验方法　第12部分：微生物指标》
2. GB/T 21035—2007《饲料安全性评价　喂养致畸试验》
3. GB/T 8576—2010《复混肥料中游离水含量的测定　真空烘箱法　》
4. GB/T 14678—1993《空气质量　硫化氢、甲硫醇、甲硫醚和二甲二硫的测定　气相色谱法》
5. GB/T 19524.1—2004《肥料中粪大肠菌群的测定》
6. GB/T 19524.2—2004《肥料中蛔虫卵死亡率的测定》
7. GB/T 32951—2016《有机肥料中土霉素、四环素、金霉素与强力霉素的含量测定　高效液相色谱法》
8. HJ 533—2009《环境空气和废气　氨的测定　纳氏试剂分光光度法》
9. HJ 535—2009《水质　氨氮的测定　纳氏试剂分光光度法》
10. HJ/T 399—2007《水质　化学需氧量的测定　快速消解分光光度法》
11. NY/T 887—2010《液体肥料　密度的测定》
12. NY/T 1117—2010《水溶肥料　钙、镁、硫、氯含量的测定》
13. NY/T 1972—2010《水溶肥料　钠、硒、硅含量的测定》
14. NY/T 1973—2021《水溶肥料　水不溶物含量和pH的测定》
15. NY/T 1974—2010《水溶肥料　铜、铁、锰、锌、硼、钼含量的测定》
16. NY/T 1975—2010《水溶肥料　游离氨基酸含量的测定》
17. NY/T 1978—2022《肥料　汞、砷、镉、铅、铬、镍含量的测定》
18. Q/YZJ 10-03-02—2000《挥发酸VFA测定》